基坑工程实例 5

《基坑工程实例》编辑委员会

龚晓南　主　编

宋二祥　郭红仙　徐　明　副主编

中国建筑工业出版社

图书在版编目（CIP）数据

基坑工程实例.5/《基坑工程实例》编委会，龚晓南主编：—北京：中国建筑工业出版社，2014.11

ISBN 978-7-112-17380-8

Ⅰ.①基… Ⅱ.①基… ②龚… Ⅲ.①基坑施工-案例 Ⅳ.①TU46

中国版本图书馆 CIP 数据核字（2014）第 246230 号

本书收集国内近期建成的 42 个基坑工程实例，遍及全国各地城市。按基坑支护形式分类，有地下连续墙、桩和土钉支护等。每个基坑工程实例包括：工程简介及特点、地质条件、周边环境、平面及剖面图、简要实测资料和点评等。本书资料翔实，技术先进，图文并茂，可供建筑结构、地基基础和基坑工程设计施工人员、大专院校师生阅读。

* * *

责任编辑：蒋协炳

责任设计：张 虹

责任校对：张 颖 赵 颖

基坑工程实例 5

《基坑工程实例》编辑委员会

龚晓南 主 编

宋二祥 郭红仙 徐 明 副主编

*

中国建筑工业出版社出版、发行（北京西郊百万庄）

各地新华书店、建筑书店经销

北京红光制版公司制版

北京建筑工业印刷厂印刷

*

开本：787×1092 毫米 1/16 印张：27¾ 字数：693 千字

2014 年 11 月第一版 2014 年 11 月第一次印刷

定价：**70.00** 元

ISBN 978-7-112-17380-8

(26134)

《基坑工程实例》编辑委员会

前　　言

　　近年来，随着我国城市化和地下空间开发利用的蓬勃发展，基坑工程在设计计算理论、支护结构类型、施工技术、地下水控制技术、施工监测和环境保护技术等各方面都有了很大的提高。

　　基坑工程的实践性很强，工程类比和工程经验在基坑工程的设计和施工中起着非常重要的作用。为了更好地交流基坑工程设计、施工领域的先进经验，中国建筑学会建筑施工分会基坑工程专业委员会自2006年起，在召开两年一次学术年会之际，组织全国各地专家编写一些有代表性的基坑工程实例，出版《基坑工程实例》系列丛书。至此，已出版《基坑工程实例1～4》共4册，收集基坑工程实例共147个。现结合武汉基坑工程会议（2014）出版《基坑工程实例5》，该册共收集42个工程实例，供同行参考。

　　为便于阅读，本书的工程实例仍按基坑类型与支护形式分类编排，包括：1）以墙为主要支护构件的13例；2）以桩为主要支护构件的基坑有18例，包括6例桩—锚支护和9例桩—撑支护，3例兼有桩—锚和桩—撑支护；3）土钉支护以及上部为土钉、下部为桩—锚支护的基坑5例，其中有1例是用于基坑事故的处理；4）联合支护6例，其中有3例是墙—撑联合桩撑支护，3例是土钉支护联合桩锚支护。以墙为主要支护构件的基坑工程都分布于我国东部地区，涉及上海、广州、深圳、杭州、苏州、宁波等城市；以桩为主要支护构件的基坑工程的分布范围较广，东、中、西部均有，主要有北京、上海、深圳、南京、武汉、杭州、苏州、郑州、太原、西安、兰州、佛山、厦门、漳州等地区；采用土钉支护的基坑实例所在地有郑州、洛阳、长沙、西宁、兰州、张掖、厦门、三明等。

　　为保证工程实例介绍的完整性，每一实例都包含7个部分的基本内容，即：1.工程简介及特点；2.工程地质条件（含土层物理力学指标表和典型工程地质剖面）；3.基坑周边环境情况；4.基坑围护平面图；5.基坑围护典型剖面图；6.简要实测资料；7.点评。有的实例还根据工程本身的特点，详细给出了支护方案、施工工序及工法、监测结果等。

　　在《基坑工程实例2～4》的前言中，编委会主任龚晓南教授对基坑工程中应注意的问题及进一步发展的建议，给出了自己的体会和意见，包括基坑工程特点和主要矛盾、常用围护型式分类及适用范围、设计原则及注意事项、地下水控制、事故原因分析、信息化施工与风险管理等。这些对基坑工程领域的科研及技术人员均有重要参考价值，仍是很值得关注的。

　　我们希望这些工程实例的宝贵经验将为今后的工程建设提供有益的借鉴。

中国建筑学会　建筑施工分会

基坑工程专业委员会

《基坑工程实例》编委会

2014 年 10 月

目　　录

一、地下连续墙(墙—撑)支护

二、桩—撑(锚)支护

三、土钉支护或上部土钉、下部桩锚支护

四、联合支护（部分墙撑，部分桩撑；部分土钉支护、部分桩锚）

一、地下连续墙(墙—撑)支护

上海中心大厦项目基坑工程

贾 坚 谢小林 翟杰群 杨 科

（同济大学建筑设计研究院（集团）有限公司，上海 200092）

一、基坑工程概况

上海中心大厦项目位于上海市浦东陆家嘴金融中心区，毗邻金茂大厦和环球金融中心，是以办公为主，并包含会展、酒店、观光娱乐、商业等其他业态的综合性超高层建筑。本工程塔楼建筑高度为632m，是目前中国国内在建的第一高楼，将成为"上海国际金融中心核心区——陆家嘴金融城最重要的标志性功能性建筑"。

本项目基坑面积约34960m²，基地呈四边形，边长约200m。本工程设5层地库，裙房区域开挖深度约26.3m，塔楼区域开挖深度约31.1m。

图1 上海中心

二、周边环境概况

本工程东侧为东泰路。东泰路路面下为市政地下空间开发，与本工程裙房一体建设。东泰路下有各类市政管线16根。东侧东泰路对面为多层建筑物，距离本工程基坑围护结构边最近距离＞30m。

1

场地南侧为陆家嘴环路，马路边线距离裙房区基坑围护结构边约 18m，路下有各类市政管线 15 根，其中距离基坑最近的管线为埋深 1.56m 的供电线路，距裙房区基坑围护结构边约 1.1m。南侧陆家嘴环路对面为聚金阁公寓，距离裙房区基坑围护结构边最近距离＞50m。

图 2　上海中心场地鸟瞰图

场地西侧为银城中路，马路边线距离裙房区基坑围护结构边最近约 12m，路下有各类市政管线 13 根，其中距离基坑最近的管线为直径 300mm，埋深 1.51m 的天然气管道，距裙房区基坑围护结构边约 4.3m。西侧银城中路对面为高层建筑，距离本项目裙房区基坑围护结构边最近距离＞50m。

场地北侧为花园石桥路。花园石桥路面下也为市政地下管线开发，与本工程裙房一体建设。花园石桥路下有各类市政管线 13 根，基坑施工前须搬迁部分管线。北侧花园石桥路对面为金茂大厦，其裙房距离本项目裙房区基坑围护结构边最近距离约 19m，塔楼距离本项目裙房区基坑围护结构边最近距离约 75m。

三、基坑特点

上海中心大厦项目，因其塔楼超高（建筑高度达 632m），塔楼施工工期是本工程进度控制的关键，需确保其塔楼的尽早施工和封顶；同时工程地处陆家嘴金融中心区，周边紧邻主要城市道路，需考虑基坑开挖施工期间的施工场地问题以及周边环境保护问题。上述工程特点决定了本工程基坑围护方案设计时需充分考虑三方面因素：确保塔楼工期节点、解决施工场地紧张、保护周边环境。

四、工程地质条件

上海地质土层主要由饱和粘性土、粉性土以及砂土组成，一般具有成层分布特点。上海中心工程场地内除缺失第⑧层粘土层外，其余各土层均有分布。深度 27m 以上分布以淤泥质粘土、粘土及粉质粘土为主的软土层，具有高含水率、高孔隙比、高灵敏度、低强度、高压缩性等不良地质特点。场地内浅层地下水属潜水类型，水位埋深一般为地表下1.0～1.7m。场地地表以下27m处分布⑦层砂性土，为第一承压含水层；⑨层砂性土为第二承压含水层，第⑦层与第⑨层承压水相互连通，水量补给丰富。

地 层 参 数 表 表1

土层序号	土层名称	土层重度 γ（kN/m³）	固快峰值		静止侧压力系数 K_0	水平渗透系数（cm/sec）	竖向渗透系数（cm/sec）
			C（kPa）	φ（°）			
②	粉质粘土	18.4	20	18.0	0.49	2.98×10^{-7}	2.46×10^{-7}
③	淤泥质粉质粘土	17.7	10	22.5	0.47	2.51×10^{-5}	1.79×10^{-5}
④	淤泥质粘土	16.7	14	11.5	0.58	1.30×10^{-7}	8.00×10^{-8}
⑤₁a	粘土	17.6	16	14.0	0.54	2.20×10^{-7}	9.07×10^{-8}
⑤₁b	粉质粘土	18.4	15	22.0	0.48	1.75×10^{-7}	1.13×10^{-7}
⑥	粉质粘土	19.8	45	17.0	0.46	3.86×10^{-7}	3.63×10^{-7}
⑦₁	砂质粉土	18.7	3	32.5	0.37	2.45×10^{-4}	2.18×10^{-4}
⑦₂	粉砂	19.2	0	33.5	0.34	6.22×10^{-4}	5.07×10^{-4}
⑦₃	粉砂	19.1	2	34.0	0.36	4.66×10^{-4}	3.43×10^{-4}
⑨₁	粉砂	19.1	5	32.0	0.38	1.49×10^{-4}	1.34×10^{-4}

五、基坑实施筹划

本项目基坑围护方案总体设计过程中，比选考虑了4种设计方案：1.整体顺作方案，2.整体逆作方案，3.塔楼区顺作+裙房区顺作方案，4.塔楼区顺作+裙房区逆作方案。上述方案虽然在技术上均具可行性，但经过综合比选后，确定上海中心大厦基坑工程采用方案4，即塔楼区顺作+裙房区逆作方案。该方案将基坑分为塔楼区与裙房区两个分区基坑，首先明挖顺作施工塔楼区基坑。为加快塔楼区施工速度，结合塔楼承台为正多边形的工程特点，将塔楼基坑设计为外径123.4m（内径121m）的大直径无内支撑圆形基坑。塔楼结构出±0.00后再逆作施工裙房区基坑。

采用方案4（塔楼区圆形围护基坑明挖顺作，裙房区逆作方案）具有以下优点：

1. 塔楼区可先行施工，从而加快塔楼的施工进程。

2. 可充分利用圆筒形围护结构的"圆桶效应"，将作用在地墙上的水土压力转换为地墙及环箍的轴向压力，塔楼区采用圆形基坑不设内支撑，提高了塔楼区开挖施工速度；同时塔楼区回筑时不涉及内支撑拆除，进一步提高了塔楼的施工速度。

3. 基坑分区施工后，塔楼顺作开挖时可利用裙房区域作为施工场地，解决了塔楼区基坑开挖的施工场地不足问题。

4. 裙房区基坑逆作施工，可利用地下室顶板作为施工场地，解决了裙房区基坑开挖期间施工场地不足的问题。

5. 裙房区基坑采用逆作法施工，利用结构梁板兼作支撑，节省了临时支撑体系的工程量以及支撑拆除工程量。

6. 大刚度的结构梁板体系作为基坑的支撑，有利于控制基坑围护结构的变形，从而

图 3　基坑总平面

较好的保护周边环境。

7. 裙房逆作可减少施工噪音、扬尘等，避免支撑拆除爆破，充分贯彻了绿色建造技术的要求。

六、塔楼圆形基坑支护方案介绍

1. 围护结构

塔楼区基坑开挖深度大，围护结构选用刚度较大的地下连续墙，以控制基坑变形。由于地墙承担的水土压力较大，因此墙厚采用 1.2m，以确保基坑围护结构受力安全。

关于塔楼区地墙深度的设计，一方面结合在陆家嘴地区以往深大基坑工程的设计经验，考虑该地区⑦层土埋深较浅、土性较好、土层分布均匀、地墙进入⑦层土一定深度后具有较好嵌固作用的特点；另一方面分析研究圆形围护结构的受力特点，通过相应的计算分析和优化比选，设计中地墙插入比仅为 0.60，降低工程成本，做到既安全又节约。

围护结构设计参数详见表 2。

塔楼区基坑地墙参数　　　　　　　　　　　　　　　　　　　　　表 2

基坑	地墙厚度 （m）	地墙深度 （m）	围护结构插入比	备　注
塔楼区（挖深 31.1m）	1.2	50	0.60	地墙采用柔性接头

塔楼区地墙为临时结构，裙房区逆作施工时塔楼区地墙将予以凿除，采用柔性锁口管

接头，以降低工程造价，为确保地墙及接头施工质量，采用了 V 型封头薄钢板并在钢筋笼外包止浆帆布。

为保证地墙整体受力的稳定可靠，施工过程中须保证地墙接头的施工质量。

（1）塔楼基坑地墙的分幅控制措施：

为提高地下墙拼接后圆形结构的真圆度，采用内接正多边形槽幅，每幅地墙均为折线型，并合理安排地墙转折点位置，以使地墙分幅处为平接头，可靠传力，详见图 4。

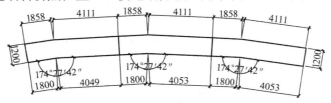

图 4　地墙标准幅段划分

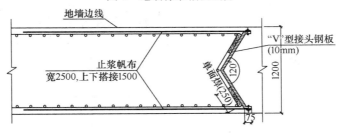

图 5　地墙接头的处理

（2）塔楼区基坑真圆度控制措施：

塔楼区基坑采用 1.2m 厚 50m 深的地墙，形成内径 121m，外径 123.4m 的大直径圆形围护结构，施工单位在施工地墙时，应保证地墙定位准确，满足地墙的垂直度要求，确保圆形围护结构的真圆度和基坑受力均衡，以每幅地墙外侧转折点到圆心的距离 61.77m 为半径量测控制值，半径控制值偏差不得大于 20mm，相邻两幅地墙的半径控制值偏差不得大于 5mm。

2. 支撑体系

塔楼区域为圆形基坑，内径 121m，开挖深度 31.1m，开挖面积约 11500m²，共设 6 道钢筋混凝土环撑，环撑的混凝土强度等级为 C45。第一道环撑设置在地下连续墙顶部兼做压顶圈梁。

经计算，竖向六道混凝土环撑的截面尺寸及中心标高如表 3 所示。

塔楼区基坑环撑参数　　　　　　　　　　　　　　　　　　　　　表 3

项　　目	环撑截面尺寸（mm）	环撑中心标高（相对标高/m）
第一道环撑	L 型梁，结合栈桥设置	−2.35
第二道环撑	2800×1500	−9.50
第三道环撑	2800×1600	−15.50
第四道环撑	3000×1600	−20.30
第五道环撑	3000×1800	−24.90
第六道环撑	3000×1800	−28.90

注：场地硬地坪相对标高为 −0.500。

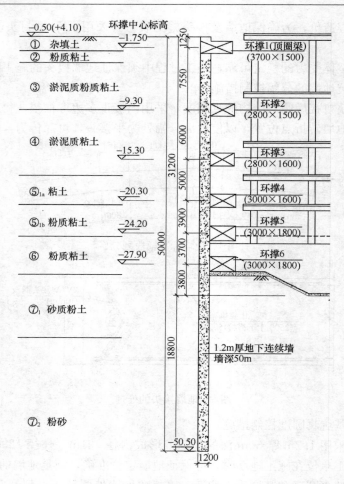

图 6　围护结构剖面图

环撑施工精度要求：真圆度，即最大半径与最小半径之差不得大于 50mm；每道环撑的水平平整度误差不得大于 30mm；环撑断面（高或宽）误差不得大于 0.5%，且不大于 20mm。

3. 基坑土方开挖

为保证圆形基坑受力均衡和稳定，开挖、支撑及垫层施工时需遵循"分层、分块、对称、平衡、限时"的总原则，具体要求为：

（1）塔楼基坑开挖采用岛盆结合方法，均衡、对称开挖，岛式留土区形成坑内压载，提高坑内土体抗力，待环箍形成后再挖除岛式留土，控制变形。

（2）邻近地墙的土方，应对称、均衡、快速分块开挖并及时浇筑环撑，以减少基坑无环撑暴露时间，控制圆形围护的对称受力，控制基坑变形和稳定。

4. 基坑降水

塔楼区基坑采用真空深井泵降低坑内潜水水位；在开挖前必须先埋设好降水井，并应提前三周预降水，降水后基坑内水位应低于开挖面 1m 以下以便于施工，既提高出土效率，同时也固结开挖面下的土体，提高被动区土体侧向抗力系数，减小基坑变形。但本工程开挖深度较深，塔楼区开挖深度已进入承压水含水层，故降潜水的深井的深度应综合考虑承压水影响，降潜水井不应进入⑦层土，以免降潜水时连带抽取承压水，⑦层土内的降

图 7　塔楼区基坑开挖至坑底阶段照片

水可由承压水降水井或混合井完成。

七、裙房逆作基坑支护方案介绍

1. 围护结构

裙房区基坑开挖深度较深，工程采用地下连续墙作为围护结构。裙房区地墙为两墙合一的结构形式，逆作法开挖阶段作围护结构，永久使用阶段作地下室外墙。因此裙房区基坑采用 1.2m 墙厚，混凝土强度等级为水下 C40 的地墙，以控制基坑变形，确保基坑开挖阶段的安全，同时满足永久使用阶段的正常使用。

关于裙房区地墙深度的设计，结合陆家嘴地区以往深大基坑工程的设计经验，考虑该地区⑦层土埋深较浅、土性较好、土层分布均匀、地墙进入⑦层土一定深度后具有较好嵌固作用的特点；同时也分析研究了逆作法围护结构的受力特点，通过相应的计算分析和优化比选，设计中地墙插入比为 0.80 左右，控制了工程成本，做到既安全又节约。

围护结构设计参数详见表 4。

裙房区基坑地墙参数　　　　　表 4

基　坑	地墙厚度（m）	地墙深度（m）	混凝土强度等级	围护结构插入比	备　注
裙房区 （挖深 26.7m）	1.2	48 / 47.6 （墙底埋深为 −48.50m）	水下 C40	0.80 / 0.81	地墙采用 柔性接头

除此之外，裙房基坑地墙还采用了以下的设计措施：

（1）采用地墙墙底注浆，以协调和控制逆作法开挖阶段地墙槽段间、地墙与桩基间的差异隆起。

（2）在地墙锁口管钢筋笼端部设置 V 形薄钢板并在钢筋笼外包止浆帆布，以保证地墙及接头的施工质量和减少围护结构的渗漏水。

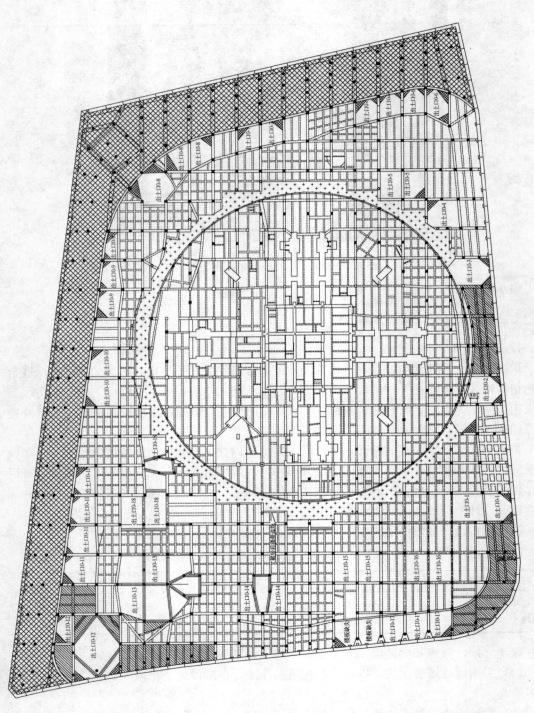

图 8 裙房区楼板（逆作楼板开洞）

（3）地墙槽段分幅位置处设置扶壁柱和止水带等止水措施，以解决接缝处的防水问题。

2. 支撑体系

裙房基坑逆作开挖，利用永久使用阶段楼板作为水平向支撑体系，如图8所示，部分楼板开洞，用于出土及建筑材料吊送。

而竖向支撑体系一般采用钢格构柱临时托换地下室楼板梁柱节点。为控制工程造价，方便施工挖土，上海中心裙房基坑逆作法设计采用钢管柱（内浇高强度混凝土），结合裙房柱网设置，为一柱一桩的形式；逆作施工结束后外包钢筋混凝土作为框架柱使用。裙房的柱网尺寸基本为 10.8m×8.4m，为满足建筑、结构尺寸以及承载力要求，设计采用了 $\phi550mm$ 钢管立柱，内灌高强混凝土，插入钻孔灌注桩。以满足施工阶段和使用阶段的安全和使用要求。图9为地下室结构梁与钢立柱的连接大样的现场照片。图10为裙房区剖面图。

图 9　逆作法立柱与楼板梁连接节点大样

3. 基坑土方开挖

为控制基坑开挖变形，针对上海地区饱和软土的流变性特性，应用"时空效应"理论，设计提出盆式开挖方式。按"留土护壁，限时、对称浇筑垫层，施工楼板"的原则，及时形成南北向及东西向的素混凝土垫层支撑体系及结构体系（图11中灰色区域），控制围护结构变形。

4. 基坑降水

本场地内承压水含水层埋深较浅，水头较高，承压水头埋深约在地表下10m，而裙房基坑开挖深度约26.7m，当开挖施工B3层时（约16m）需降承压水。降低承压水头压力，既有利于基坑的稳定安全，也有利于控制立柱的隆起量，保护已施工的结构楼板；但长时间和过量抽取承压水会引起周边路面过大的沉降，影响市政管线等重要公共设施的使用。因此，如何合理有效、按需分级降承压水也是本工程安全实施的要点。

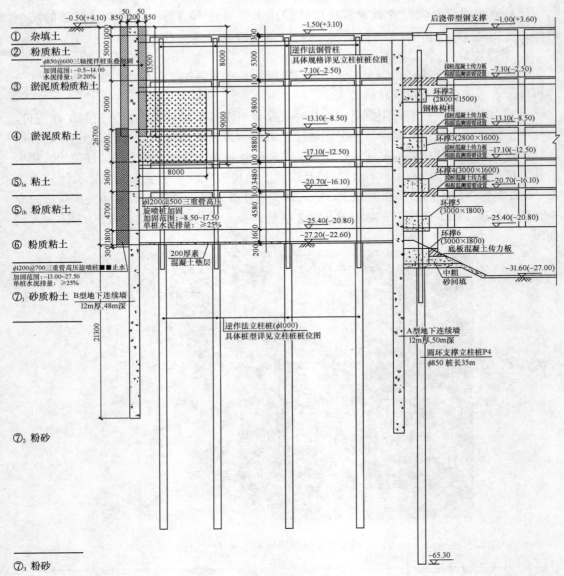

图 10　裙房区剖面图

八、基坑信息化施工及监测监控

本基坑工程规模大、难度高、周边环境复杂、保护要求高，为保证基坑开挖的安全稳定，需在基坑施工过程中跟踪施工活动，对基坑本身的安全稳定及坑周地层变形，道路设施、地下管线和周边建筑等保护对象的变形及受力情况进行实时监测，对变形及变形速率设置报警值，并将监测数据及时与计算预测值相比较，并及时调整和优化下一步的施工参数。通过实施信息化监测动态设计施工，实时掌握基坑围护的变形及内力发展情况，分级控制变形，保证基坑稳定与周边环境的安全。

通过预测分析结果与实测数据的对比，可以检验计算模型合理性，计算参数取值可靠性，计算结果的正确性，并作为分级控制变形的目标值。分析预测下一工况基坑的变形状

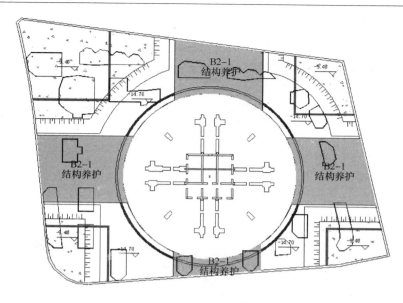

图 11　每层先形成十字对撑结构

态，通过动态化设计指导施工，以采取和调整相应施工措施分级控制变形。

1. 塔楼监测

图 12 为基坑开挖至坑底时地下连续墙 P05 号测点处的工程实测变形曲线。表 5 为"上海中心"圆形基坑的实测数据。

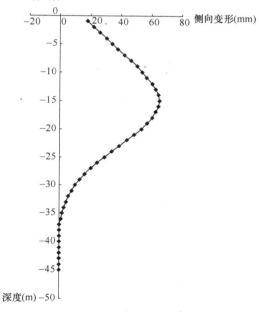

图 12　P05 测点地墙侧向变形曲线

上海中心塔楼基坑工程实测数据　　　　　　　　　　表 5

地墙变形	平均 68mm
地墙环向轴力	平均 11500kN

　　实测可知地墙环向轴力和竖向弯曲变形均较大，圆形基坑具有明显的空间效应。在"上海中心"超深超大圆形基坑的设计中，合理的分析了支护结构的环向刚度和传力路径，设计中兼顾了环向和竖向的受力安全稳定，从而在设计上保证了基坑工程的安全合理。

　　2. 裙房实测

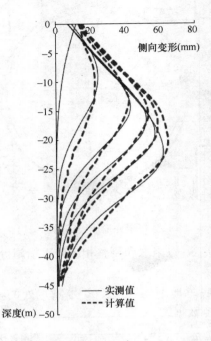

图 13　地墙侧向变形计算值与实测值（P07）对比（mm）

各阶段地墙侧向变形计算值与实测值汇总　　　　　　　　　　表6

工　况	地墙测斜监测数据(P07)	计算分析结果
B0 层施工(挖至−3.8m)	15mm	14mm
B1 层施工(挖至−9.7m)	23mm	24mm
B2 层施工(挖至−15.7m)	42mm	43mm
B3 层施工(挖至−19.7m)	53mm	51mm
B4 层施工(挖至−23.4m)	59mm	57mm
底板施工(挖至−27.2m)	65mm	62mm

　　表6和图12为裙房基坑地墙侧向变形计算预测与工程实测值的对比分析。通过表6和图12的对比分析可知计算预测结果与实测值较为吻合。表7为基坑开挖至19.7m后的已建B1层的楼板内力实测结果。尽管裙房基坑逆作开挖后，立柱桩有一定隆起，但隆起量及逆作梁板结构内力均处于安全可控的状态。

楼板内力的实测值与计算值比较　　　　　　　　　　表7

	板应力（MPa）	梁轴力（kN）
B1 层结构计算内力	14.3	14300
B1 层结构实测内力	13.98	13900

九、结语

上海中心大厦项目是目前国内在建的第一高楼，为满足工程建设工期要求，通过多方案必选确定了塔楼圆形基坑顺作＋裙房逆作的基坑实施方案。尽管本工程塔楼圆形基坑超深超大，无内支撑明挖顺作，设计和施工的难度大，但在大量工程调研、理论研究的基础上，通过深入的计算分析对比，形成了合理的设计方案，确定了详细的设计和施工参数，并实施全过程监测信息化施工，分级控制变形，确保了上海中心塔楼区圆形深大基坑和裙房逆作法深大基坑的安全顺利实施。

上海月星环球商业中心逆作法基坑工程

王 勇　金国龙　汪贵平　顾开云

（中船第九设计研究院工程有限公司，上海　200062）

一、工程简介及特点

上海月星环球商业中心位于上海普陀区 130 地块，南临宁夏路、西临中山北路高架，东接凯旋路，北临白兰路绿洲大厦。场地东面紧邻轨道交通 3、4 号线，南面临近宁夏路处为地铁 13 号线金沙江路站。本项目主体结构由地上两幢 45 层主楼组成，南楼酒店、北楼办公；4 层裙房，主要为商业用途。地下部分设计为 3 层，地下 1、2 层主要为商业用房，地下 3 层主要功能为地下停车库及设备机房。主体结构有两幢高层塔楼建筑，为双筒结构。裙房区域底板厚 1.20m，主楼区域底板厚 2.5～3.5m。工程基础形式为桩筏基础，桩基采用灌注桩 Φ850mm，裙房部分另设置 Φ600 抗拔桩，有效桩长约 50m，桩端进入第⑨层。

基坑平面呈不规则长条形，南北向边长 447～547m，东西向边长约 70～147m，基坑周长 1247m，基坑面积达到 5.7 万 m²。基坑按不同区域考虑，开挖深度分别为裙房区开挖深度 17.40m，主楼区开挖深度 19.80m。本工程基坑规模较大，总开挖土方量约 100 万 m³，为超大型深基坑工程。

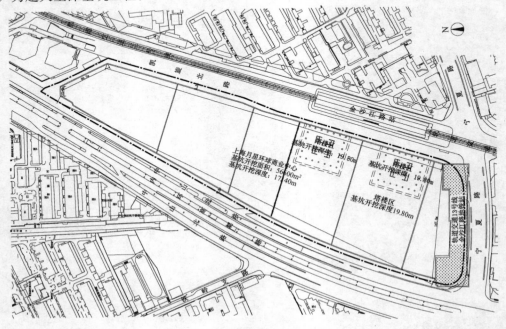

图 1　基坑周边环境图

图2　首层楼板逆作法实景图

该基坑工程平面规模大，开挖深度大，属特大特深基坑，在设计、施工中的突出特点主要有：

（1）工程建设方案需考虑投资方的商业筹划，本工程要求先建设裙房区域的建筑，尽早完成裙房并招商，后续再施工两幢塔楼建筑。

（2）主体结构地下室层高较大，其中地下1层达到7.2m。

（3）基坑开挖面积和深度均较大，为超大型深基坑工程。

（4）两幢主楼核心筒结构紧邻基坑坑边且靠近地铁三、四号线金沙江路车站。

（5）基坑周边环境敏感，保护要求较高。其中基坑需要重点保护的环境包括中山北路内环高架及该侧的市政管线，基坑东侧轨道交通三、四号线高架基础及金沙江路车站，基坑南侧轨道交通13号线金沙江路车站及两侧邻近的隧道结构。

（6）工程所处区域的水文及地质条件复杂，基坑开挖受承压水含水层影响，对本基坑工程存在较大的安全影响，深基坑施工有一定的工程风险。

二、工程地质条件

场地属滨海平原地貌类型，在勘察所揭露125.52m深度范围内的地基土属第四纪中更新世Q2至全新世Q4沉积物，成因类型属滨海～河口、浅海、溺谷、湖泽相，主要由饱和粘性土、粉性土和砂土组成，具水平层理。与基坑围护结构有关的土层物理力学指表见表1。

潜水补给来源主要为大气降水与地表迳流。潜水位埋深随季节、气候等因素而有所变化。勘察期间测得地下水埋深约0.80～1.60m，相应绝对高程为2.27～1.30m。本基坑设计取地下高水位在地面以下约0.5m处。拟建场地内承压水主要是第⑦层粉砂层承压含水层。根据上海地区已有工程长期水位观测资料，水位埋深的变化幅度一般在3～11m。勘察期间第⑦层承压水高水位埋深为地面下9.1～10.1m。计算结果显示，基坑底部土体抵

基坑围护设计参数表 表1

层 序		层 厚	重 度	渗透系数(建议值)	直剪固快	
		(m)	γ (kN/m³)	(cm/sec)	c (kPa)	φ (°)
①	杂填土	1.30~2.35				
②1	粘质粉土夹粉质粘土	1.06	18.5	6.0E-5	6	25.5
②3-1	砂质粉土	2.93	18.5	2.0E-4	2	30.5
②3-2	粉砂	4.14	19.0	5.0E-4	0	33.0
④	淤泥质粘土	5.71	16.9	3.0E-6	13	10.5
⑤1	粉质粘土	12.07	17.9	1.0E-6	14	13.5
⑤3	粉质粘土	8.09	18.2	6.0E-5	14	18.5
⑤4	粉质粘土	3.36	19.8	5.0E-6	36	15.5
⑥	粉质粘土	3.25	19.7	5.0E-6	40	15.0
⑦1	粉砂夹砂质粉土	4.60	18.9	6.0E-4	0	30.5
⑦2	粉砂	3.27	19.0	8.0E-4	0	31.0

抗承压水的稳定性安全系数不满足要求(按水位埋深3m计算),坑底覆土厚度不足以抵抗承压水,应采取降压措施。开挖至坑底标高时需减压约7.0米的水头,方可满足$K \geqslant 1.05$。

场地内的不良地质情况如下:

A. 拟建场地中部有暗浜分布,浜填土含多量黑色有机质,土质软弱。

B. 拟建场地杂填土厚度普遍大于2.0m,局部厚度达3.3~4.4m,杂填土成分复杂,结构松散,含大量碎石、碎砖、混凝土块等建筑垃圾。

C. 本场地西北角有少量建筑物未拆除,其下的旧基础及原有管线对基础施工稍有影响,施工前需做好相关清理工作。

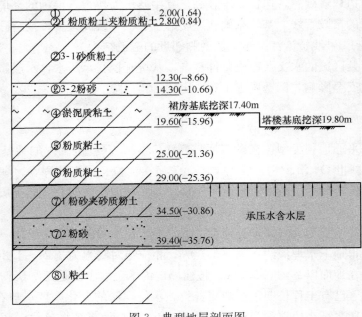

图3 典型地层剖面图

三、基坑周边环境情况

本项目位于上海市内环以内，为上海市市中心闹市区，周边环境复杂。

场地东侧为凯旋路，为轨道交通 3、4 号线高架及金沙江路车站，地铁高架与本工程地下室外墙基本平行，距离本工程最近距离约为 24m。

场地西侧为中山北路及内环高加强，距离本工程最近距离约 18m，中山北路下各类市政管线共 13 根，其中距离本工程最近的约为 10m。

场地南侧为拟建的轨道交通 13 号线金沙江路车站。13 号线金沙江路站北侧与月星地块开发紧密相邻，经 13 号线项目公司和月星协商，车站北侧和月星地块南侧共用地下连续墙。

场地北侧为绿洲大厦（两栋 27 层高层住宅及 5 层裙房），桩筏基础，距离本项目最近距离约 14m。

四、基坑围护及支撑体系设计

1. 围护结构总体设计概述

深基坑支护系统的设计是一个相当复杂的系统工程，影响因素众多。尤其在软土地区，市区内环境复杂，深基坑工程风险较高。由于本工程基坑开挖面积和深度较大，邻近坑边有重要的城市轨道交通线，市政桥梁、管线，居民楼等敏感构筑物，所以本工程对周边环境的保护要求很高。

根据主体建筑布置，并综合考虑拟建场地周边环境条件、施工流程和方法及投资等，确定裙房区地下室采用逆作法技术进行施工，塔楼区域采用常规顺作施工。裙房区面积大，逆作法的结构安全性高，省去大量的临时支撑，且可有效防止雨季对基坑的不利影响，有利于土方开挖和环境保护，并可利用主体结构楼板梁作为施工作业面和施工栈桥。

裙房区地下室楼板梁逆作方案总体思路：基坑采用地下墙＋楼板梁逆作法进行基坑开挖和结构施工。本基坑向下开挖时，利用地下室各层楼板作为基坑的水平支撑结构。各层楼板上预留对应的出土孔和材料孔，顶板上考虑施工平台。当基坑开挖至坑底时施工主体结构底板，再顺作竖向墙体结构，最终完成整个地下室结构的施工。

2. 基坑总体平面分区

超大型深基坑施工时对环境变形过程的控制比较困难，一次性整体开挖对周边环境的影响较大。本工程近百万立方米的土体卸载，对周边地层的影响也将是不可避免的，须通过技术措施降低影响程度，并保证临近重要保护构筑物的安全。本工程将大基坑进行分区，共分为 8 块进行施工，中间设置分隔带。施工顺序：原则上先逆作法施工大分区基坑，后逆作法施工小分区基坑。其中分区基坑中的塔楼区域在裙房区底板浇筑后，采用顺作法施工。周圈围护结构采用 1000mm 厚地下连续墙"两墙合一"。分区之间采用地下连续墙或采用钻孔灌注桩作为分隔墙。

紧邻地铁 13 号线车站结构的基坑区域，考虑被用作 13 号线施工临设场地，故考虑将该区域再进行划分，设置三个小分区，以减少分区基坑对车站结构及隧道的不利影响。该分隔墙采用钻孔桩加搅拌桩工法施工形成，在后期基坑施工过程中进行拆除。

基坑总体分区及逆作法楼板支撑情况如图 4 所示。

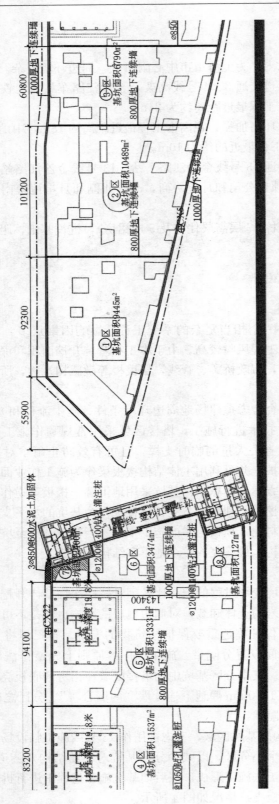

图 4 基坑总体分区及逆作法楼板支撑平面(含部分地墙侧斜点)布置图

3. 基坑围护结构及典型支护剖面

考虑基坑开挖较深，环境复杂，围护墙采用防渗性和整体刚度较好的地下连续墙作基坑施工期的止水和挡土护壁结构，并兼作地下室使用期的主体结构外墙。外围地下连续墙厚1000mm，本工程考虑隔断承压水要求，墙体深度穿越第⑦层承压水含水层，进入到第⑧层粘性土中，隔断坑内外的承压水水力联系，墙体深度达到41～42m。地下墙墙底插入⑧-1层粘土中，在地下墙的每幅槽段中预留注浆孔（3φ80mm），在地下墙混凝土达到100%设计强度后进行墙底注浆加固，以控制地下墙的沉降。

"二墙合一"的地下连续墙槽段接头是保证墙体工程质量的关键。本工程地下墙各单元槽段间接缝连接采用圆形锁口管接头，地下连续墙两侧均采用3φ850mm@600mm三轴搅拌桩进行槽壁加固，可较有效地提高成槽质量和接缝处防渗止水的可靠性。本工程地下连续墙各单元槽段间接缝内侧设置扶壁柱，增强地下连续墙槽段分缝处的抗渗能力。

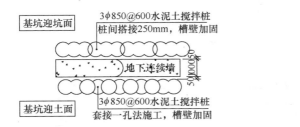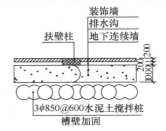

图5　地下墙槽段接头处理图

本工程利用分隔墙对基坑进行了分区，大部分区域采用厚800mm的地下墙作为分区基坑的分隔墙，在6、7、8分区分界处采用φ1200mm@1400mm钻孔灌注桩作为临时分隔桩，3φ850@600三轴搅拌桩作为止水帷幕。

本工程采用全逆作法支撑体系，利用主体结构地下3层楼板作为主要支撑构件，支撑刚度大，控制变形能力强。但是局部楼板缺失和大开口位置须设置部分临时支撑。塔楼厚底板区（底板厚度约3.5m）设置第四道临时钢筋混凝土支撑。基坑典型支护剖面（周圈围护墙及分隔墙）如图6～图8所示。楼板与支撑信息汇总于表2。

楼板与支撑信息表　　　　　　　　　　　　　　　　　　　　　表2

	主要楼板厚度 （mm）	主要临时支撑尺寸 （mm）	板面绝对标高 （或支撑中心标高）
B0板	300	800×800	+2.50m，+3.90m
B1板	250	1000×800	−3.30m
B2板	250	1200×800	−8.30m
第四道支撑	—	1200×700	−13.65

4. "两墙合一"地下连续墙设计及逆作法梁柱节点

"两墙合一"地下连续墙，即在基坑施工阶段作为围护结构使用，起到挡土和止水的作用；在结构永久使用阶段作为主体地下室结构外墙，通过设置与主体地下结构内部水平梁板构件的有效连接，不再另外设置地下室结构外墙。一般情况下主体结构工程桩都置于较好的土层，而地下连续墙由于经济、施工工艺等方面因素不可能和主体工程桩处于同一

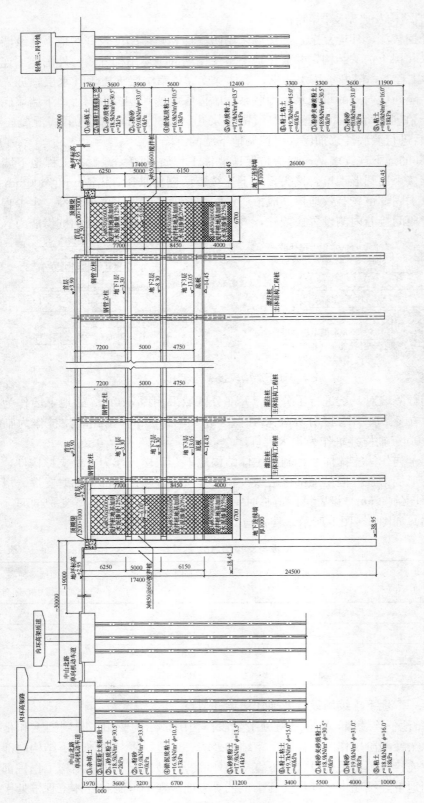

图 6　基坑典型剖面图（周圈范围）

20

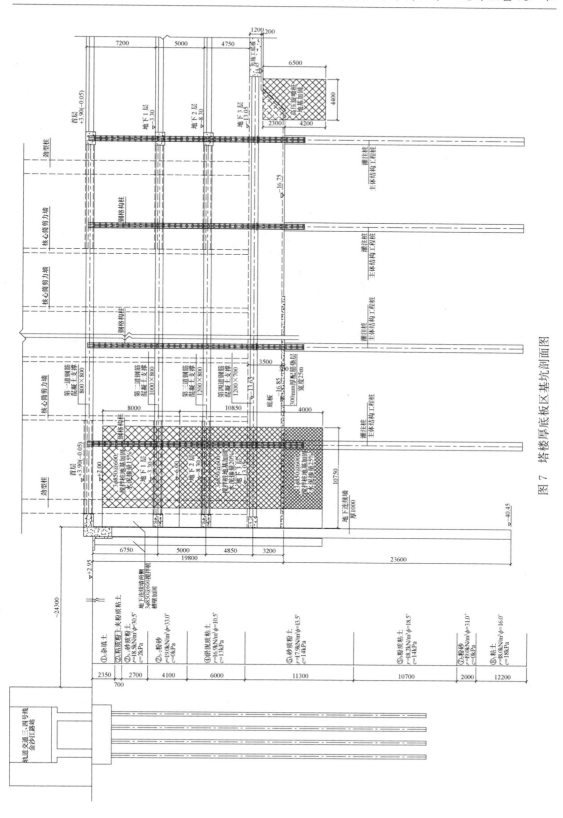

图 7 塔楼厚底板区基坑剖面图

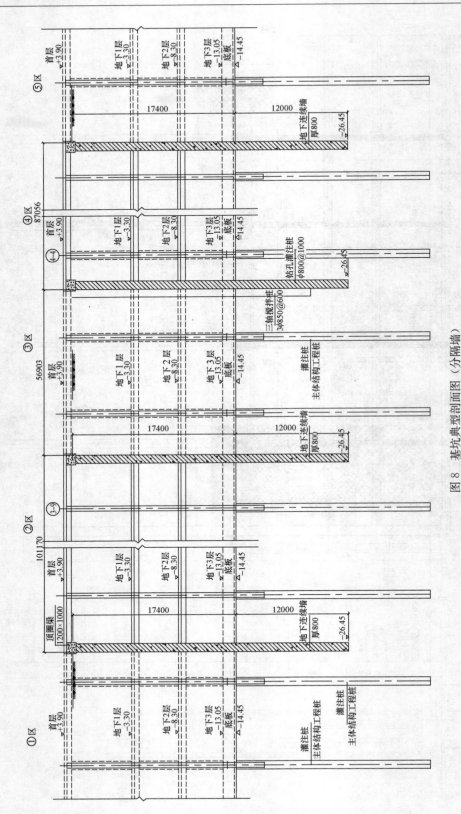

图 8 基坑典型剖面图 (分隔墙)

持力层，因此主体结构封顶前后沉降过程中地墙和桩基不可避免出现差异沉降。为协调其间的差异沉降，本工程采取了如下措施：

（1）地下连续墙槽段内预设注浆管，待墙体达到设计强度要求后对槽底进行注浆。通过墙底注浆可以消除墙底沉淤、加固墙侧和墙底附近的土层，有利于提高地下连续墙的竖向承载力及控制竖向沉降。

（2）为增强地下连续墙纵向的整体刚度，协调各槽段之间的变形，地下连续墙作为永久使用阶段地下室外墙的一部分，应与主体结构梁板、结构壁柱以及基础底板进行有效连接。各连接做法如下图 9～11 所示：

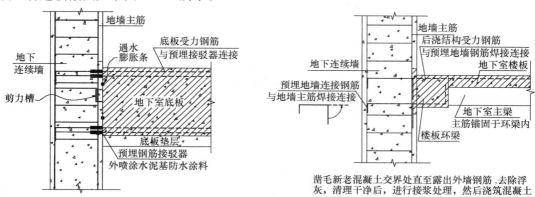

图 9　地墙与底板连接示意图　　　　图 10　地墙与楼板环梁连接示意图

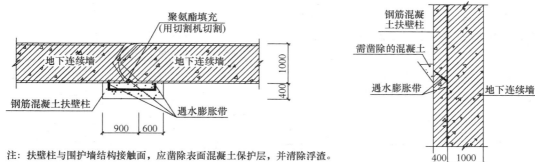

注：扶壁柱与围护墙结构接触面，应凿除表面混凝土保护层，并清除浮渣。

图 11　地墙与扶壁柱连接示意图

逆作法基坑工程通常采用一柱一桩设计，本工程对于荷载较大的立柱普遍采用钢管混凝土柱。钢管混凝土立柱与梁节点的设计，主要是解决梁钢筋如何穿过钢管混凝土立柱，保证框架柱完成后，节点的内力分布与主体结构设计计算条件符合。由于本工程钢管混凝土柱主要为地下室部分，地面以上均为钢筋混凝土框架柱，所以 B0 板梁系不存在穿越钢管混凝土立柱的问题。本工程 B1、B2 层逆作法梁柱节点钢筋穿越方案详图如下图 12 所示，由于 B1、B2 板基坑施工阶段主要是结构自身重量，竖向荷载较小，通过施工期钢管混凝土柱预留连接插筋，框架梁加腋的方式进行处理。正常使用期钢管混凝土柱外包后浇钢筋混凝土框架柱，保证使用阶段竖向承载力要求。

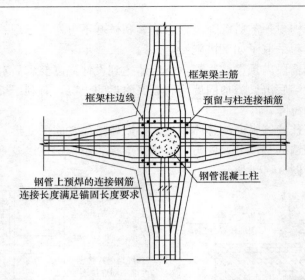

图 12　逆作法梁柱穿越钢筋节点示意图

五、基坑施工工序情况

对于多分区基坑,在基坑向下开挖过程中,须有序进行。本工程基坑分区开挖顺序如图 13 所示,先开挖②④分区,然后开挖①③⑤分区,相邻分区间必须保证分隔墙两侧的土体平衡,原则上两侧高差不得大于 1 层层高的高差。分隔墙待相应位置的楼板梁浇筑并达到一定强度后,即可进行拆除。

由于地铁 13 号线车站与本项目共用结构外墙,车站施工期间占用了⑥⑦⑧分区场地,其施工相对滞后。⑥⑦⑧分区先开挖⑦分区,再开挖⑥⑧分区。相邻分区间必须保证分隔墙两侧的土体平衡,原则上两侧高差不得大于 1 层层高。分隔墙待相应位置的楼板梁浇筑并达到一定强度后,即可随挖随拆。

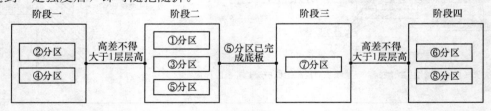

图 13　各分区施工工序示意图

六、简要实测资料

为确保施工的安全和有序须采取信息化监测手段,本工程自 2009 年 10 月围护结构施工至 2011 年 10 地下结构出地面,总历时约 2 年,部分监测数据如下:

围护墙墙顶最大水平变形为 3mm,最大上抬为 15mm。

围护墙测斜一般为 36mm,最大测斜为 48mm。

钢立柱回弹一般为 12mm,最大回弹为 27.1mm,相邻立柱的差异隆沉小于 10mm。

轨道交通台墩基础沉降一般为 3mm,最大沉降为 6.1mm,未见倾斜。

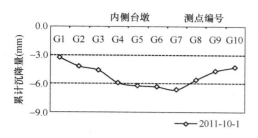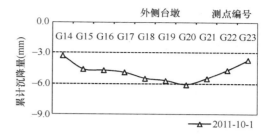

高架交通桥墩基础沉降一般为 2mm，最大沉降为 3.5mm，未见倾斜。

图 14　轨道台敦沉降曲线图

取 2 个具有代表性的侧斜孔 CX5、CX22 的地墙侧斜监测数据，各测点的平面位置详见图 6，各测点各个阶段地墙侧斜曲线如图 15 所示。

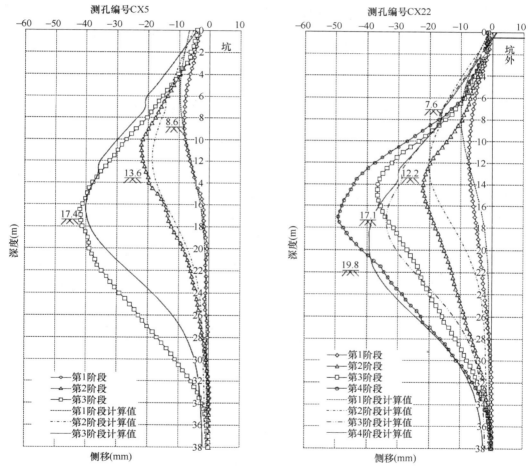

图 15　围护地下墙测斜曲线图

裙房区地墙侧斜结果与计算结果基本吻合。塔楼区地墙实测最大变形位于第四道支撑附近，而计算结果位于坑底附近。由于塔楼区第五层土须待周边裙房底板浇筑完成，并达到设计强度要求方可开挖，所以塔楼区停留在开挖 17.1m 深的工况时间较长。并且此范围对应上海第④层淤泥质粘土层，土层蠕变效应较强，所以此范围位移发展较大。

七、小结

逆作法作为一种具有环境保护理念和经济可靠的地下空间技术，值得在超大型深基坑工程中推广应用。在采用逆作法技术时需注意考虑相关事项，如逆作法技术受制于主体结构的设计进度及施工单位的能力。为满足主体结构的施工空间和工期要求，逆作法要求主体结构设计进度与施工进度匹配，需配合逆作法施工方案对楼板梁系结构进行必要的调整。逆作法设计与施工方案密切相关，需要尽早选定或委托有逆作法经验的施工单位提供逆作法施工布置，包括取土口、材料、土方进出通道等，参与围护设计方案的调整和深化工作，以使逆作法技术更好地服务于深基坑工程，并使投资方获得更大的经济效益和社会效益。

本项目采用逆作法基坑方案，完成了基坑设计的设定目标，取得较好的效益，对类似工程具有一定的借鉴意义。

上海鼎鼎外滩项目基坑工程

陈　畅　　王卫东

（华东建筑设计研究总院地基基础与地下工程设计研究中心，上海　200002）

一、工程概况

1. 工程概况

上海鼎鼎外滩项目位于上海黄浦区外滩 204 地块，地上建筑由四座塔楼及商业裙楼组成，地下整体设置四层地下室。本工程基坑面积约为 20000m²，周长约为 620m，基坑开挖深度 19.5～21m。

2. 环境概况

本项目位于上海黄浦区，处在人民路、永安路、新永安路、中山东二路共同围合的地块。本工程基坑周边环境极为复杂，保护要求极高。基坑东侧中山东二路下为外滩地下通道，外滩通道为地下两层两跨结构，底埋深约 10m，与本工程的最近距离约 16m；基坑南侧为人民路过江隧道，该隧道直径为 11.36m，顶部埋深约为 14～22m，与本工程地下室最近距离约为 9m；基坑东北角为历史保护建筑工业基金会大楼，该建筑始建于 1906 年，建筑由主楼、南楼、北楼三幢大楼组成，与本工程地下室的最近距离约为 3m。此外基坑周边紧邻多条市政道路，且道路下有较多的地下管线，主要为电话线、供电管线、煤气管线、自来水管等。本项目基坑周边环境总平面图见图 1，东北角历史保护建筑、人民路隧道与基坑的剖面关系图见图 2、图 3。

二、工程地质及水文地质概况

1. 工程地质概况

拟建场地位于东海之滨，长江三角洲冲积平原，地貌形态为滨海平原地貌类型。

本地块①₁ 层为杂填土，夹碎石、砖块等杂物，厚度约 1.77m，①₂ 层素填土，以粘性土为主，夹少量植物根茎，厚度约 1.27m。

②层褐黄～灰黄粉质粘土层，层底埋深在 0.77～1.37m 左右，呈湿状、可塑、中压缩性。

③层灰色淤泥质粉质粘土和第④层灰色淤泥质粘土，均为饱和状、流塑、高压缩性土层。

⑤₁ₐ层粘土层底埋深 14.73～17.37m，⑤₁ᵦ层粉质粘土层底埋深 25.22～28.17m，该两层土状态软塑～可塑。

本场地缺失上海⑥层暗绿～草黄色粉质粘土，而⑤₃ 层灰色粉质粘土夹砂及⑤₄ 层灰绿色粉质粘土层分布厚度较厚，⑤₄ 层层顶埋深一般为 28.00～43.93m。

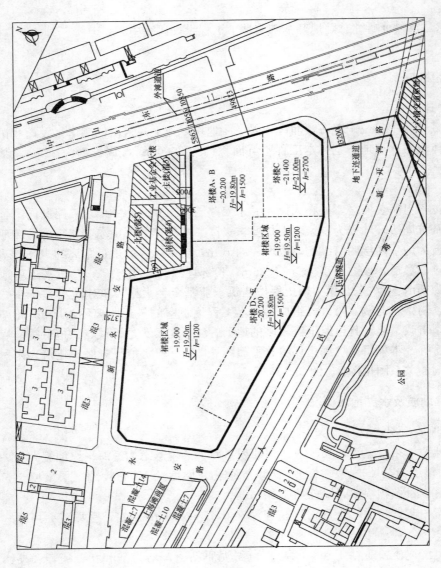

图 1　鼎鼎外滩项目基坑总坑平面图

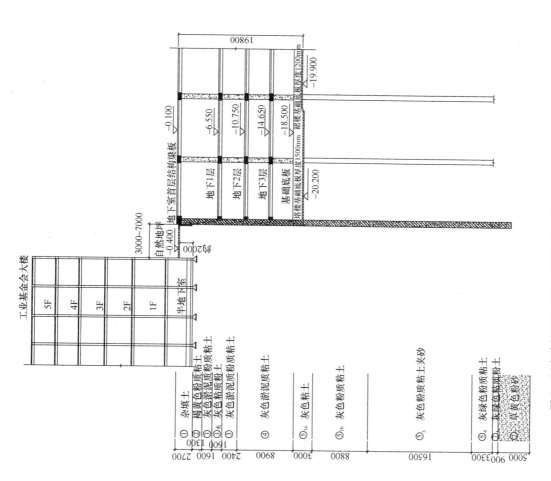

图2 历史建筑工业基金会大楼主楼与本工程地下室剖面关系图

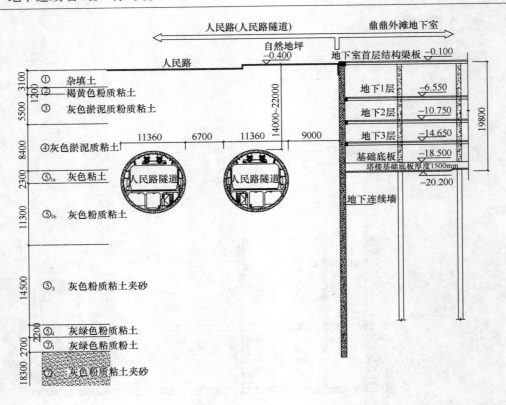

图3 人民路越江隧道、管线与本工程地下室剖面关系图

⑦₁层灰绿色粘质粉土，受古河道切割影响，层面起伏较大，层顶埋深31.30～46.82m，层厚1.0～7.8m，层面起伏较大，分布稳定性较差，土质较好，中等压缩性。

⑦₂层草黄色粉砂，层面埋深32.50～49.63m，厚度较厚，为14.30～31.50m，为中偏低等压缩性土层。

土层物理力学性质综合成果表   表1

层序	层名	γ (kN/m³)	φ (°)	C (kPa)	渗透系数（×10⁻⁷ cm/sec）	
					K_V	K_H
②	褐黄色粉质粘土	18.2	18.0	16	1.02	1.45
③	灰色淤泥质粉质粘土	17.5	17.0	11	2.59	3.06
③夹	灰色粘质粉土	18.5	31.0	5	486	996
④	灰色淤泥质粘土	16.8	12.0	11	0.826	1.02
⑤₁ₐ	灰色粘土	17.5	14.0	13	0.949	1.27
⑤₁ᵦ	灰色粉质粘土	18.0	18.5	15	2.02	2.70
⑤₃	灰色粉质粘土夹砂	18.1	22.5	13	1.92	2.51
⑤₄	灰绿色粉质粘土	19.6	21.5	39	0.959	1.20
⑦₁	灰绿色粘质粉土	19.2	33.0	7	793	151
⑦₂	草黄色粉砂	18.9	34.5	3	2930	4150

2. 水文地质概况

场地范围内涉及基坑工程的地下水有潜水、承压水二种类型。

潜水主要补给来源为大气降水，水位埋深随季节变化而变化，一般为0.3~1.5m。本场地潜水与黄浦江无水力联系。

本场地第⑦层粉性土、砂土层和第⑨层粉砂层均为承压含水层，其水位埋深一般为3.0~11.0m，勘探期间测得水位为地表下6m。该地块土层位于古河道区，受古河道切割影响，第⑦层层面在场地东南角区域层面起伏较大，该区域承压含水层埋置深度较浅，最浅处层顶埋深约36.6m，普遍侧层顶埋深约49m。

三、基坑支护结构设计方案

1. 基坑支护总体设计方案

本基坑属大面积深基坑工程，周边环境保护要求极高，为了最大限度控制基坑开挖阶段对周边环境产生的不利影响，本工程采用地下连续墙作为基坑围护结构，地下连续墙施工工艺成熟，施工对环境影响较小，水平抗侧刚度大，水平变形小，可有效地保护周围环境，已大量应用于上海的深基坑工程中，有着成熟和丰富的设计施工经验。同时考虑到经济性等因素，地下连续墙采用"两墙合一"的设计思路，即地下连续墙作为围护结构的同时又作为地下室外墙，基坑工程施工阶段地下连续墙既作为挡土结构又作为止水帷幕，起到挡土和止水的目的，同时地下连续墙在结构永久使用阶段作为主体地下室结构外墙，通过与主体地下结构内部水平梁板构件的有效连接，不再另外设置地下结构外墙。基坑围护体地下连续墙厚度综合主体结构使用要求，周围环境条件以及基坑开挖阶段水平位移的控制要求等因素进行计算确定，在普遍区域采用1000mm厚地下连续墙作为基坑围护结构，基坑东北侧临近工业基金会大楼区域采用1200mm厚度的地下连续墙。

基坑竖向设置五道钢筋混凝土支撑，呈边桁架加对撑布置，该支撑布置形式受力明确，可加快土方开挖、出土速度。钢筋混凝土内支撑可发挥其混凝土材料抗压承载力高、变形小、刚度大的特点，对减小围护体水平位移，并保证围护体整体稳定具有重要作用，同时第一道支撑对撑位置又可作为施工中挖、运土用的栈桥，方便了施工，降低了施工技术措施费。基坑开挖到坑底后再由下而上顺作地下室结构，并相应拆除支撑系统。

综上所述，本基坑工程采用"两墙合一"地下连续墙＋坑内五道钢筋混凝土支撑系统的总体设计方案。

2. 基坑围护体设计

本工程围护体采用地下连续墙，作为基坑围护结构起到挡土和止水作用的同时，又作为地下结构外墙，即"两墙合一"。地下连续墙混凝土强度等级为C35。

本工程基坑周边普遍区域地下连续墙厚度为1000mm，基坑东北角区域地下连续墙厚度为1200mm。地下连续墙插入基底以下深度由围护体的各项稳定性计算要求确定，其中基坑抗隆起是关键控制指标，根据基坑每一侧地层的分布特点，选取了相应的地层剖面进行计算，确定了本基坑工程各个区域的地墙插入深度。基坑西侧普遍区域地下连续墙插入基底以下18.0m；基坑北侧邻近居民楼区域地墙插入基底以下22.0m；基坑东北侧邻近历史建筑侧地下连续墙插入基底以下33.0m；基坑东侧邻近外滩通道区域地下连续墙插入基底以下24.50m；基坑东南侧地下连续墙插入基底以下20.0m；基坑西南侧邻近人民路隧道区域地墙进入⑦₂层，地墙插入深度分别为24.5m、30m和34m。

地下连续墙槽段宽度均按6m为原则划分。为减小地下连续墙施工期间对周边环境的影响并提高地下连续墙的止水可靠性，地墙两侧均设置三轴水泥土搅拌桩槽壁加固，普遍区域地墙两侧均设置一排三轴搅拌桩槽壁加固，基坑东北角保护建筑侧坑外设置两排三轴搅拌桩槽壁加固。普遍区域、基坑东北角临近历史保护建筑侧及基坑南侧临近人民路隧道侧基坑围护结构剖面图如图4、图5和图6所示。

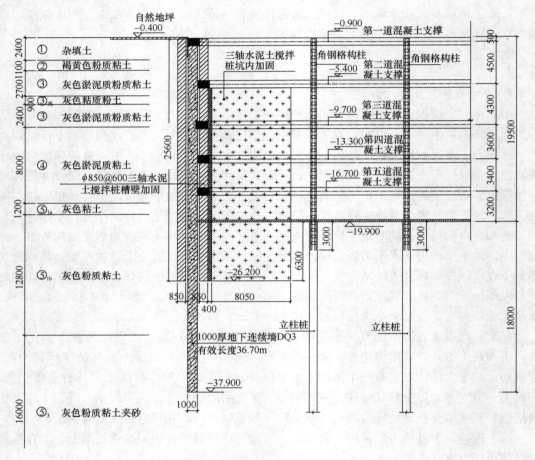

图4　基坑普遍区域围护结构剖面图

本工程地下室的埋置深度很深，相应的水头高度很高，在如此巨大的侧向水力渗透作用下以及承压水水头压力作用下如何保证地下结构不渗漏，满足地下室较高的防水要求，是本工程防水设计的重点也是难点。

由于地下连续墙自身施工工艺的特点，其施工是分槽段施工的，因此地下连续墙墙幅与墙幅之间接头位置的防渗漏是关键问题，尤其是地墙作为地下室永久性外墙时，即两墙合一设计时，接头要有较好的止水措施。实际工程中也采用了许多种技术措施，地墙接头防渗总体效果较好，但由于施工因素，难免会发生一些局部的渗漏。针对这些情况，本工程地下连续墙防水设计中可采取如下几项技术对策：

1）在地下连续墙槽幅分缝位置设置扶壁柱，扶壁柱通过预先在地墙内预留的钢筋与

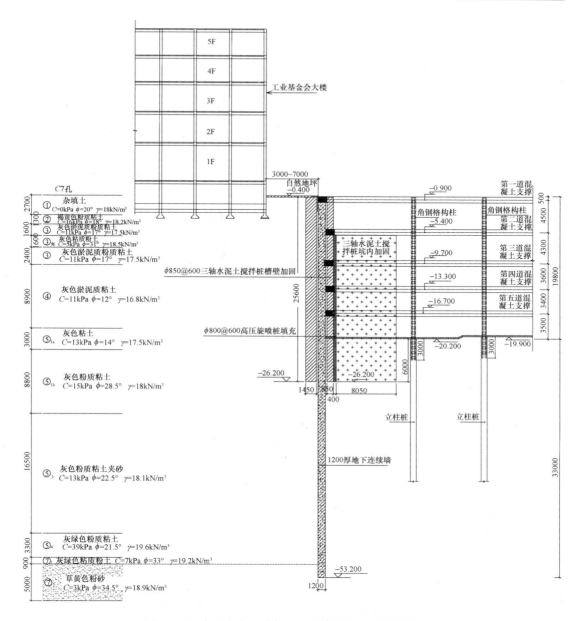

图5 基坑东北角角区域邻近历史建筑侧围护结构剖面图

地墙形成整体连接，从而增强了地墙接缝位置的防渗性能。

2）在地墙内侧设置通长的内衬砖墙，即在地下连续墙内侧砌筑一道砖衬墙。砖衬墙内壁要做防潮处理，且与地下连续墙之间在每一楼面处设置导流沟，各层导流沟用竖管连通，使用阶段如局部地墙有细微渗漏时，可通过导流沟和竖管引至集水坑排出，以保证地下室的永久干燥。地墙在与顶板及底板接缝位置采取留设止水条、刚性止水片等措施以解决接缝防水。

3. 水平支撑体系

基坑竖向设置五道钢筋混凝土支撑，钢筋混凝土内支撑可发挥其混凝土材料受压承载

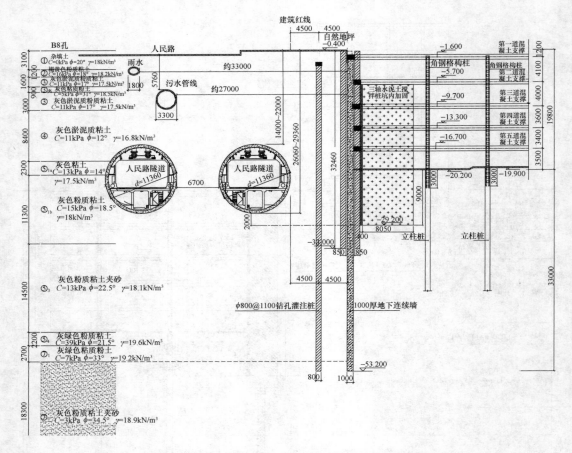

图 6　基坑西南侧邻近人民路隧道区域围护结构剖面图

力高、变形小、刚度大的特点,对减少围护体水平位移,并保证围护体整体稳定具有重要作用。支撑采用角撑、边桁架结合对撑的布置形式。通过对撑的设置基本上控制了基坑中部围护体的变形,角部位置通过设置角撑的方式进行解决,增加角部支撑刚度,有利于控制基坑角部变形。该布置形式,各个区域的受力均很明确,且相对独立,便于土方分块开挖。同时,第一道支撑的对撑位置又可作为基坑施工过程中挖土、运土用的栈桥,方便了施工,降低了施工技术措施费用。第一道钢筋混凝土支撑及围檩混凝土强度等级为 C30,第二~五道钢筋混凝土支撑及围檩混凝土强度等级为 C40,支撑杆件主筋保护层厚度均为30mm。支撑体系平面布置图如图 7 所示,各道支撑的相关信息如表 2 所示。

钢筋混凝土支撑信息表

表 2

项　　目	压顶圈梁 (mm×mm)	主撑 (mm×mm)	八字撑 (mm×mm)	连杆 (mm×mm)	支撑中心标高 (m)
第一道支撑系统	1100×700	100×700	800×700	600×600	−0.900
第二道支撑系统	1300×800	1000×800	900×700	700×700	−5.400
第三道支撑系统	1400×800	1200×800	900×800	700×700	−9.700
第四道支撑系统	1400×800	1200×800	900×800	700×700	−13.300
第五道支撑系统	1300×800	1100×800	900×700	700×700	−16.600

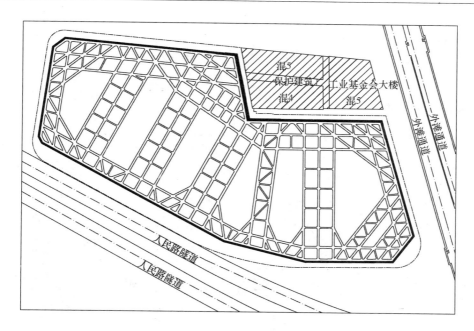

图 7　支撑平面布置图

4. 立柱和立柱桩

土方开挖期间需要设置竖向构件来承受水平支撑的竖向力，本工程中采用临时钢立柱及柱下钻孔灌注桩作为水平支撑系统的竖向支承构件。临时钢立柱采用由等边角钢和缀板焊接而成，截面为 480mm×480mm，角钢型号为 Q345B，钢立柱插入作为立柱桩的钻孔灌注桩中不少于 3m。栈桥区域角钢规格为 4L200×20，临时支撑杆件区域采用 4L180×18。钢立柱在穿越底板的范围内需设置止水片。

5. 地基加固

为了减小基坑开挖对周边环境的影响以及考虑到对基坑南侧人民路隧道、基坑东北角历史保护建筑、基坑东侧外滩通道、基坑北侧多层民居及周边市政道路管线的保护，对基坑周边被动区土体进行满堂加固。坑内加固采用 $\phi850mm@600mm$ 三轴水泥土搅拌桩，三轴水泥土搅拌桩加固体宽度为 8.05m，呈格栅状布置；三轴水泥土搅拌桩水泥掺量为 20%。坑内加固与槽壁加固间采用 $\phi800mm@600mm$ 高压旋喷桩进行加固。普遍区域加固体范围为第二道支撑底至基底以下 6m，人民路隧道侧加固体范围为第二道支撑底至基底以下 9m。坑内局部落深处（电梯井、集水井等）需根据其落低的深度、范围及位置，采取水泥土搅拌桩或旋喷桩结合劈裂注浆封底的加固形式。图 8 为基坑被动区土体加固平面布置图。

四、施工工况

土方开挖及地下结构施工工况如下：

STEP1：开挖至第一道支撑底标高，其后浇筑第一道压顶梁和支撑；

STEP2：待第一道支撑达到设计强度的 80% 后，分层、分块、对称、平衡开挖至第二道支撑底标高，其后浇筑第二道钢筋混凝土围檩和支撑；

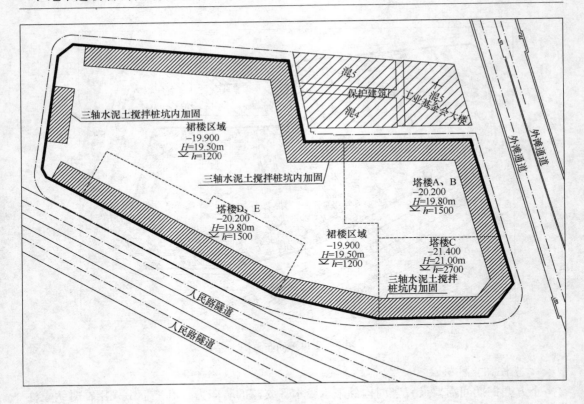

图 8　基坑土体加固平面图

STEP3：待第二道支撑达到设计强度的80%后，分层、分块、对称、平衡开挖至第三道支撑底标高，其后浇筑第三道钢筋混凝土围檩和支撑；

STEP4：待第三道支撑达到设计强度的80%后，分层、分块、对称、平衡开挖至第四道支撑底标高，其后浇筑第四道钢筋混凝土围檩和支撑；

STEP5：待第四道支撑达到设计强度的80%后，分层、分块、对称、平衡开挖至第五道支撑底标高，其后浇筑第五道钢筋混凝土围檩和支撑；

STEP6：待第五道支撑达到设计强度的80%后，分层、分块、对称、平衡开挖至基底，及时浇筑垫层、底板和周边素砼换撑；

STEP7：基础底板浇筑完毕后，并达到设计强度的80%后，拆除第五道支撑；

STEP8：施工地下三层结构梁板达到设计强度的80%后，拆除第四道支撑；

STEP9：施工地下二层结构梁板达到设计强度的80%后，拆除第三道支撑；

STEP10：施工地下一层结构梁板达到设计强度的80%后，架设钢管斜支撑，并拆除第一和第二道水平支撑；

STEP11：浇筑地下室结构顶板，待地下室结构顶板达到设计强度的80%，拆除钢管斜支撑，且在将周边施工操作空间密实回填后，拆除内部临时换撑。

五、现场监测

按照上海市标准《基坑工程技术规范》DG/TJ 08－61－2010，本基坑工程安全等级为一级，环境保护等级为一级。基坑周边环境极为复杂，必须在基坑施工过程中进行综合的现场监测，布设的监测系统应该能及时、有效、准确地反映施工中围护体及周边环境的动向。根据本工程施工的特点、周边环境特点及设计的常规要求，监测主要分两大类内容：

1. 基坑周边环境监测

主要是针对基坑周边两倍基坑开挖深度范围内的地面、道路、管线及周边地下水位进行变形监测，监测内容如以下所列：

1）周边道路及建筑的变形及沉降监测
2）地下管线变形（沉降、位移）监测
3）人民路隧道、外滩通道的变形（沉降、位移）监测
4）基坑外深层土体水平位移（测斜）监测
5）基坑外地下潜水水位监测
6）基坑外承压水水位监测

2. 基坑围护监测

1）地下连续墙墙顶变形（水平位移、竖向位移）监测
2）地下连续墙墙体水平位移（测斜）监测
3）支撑轴力监测
4）钢立柱隆沉位移监测

测点平面布置图如图9所示。

六、主要监测结果分析

1. 地下连续墙侧向位移

图10为地下连续墙测斜曲线，由曲线图可知：1）地下连续墙侧向位移随基坑开挖深度和时间的增加而逐步增大，stage4～stage6为变形增加最快的，支撑拆除阶段变形增加较小；2）CX5位于基坑东南侧角部位置，受空间效应的影响，其变形最小，开挖至基底，CX5最大侧向位移为42.3mm；3）CX11位于基坑东北侧，该区域采用1200mm厚地下连续墙，其变形数据要比采用1000mm厚的CX14和CX17变形要小。

2. 地下连续墙墙顶竖向位移

图11为将四周的连续墙顶测点连在一起的竖向位移曲线，测点的位置为各个测点在该侧连续墙上的相对位置。可以看出，在stage2、stage3、stage4、stage5四个挖土工况下，由于土体的回弹使得连续墙顶测点表现为隆起，并且随着开挖深度的增加而增大。整个施工过程中，最大回弹量为27.21mm，出现在基坑东北侧Q10测点的Stage5时期。在底板浇筑以后，由于地下结构自重的增加而使连续墙又有所沉降。

3. 立柱的竖向位移

图14表示立柱顶竖向位移随时间的变化曲线，从图12中可以看出，由于开挖引起土体的回弹，从而带动所有的立柱发生向上的位移。在stage2-stage5中，随着开挖的加深，各个测点立柱的回弹迅速增大，基本呈线性增长。stage6中开始各立柱的回弹还在加大，随着底板的浇筑，回弹慢慢趋于稳定，最后开始减少；最大回弹为位于基坑中部的L8测点，最大值为50.7mm。

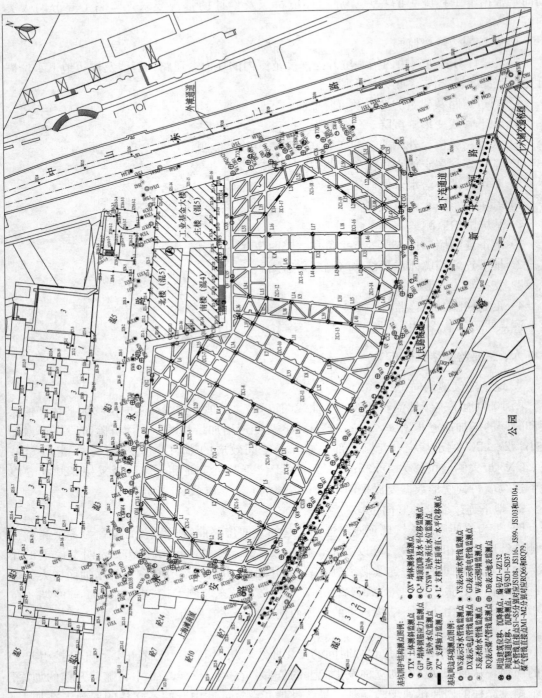

图 9　基坑围护结构监测点平面布置图

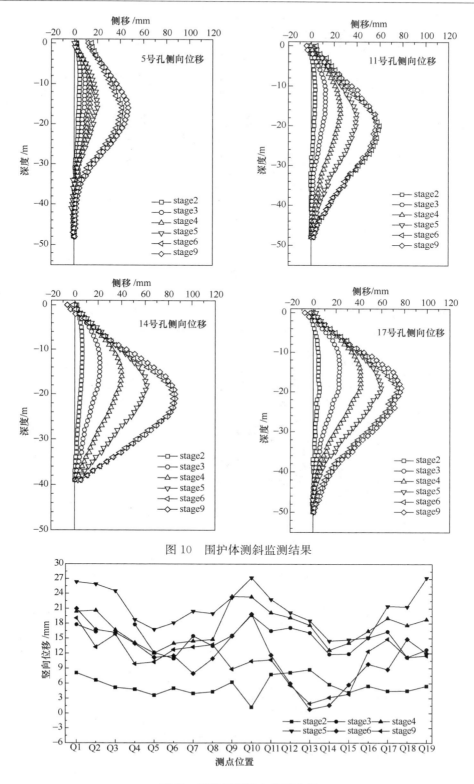

图 10　围护体测斜监测结果

图 11　连续墙顶竖向位移曲线

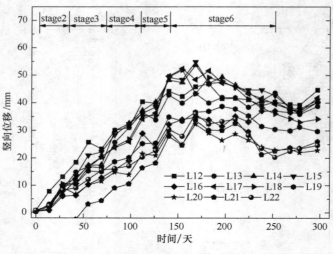

图 12 立柱竖向位移曲线

4. 支撑轴力

图 13 表示第一道、第二道支撑的轴力随时间变化曲线。对第一道支撑而言，在第二、三次挖土时，支撑轴力增加很快；第四、五次挖土时，支撑轴力基本趋于平稳；在开挖至

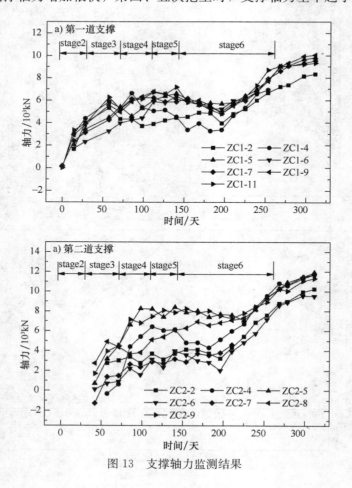

图 13 支撑轴力监测结果

坑底阶段支撑轴力再次增长，浇筑底板以后，支撑轴力又趋于平稳。第一道支撑中 ZC1—9 轴力最大，最大值为 10045kN。对第二道支撑而言，在第三、四次挖土时，支撑轴力增加很快；第五次挖土时，支撑轴力基本趋于平稳；在开挖至坑底阶段支撑轴力再次增长，浇筑底板以后，支撑轴力又趋于平稳。第二道支撑中 ZC2—5 轴力最大，最大值达到 11910kN。基本上，每道支撑在其下一、二层土方开挖时，支撑轴力增长较快，其后则逐渐趋于稳定。

5. 工业基金会大楼竖向位移

图 14 为工业基金大楼随时间的沉降变化曲线，图中曲线的起始时间为地下连续墙施工的时间。工业基金会大楼在地下连续墙施工完成后基坑土方开挖前进行了建筑物的基础托换加固处理。地下连续墙施工期间由于尚未对工业基金会大楼进行地基托换加固处理，从工业基金会大楼的沉降曲线可以看出，地下连续墙成槽引起的建筑物沉降影响超过

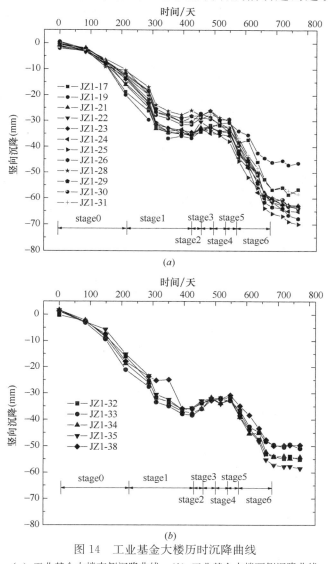

图 14 工业基金大楼历时沉降曲线

(a) 工业基金大楼南侧沉降曲线；(b) 工业基金大楼西侧沉降曲线

30mm。地基托换加固完成后，基坑开挖引起的建筑物沉降值约为 30mm。从曲线的变化规律上看，stage1、stage2 和 stage3 浅层土方开挖时，工业基金会大楼的沉降速率不大；stage4、stage5 和 stage6 随着土方开挖深度的增加，工业基金会大楼的沉降速率较大。

七、小结

上海鼎鼎外滩项目基坑开挖深度深，基坑面积大，基坑周边环境极为复杂，基坑南侧人民路隧道、基坑东北角历史保护建筑、基坑东侧外滩通道、基坑北侧多层居民楼及基坑周边市政道路管线均为基坑设计及施工阶段重点保护对象。基坑开挖深度范围内主要以③淤泥质粉质粘土与④淤泥质粘土为主，该两层土力学性质较为软弱，均呈流塑状态且压缩性大，具有明显触变及流变特性，在动力作用下土体强度极易降低。结合基坑特点及水文地质特点，本工程采用常规顺作法施工方案，基坑周边围护体采用"两墙合一"地下连续墙，坑内竖向设置五道钢筋混凝土支撑。基坑开挖过程进行了全过程的监测，监测结果表明，虽然基坑周边环境均产生了一定的变形，但基坑开挖没有对周边环境的正常使用产生不良影响，基坑工程的设计较好地保护了的周边环境，取得了较好的经济效益和工程效益。该工程的设计和实施可作为同类基坑工程的参考。

上海丁香路778号商业办公楼基坑工程

梁志荣　张　刚　廖　斌

（上海申元岩土工程有限公司，上海　200040）

一、工程简介及特点

本工程占地面积19863m²，总建筑面积146711m²（地上79452m²，地下66889m²）。整个项目包括东西对称的两栋塔楼（主要屋面高度为99.50m）和南北两栋裙房（最大高度为17.35m）。塔楼主要功能为5层以上办公，4层及以下为商业；两栋裙房均为商业。地下共4层，地下1、2层为商场，地下3、4层为汽车库，其中地下4层局部为人防。

本工程基坑开挖面积16162m²，周边延长米556m（图1）。中间裙楼区域开挖深度为22.7m，塔楼区域开挖深度为23.2m，设备区域开挖深度为24.4m；局部深坑深度1.3m、3.0m，对应开挖深度24～26.2m。

图1　基坑施工现场照片

本工程具有以下几个特点：

（1）基坑开挖深度深，常规开挖深度22.7～24.4m；开挖面积大，超过16000m²。

（2）基坑四周环境以道路、地下管线为主，环境保护要求高。

（3）坑底土体抗承压水（第⑦₁层灰色砂质粉土层），稳定性问题比较突出。

（4）基地可利用施工场地紧张、难度高。

（5）逆作法施工工艺复杂，立柱桩施工（垂直度控制）、施工作业环境安全措施等对施工单位要求较高。

二、工程地质条件

根据勘探成果分析(表 1、图 2),场地地层分布主要有以下特点:

表层①₁层为素填土以粘性土为主,含植物根茎,少量建筑垃圾。①₂为层浜填土,为新近回填,以粘性土为主,含有机质,底部见黑色淤泥。

第②层为褐黄—灰黄色粉质粉土,可塑—软塑状态,除暗浜外,在本场地均有分布。

第③层为淤泥质粉质粘土,流塑状态,在埋深 3.5～7.0m 左右夹有第③_夹层为砂质粉土,场地均有分布。

第④层为淤泥质粘土,流塑状态,在本场地均有分布

第⑤₁₋₁为粘土,⑤₁₋₂为粉质粘土,均为软塑状态,土质均匀,分布稳定,场地均有分布。

第⑥层为暗绿—草黄色粉质粘土,可塑状态,场地均有分布。

第⑦层上部为⑦₁粘质粉土,中部为第⑦₂₋₁层砂质粉土,在埋深 33.8～38.2m,场地东部在第⑦₂₋₁层中部夹有第⑦₂₋₁夹层粘质粉土,下部为第⑦₂₋₂层粉细砂。

场地土层主要力学参数 表 1

层序	土 名	层底深度 (m)	重度 (kN/m³)	含水量 (%)	孔隙比 e	压缩模量 $E_{S0.1\sim0.2}$ (MPa)	固结快剪峰值 c (kPa)	(°)	渗透系数 k (cm/s)
②	粉质粘土	1.1	18.3	33.9	0.956	3.73	23	15.5	3.5×10⁻⁶
③	灰色淤泥质粉质粘土	1.5	17.4	44.9	1.250	2.97	15	16.5	5.0×10⁻⁶
③夹	砂质粉土	1.7	19	27.4	0.774	11.99	3	36.5	1.0×10⁻⁴
③	灰色淤泥质粉质粘土	4.3	17.4	44.9	1.250	2.97	15	16.5	5.0×10⁻⁶
④	灰色淤泥质粘土	7	16.7	50.7	1.418	2.38	14	11	4.0×10⁻⁷
⑤₁₋₁	粘土	3	17.5	42.3	1.192	3.04	19	11	2.7×10⁻⁷
⑤₁₋₂	粉质粘土	4	18.1	34.7	0.992	4.28	20	17	3.4×10⁻⁶
⑥	粉质粘土	4	19.7	24.7	0.696	7.08	44	18.5	4.4×10⁻⁶
⑦₁	粘质粉土	3.5	18.9	28.6	0.808	8.77	11	32	5.8×10⁻⁵
⑦₂₋₁	砂质粉土	11.3	18.7	29.1	0.822	11.37	3	36	2.0×10⁻⁴
⑦₂₋₂	粉细砂	17.2	19.2	25.4	0.719	13.91	0	38	5.0×10⁻⁴

三、基坑周边环境情况

本工程基地位于浦东新区丁香路以南、民生路以东、长柳路以西。四周以道路和高层建筑为主,道路下有较多地下管线,基地红线距离周边道路、地下管线及建筑物均较近(图 3)。

北侧地下室外墙距离红线 6.8m。红线外侧为丁香路。马路对面两幢 12 层居民楼距离地下室外边线约 53m。丁香路地下管线(按距离围护外边线由近及远):电力(8.8m)、煤气(11.7m)、上水(13.1m)、信息(30.9m)。

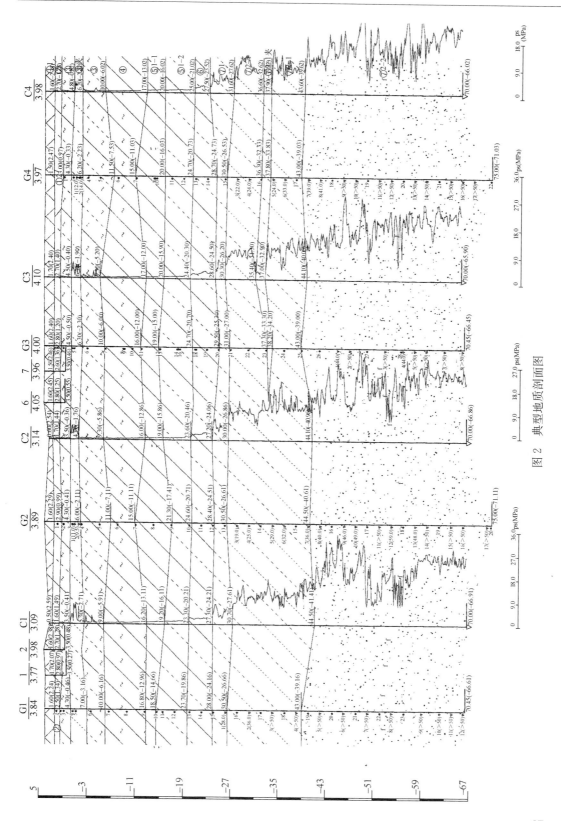

图 2　典型地质剖面图

东侧红线距离地下室外墙约为 3.8m。红线外侧为长柳路。外侧的 21 层居民楼距离地下室外边线约 37m。长柳路地下管线(按距离围护外边线由近及远):信息(10.2m)、上水(13.4m)、煤气(27.8m)、电力(28.7m)。

南侧红线距离地下室外墙最近处约为 4.8m。红线外侧三幢高层建筑由西向东依次为太平人寿大厦、太湖·世家国际信息大厦、证大立方大厦。三幢高层距离地下室外墙的距离分别为:16m、40.7m 和 20.4m。太平人寿大厦主楼高 18 层,裙楼 5 层。该建筑地下一层,底板埋深约 4m,采用 250 方桩基础,桩底埋深约 30m 和 35m。南侧有一条上水管线,管径 500mm。与基坑围护外边线的最近距离仅为 7.5m。

西侧红线距离地下室外墙约为 3.8m。红线外侧为民生路,道路距离地下室外墙约为 37.6m。民生路地下管线(按距离围护外边线由近及远):上水(30.2m)、煤气(31.7m)、上水(37.7m)、电力(46.9m)、煤气(66.0m)、信息(67.7m)、上水(79.2m)。

四、基坑围护方案

1. 围护结构总体设计概况(图 4)

综合考虑工程实际情况、周边环境条件及基坑开挖深度、面积,并对各种围护结构进行比较分析,本工程采用主体结构与支护结构全面结合,基坑逆作施工的整体方案,地下连续墙"两墙合一"作为围护结构,利用地下室梁板作为水平支撑,局部采用钢筋混凝土支撑或钢支撑作为临时支撑。地上结构考虑待地下室底板完成并达到设计强度后再行施工。

2. 围护结构

裙楼常规开挖区域(1-1 剖面),基坑开挖深度 22.7m。设计 1200mm 厚地下连续墙做为围护结构,兼做地下室外墙,即两墙合一,墙底埋深 42m。地下连续墙两侧采用 ϕ850mm@600mm 三轴水泥土搅拌桩加固,搅拌桩底面相对标高－26.400m,水泥掺量 20%。

主楼常规开挖区域(2-2 剖面),基坑开挖深度 23.2m。设计 1200mm 厚地下连续墙做为围护结构,兼做地下室外墙,即两墙合一,墙底埋深 43m。地下连续墙两侧采用 ϕ850mm@600mm 三轴水泥土搅拌桩加固,搅拌桩底面相对标高－26.40m,水泥掺量 20%(图 5)。

设备间开挖区域(3-3 剖面、4-4 剖面),基坑开挖深度 24.4m。设计 1200mm 厚地下连续墙做为围护结构,兼做地下室外墙,即两墙合一,墙底埋深 45m。地下连续墙两侧采用 ϕ850mm@600mm 三轴水泥土搅拌桩加固,搅拌桩底面相对标高－26.400m,水泥掺量 20%。在临近 18 层方桩基础建筑区域,为减小承压水头对该建筑的影响,地下连续墙深度增加 10m。

3. 水平支撑体系

(1)梁板体系

本工程采用逆作法方案,利用刚度较大的地下室梁板作为水平支撑,以节约造价、控制周边环境的变形。此支撑体系刚度较大,能够承担基坑挖土时通过地下连续墙传递的水平向水土压力。

各层梁板均设有电梯井等结构开口,剪力墙区域考虑后做。围护设计根据开口位置的结构水平受力状态和逆作出土等垂直运输的需要,留设了 6 个取土口。逆作施工阶段顶层结构梁板需要承受车辆荷载和施工堆载,需要对局部梁板进行加强(图 6)。

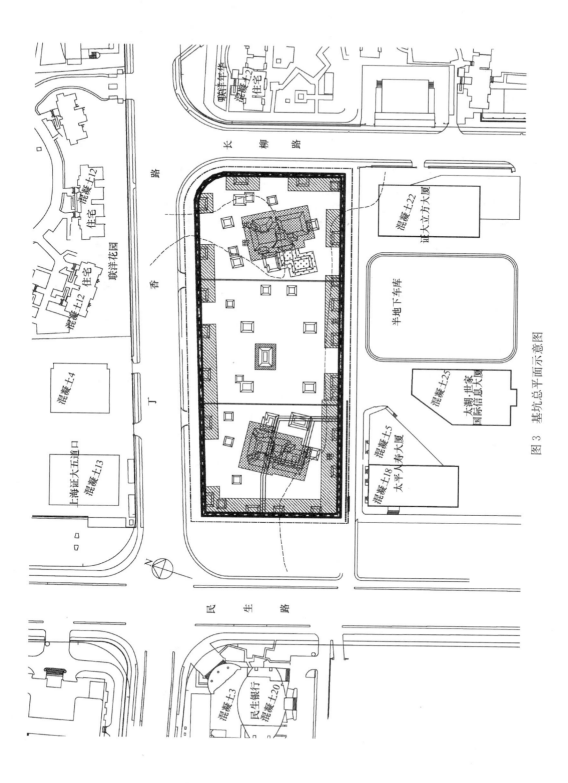

图 3 基坑总平面示意图

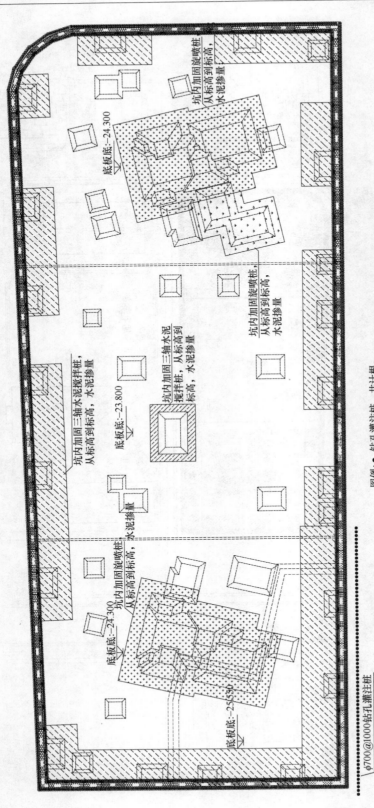

图例：● 钻孔灌注桩，共计根。
　　　▨ 地墙槽壁加固三轴水泥搅拌桩，桩顶标高，桩底标高，水泥掺量。
　　　▥ 坑内加固三轴水泥搅拌桩，桩顶标高，桩底标高，水泥掺量。
　　　▧ 坑内加固旋喷桩，桩顶标高，桩底标高，水泥掺量。
　　　▢ 坑内加固旋喷桩，桩顶标高，桩底标高，水泥掺量。

图 4　基坑围护平面图

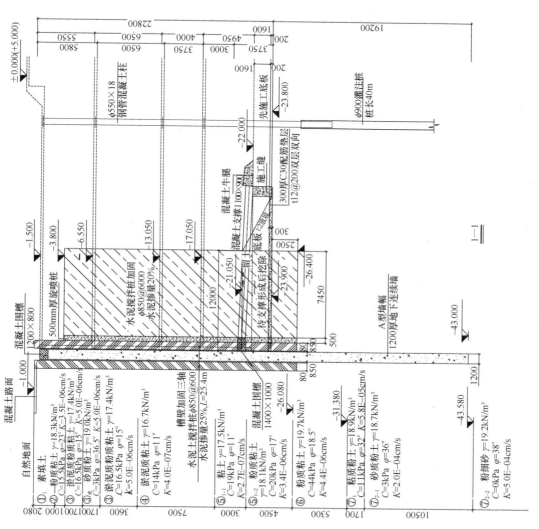

图 5 基坑围护剖面图

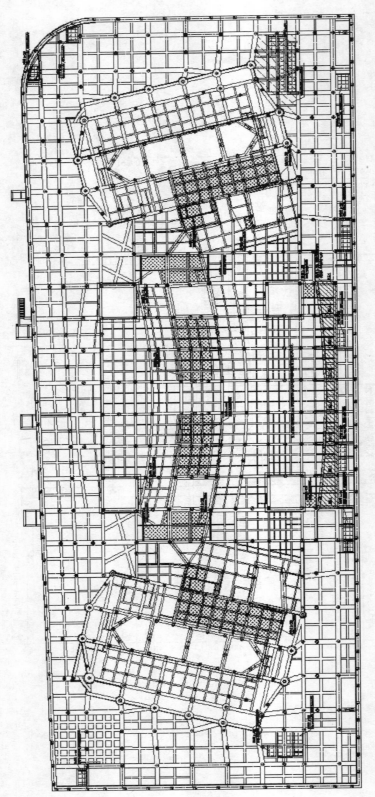

图 6 逆作阶段 B0 板 (标高-0.008) 加固图

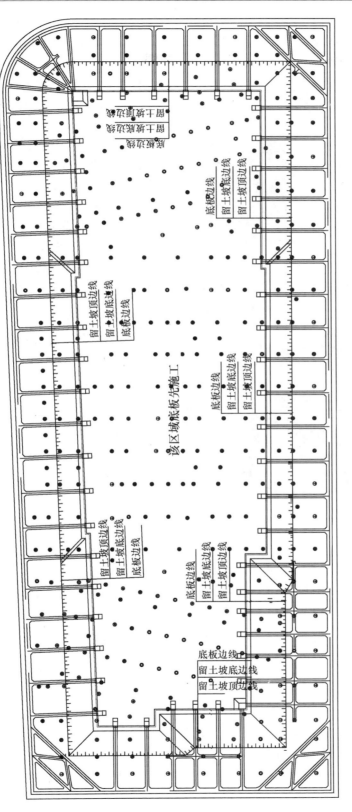

图 7　逆作阶段底板斜抛撑布置图（标高 −21.050）

（2）临时支撑

楼板缺失处采用临时钢筋混凝土支撑，以加强梁板作为水平支撑的刚度，控制梁板变形，同时保证施工安全和梁板结构的质量。

图8　一柱一桩施工现场照片

地下3层楼板至底板底开挖深度6.65m、7.15m、8.35m，中间采用一道混凝土斜抛撑（图7），该区域采用盆式挖土，周边留土平台宽度10m和12m，至底板1∶2放坡，中间位置底板先施工，斜抛撑撑于先施工的底板上，以减小第4层开挖过程中基坑变形。

4. 竖向支承体系

立柱采用一柱一桩型式，即在主体结构柱位置设置一根钢立柱和立柱桩（图8）。立柱采用ϕ550mm×18mm钢管混凝土柱，待逆作施工完成后，钢管砼柱外包钢筋混凝土形成劲性柱。立柱桩采用ϕ900mm钻孔灌注桩。

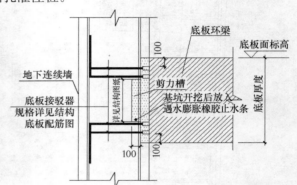

图9　地下连续墙与底板的连接

5. 节点设计

地下连续墙两墙合一及立柱与梁板的连接涉及的节点较多。地下连续墙及立柱与地下室各层梁板的可靠连接是设计成功的关键之一。

（1）地下连续墙与底板的连接

考虑采用地下连续墙内预埋钢筋接驳器与底板的钢筋主筋连接（图9）。并设置止水钢板及橡胶止水条，增加底板的抗渗性能。

（2）钢管混凝土柱与梁板的连接

考虑采用传力钢板法，即在钢管梁板标高处焊接传力钢板，梁内的主筋与传力钢板焊接，以达到传力的作用（图10）。

（3）地下连续墙与边梁的连接

考虑采用预埋钢筋法，在墙内于边梁标高处预埋钢筋并加以弯折，待基坑挖土至边梁标高处时，将预埋连接钢筋再掰直到位，与梁内钢筋焊接（图11）。

（4）地下连续墙与上部结构的连接（图12）

地下连续墙有上部结构时，考虑在混凝土围檩内预埋钢筋接驳器，施工上部结构时，与上部结构墙体内主筋连接，并设置橡胶止水条，增强抗渗性能。

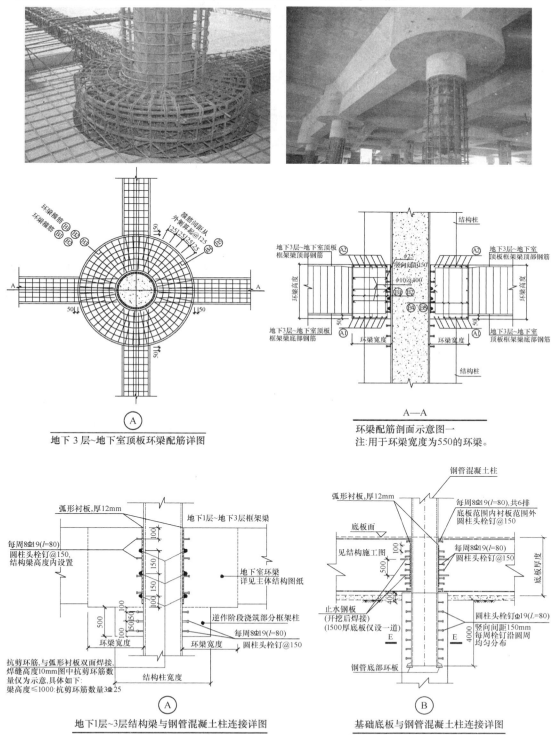

图 10　钢管混凝土柱与梁板的连接

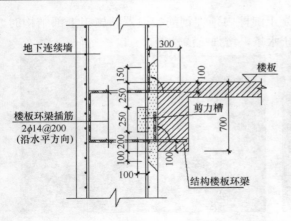

图 11　地下连续墙与边梁的连接

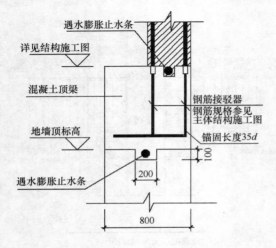

图 12　地下连续墙与上部结构的连接

五、基坑监测情况

1. 监测项目

根据工程实际情况,设置了如下监测项目(图 13)

(1)周边环境监测

a)地下管线位移监测;b)邻房沉降监测;c)坑外地表沉降监测。

(2)基坑围护监测

a)围护墙顶位移监测;b)墙体测斜;c)坑外土体测斜;d)坑外水位监测;e)立柱隆沉监测;f)立柱应力监测;g)梁板应力监测;h)承压水水位监测。

1)2011 年 4 月 30 号至 2012 年 3 月 5 号,地下连续墙施工、桩基施工、坑底搅拌加固施工。

2)2012-3-6,基坑表层土方开挖。

3)2012-5-6,CX3～CX18 段 B0 板浇筑完成。

4)2012-5-7,CX7～CX14 段 B1 层土方开挖。

5)2012-5-17,B0 板全部浇筑完成。

6)2012-5-24,CX5、CX6、CX15、CX16 段 B1 层土方开挖。

7)2012-5-30,CX17、CX18 段 B1 层土方开挖。

8)2012-6-8,CX3、CX4 段 B1 层土方开挖。

9)2012-6-11,CX19 ～ CX22 段 B1 层土方开挖。

10)2012-6-18,CX1、CX2、CX23、CX24 段 B1 层土方开挖。

11)2012-6-24,CX11～CX14 段 B2 层土方开挖,承压水降水陆续开始。

12)2012-7-7,CX7～CX10 段 CX7～CX14 段 B2 层土方开挖。

13)2012-7-8,B1 板浇筑完成。

14) 2012-7-13，CX5、CX6 段 B2 层土方开挖。

15) 2012-7-25，CX15、CX16 段 B2 层土方开挖。

16) 2012-7-28，CX3、CX4、CX17、CX18 段 B2 层土方开挖。

17) 2012-8-11，CX1、CX2、CX19～CX24 段 B2 层土方开挖。

18) 2012-8-15，CX11～CX14 段 B3 层土方开挖。

19) 2012-9-1，B2 板浇筑完成，CX5～CX10 段 B3 层土方开挖。

20) 2012-9-11，CX3、CX4、CX15～CX18 段 B3 层土方开挖。

21) 2012-9-26，CX1、CX2、CX19～CX24 段 B3 层土方开挖。

22) 2012-10-6，CX7～CX14 段 B4 层中心岛土方开挖。

23) 2012-10-20，B3 板浇筑完成。

24) 2012-10-22，CX5、CX6、CX15、CX16 段 B4 层中心岛土方开挖。

25) 2012-10-29，CX3、CX4、CX17、CX18 段 B4 层中心岛土方开挖。

26) 2012-11-11，CX1、CX2、CX19～CX24 段 B4 层中心岛土方开挖，CX7～CX14 段中心岛大底板浇筑完成。

27) 2012-11-13，CX3～CX6、CX15～CX18 段 B4 层边坡土方开挖。

28) 2012-11-25，CX3～CX6、CX15～CX18 段大底板浇筑完成，CX7～CX14 段边坡土方开挖。

29) 2012-12-15，CX1、CX2、CX19～CX24 段 B4 层边坡土方开挖

30) 2013-1-11，大底板浇筑全部完成。

31) 2013-1-26，监测结束。

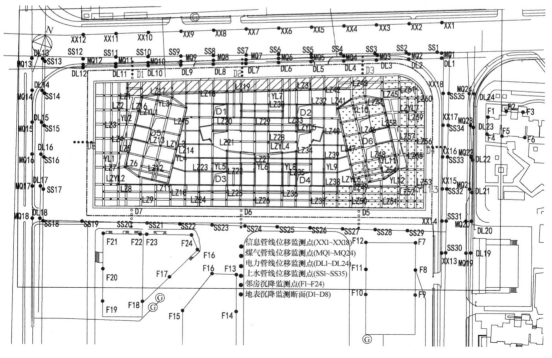

图 13　基坑周边环境及围护监测点平面布置示意图

2. 监测结果

(1) 管线沉降

由图 14 可见，管线沉降历时曲线从 2012 年 6 月中旬（B1 层土方开挖）开始变陡，直至 2013 年 1 月中旬（大地板基本结束），曲线开始变的平稳，基本是水平趋势。可见，周边管线的变化基本是由基坑的挖土引起的，随土体开挖不断增大。至监测结束，大多数管线监测点沉降累计量都超过了 10mm 的累计报警值，但是从累计曲线图中可以看出各管线累计值成弧线状，其相邻点的位移差不大，考虑本基坑开挖深度深，施工工期长等原因，此外管线历时曲线图显示各条曲线走势平缓，没有突变情况，基本在施工控制之内。

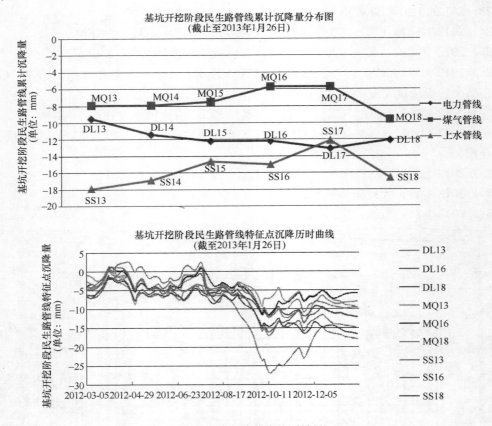

图 14 民生路管线监测结果

(2) 围护墙水平位移（测斜）

墙体测斜直接反映了基坑在挖土施工过程中对整个围护结构变形情况。由图 15 可见，墙体水平位移总体上随基坑开挖深度和时间的增加而增大。从各测斜孔的累计水平位移看，因为存在长边效应，位于基坑周边中间部位的墙体累计水平位移普遍比基坑端部大，最大的累计水平位移约 70mm；此外，墙体水平位移最大值普遍位于开挖面偏上部位。从单个测斜孔的变形曲线看，土方开挖阶段，墙体变形发展速度较快，随后变形发展变缓；本基坑分 4 层土开挖，B1 层土方开挖期间水平位移变化不大，B2 层、B3 层和 B4 层土方开挖期间水平位移变化幅度较大。

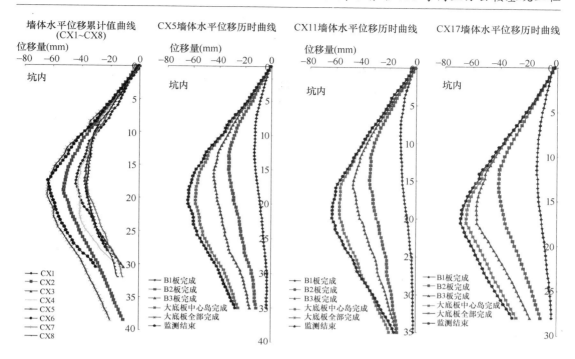

图15　围护墙测斜点监测结果

（3）坑外土体水平位移（测斜）

从土体测斜累计曲线（图16）可以看出50%的测点报警，即TX2、TX3、TX4，靠近基坑东侧，累计最大为60.5mm（TX2），土体测斜一方面能间接地反映出围护墙体的位移情况，另一反面由于土体测斜比地下连续墙深，能反应地下连续墙以下土体的蠕动情况。累计曲线图中可以看出42m以下累计位移量很小，说明本基坑施工过程中地下连续墙以下土体基本没有出现蠕动现象。

（4）立柱沉降

土方开挖卸荷势必会打破立柱上方土压力平衡，随着土方开挖坑内土体的回弹，立柱会出现上浮现像，直至监测结束立柱隆起最大为32.5mm（LZ49）。其监测数据基本在施工控制范围内（图17）。

（5）邻房沉降

本工程对周边建筑物变形影响不大，图18中，邻房监测点沉降最大累计值为16.6mm，小于20mm的报警线。邻房沉降历时曲线在B4板浇筑完成后，基本呈现稳定状态。

（6）地表沉降

地表垂直位移总共布置了8个断面，其中7个断

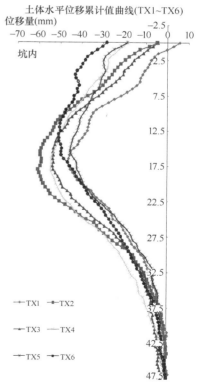

图16　坑外土体测斜点监测结果

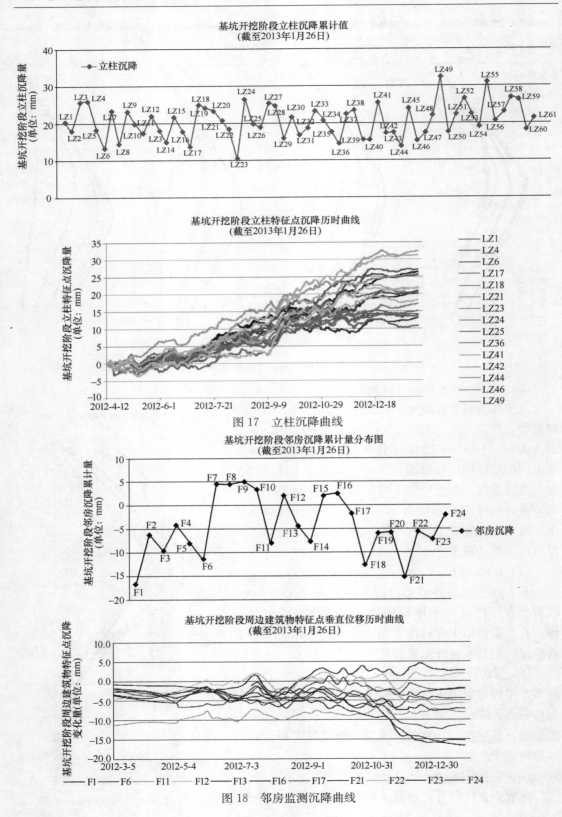

基坑开挖阶段立柱沉降累计值
(截至2013年1月26日)

基坑开挖阶段立柱特征点沉降历时曲线
(截至2013年1月26日)

图 17　立柱沉降曲线

基坑开挖阶段邻房沉降累计量分布图
(截至2013年1月26日)

基坑开挖阶段周边建筑物特征点垂直位移历时曲线
(截至2013年1月26日)

图 18　邻房监测沉降曲线

面报警,最大累计为 95.3mm,其受基坑开挖影响明显。另外,D5 断面 D5-2～D5-5 监测点垂直位移在整个施工过程中变化很小,其原因是该断面 D5-2～D5-5 监测点的布置位置是在地下停车库结构的正顶方,而该地下停车库是和周边建筑物连在一起有桩基结构的。参照历时曲线图 19,从 2012 年 7 月份开始,基坑开挖后各曲线逐渐变陡,直到 2012 年 12 月份曲线开始变平缓,趋向水平。

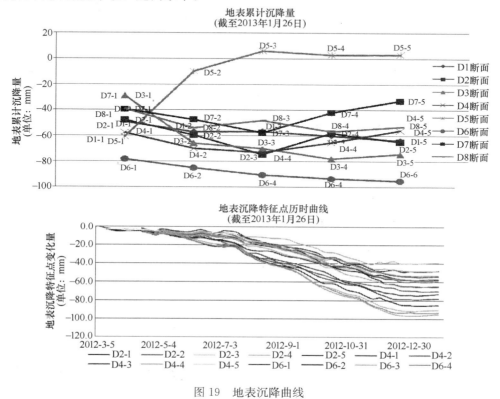

图 19 地表沉降曲线

六、点评

上海丁香路 778 号商业办公楼基坑开挖面积约 16162m²,常规开挖深度 22.7～24.4m,基坑四周以道路和高层建筑为主,道路下有较多地下管线,基地红线距离周边道路、地下管线及建筑物均较近,环境条件较为复杂,基地可利用施工场地较紧张;此外,场地内第⑦₁层砂质粉土承压水问题比较突出。本工程基坑围护设计与施工难度较大。

考虑本工程实际情况,基坑采用主体结构与支护结构全面结合,逆作施工的整体方案:地下连续墙"两墙合一"作为围护结构,利用地下室梁板作为水平支撑,局部采用钢筋混凝土支撑或钢支撑作为临时支撑。该方案较好地解决了基地施工长度不足、保护基坑周边环境等问题,并且减少了大量临时支撑的设置和拆除,具有较好地经济效益和环境效益。

本工程逆作法施工的顺利实施,可为类似场地条件下的深大基坑提供新的设计、施工选择,有利于逆作法这一新施工工艺的推广。

上海合生国际广场基坑工程

刘　征　贺　翀　史海莹

（现代建筑设计集团上海申元岩土工程有限公司，上海　200040）

一、工程简介

　　合生国际广场位于上海市杨浦区五角场。场地内拟建两栋塔楼，分别为 34F 的办公楼以及 25F 的酒店，采用框筒结构；另有 3～6F 的商业群房，采用框架结构。其下设置一座连通的 4 层地下室。总平面图如图 1 所示。

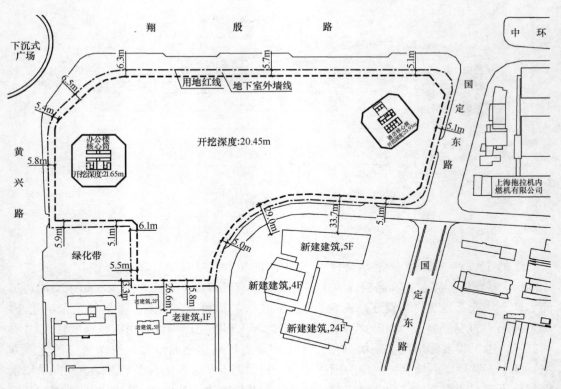

图 1　基坑总平面示意图

　　基坑呈倒马蹄形，东西长约 340m，南北宽约 110～190m。基坑总面积约 42000m²，围护总长度约 954m，基坑开挖深度 20.45～21.65m，属超大型深基坑工程，基坑工程安全等级为一级。

二、周边环境概况

本工程周边建筑物、道路管线较多。具体情况如下：

➤ 东侧：地下室外墙距离红线约 4.8～4.9m，红线外为宽约 26m 的国定东路，道路对面是上海拖拉机内燃机有限公司（1～2 层建筑物，条形基础，基础埋深约 1m），地下室外墙距离建筑物约 42m。

➤ 南侧东部：地下室外墙距离红线约 4.6～4.7m，红线外为 4～24 层建筑物（新建建筑，桩基），地下室外墙距离建筑物约 28.6～48.1m。

➤ 南侧中部：地下室外墙距离红线约 4.5～5.7m，红线外为 2 层建筑物（老建筑，条形基础，基础埋深约 1m），地下室外墙距离建筑物约 12.5～26.4m。

➤ 南侧西部：地下室外墙距离红线约 4.5～6.6m，红线外为绿化带。

➤ 西侧：地下室外墙距离红线约 4.6～6m，红线外为宽约 50m 的黄兴路。

➤ 西北角：地下室外墙距离红线约 4.6～9m，红线外为五角场中心下沉式广场（框架结构，桩基）。

➤ 北侧：地下室外墙距离红线约 5.4～6.4m，红线外为宽约 60m 的翔殷路（中环线高架，桩基），道路对面为商业区（有 1～26 层的建筑物，框剪结构，桩基）。

翔殷路、国定东路以及黄兴路下均有密布的市政管线，分布情况如表 1 所示。

周边市政管线分布汇总表　　　　　　　　　　　　表 1

	管线名称	延伸方向	与地下室外墙距离/m
国定东路	配水、燃气、供电、雨水、信息等	南-北	经写协商，在地下室施工前搬迁
黄兴路	燃气	南-北	20.4
	五组供电	南-北	20.9、21.4、22.8、23.3、24.8
	燃气	南-北	29.8
	雨水	南-北	31.8
	人防	南-北	35.8
	信息	南-北	37.8
	雨水	南-北	38.3
	配水	南-北	40.3
	电力	南-北	42.3
	配水	南-北	45.4
	信息	南-北	48.4
翔殷路	配水	东-西	31.1
	煤气	东-西	34.1
	供电	东-西	36.6
	煤气	东-西	37.6
	雨水	东-西	45.1
	配水	东-西	57.6
	四组信息	东-西	58.6、59.1、59.6、60.6

综上，本工程周边环境较复杂，东侧、南侧以及西北角为已建房屋，北侧、东侧和西侧道路下密布有市政管线，是基坑开挖过程中需要重点保护的对象。

三、工程地质条件及水文地质条件

1. 工程地质条件

本工程场地的地质条件有如下几个特点：

1）与上海其他地区相比，五角场地区浅层存在较厚的第②₃层灰色砂质粉土层，该渗透系数较大，容易产生管涌、流砂等现象，必须采取可靠的止水、隔水等措施；

2）土层略有起伏，坑底以下局部第⑥层缺失；

3）第⑦层砂质粉土为承压含水层，需采取措施降低承压水头。

2. 水文地质条件

场地浅部地下水属潜水类型，上海市常年平均地下水位 0.5m 考虑。根据现场所取水样水质分析并结合规范有关条款可认为本场地地下水、土对混凝土无腐蚀作用。场地范围内的第⑦层承压含水层最浅埋深约 28.4m，上海承压水头埋深一般在 3～11m，本场地实测承压水头平均埋深约 7.54～7.79m，易产生突涌问题，应采取设置降压井等措施降低承压水头。场地各土层的物理力学指标如表 2 所示。

土层物理力学性质综合成果表（典型土层 1：含第⑥⑦层）　　　　表 2

土层编号	土层	层厚 /m	重度 /(kN·m⁻³)	φ /(°)	c /kPa	含水量 W (%)	孔隙比 e	压缩模量 $E_{s0.1-0.2}$ (MPa)	渗透系数 /(cm·s⁻¹)
①	填土	1	—	—	—				—
②₁	灰黄色粘质粉土	2	18.6	33	5	29.4	0.834	7.25	4.97/8.47E-05
②₃	灰色砂质粉土	12	18.5	32.5	5	30.6	0.866	9.36	1.35/1.99E-04
④	灰色淤泥质粘土	4	16.9	12	11	50.0	1.389	2.33	6.28/9.83E-08
⑤₁	灰色粉质粘土	6	17.9	17.5	14	34.0	0.962	3.97	1.55/1.99E-06
⑥	暗绿～草黄色粉质粘土	4	19.6	20	43	23.7	0.685	7.03	—
⑦	草黄色～灰色砂质粉土	10	18.9	34.5	4	26.6	0.759	11.12	—
⑧₁₋₁	灰色粉质粘土	12	17.7	17.5	20	37.1	1.052	3.46	—
⑧₁₋₂	灰色粉质粘土	10	18.3	21.5	24	33.8	0.960	4.06	—
⑧₂	灰色砂质粉土夹粘性土	5	18.6	33	8	28.2	0.802	6.55	—
⑨	灰色粉砂	22	18.9	36	2	24.5	0.701	18.28	

四、基坑围护方案

1. 基坑设计难点

（1）基坑开挖深度较深：深达 20.45～21.65m。

（2）基坑规模巨大：本基坑呈倒马蹄形，东西长约 340m，南北宽约 110～190m，形状不规则，面积巨大，达 42000m²。在上海市区同样开挖深度的深基坑中，面积最大的。因此地下室施工周期长，开挖后易发生蠕变变形。

（3）周边环境保护要求高：基坑三侧临近道路，道路下有重要市政管线，周边有大量的建筑物，对位移的控制要求极高。

（4）地质情况：Ⅰ、该地区浅层第②₃层为灰色砂质粉土层，层厚较厚，渗透系数较大，容易产生管涌、流砂等不良地质现象；Ⅱ、第④层淤泥质粘土层力学性能较差，基坑开挖时土体变形大，容易产生蠕变变形。Ⅲ、基坑局部第⑥层缺失。Ⅵ、第⑦层砂质粉土为承压含水层，本基坑开挖较深，解决好承压水的稳定是本基坑工程成败的关键。

2. 总体设计思路

综合考虑到本基坑的特点、施工工期以及造价等因素，经多次综合比选，支护体系总体采用"裙房逆作，主楼顺做"的设计思路。

围护墙采用两墙分离的临时地下连续墙，内支撑采用地下室的 4 层梁板体系；地面以上建筑待地下室全部施工完成后再开始施工。由于结构梁板体系刚度大，基坑采用整体开挖。

（1）围护结构设计概要

1）临时地下连续墙设计

a. 地墙深度的确定

通过计算分析，地连墙厚度取 1m，插入比约 1：0.8 左右。由于场地浅层粉砂土较厚，为避免成槽坍孔，导致地墙出现"大肚皮"的现象，在地墙两侧设置夹心搅拌桩。为确保止水效果在围护地墙外设置了两排夹心搅拌桩。围护剖面和地下连续墙的大样图如图2 和图 3 所示。各剖面详细设计参数见表 3。

地下连续墙设计参数　　　　表 3

剖面编号	挖深（m）	入土深度（m）	墙厚（m）	备　注
A1	20.45	15.30	1.00	一般区域
A2	20.95/21.65	17.80/17.10	1.00	临近主楼区域
A3	21.95	16.80	1.00	临近局部落深区
A4	20.45	21.30	1.00	第⑥层缺失区
A5	21.90	19.80	1.00	临近局部落深区，第⑥层缺失局部落深区

b. 地连墙施工接头设计

由于本项目采用两墙分离的形式，不需承担上部结构的竖向荷载，因此每一幅地连墙之间的变形协调要求不高，根据类似工程经验，墙幅之间使用圆形锁口管接头。主要需处理好接缝处的止水问题。

2）基坑防渗及承压水

a. 止水问题：

本基坑第②₃层砂质粉土层渗透系数较高，容易产生流砂、管涌等不良地质现象，因此对止水的可靠性要求较高。由于地墙本身具有自防水的功能，同时在地墙两侧设置 φ850mm 三轴搅拌桩止水，搅拌桩进入开挖面以下约 5m，可确保基坑止水的可靠性。

b. 承压水问题：

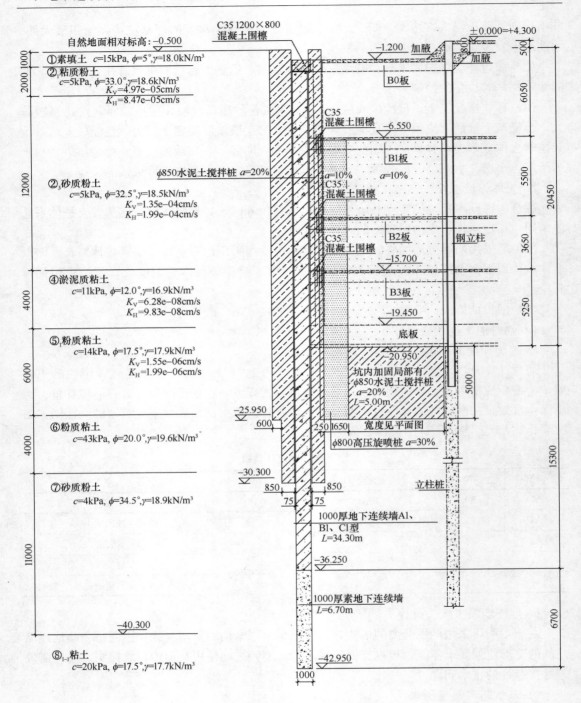

图 2　典型围护剖面图

　　本基坑第⑦层承压含水层层顶最浅埋深约 28.6m，大底板区域承压水稳定性不满足规范要求。第⑦层层厚约 9.5～11m，层底埋深约 38.2～40.5m。第⑦层下为第⑧层粘土层。为解决承压水问题，将墙端打穿承压含水层（一定深度以下采用素混凝土），可仅设置较少的降压井来降低坑内承压水头。

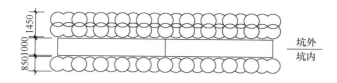

图 3　地下连续墙大样图

3）坑底加固

为有效控制坑内土体的深层变位，在坑内沿围护桩设置搅拌桩加固暗墩。加固区域主要在以下区域：a. 边长较长的区域；b. 建筑物超载区；c. 靠近电梯井、集水井区域。

加固搅拌桩采用 $\phi850mm@600mm$ 三轴搅拌桩加固，可达到设计要求的深度，并可较好的保证加固质量。为节省造价，开挖面以下三轴搅拌桩的水泥掺量取 20%，开挖面以上至第二道支撑底取 10%，以保证加固空搅土体的强度不低于原状土。

围护结构的平面布置图见图 4。

（2）水平支撑体系设计概要

1）主体结构梁板体系设计

根据主体结构设计的资料，结构楼盖主要采用双向梁（框架梁＋交叉次梁）板体系，局部采用主次梁板体系。首层楼板厚 200mm，地下 1、2、3 层楼板厚 150mm，人防区域楼板厚 250mm。裙房区域底板厚 1300mm，酒店主楼底板厚 1800mm，办公主楼底板厚 2500mm。结构梁的设计规格如表 4。

主体结构梁板体系主要设计参数　　表 4

位　　置	截　面（mm）	位　　置	截　面（mm）
一般区域主梁	400×800	楼板缺失处梁	700×800
一般区域次梁	300×750，300×600	局部跨度较大处主梁	400×900，400×1000

2）楼板逆作开口的平面布置

本工程的大门设置于场地北侧翔殷路、西侧黄兴路、东侧国定东路，依据出土路线的安排与结构设计，场地内栈桥区域如图 5 所示。另外由于地下室外墙相距红线较近，施工场地有限，在首层楼板设置了 6 处钢筋加工场地。

根据结构设计意图，同时考虑到出土的便利性，本方案考虑在酒店、办公两塔楼处设置两个直径 65m 的圆形出土口，在基坑中央区域设置一个直径 90m 的圆形出土口。另外根据车行路线的安排，设置了 13 处较小的矩形出土口。

3）下行栈桥设计

为加快出土速度，缩短施工工期，在基坑中央直径 90m 的圆形出土口南北两端各设置一个下行栈桥，北侧下行栈桥如图 6 所示。

下行栈桥从一层平面至 B2 层，设两处下行栈桥板，并在 B1 层、B2 层设两处挖土平台。藉此加快挖土，运输速度，缩短施工工期。

4）支撑设计

根据楼板开口布置形式，三个圆形洞口以及其他小型取土口均设置了洞口边梁进行了加固处理，截面规格如表 5～表 7 所示。经计算，截面承载力、挠度、裂缝等均能满足地下室逆作期间的要求。局部楼板缺失处拟采用临时混凝土支撑，支撑设计规格如表 8 所示。

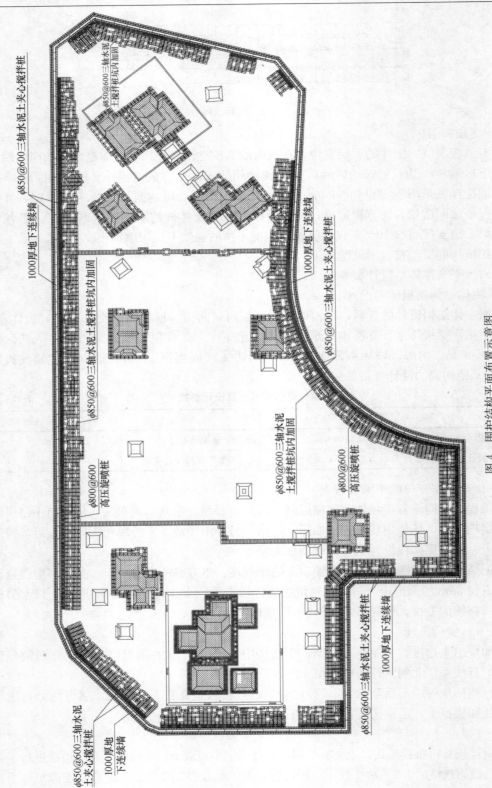

$\phi850@600$三轴水泥土夹心搅拌桩

$\phi850@600$三轴水泥土搅拌桩坑内加固

1000厚地下连续墙

1000厚地下连续墙

$\phi850@600$三轴水泥土夹心搅拌桩

$\phi850@600$三轴水泥土搅拌桩坑内加固

$\phi800@600$高压旋喷桩

$\phi800@600$高压旋喷桩

$\phi850@600$三轴水泥土搅拌桩坑内加固

$\phi850@600$三轴水泥土夹心搅拌桩

1000厚地下连续墙

$\phi850@600$三轴水泥土夹心搅拌桩

1000厚地下连续墙

图 4　围护结构平面布置示意图

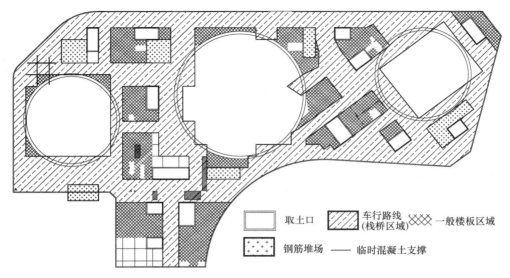

图 5　首层楼板开洞及栈桥区域示意图

取土口　　车行路线（栈桥区域）　一般楼板区域

钢筋堆场　　——临时混凝土支撑

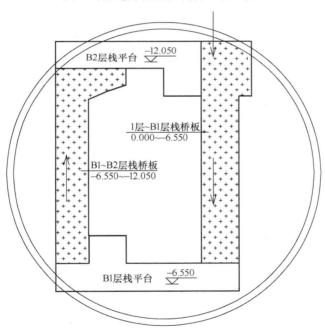

图 6　下行栈桥示意图

65m 直径圆形取土口支撑

设计参数表　　　表 5

支撑编号	位　置	截面（mm）	支撑面标高（m）
ZC-1A	首层	1600×700	+0.000
	地下 1 层	1800×800	−6.550
	地下 2 层	1900×800	−12.050
	地下 3 层	2100×800	−15.700

90m 直径圆形取土口支撑

设计参数表　　　表 6

支撑编号	位　置	截面（mm）	支撑面标高（m）
ZC-1B	首层	1800×700	+0.000
	地下 1 层	2000×800	−6.550
	地下 2 层	2200×800	−12.050
	地下 3 层	2400×800	−15.700

一般取土口支撑设计参数表　　表7

支撑编号	位置	截面(mm)	支撑面标高(m)
ZC-2	首层	600×800	+0.000
	地下1层	800×800	-6.550
	地下2层	900×800	-12.050
	地下3层	1000×800	-15.700

一般取土口支撑设计参数表　　表8

支撑编号	位置	截面(mm)	支撑面标高(m)
ZC-C	首层	800×800	+0.000
	地下1层	900×800	-6.550
	地下2层	1000×800	-12.050
	地下3层	1200×800	-15.700

（3）竖向立柱体系设计

1）框架柱、工程桩设计概要

框架柱开间尺寸主要为8.4/9.2m×11.0m及8.4/9.2m×8.4m，个别为8.8/9.2m×5.5m及8.8/9.2m×13.6m。结构柱截面形式有：ϕ1200mm圆柱、ϕ1000mm圆柱、ϕ1300mm圆柱以及500mm和800mm的方柱等，其中大部分为ϕ1000mm的圆柱。

工程桩分抗压桩和抗拔桩两种。抗拔桩采用Φ650mm的水下C30的钻孔灌注桩，桩长约42m，单桩抗拔承载力设计值约为1700kN，承压承载力设计值约为3100kN，桩端持力层为⑧$_{1-2}$层粉质粘土，抗拔桩总计3293根。抗压桩采用Φ800的水下C35的钻孔灌注桩，桩长约48.5m，单桩承载力设计值约为4900kN，桩身强度设计值为5050kN，持力层为⑨层粉砂，抗压桩总计500根。

2）"一柱一桩"的设计

逆作法施工区域，立柱桩均采用一柱一桩方式。

➤ 非栈桥区域立柱设计：

采用逆作法施工，立柱支承的重量包括结构楼板、梁的自重荷载，施工荷载，各种活荷载等。其荷载较顺作法情况的立柱荷载大出许多。另外由于逆作法立柱一般作为永久柱使用，控制其变形对主体结构的安全使用亦相当关键。

根据计算，本工程非栈桥区域拟采用钢格构立柱：

钢格构立柱：立柱采用4L200mm×20mm型钢格构立柱，截面为550mm×550mm，其下设置立柱桩，钢格构钢材等级Q345。

立柱桩尽量利用柱下工程桩，非栈桥区域立柱桩最大间距9.2m×11.0m，立柱桩桩长50m～55m，桩端持力层为⑨层。

➤ 行车区域（栈桥区域）立柱设计：

行车区域由于首层活荷载较大，立柱受荷相对较大，根据计算，本工程行车区域立柱桩均采用钢管立柱。

钢管立柱：立柱采用550mm×20mm钢管立柱，钢管钢材等级Q345，钢管内填充C50混凝土。其下设置立柱桩。

立柱桩尽量利用柱下工程桩，行车区域立柱桩最大间距8.4m×8.4m，立柱桩桩长62～68m，桩端持力层为⑨层。

逆作区域立柱桩均采用桩端后注浆施工工艺。

五、逆作法施工工况

本工程标准工况为：

第一步：完成地下连续墙基坑围护，施工一柱一桩及连续墙墙底注浆；

第二步：首层土开挖至首层梁以下 0.5m（中部盆式开挖至首层梁底以下 3m）；

第三步：施工首层楼板，留土护壁、开挖至 B1 层梁以下 0.5m（中部盆式开挖至 B1 层梁底以下 3m）；

第四步：施工 B1 层楼板；

第五步：留土护壁、盆式开挖至 B2 层梁以下 0.5m；

第六步：施工 B2 层楼板；

第七步：留土护壁、盆式开挖至 B2 层梁以下 0.5m；

第八步：施工 B3 层楼板；

第九步：盆式开挖至坑底，浇注主楼区域垫层及底板。

六、基坑监测情况

为实施信息化施工，本基坑监测内容包括：

1. 水平垂直位移的量测

主要用于观测围护桩顶、立柱顶端、坑内土体、地下管线及邻近建筑物的水平位移及沉降。

2. 测斜

主要目的是观测基坑开挖过程中围护墙身位移。

3. 围护体、立柱桩内力的测试

本次工程设置有 1000mm 厚地下连续墙、同时布设了大量的立柱桩，因此在围护体、立柱桩内埋设应力计用于量测基坑开挖期间围护墙体、立柱桩受力的变化。

4. 地下水位的观测

监测坑外地下水位的波动情况和坑内降水是否达到设计要求。

基坑支护体系的监测点布置图如图 7 所示。

（1）墙体深层位移（测斜）监测

图 8 为开挖至坑底标高时部分围护桩测斜点的变形曲线。P04 位于西北角，P12 位于东北角，P14 位于东南角，P21 位于西南角。墙体最大变形分别为 48.8mm、54.8mm、21.9mm、65.4mm，最大变形点基本上都位于第四道水平梁板与开挖面之间。

（2）立柱隆沉监测

本项目共设置 336 根立柱，根据前述分析，立柱沉降及差异沉降对主体结构构件的正常使用至关重要，因此本工程共设置了 146 个立柱沉降监测点。从监测数据中可见，坑边的立柱隆起量较小，坑中间的立柱隆起量较大，与分析预计的趋势相近（见图 9）。限于篇幅，监测数据不另附。

（3）立柱差异沉降监测

根据立柱差异沉降的计算，大部分桩（柱）间差异沉降小于 20mm，个别柱间沉降超过控制指标。这些点主要集中于北侧靠近中间圆环大开洞洞口附近，其可能原因如下：此

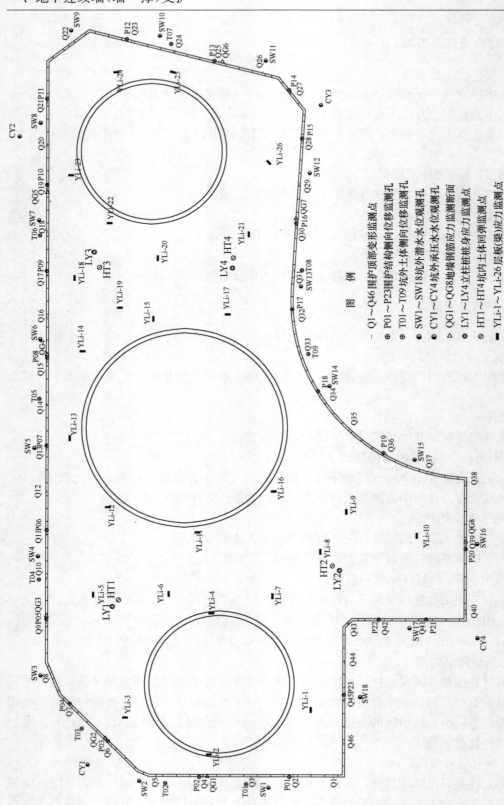

图 7 围护结构监测点布置图

图 例

- Q1~Q46围护墙顶部变形监测点
⊕ P01~P23围护结构侧向位移监测孔
⊕ T01~T09坑外土体侧向位移监测孔
⊙ SW1~SW18坑外承压水水位观测孔
⊙ CY1~CY4坑外潜水水位观测孔
⊘ QG1~QG8地墙钢筋应力监测断面
△ LY1~LY4立柱桩身应力监测点
◎ HT1~HT4坑内土体回弹监测点
▬ YLi-1~YLi-26层板(梁)应力监测点

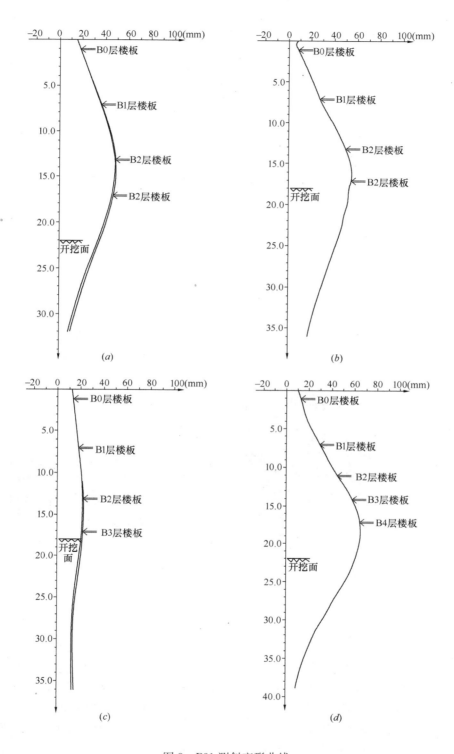

图 8 P21 测斜变形曲线

（a）P04 测斜变形曲线；（b）P12 测斜变形曲线 （c）P14 测斜变形曲线；（d）P21 测斜变形曲线

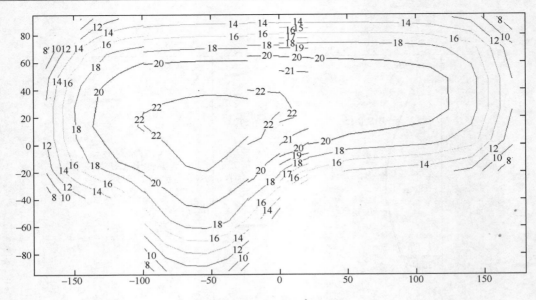

图9 立柱隆沉计算预估（mm）

处为车辆进出口，但坑边土体挖除较早，导致此处围护墙水平变形较大，坑外地面发生较大沉降，导致坑内土体隆起显著，由于梁板逆作区上部结构刚度大、立柱荷载大，大开洞区结构刚度小、立柱荷载小，因此土体集中朝洞口处隆起，立柱回弹加剧，差异沉降增大。

图10 首层楼板施工全景图

图11 圆形大开洞

七、点评

本基坑属于上海市区较深大的基坑，且周边环境保护要求高、地质条件复杂，基坑围护设计采用逆作法施工（两墙分离地下连续墙结合梁板兼做内支撑），这样的围护型式在本地区类似规模基坑中尚属首例。为解决逆作法出土工效低的问题，围护设计利用塔楼位置设置了三个直径65～90m的洞口并加设了下坑的斜栈桥，大大提升了出土速度。基坑开挖过程中除对围护墙变形等常规项目进行监测外，还对立柱沉隆进行了监测。监测结果显示立柱回弹与设计预期相符，差异沉降也能满足主体结构的正常使用要求。本工程的设计和施工可供类似项目借鉴。

上海协和城二期北地块项目基坑工程

贾 坚 谢小林 罗发扬 翟杰群 杨 科

（同济大学建筑设计研究院（集团）有限公司，上海 200092）

一、基坑工程概况

"协和城二期北地块项目"位于上海长宁区永源路以北，乌鲁木齐北路以西。项目总用地面积约为 16000m²，项目包括两幢 4 层 13m 高的酒店、商业建筑，两幢 3 层 9m 高的商铺建筑。

该项目场地南侧紧邻永源路，其余三侧邻近老建筑群，地铁二号线穿过本地块中央，将地块分为东西两个区，即北Ⅰ区和北Ⅱ区。该项目基坑开挖总面积约 10700m²，其中北Ⅰ区面积约 7600m²，北Ⅱ区面积约 3100m²（图 1）。

协和城二期北地块北Ⅰ区基地内邻近地铁隧道 20m 的区域，以及北Ⅱ区邻近地铁隧道 17m 的区域设 3 层地下室，开挖深度 13.7m，其余区域均设 4 层地下室，开挖深度 17m。本工程地上建筑面积为 24018m²。

图 1 工程基地照片

二、周边环境概况

基坑总平面见图 2。基地南侧紧邻永源路，路下有信息、煤气、配水、雨水等市政管线 4 条，其与基坑围护结构最近距离分别约 4.8m。

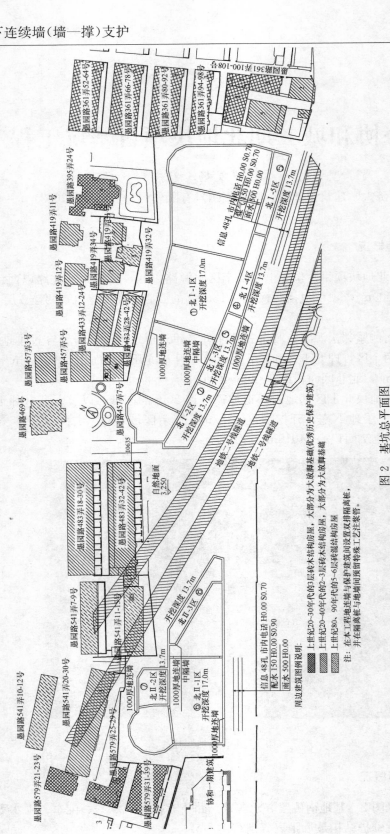

图 2　基坑总平面图

基坑东侧、北侧及西侧邻近多幢上世纪 20~40 年代的砖木结构建筑：其中愚园路 361 弄 52-108 号（愚谷村）、395 弄 24 号（涌泉坊）、579 弄 25-39 号（中实新村）均为优秀历史保护建筑，建筑层数为 3 层，大部分为大放脚基础，埋深不超过 1.5m；愚园路 419 弄 11、12、31、34 号、433 弄 28-42 号、12-24 号等，457 弄 3、5、7 号，483 弄 32-42 号、18-30 号，541 弄 20-30 号等建筑层数均为 3~4 层，基础为大放脚基础，埋深不超过 1.5m。基坑周边另有多幢 5~6 层的上世纪 80~90 年代的砖混结构房屋。

地铁二号线运营隧道横穿本工程基地，位于北Ⅰ区、北Ⅱ区基坑中间，隧道顶埋深最浅处约 14m，隧道外径 6.2m，管壁 350mm 厚，距离本工程北Ⅰ区、北Ⅱ区围护结构最近分别约 7.3m 和 8.6m。

从上述周边环境概述可见，基坑周边环境较复杂：地铁二号线运营隧道邻近北Ⅰ区和北Ⅱ区两个深基坑，基坑周边邻近多幢砖木结构的历史保护建筑及民居建筑。由于本工程基坑开挖深度较深、面积较大，因此必须严格控制基坑开挖引起的地表沉降以及对周边地铁设施、老居民区建筑及市政管线的影响，保证周边环境的安全。

三、工程地质条件

根据工程地质资料，场地内地势较平坦，地面标高在 2.84~4.07m 之间，基坑设计时取自然地面绝对标高为 3.25m。本场地第①$_1$ 层为填土，场地西侧以杂填土为主，含大量建筑垃圾，东侧以素填土为主，①$_2$ 层为浜填土；第②$_1$ 层为褐黄~灰黄色粉质粘土；第③、④层土为灰色淤泥质粉质粘土和淤泥质粘土，具有高含水量、高压缩性、高灵敏度的特点；第⑤层土为灰色粘土；第⑥层暗绿~草黄色粉质粘土的土质较好；第⑦$_{1a}$~⑦$_2$ 层土呈中密~密实状态，土质好；本场地第⑧$_1$ 层为灰色粘土土土性较软弱；第⑧$_2$ 层土为灰色粉质粘土，土质较好；第⑨$_1$ 层为粉细砂，呈密实状态，土质很佳。

根据水文地质勘察报告，场区内有潜水和承压水两种类型。勘察期间潜水稳定水位埋深约 1.10~1.90m，地下水主要补给来源为大气降水。

场地内第一层承压水赋存于⑦层中，其相对隔水顶板为⑥层；第二层赋存于砂质粉土 ⑨层中，其相对隔水顶板为⑧层。该工程基坑开挖阶段，仅涉及第一层承压水。

场地土层主要力学参数   表 1

土层编号	土层名称	重度 γ (kN·m^{-3})	固快直剪		压缩模量 $Es0.1-0.2$ (MPa)	层厚 m	渗透系数 (cm/s)
			Φ_k (°)	C_k (kPa)			
②	褐黄~灰黄色粉质粘土	18.4	17	23	4.59	~0.8	$1.18×10^{-7}$
③	灰色淤泥质粉质粘土	17.4	18	11	2.87	~5.0	$1.43×10^{-6}$
④	淤泥质粘土	16.6	11.5	13	2.11	~7.0	$7.01×10^{-8}$
⑤$_{1-1}$	粘土	17.7	14	16	2.99	~6.9	$2.14×10^{-8}$
⑤$_{1-2}$	粉质粘土	18.2	19	16	4.56	~7.2	$3.36×10^{-6}$
⑥	暗绿色粉质粘土	19.7	17	47	7.37	~3.9	$5.16×10^{-7}$
⑦$_1$	砂粉	19.1	33.5	3	10.88	~8.2	$4.39×10^{-4}$
⑦$_2$	粉细砂	19.1	34	3	13.44	~9.8	/
⑧$_1$	灰色粘土	18.1	18.5	24	5.44	/	/
⑧$_2$	灰色粉质粘土	18.5	22.5	19	5.28	/	/

四、基坑实施筹划

根据本工程业主开发计划，结合对地铁二号线运营隧道、周边建筑等的保护，经研究筹划将本工程基坑分为 8 个区独立交叉施工。

基坑分区中先开挖施工北Ⅰ区，后开挖施工北Ⅱ区。其中北Ⅰ区和北Ⅱ区均先施工开挖深度 17m 的大面积基坑，待大面积基坑施工出±0.00 再施工邻近地铁的窄条基坑。本工程基坑分期分区施工筹划详见基坑分区筹划图（图3）。

本工程基坑分区筹划主要考虑了以下两方面的影响：

1. 根据本工程施工节点的要求，同时考虑到对邻近地铁设施的保护，先施工大面积基坑，待其施工出±0.00，通过加载控制大基坑隆起稳定后，再开挖施工邻近地铁设施的窄条基坑，以控制围护结构侧向变形。

2. 由于北Ⅰ区上部结构工程量较大，因此先开挖北Ⅰ区，后施工开挖北Ⅱ区，既满足了业主开发的节点要求，同时也避免相邻深基坑同时开挖对地铁设施附加变形的影响。

五、基坑支护方案介绍

1. 围护结构

（1）北Ⅰ-1区和北Ⅱ-1区（图4、图5）

北Ⅰ-1区及北Ⅱ-1区基坑开挖深度均为 17.0m，考虑到周边建筑超载以及对周边地铁设施、老建筑等的保护，控制基坑开挖的变形，围护结构采用 1000 厚地下连续墙，同时设计阶段考虑到基坑开挖需要抽降承压水，地下墙加深至 42m，增加坑内外承压水绕流路径，减少坑内降压对坑外地铁、居民建筑的影响。

邻近地铁隧道及老建筑侧地连墙两侧采用三轴搅拌桩槽壁预加固，防止地墙成槽塌壁，并加强地墙的止水效果，保护地铁及周边建筑。

另外，考虑到基坑周边居民建筑沉降控制要求较高，在基坑与周边建筑物之间设置了拱形布置得隔离桩，隔离桩桩长 30m。

（2）其余邻地铁侧分区

邻地铁各分区基坑开挖深度均为 13.7m，采用 1.0m 厚 31m 深地下连续墙。另外，邻近地铁隧道及老建筑侧地连墙两侧采用三轴搅拌桩槽壁预加固，防止地墙成槽塌壁，并加强地墙的止水效果。

2. 坑内加固（图6）

为了减少开挖阶段围护结构的变形、基坑周边地表沉降，北Ⅰ－1区及北Ⅱ－1区基坑采用一定的坑内三轴搅拌桩裙边加固，加固范围为坑底至坑底以下 4.0m，加固宽度为 8.0m。

邻近地铁二号线隧道的小分区均采用三轴搅拌桩坑内满堂加固，并结合支撑布置采用了三轴搅拌桩抽条加固，抽条加固与快速加撑相结合，控制围护结构变形。

3. 支撑体系

（1）北Ⅰ-1区和北Ⅱ-1区（图7～图9）

北Ⅰ-1区及北Ⅱ-1区基坑为明挖顺作，采用四道钢筋混凝土支撑，支撑采用井字形布置并结合施工栈桥设置。第一道支撑位于地面以下 1.0m，第二道位于地面以下 6.0m，

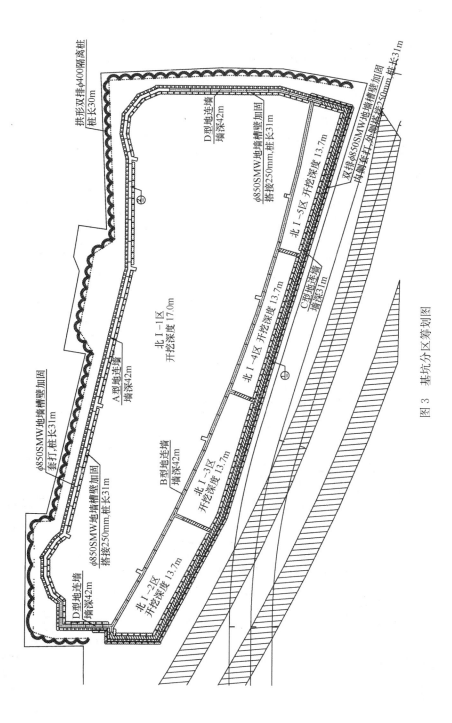

拱形双排φ400隔离桩
桩长30m

D型地连墙
墙深42m

φ850SMW地墙槽壁加固
桩长31m

北Ⅰ-5区 开挖深度 13.7m

双排φ850SMW地墙槽壁加固
搭接250mm,桩长31m

玛咖套打，水加固
搭接250mm,桩长31m

北Ⅰ-1区
开挖深度 17.0m

A型地连墙
墙深42m

北Ⅰ-4区 开挖深度 13.7m

C型地连墙
墙深31m

B型地连墙
墙深42m

北Ⅰ-3区
开挖深度 13.7m

φ850SMW地墙槽壁加固
套打,桩长31m

φ850SMW地墙槽壁加固
搭接250mm,桩长31m

D型地连墙
墙深42m

北Ⅰ-2区
开挖深度 13.7m

图 3 基坑分区筹划图

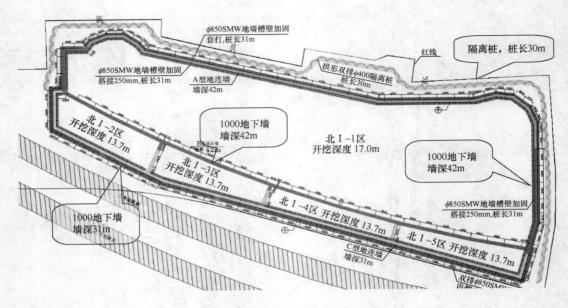

图 4　基坑北Ⅰ区围护结构布置图

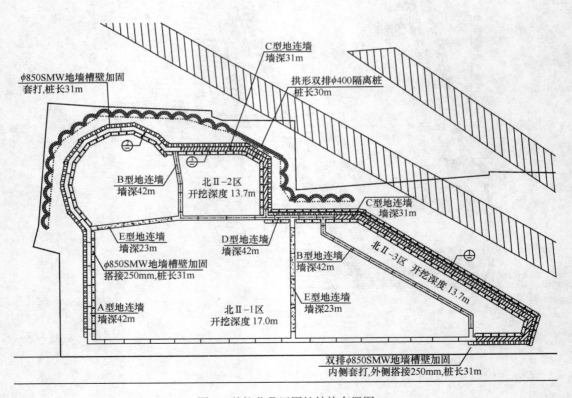

图 5　基坑北Ⅱ区围护结构布置图

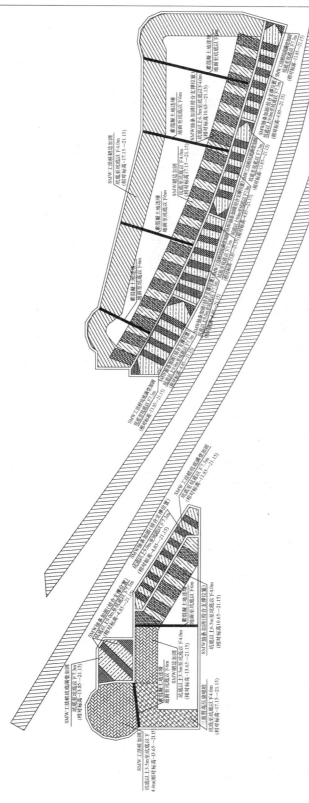

图 6　基坑加固平面布置图

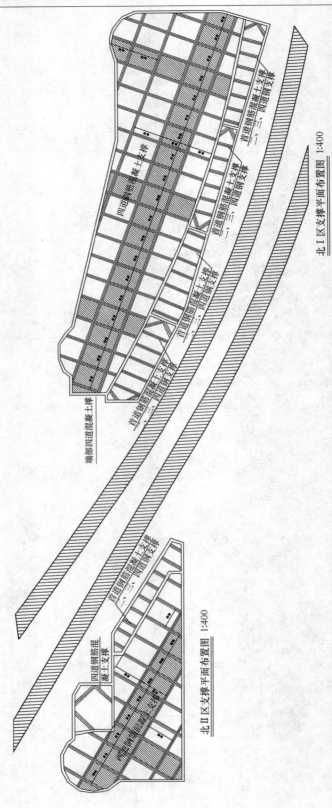

端部四道混凝土撑

四道钢筋混凝土撑

首道钢筋混凝土支撑

首道钢筋混凝土支撑
一、二、三、四道钢筋支撑

首道钢筋混凝土支撑
一、二、三、四道钢筋支撑

北 I 区支撑平面布置图 1:400

四道钢筋混凝土撑

首道钢筋混凝土支撑
一、二、三、四道钢筋支撑

北 II 区支撑平面布置图 1:400

图 7　基坑支撑平面布置图

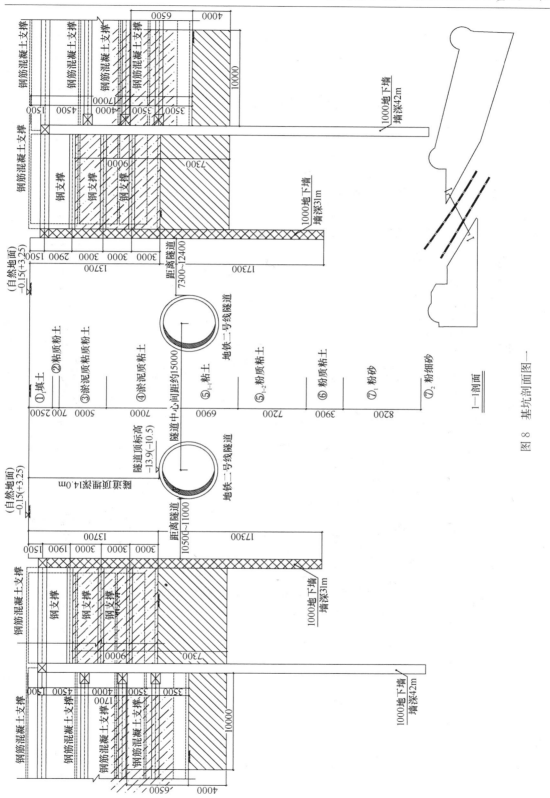

图 8 基坑剖面图一

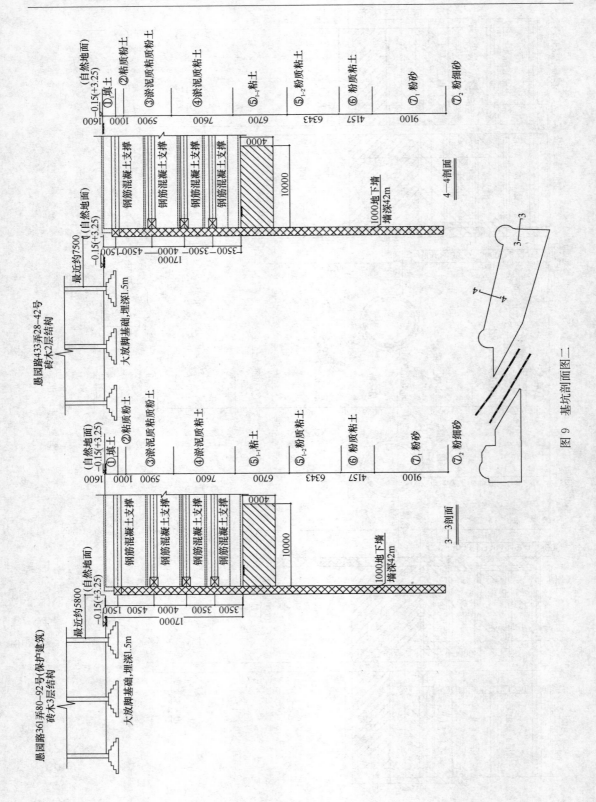

图9 基坑剖面图二

第三道位于地面以下 10.0m，第四道位于地面以下 13.5m。

北Ⅰ-1 区和北Ⅱ-1 区支撑构件参数表　　表 2

	中心埋深	主支撑（mm）	圈梁、围檩（mm）
第一道支撑、圈梁	−1.0m	800×800	1000×1000
第二道支撑、围檩	−6.0m	900×900	1200×1000
第三道支撑、围檩	−10.0m	1000×1000	1200×1000
第四道支撑、围檩	−13.5m	1000×1000	1200×1000

（2）其余邻地铁侧分区

邻地铁各分区基坑均为明挖顺作，采用四道支撑，其中头道为钢筋混凝土支撑，其余为 Φ609mm 钢支撑，结合地墙分幅布置，每幅地墙两根钢撑。为有效控制基坑侧向变形，钢支撑采用了自动轴力伺服系统。

邻地铁侧分区支撑构件参数表　　表 3

	中心埋深	主支撑（mm）	圈梁（mm）
第一道混凝土撑、圈梁	−1.0m	800×800	1000×1000
第二道钢撑	−4.5m	Φ609 钢管	/
第三道钢撑	−7.5m	Φ609 钢管	/
第四道钢撑	−10.5m	Φ609 钢管	/

4. 基坑土方开挖

土方开挖、支撑施工应严格实行"分层、分段、分块、留土护壁、限时对称平衡开挖支撑"的原则，将基坑变形带来对周围设施的变形影响控制在允许的范围内。开挖过程中必须随挖随撑（或浇捣垫层）。土方开挖严格控制挖土量，严禁超挖。

六、基坑信息化施工及监测监控

该工程于 2009 年 04 月开始开挖施工，于 2010 年底完成地下结构。在基坑施工全过程中实施信息化施工，对基坑支护结构、坑周环境设施进行跟踪监测（图 10），利用监测数据反馈指导施工，获得了较好的效果。

北Ⅰ-1 区为基坑施工阶段地下墙侧向变形及周边环境沉降监测结果如图 11、图 12 所示。地下墙侧向变形实测值（28mm）与计算结果较为吻合，北Ⅰ-1 区完成时周边地表沉降以及居民建筑最大沉降不超过 25mm，大部分建筑沉降不超过 15mm。基坑的设计和施工均满足了环境保护的要求。

邻地铁侧的分区基坑距离二号线运营地铁隧道最近距离仅 7.3m，为控制地下墙侧向变形，减少地铁隧道的变形，该区钢支撑采用自动轴力伺服系统。图 13 为本工程基坑完成后地铁隧道的最终位移监测值。

邻地铁侧分区完成后，其地下墙最大变形平均值小于 10mm，采用钢支撑自动轴力伺服系统有效的控制了基坑侧向变形。同时二号线运营地铁隧道的沉降最大值不超过10mm,确保了地铁运营的安全,基坑的设计施工满足了周边环境安全保护的要求。

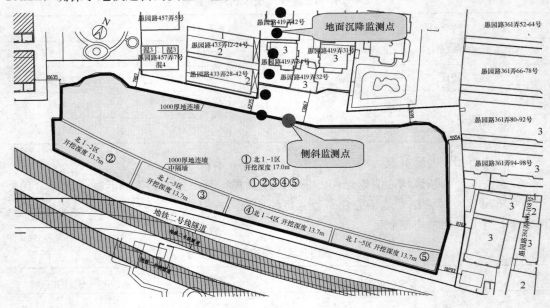

图 10 监测点布置图

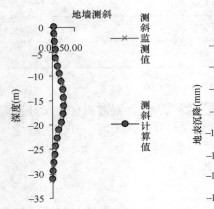

图 11 北Ⅰ-1区地下墙
侧向变形（mm）

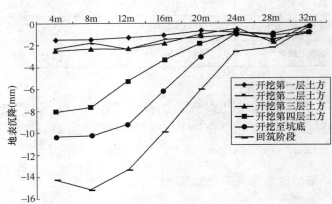

图 12 北Ⅰ-1区基坑实施阶段地表沉降监测（mm）

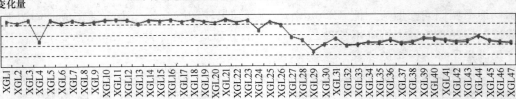

图 13 二号线运营隧道累计沉降监测值（mm）

七、结语

上海协和城二期北地块项目基坑工程开挖深度深、面积大，场地周边环境复杂，基坑的安全等级和环境保护等级高，基坑工程的设计施工难度高。针对上述工程特点，通过合理的施工分区筹划和合理的支护结构设计，既保证了基坑及周边环境的安全，也保证了工程的经济合理性。至2010年本基坑工程和地下主体工程全部完成，监测结果和工程实施证明，本基坑工程的围护结构和支撑体系方案使用效果良好，围护结构变形、坑外地面沉降、支撑及墙体内力等均控制在容许范围内。通过精心设计和信息化施工，基坑大面积、大体积土方开挖卸载未对周边的居民建筑、已建2号线运营地铁隧道等设施造成不良影响，设计方案安全经济，且合理有效。

广州某地下车库基坑支护与地下室结构的联合设计与施工

韩映忠　林本海

（广州大学地下工程与地质灾害研究中心，广州　510006）

一、工程简介及周边环境特点

工程位于广州市大沙头四马路的第十六中学操场下，为平战结合的纯 1 层地下停车库。车库结构长为 82.4m，宽为 49.7m，柱网间距为 8.2m×8.2m，建筑面积为 3374.26 ㎡，底板板面标高为－5.50m，基坑开挖深度约 6.30m，基坑和车库结构完成后需在顶部覆土约 0.6m 恢复为学校操场。

地下车库北边线以外 1.1－3.6m 为两层条形基础的砖混结构商铺，且该侧地下室边线外 6.3－9.3m 处即为地铁六号线隧道（隧道顶埋深约 11m）；车库东侧边线以外 4.2m 为学校 7 层的桩基础教学楼；南边外墙紧临 7 层的管桩基础民宅，最小距离只有 1.1m；西边为大沙头四马路，人流车流量大，也为学校学生出入口和施工通道，人行道下埋设有通信电缆、城市供水管道等。建筑平面及其周边环境建筑物布置如图 1 所示。

二、场地岩土工程条件及特点

该场地处于珠江三角洲冲积平原区，场地勘察未揭露有断裂构造痕迹。钻探揭露的场地地层组成较为简单，由上往下为杂填土层、冲积粉细砂层和白垩系泥质粉砂岩组成。杂填土的结构松散，性状不稳定；粉细砂层的结构松散，厚度大，其下部直接与薄层状强风化泥质粉砂岩接触或者直接与中风化泥质粉砂岩接触，且中风化岩层厚度大较为稳定。典型的工程地质剖面图如图 2 所示。

场地南边约 300m 处为珠江，地下水位正常埋深为－1.18～1.31m，地下水的赋存类型分第四系孔隙潜水和基岩裂隙水，孔隙水主要赋存在松散的粉细砂层中，因渗透性较好，水量丰富，并与珠江有水力联系，同时珠江的潮汐作用造成地下水流动性大并水位起伏变化也大；基岩裂隙水主要赋存于岩层的裂隙和节理发育部位，基岩裂隙水与上覆砂层水相连通。地下水对钢筋混凝土结构具有微腐蚀性。该场地地层的主要物理力学性质指标见表 1。

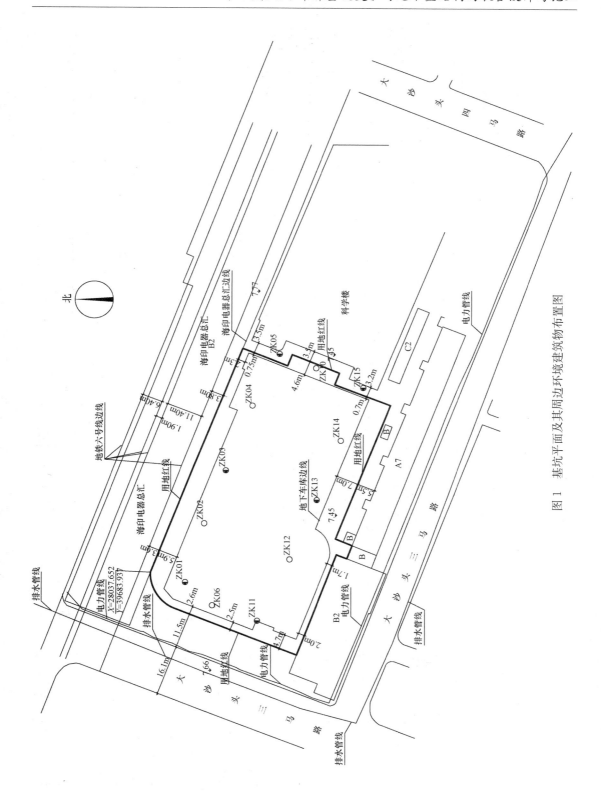

图1 基坑平面及其周边环境建筑物布置图

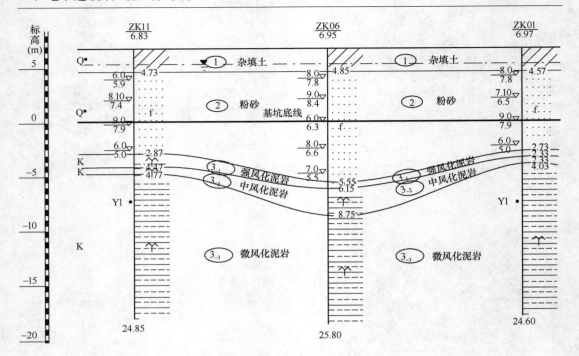

图 2　典型工程地质剖面图

场地土层主要力学参数　　　　　　　　　　　　　　　表 1

层序	土　名	状态	层底深度 (m)	标贯击数	重度 γ (kN/m³)	c (kPa)	φ (°)
①	人工填土	松散	1.8～2.7	5	17.5	10	8
②	粉砂	松散	6.5～10.4	6～9	18.5	0	26
③-1	强风化泥岩	半岩半土状	0.5～2.8	59～71	21	80	30
③-2	中风化泥岩	块～短柱状	0.5～7.7		22	120	32
③-3	微风化泥岩	短柱状	6.6～14.8		23	250	35

三、基坑支护与地下室结构的一体式联合设计

从上述介绍可知，由于地下室边线与周边住宅楼、道路及地铁的距离均很近，周围环境的保护要求严格，场地空间狭窄；地层性质不好，地下水丰富，岩层与砂层不整合接触。为了确保基坑和周边建筑等的安全以及减少对地铁六号线的影响，必须增加基坑围护结构体系的强度和整体刚度，控制基坑支护结构的水平位移和坑外地面沉降；同时要尽量使围护结构远离周边的建筑和道路。为此将本工程的基坑支护设计和主体结构设计综合考虑，进行一体式联合设计，即将主体结构的水平纵横梁作为基坑支护的内支撑，同时也将地下室主体结构的竖向承重构件（结构柱及工程桩）作为基坑支护内支撑的竖向支撑构件，将基坑支护的止水帷幕和承弯构件合二为一并与地下室的外墙密贴处理，不需要预留施工作业空间。这样既节约施工场地使得支护结构最大限度的远离周边建筑，同时不需要对支护的内支撑进行拆撑与换撑，又可以大大缩短施工工期，降低工程造价。

1. 基坑支护设计方案的选择

从该场地的岩土工程特点可知，珠江位于场地以南约300m，地下水位变化幅度较大，地下水的流动性较为突出，该场地的粉细砂层厚为6.5～10.4m，平均为7.8m。基坑开挖深度范围内为强透水性的松散粉细砂层，基坑底部以下仍存在一定厚度的粉细砂层，另外砂层以下直接就到岩层，中间没有风化残积土等弱透水性的土层过渡，因此本基坑止水效果的确保是关键，直接决定该工程的成败。

根据该工程的特点，要求止水帷幕须穿过全部砂层和并进入强风化甚至中风化的粉砂岩层，嵌入强或中风化岩层不小于1.0m。目前广东地区常用的基坑止水帷幕的形式主要有相互咬合的普通水泥搅拌桩、大直径搅拌桩、咬合的支护桩或地下连续墙。普通水泥搅拌桩因机械的动力不足不能穿越强风化岩层并因机械占地面积大，不能满足要求；三轴搅拌桩机械的动力较大，但因其水泥浆液的浓度稀在流动地下水作用下成型困难，已有多个失败事故；咬合的钢筋混凝土桩和地下连续墙的费用高，工期长，对于不深的基坑不是理想的选择；国内其他的止水帷幕如TRD搅拌墙技术，也因不能穿越岩层而被排除。而双轮铣铣削搅拌水泥土地连墙（CSM工法）技术是国内最新研发的一种水泥土深层搅拌工艺。该工艺使用两组铣轮以水平轴向旋转搅拌方式，形成矩形槽段以改良土体，而非以单轴或多轴搅拌钻头垂直旋转而形成圆形柱体以改良土体。与三轴搅拌桩相比，其不仅具有工艺先进、切削能力强，成墙单幅宽且动力足，穿越岩层能力强，成槽深度大、槽形规则，成墙垂直精度高、墙体均质整体性强、防渗性能好、稳定性好，安全度高，且机械运转灵活，操作方便，不需要占用坑外的地面。因此，针对本工程的特点和要求，经过多种方案的比选该工艺最适合于本工程。

同时若在水泥土浆液尚未硬化前插入型钢形成复合围护结构（即SMW工法），这样就同时具有隔水和承担水土侧压力的功能，满足基坑支护的止水要求和抗弯剪要求。相比地下连续墙及传统灌注桩排式支护结构，其具有工艺简单、施工质量高、工期效益快、型钢循环反复使用、耗用水泥钢材少、工程造价低、对周边环境影响小等优点。CSM＋SMW工法的施工过程可见图3～图5。

图3　双轮铣钻头　　　　图4　双轮铣成墙过程　　　图5　成型的双轮铣铣削搅拌水泥土地连墙

对于基坑水土压力的平衡体系的选择，本工程不能采用外拉锚杆的形式，否则不仅会对周边建筑造成影响，而且会因塌孔漏水等原因给施工增大难度，质量不易保证；为此只有采用内支撑形式确保支护结构的稳定安全。

2. 地下结构与基坑内支撑体系的一体化设计

(1) 基坑支护结构与地下室外墙的密贴设计

基坑围护结构采用 CSM＋SMW 双工法，其内力与变形设计应遵照现行行业标准《建筑基坑支护技术规程》JGJ 120 中的有关规定，M_k 和 V_k 分别采用弹性支点法进行计算得到作用于型钢水泥土搅拌墙上的弯矩和剪力，设计时还要对型钢边缘素水泥土段的错动受剪承载力和受剪截面面积最小的最薄弱面受剪承载力进行验算。经计算，该工程基坑支护采用厚 800mm 水泥土搅拌墙内插 H700mm×300mm×13mm×24mm 和 H500mm×300mm×11mm×18mm 两种型钢作为挡土和截水帷幕的复合挡土截水结构，这两种型钢间隔跳插，间距为 800mm，长度为 12～15m。搅拌墙的水泥掺量不小于 20%，桩顶布设的钢筋砼冠梁兼作内支撑的围图。为了减少占地空间和减少土方的开挖与回填以节约造价，同时加强围护桩与地下室外墙结合的整体性，将围护结构与主体结构外墙密贴设计，中间只预留 200mm 用于找平防水层并兼作地下室外墙浇筑的模板，使围护结构与地下室外墙紧密连接为一体（图6）。

地下室外墙的设计除了应满足水土侧压承载力的要求外，还应考虑地下室外墙与基础底板和顶板纵横主梁的连接处理和施工缝处理。在施工地下室顶板上的纵横主梁（兼作内支撑）时，浇筑混凝土之前，根据地下室外墙的钢筋间距、直径、位置，在主梁上预留钢筋（长度不小于 1000mm），用于与后施工的地下室外墙的钢筋连接。同时浇筑混凝土之前在主梁镶贴面设置新型遇水膨胀橡胶止水条。同样的，在施工地下室基础底板之前，沿着底板四周地梁上布设止水条（图7），浇筑前应认真检查，确保止水条遇水生效。

(2) 地下室结构梁板与基坑内支撑体系的一体化设计

如果基坑的内支撑结构单独设计，不仅工期长费用高，而且不利于主体结构的施工，为此经比较将基坑内支撑体系与结构梁柱体系合二为一，优化设计。即充分利用结构的纵横主梁作为基坑支护的内支撑，利用主体结构的工程桩和柱作为基坑大跨度内支撑的支撑立柱和基础，见图8和图9

在设计时，除了要满足主体结构梁柱的功能和承载力要求外，还应满足基坑施工阶段各工况水平荷载作用下的内力、变形等要求。因为建筑的柱网间距较大（为 8200mm），且该地下室还要满足战时核 6 常 6 级人防物资库的要求，对顶板的等效静荷载取值较大，达 70kN/m²，计算得出的各构件内力较大。为了提高地下室净高，水平结构体系采取井字梁楼板体系，纵横主梁截面取 550mm×900mm，主梁之间布设两排 500mm×500mm 的次梁。由于在开挖基坑阶段前需先施工工程桩和立柱，再浇筑纵横主梁作为内支撑，基坑土方开挖，待基础底板浇筑后再施工楼板结构，故本工程属于半逆作法施工。主梁等水平结构体系设计的难点主要集中在纵横主梁与外墙、次梁、楼板和柱的连接和防水处理。绑扎主梁钢筋时，根据次梁的钢筋间距、直径和位置，在主梁上预留次梁纵筋（长度不小于 1400mm）。主梁与楼板的连接处理考虑到施工的方便和减少施工缝，将主梁分两次浇筑混凝土，即在绑扎主梁钢筋后，先浇筑 650mm 高的主梁，预留 250mm 高度待施工楼板时一起整体浇筑。这样既避免产生施工缝，又提高楼板的整体性（见图10）。主梁与柱子的连接处理主要体现在主梁纵筋与柱子中型钢格构立柱的连接，在满足《型钢混凝土组合结构构造》规范的相关规定下，通过将主梁纵筋穿过型钢腹板和翼缘的方式与柱子连接（见图11）。

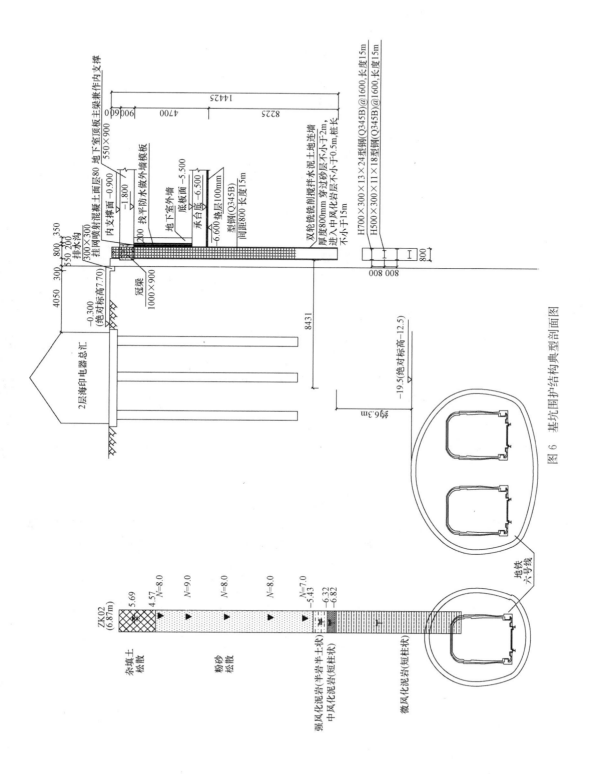

图 6 基坑围护结构典型剖面图

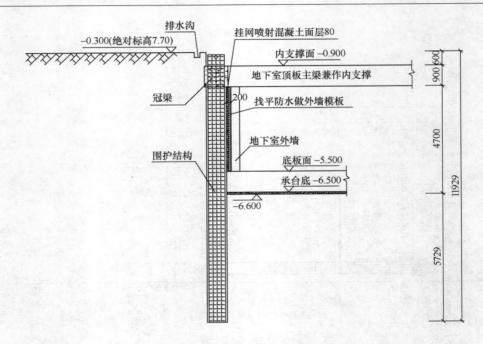

图 7　地下室外墙与顶底板节点连接处理

（3）基坑竖向立柱与结构桩柱的一体化设计

由于利用结构的纵横主梁作为基坑的内支撑，因此内支撑的竖向立柱也就需要与主体结构的桩柱进行一体化的设计，这样作为支撑的竖向立柱采用型钢格构柱形式，该柱除了要满足地下室上部结构荷载的承载力、自身稳定性和平面外稳定性要求外，还应满足基坑施工过程各工况作用下产生的内力和变形要求，在基坑到底后再支模板灌注砼成为永久结构的型钢混凝土柱。经过计算确定，竖向支撑柱采用一柱一桩形式，工程桩采用旋挖钢筋混凝土灌注桩，为了控制施工过程中及后期使用产生的不均匀变形，满足竖向刚度和稳定性要求，还要确保满足地下室结构的永久抗浮要求，要求工程灌注桩还要兼作抗拔抗浮桩。因此桩的总深度要求进入微风化粉砂岩不少于3m总深度不小于8m，型钢格构柱要求嵌入灌注桩内不小于2m。在柱中型钢与顶板和底板的连接处设置抗剪栓钢板止水带，确保能满足抗震和抗渗要求。本工程竖向支撑柱施工的主要难点在于竖向不均匀沉降的控制和型钢、立柱的定位。为了减小竖向支撑的差异沉降，设计时对每根桩的沉降量进行计算，并且确保施工时桩底进入微风化岩层。为了提高型钢立柱定位精度和提高施工的精准度，施工时要求在硬地坪上设定桩位的中心轴线及型钢柱固定架定位线，并通过埋设固定架定位栓，在桩孔的底板面标高处设置人工气囊进行纠偏，当型钢立柱稳定后用定位栓固定型钢柱。还要求时刻使用测斜管测量型钢立柱的垂直度，确保偏差值能满足相关要求。

四、施工控制与要求

本工程采用地下室顶板纵横主梁和竖向承重的桩柱构件分别作为基坑支护的水平和竖向支撑的半逆作法施工方法，要求基坑施工时对水平和竖向支撑应严格保护，临时车道不

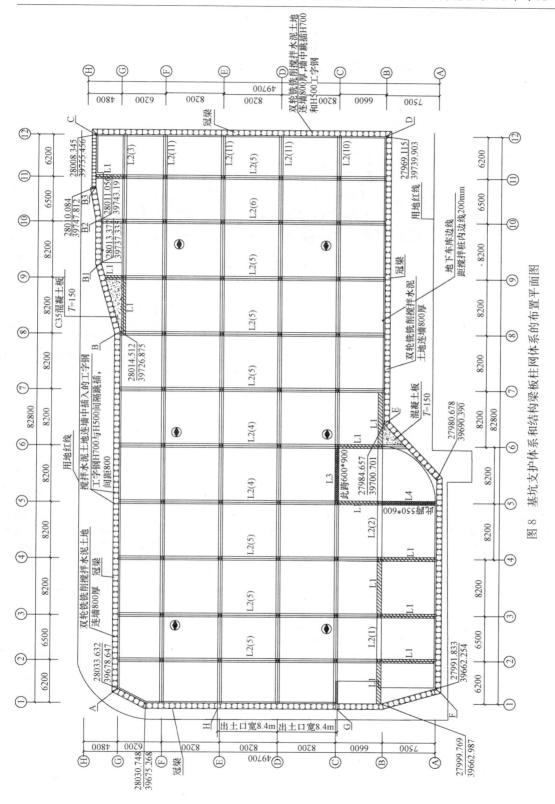

图 8 基坑支护体系和结构梁板柱网体系的布置平面图

图 9 实际施工的平面布置图

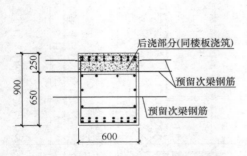

图 10 纵横主梁的配筋示意图

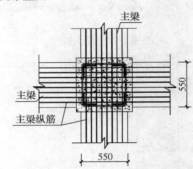

图 11 主梁纵筋与型钢混凝土柱的连接示意图

能直接压在水平支撑或结构的梁上,这不仅增加出土口的布置难度,影响出土的速度,还要求施工时需综合考虑挖土顺序和水平支撑体系的施工顺序,以控制基坑支护的变形。根据基坑平面形状及内内撑布置的柱网条件、现场周边环境条件,将出土口设置在基坑西侧(大沙头四马路),最终确定土方开挖顺序和施工进度控制如下。

1) 沿着基坑支护的边线施工双轮铣铣削搅拌水泥土地连墙并承插支护的"工"字型钢,同时在基坑内部的相关位置施工立柱桩(工程桩)及支承立柱(主体结构柱中的型钢格构立柱),接着施工边桩和边柱;

2) 开挖表层土至标高−1.50m,施工冠梁和基坑支护的内支撑即结构的主梁。为了出土方便,缩短工期,保证泥头车能够进出坑内拉土,针对西边临近进出口段保留基坑两边的土体,这样可暂不施工靠近西边的两跨主内撑梁而其他支撑梁全部施工确保安全,在基坑西边的中部位置进行放坡成为车道至坑底使基坑的水平支撑形成一个整体支撑体系,土方先从梁下的中间跨中由西向东进行(南北两侧预留放坡的土体反压),开挖到东头后再折返开挖两侧的预留土方,最后腿袜到西段时在施工先前没有施工的半杯想主内撑梁,完成全部结构框架。

3) 施工承台及底板;接着施工地下室外墙及外包型钢格构立柱形成型钢混凝土柱;施工地下室的结构顶板。

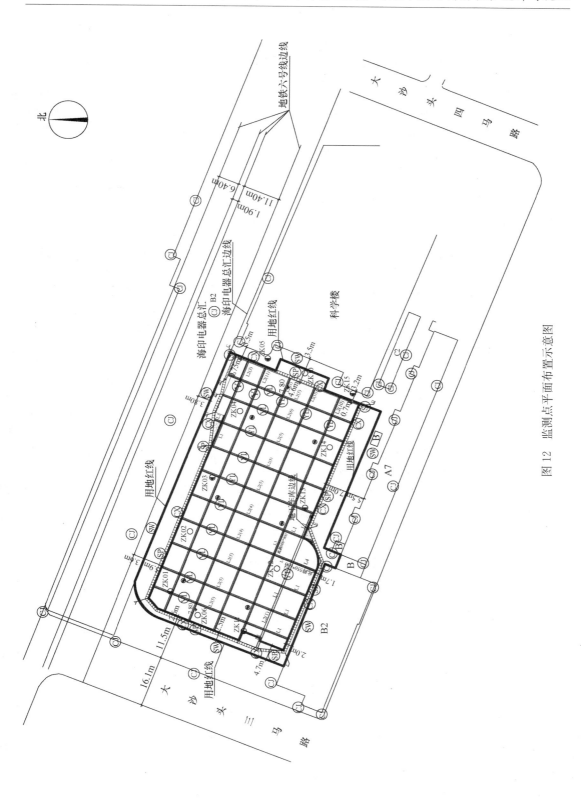

图 12　监测点平面布置示意图

五、基坑监测情况

本工程自 2013 年 10 月开始进行水泥土地连墙和支护型钢施工,为确保基坑安全,本工程要求对基坑工程进行了全面监测,监测内容包括支护结构墙身应力和侧向位移、土体侧向位移、支撑轴力、周边道路及管线设施的沉降、地下水位等,基坑平面监测布点(孔)图如图 12 所示。目前基坑工程正在底板施工和部分主体结构施工,从以下观测结果可以看出:各观测点变化均很小,无异常情况。监测的结果具体见表 2 及图 13-18。

监测成果汇总表 表 2

监测项目	基坑顶部水平位移观测(mm)	基坑顶部沉降观测(mm)	基坑周边建筑物沉降观测(mm)	地下水位观测(mm)	深层水平位移观测(mm)	支撑轴力观测(kN)	立柱沉降观测(mm)
累计最大值	12.1	−3.0	5.14	455	12.8	1415	2.1

1) 水泥土地连墙水位位移随基坑开挖深度的增大而逐步增大,变化趋势为向基坑内位移,且最大位移在−3.0m 处。根据测斜孔测得最大水平位移为 14.2mm。

2) 水泥土地连墙桩顶沉降量在整个基坑开挖过程中变化不大,变化趋势为上升趋势,墙顶垂直位移累计最大沉降量为−3.0mm。

3) 支撑轴力在整个监测过程中,受力变化均控制在设计允许范围内,支撑轴力最大为 1415kN。

4) 立柱沉降在整个基坑开挖过程中,变化趋势为上升趋势,最大的沉降量为 2.1mm,在控制设计允许范围内。

5) 在基坑开挖及井点降水过程中,因本基坑的水泥土地连墙能取得良好的止水效果,水位的变化情况能得到有效的控制,根据监测结果显示,地下水位的最大值为 455。

6) 虽然本基坑的周边建筑物离基坑边很近,但在基坑开挖过程中,周边沉降量均很小,最大沉降量约为 5.14mm,基本不会影响到周边的建筑物。

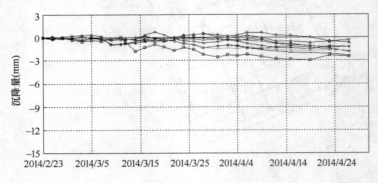

图 13 基坑支护桩顶沉降量曲线图

六、结论

1. 该工程将基坑支护体系与地下室外墙、内支撑体系与主体结构的水平纵横梁合用,以及基坑竖向支撑体系与主体结构竖向支撑体系等相结合进行一体化设计,实现地下停车

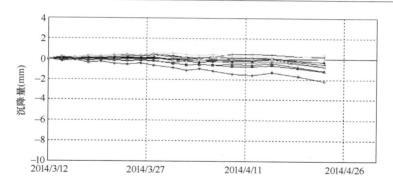

图 14　基坑立柱测点沉降量曲线图

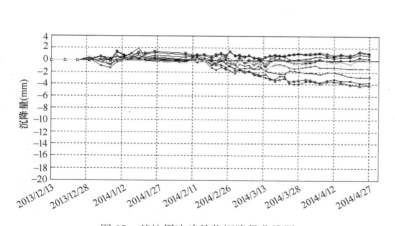

图 15　基坑周边建筑物沉降量曲线图

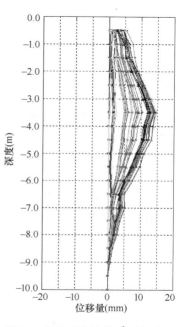

图 16　基坑支护结构水平位移图

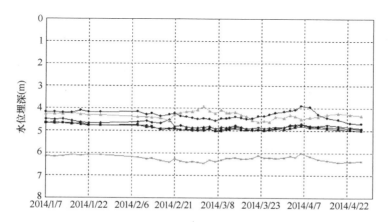

图 17　地下水位变化曲线图

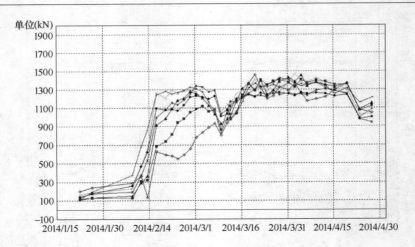

图 18　支撑轴力曲线图

库主体结构与基坑支护结构的统一。设计思路和方案独特新颖、贴近实际，技术先进，经济合理，能满足施工方便可行、安全的要求。

　　2. 采用双轮铣铣削搅拌水泥土地连墙内插型钢的 CSM＋SMW 双工法作为地下车库半逆作法设计中基坑的围护结构，不仅能起到挡土止水作用，而且能有效地减少土方的开挖和回填量，节约临时支撑的大量钢材，缩短工期，降低工程造价，实现绿色节能的要求。

　　3. 半逆作法设计与施工中主梁与型钢柱的节点连接和防水处理是施工质量好坏的关键环节，结合大量的工程经验，本工程的所采用节点连接和防水处理能达到设计的理想效果。

　　4. 半逆作法竖向支撑体系的施工关键点在于桩柱位的准确定位，对施工的技术和工艺要求较高，本工程的地表铺设硬地坪、安装钢制定位架，柱底气囊纠偏和加强垂直度观测，以及确保桩底进入稳定地层等做法具有较好参考意义。

　　5. 为确保达到设计的目的，对施工出土开挖的要求也较高，本项目设计与施工共同讨论确定的半逆作法的土方开挖顺序也值得参考。

深圳下梅林村 2-08 /09 地块项目基坑工程

全国龙　王　勇　李　昀　王　鑫

（中船第九设计研究院工程有限公司，上海　200062）

一、工程简介及特点

深圳绿景下梅林村 2—08/09 地块项目位于深圳市下梅林福田农批市场以东，梅华路以西，北环大道以北，拟建建筑物为高层建筑，基坑所处周边环境如图 1 所示。本工程项目地下室部分为地下 3～5 层（南侧区域地下 5 层，北侧区域地下 3 层），地上 46 层；其中地下 1 层为商业和车库，地下 2～5 层均为车库。南侧地块地下室东西向边长 280m，南北向宽度 100m；北侧地块地下室东西向边长 52m，南北向宽度 88m。建筑为框架—剪力墙结构，柱间距一般为 8.4～11m，桩筏基础（桩为人工挖孔桩）。

图 1　基坑卫星图

图 2 为基坑施工过程的开挖及支撑的现场实际情况；表 1 为基坑列出了基坑各分区的规模尺度等。

该基坑工程平面规模大，开挖深度大，属特大特深基坑，在设计、施工中的突出特点主要有：

1. 周边环境比较复杂：基坑东北阳角位置为 8 层民宅（无桩基），周边均为市区繁忙道路，道路下方管线众多。

2. 地层条件复杂，上部浅层土层主要为粉质粘土及含砂粘土，下伏为片麻岩。片麻

图 2　基坑现场实际情况

岩在地块内部起伏剧烈，微风化片麻岩面埋深为地面下 10～47m。

3. 基坑开挖至坑底后，再施工建筑桩基，基底暴露时间长。

4. 主体结构北侧为地下 3 层，南侧为地下 5 层，整体开挖，坑内存在约 11.35m 高差。

5. 基坑围护结构采用地下连续墙，结合不同区段的实际地层情况，确定地墙插入标准。

6. 结合周围环境情况，平面上采取预应力锚索与钢筋混凝土内支撑相结合的支护方案。

基坑规模尺度表　　　　　　　　　　　　　　　　表 1

基坑分区	地坪标高（m）	底板面标高（m）	底板及垫层厚度（m）	开挖深度（m）	围护墙周长（m）	基坑面积（m²）
南侧基坑（地下 5 层）	+22.00	+1.80	0.70	20.90	706	25000
北侧基坑（地下 3 层，北、西侧）	+28.00	+13.50	0.70	15.20		
北侧基坑（地下 3 层，东侧）	+26.00	+13.50	0.70	13.20	258	3800
北侧基坑（地下 3 层，阳角局部区域）	+22.00	+13.50	0.70	9.20		
合　计					964	28800

二、工程地质条件

原地形高低不平，后经填土及挖方，场地较平坦，属临时停车场及多层住宅用地，地面标高介于 19.76～29.05m 之间，最大变幅为 9.29m。根据钻孔揭露，场地第四系地层自上而下依次为：人工填土层、沼泽沉积层、冲洪积层、坡洪积层、残积层、下伏基岩为震旦系片麻岩及后期穿插的燕山期细粒花岗岩脉。

场地地下水主要赋存于第四系含粘性土粉～中砂层中的孔隙潜水及赋存于强、中风化基岩裂隙中的基岩裂隙水中，强风化岩具弱透水性，中风化岩具弱～中等透水性，基岩裂隙水略具承压性。场地的含粘性土粉～中砂层因粘性土含量较高，透水性较弱，为弱～中等透水性；场地其余各地层为弱透水层。地下水主要受大气降雨渗入补给。勘察期间，稳定水位埋深介于 0.00～5.40m 之间，最大变幅为 5.40m，平均埋深为 1.58m。

各岩土层分布情况及岩性特征自上而下分述如下，具体数值列于表 2、表 3。

岩土层的主要力学参数 表 2

地层岩性 岩土名称及成因代号	地基承载力特征值 f_{ak}（kPa）	压缩模量 E_s（MPa）	变形模量 E_0（MPa）	固快（峰值）	
				粘聚力 c（kPa）	内摩擦角 φ（°）
①杂填土（Q^{ml}）					
②素填土（Q^{ml}）	80～100	3	5	15	15
③含有机质粉质粘土（Q^h）	90	3	3.5	13	11
④含粘性土粉～中砂（Q^{al+pl}）	170	9	18	10	28
⑤含砂粘土（Q^{dl+pl}）	190	8	18	25	23
⑥砂质粘性土（Q^{el}）	210	8	18	23	25
⑦粉质粘土（Q^{el}）	210	8	18	25	23
⑧全风化片麻岩（Z）	300～500	15～17	85～110	20	30
⑨强风化片麻岩（Z）	500～800	17～20	130～160	15	35

岩石层单轴抗压强度 表 3

岩石名称	单轴抗压强度（MPa）	C1	C2
⑩中风化岩	14	0.3	0.04
⑪微风化岩	50	0.35	0.04

场地内，地层起伏剧烈，以本项目东南侧钻孔揭示的部分地层结果为例，地层起伏如图 3 所示。

三、基坑周边环境情况

基坑西侧、东侧的建（构）筑物分布于道路另外一侧；基坑南侧为北环大道，无建筑物分布；基坑北侧为 6～8 层的居民楼，建筑物比较陈旧，基础较差，无桩基。其中，基坑北侧、东北阳角处民宅如图 4 所示。

周边市政管线情况如图 5 所示。

四、基坑围护及支撑体系设计

1. 围护结构总体设计概述

结合本项目基坑工程的特点及周边环境条件，本工程基坑围护采用板式支护体系结合内支撑及预应力锚索的围护形式。

由于本工程地下室边线退用地红线较近处仅为 3m，且场地地下水位较高（稳定水位埋深介于 0.00～5.40m 之间），地层透水性较强，周围环境也较为敏感。结合施工作业空间，围护体系的可靠性及周围环境要求，围护墙采用地下连续墙。施工期地下连续墙可起

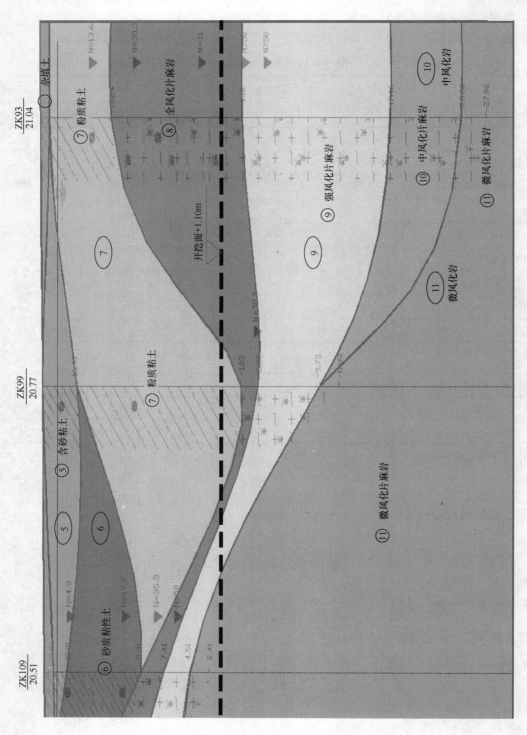

图 3 场地地质分层及起伏

图 4 基坑周边环境
(a) 基坑北侧民宅；(b) 基坑东北阳角处民宅

到挡土和止水的作用，使用期作为地下室结构的外墙。基坑平面形状总体呈倒"T"型，北侧及东北侧为 6～8 层民宅，出于基坑支撑体系安全性及周围环境保护要求的考虑，采取钢筋混凝土内支撑。北侧地下 3 层区域，基坑开挖深度约为 8.9～14.9m（未计坑内局部深坑），采取 2 道钢筋混凝土内支撑；南侧地下 5 层区域，基坑开挖深度约为 20.9m（未计坑内局部深坑），采取 3 道钢筋混凝土内支撑。基坑其他区域，采取预应力锚索支护。北侧区域采取 3 道预应力锚索；南侧地下 5 层区域，采取 5～6 道预应力锚索。

2. 围护结构

基坑一般区域采用 600mm 厚地下连续墙，北侧局部靠民宅较近区段、高岩面区段和坑内地下 3 层与地下 5 层分界区段采用 800mm 厚地下连续墙，围护结构平面布置如图 6 所示。

由于本工程地层条件复杂，上部浅层土主要为粉质粘土及含砂粘土，下伏为片麻岩。片麻岩在地块内部起伏剧烈，微风化岩面埋深为地面以下 10～47m。坑底范围大部分为强风化片麻岩，局部高岩面区段，微风化片麻岩位于开挖面以上。地连墙施工过程中，结合地墙成槽实际情况，对成槽槽底岩性分别判断，结合实际地层情况及计算分析提出了地墙墙底入岩标准如下：

（1）墙底标高进入强风化岩层面以下 6m；

（2）墙底标高进入中风化岩层面以下 2m；

（3）墙底标高进入微风化岩层面以下 0.5m。

由于地下连续墙自身的施工工艺特点，地墙槽段之间的接头是渗漏水的薄弱点，本工程控制成槽质量，在接头位置设置扶壁柱，接缝处采取防水构造，扶壁柱通过预先在地墙内预留的钢筋与地墙形成整体连接从而增强了地墙接缝位置的防渗性能。

3. 支锚平面布置体系

基坑平面形状总体呈倒"T"型，北侧及东北侧为 6～8 层民宅，出于基坑支撑体系安全性及周围环境保护要求的考虑，基坑阳角及靠民宅区段，采取钢筋混凝土内支撑。北侧地下 3 层区域，采取 2 道钢筋混凝土内支撑；南侧地下 5 层区域，采取 3 道钢筋混凝土内支撑。基坑其他区域，采取预应力锚索支护。支撑及锚索平面布置如图 7、图 8 所示。

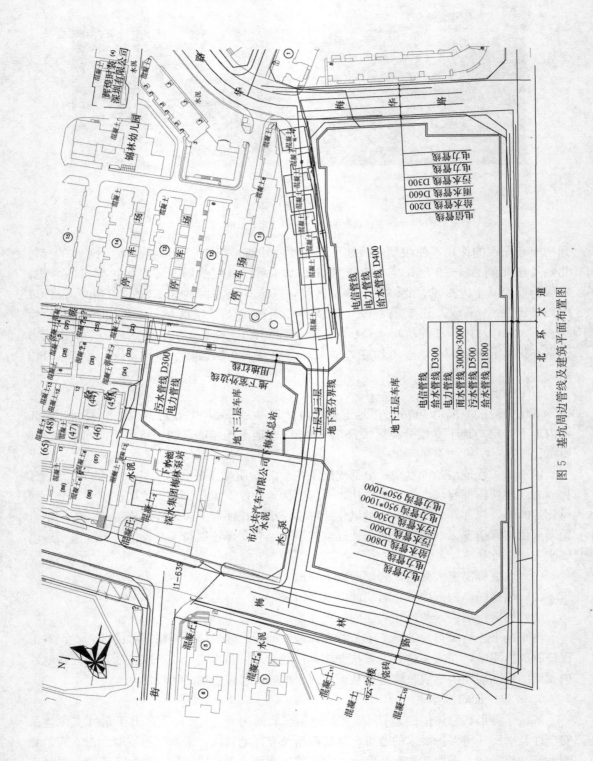

图 5 基坑周边管线及建筑平面布置图

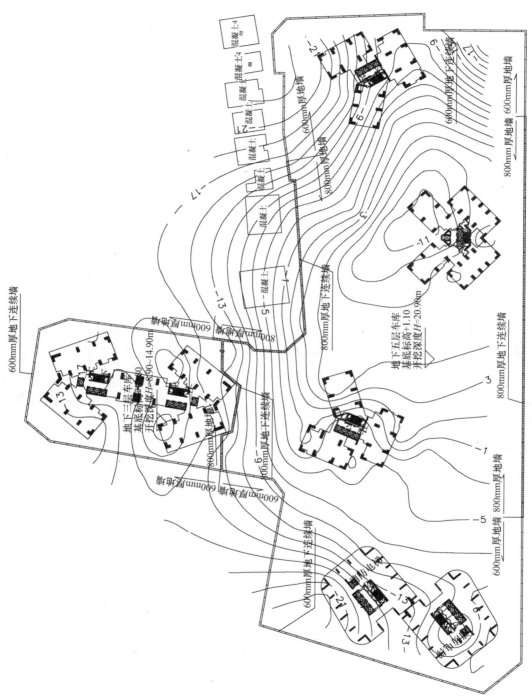

图 6 围护结构平面布置示意图

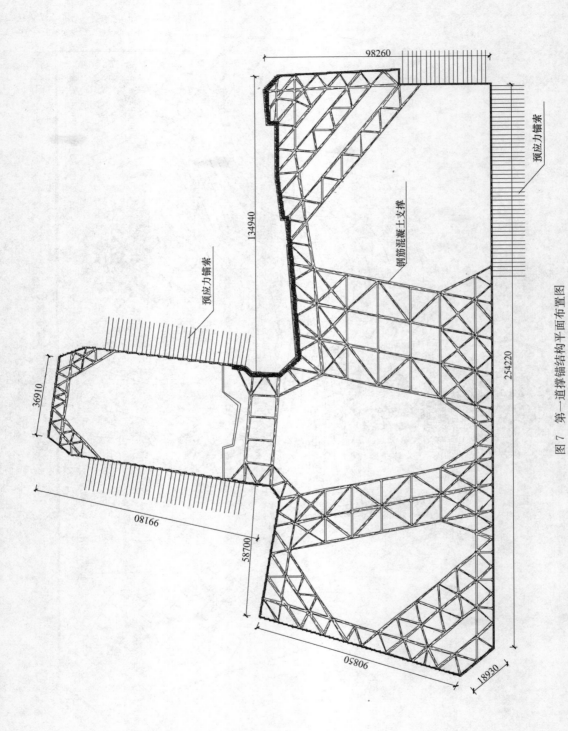

图 7 第一道撑锚结构平面布置图

预应力锚索

预应力锚索

钢筋混凝土支撑

98260

134940

254220

36910

08166

58700

90850

18930

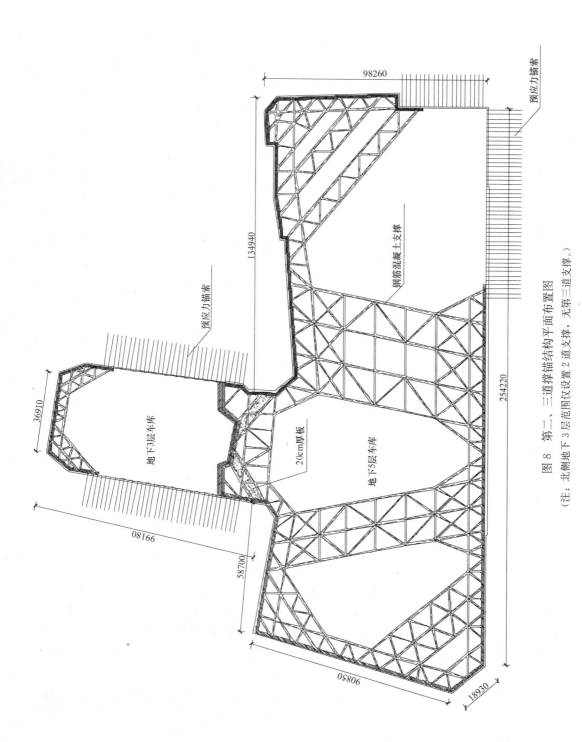

图 8 第二、三道撑锚结构平面布置图
(注：北侧地下 3 层范围仅设置 2 道支撑，无第三道支撑。)

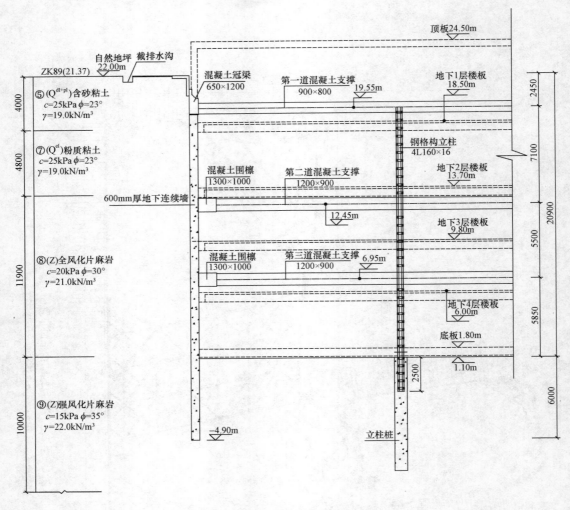

图9 南侧一般区域围护剖面图

4. 典型围护剖面

南侧地下五层一般区域钢筋混凝土支撑区段围护结构典型剖面如图9所示,采用600mm厚地下连续墙,地墙插入深度约为6m,设置3道内支撑。

南侧地下5层局部高岩面区域,采用800mm厚地下连续墙,地墙进入微风化岩0.5m,局部墙底标高位于坑底以上,为吊脚墙。为保证围护体系的稳定性,要求墙底标高须低于+5.30m(绝对标高),设置3道内支撑,典型剖面如图10所示。

南侧地下5层锚索支护一般区段采用600mm厚地下连续墙,地墙插入深度约为6m,设置6道预应力锚索。典型剖面如图11所示。

北侧区域为地下3层,周边场地地势起伏较大,由南向北场地标高由22.00m升高至28.00m。北侧周围为6~8层已建民宅,距离围护结构距离约为4m。围护结构采用600mm厚地下连续墙,竖向设置2道钢筋混凝土支撑,典型剖面如图12所示。

北侧地下3层区域,东西中段周边条件相对较好,围护结构采用600mm厚地下连续墙,竖向设置3道预应力锚索,典型剖面如图13所示。

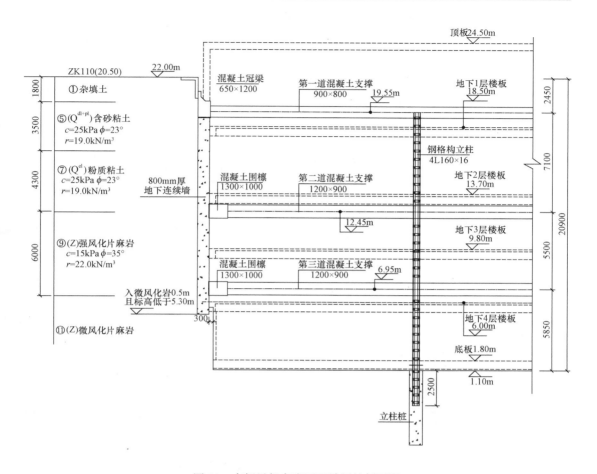

图 10　南侧局部高岩面区域围护剖面图

5. 地下 3 层、5 层分界处理

本工程一次性整体开挖，但是北侧为地下 3 层，南侧为地下 5 层。坑内存在约 11.35m 的高差，对于高差的处理是本工程的难点。经过和相关单位进行了多个方案的分析讨论，最终通过调整南侧区域 3 道支撑的标高，调整 2、3 道支撑的平面布置，并进行局部适当的加强，进行支护。分界处理的剖面示意图如图 14 所示。

五、基坑施工工序情况

基坑总面积约为 28800m²，为保证基坑支撑体系的安全性及控制基坑开挖对周围环境的影响，土方开挖及支锚结构施工需有序进行，按照"分层、分段、分块、及时支撑"的原则进行。开挖过程中必须随挖随撑（或浇筑垫层），土方开挖控制挖土量，严禁超挖。

本项目基坑不设置栈桥结构，利用东南角设置的临时土坡作为施工通道，进行土方外运及材料运输。本项目基坑总体开挖顺序为先北后南，先西后东。北侧地下 3 层范围先开挖，土方总体分 3 层开挖；南侧地下 5 层范围后开挖，土方总体分为 4 层开挖。平面上总体的分块开挖布置示意图如图 15 所示。

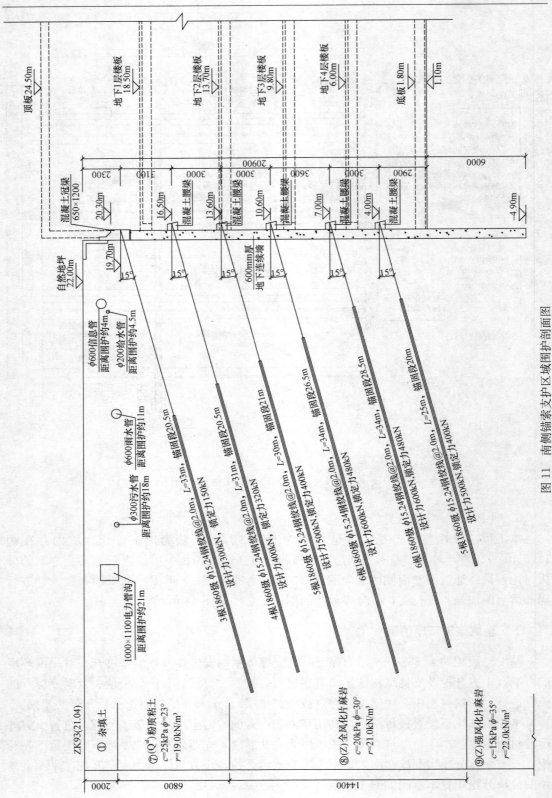

图 11　南侧锚索支护区域围护剖面图

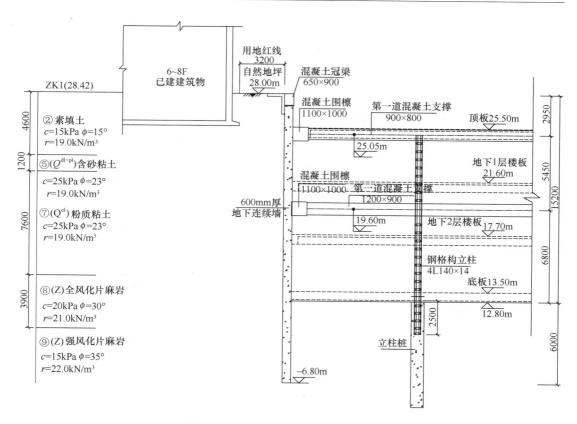

图 12 北侧临近建筑物区域围护剖面图

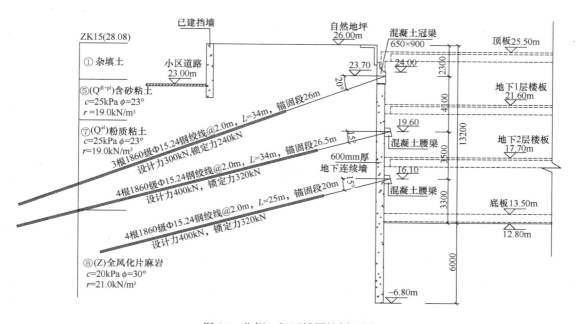

图 13 北侧一般区域围护剖面图

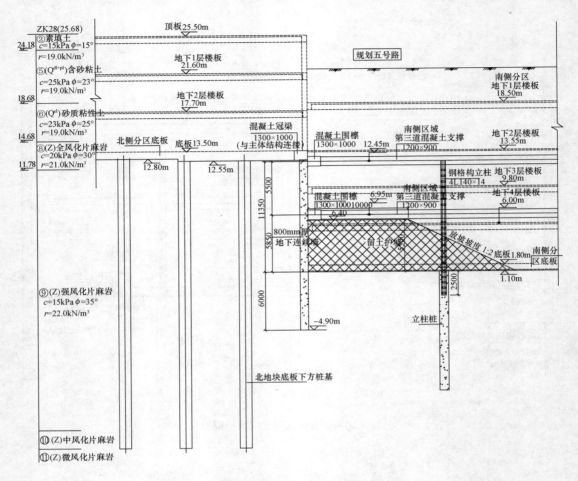

图14 地下3层、5层分界处围护剖面图

实际施工各关键时间节点如下：

2012年3月中旬：北侧基坑土方开挖到底；

2012年7月底：南侧基坑西区开挖到底；

2012年9月中旬：南侧基坑东区开挖至底；

2012年12月：北侧基坑主体结构出地面；

2013年5月中旬：南侧基坑主体结构出地面（整个基坑开挖完成）。

六、简要实测资料

由于本工程基坑面积大、开挖深度深、地下水位高、基坑周边临近建筑物及地下管线多。为保护周围环境及基坑工程的安全，本工程在基坑开挖过程中对地下连续墙、地下水位、周围建筑物及周边道路管线等进行了监测，其测点位置如图16所示。

图17（a）为基坑北侧邻近建筑物区域的围护结构水平侧移曲线。从图中曲线可知：随施工开挖深度增大，围护结构变形值也逐渐增大；围护结构最大变形位置基本位于基坑开挖面附近；基坑施工结束后，围护结构最大变形值达到19.85mm。

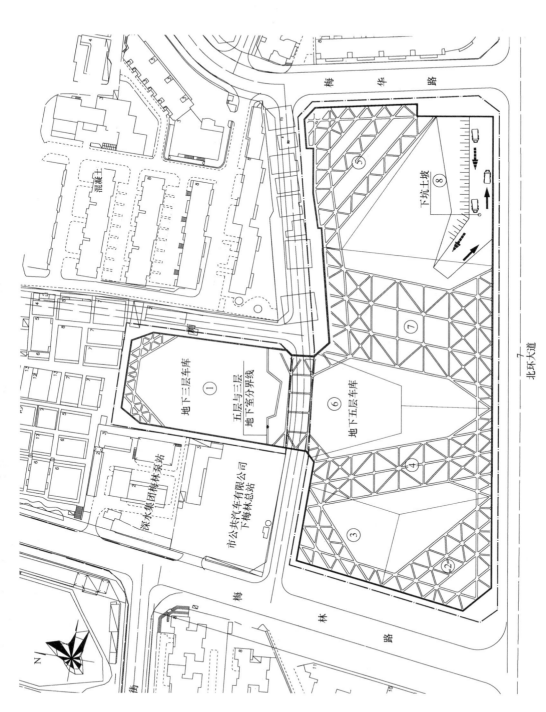

图 15 基坑分块开挖布置示意图

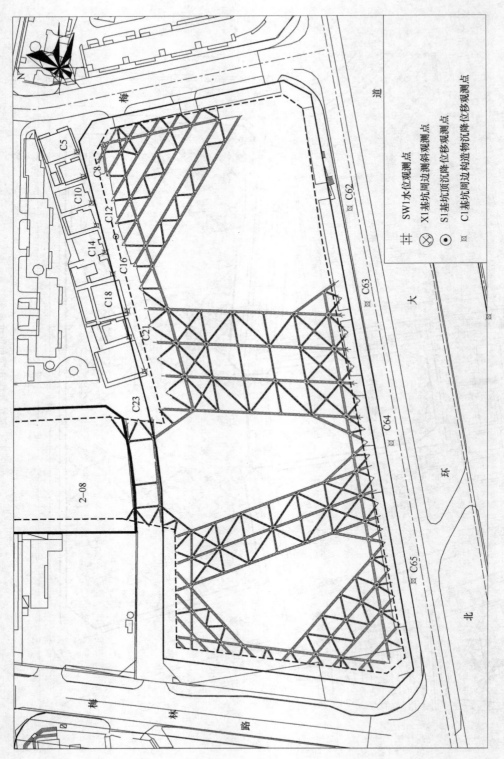

图 16 基坑监测平面布置图

丰 SW1水位观测点
⊗ X1基坑周边测斜观测点
⊙ S1基坑顶沉降观测点
⊠ C1基坑周边构造物沉降位移观测点

图 17 (b) 为基坑南侧一般区域的围护结构水平侧移曲线。从图中曲线可知：与北侧基坑相同，围护结构最大变形位置同样位于基坑开挖面附近；基坑开挖深度 H 分别为 3.45m、10.55m、16.05m 和 20.9m 时，围护结构水平侧移最大值分别达到 20.04mm、29.28mm、35.81mm、39.51mm。由于南侧基坑开挖深度较北侧大，因此该侧围护结构水平侧移值也比北侧大很多。

通过基坑围护结构实测曲线和计算曲线的比较，可以看出两者变形趋势相同，并且计算所得围护结构水平侧移值与实测结果也是比较接近的。

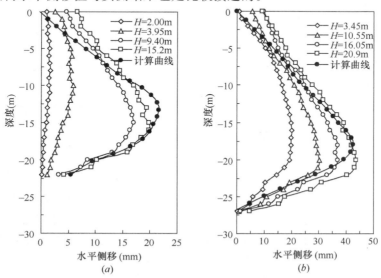

图 17 基坑围护结构水平侧移曲线
(a) 北侧邻建区域；(b) 南侧一般区域

图 18 为基坑南侧道路地表沉降随时间变化的曲线。从图中曲线可知：随基坑开挖深度和时间增加，周边地表沉降值逐渐增大；基坑施工结束后，C62、C63、C64、C65 等 4 个测点的最大沉降值达到 6.20～7.60mm 之间，其变形未对周边道路及交通产生不利影响。

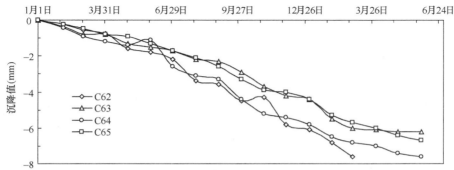

图 18 基坑周边道路地表沉降曲线

图 19 为基坑北侧 9 栋临近住宅楼在基坑开挖期间的沉降变化曲线，测点 C5、C8、C10、C12、C14、C16、C18、C21、C23 的具体位置如图 16 所示。从图中曲线可知：随

基坑开挖深度和时间增加,基坑周边建筑物基础的沉降值也逐渐增大;基坑开挖至坑底以后,C5、C8、C10、C12、C14、C16、C18、C21、C23 共 9 个测点的沉降值分别达到 16.8mm、19.9mm、32.8mm、33.1mm、28.2mm、19.6mm、20.8mm、14.1mm 和 31.2mm。

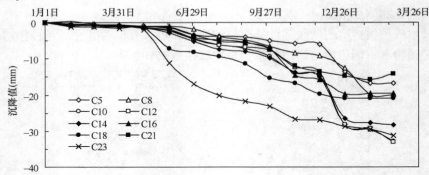

图 19 基坑周边建筑沉降曲线

七、小结

该项目基坑工程顺利完成,目前进行上部结构施工。本项目采用地下连续墙围护结构,结合岩层起伏调整墙底标高及入岩标准,保证了工程的安全性及施工可行性。地下连续墙作为基坑围护结构具有整体刚度高、同时兼止水帷幕功能,并可作为主体结构外墙,充分利用地下空间的特点。本项目中地下连续墙不仅与混凝土支撑相结合,局部区段还与预应力锚索支护相结合,结合具体情况选择支护方式,体现了其灵活性,在满足工程安全的前提下,取得了不错的工程效益。作为大型基坑,内部存在约 11.35m 的高差,本工程通过支撑体系的优化和工序的合理组织,使基坑一次性整体开挖,确保了基坑工程的进度和效益。本工程案例希望对类似基坑工程项目提供有益的经验。

杭州某应用 TRD 工法基坑工程

袁　静　刘兴旺

（浙江省建筑设计研究院，杭州　310006）

一、工程概况

杭州某工程位于杭州市钱江新城婺江路与富春路交叉口西侧地块，由两幢 21 层塔楼及底部 4 层裙房组成，下设两层地下室，工程桩为钻孔灌注桩。工程东南侧是富春路，东北侧为婺江路和富春路主变电站，富春路主变电站为桩基础，正在施工；其余两侧为近江集团工业区和周边 1～2 层混凝土砖房，施工期间为空地；富春路和婺江路交叉口为 1 号线和 4 号线换乘站——富春路站，已施工但还未运营。

基坑平面成 L 形，尺寸约 145m×122m，见图 1。±0.000 设计标高相当于绝对标高 7.450m；空地侧设计自然地坪绝对标高取 6.25m，其余侧设计自然地坪绝对标高取 7.10m。计算至地下室底板和承台垫层底后，地下室基坑实际开挖深度为 9.35m、10.20m、11.00m、13.60m。根据相关标准规定和周围环境的特点，对应基坑工程安全等级的重要性系数为 1.1。

二、工程地质条件

本工程场地地势基本平坦，起伏较小，场地地貌为钱塘江冲海积平原。在场区勘探孔控制深度范围内共划分为 9 个大层：①-1 杂填土，层厚 0.50～1.80m；①-2 素填土，层厚 0.20～1.10m；②砂质粉土，层厚 7.85～12.05m；③-1 粉砂夹砂质粉土，层厚 3.40～6.70m；③-2 砂质粉土夹粉砂，层厚 3.50～6.80m；⑥-1 淤泥质粉质粘土夹粉土，层厚 1.90～4.80m；⑨-1 粉质粘土，层厚 1.40～4.20m；⑨-2 含砂粉质粘土，层厚 0.50～1.90m；⑫-1 含砾粉细砂，层厚 0.30～2.10m；⑫-2 圆砾，以下为⑮层强风化、中风化玻屑凝灰岩。

场地上部为潜水，赋存于浅部的粉土和粉砂层中，下部为承压水，赋存于中砂层和圆砾层中。潜水水位随气候和季节性变化影响较大，埋深约 1.50～3.50m，年变化幅度为 1.00～3.00m。承压水对本层开挖无影响。根据基坑的实际开挖深度以及土质分布状况，基坑开挖面②-2 砂质粉土、③-1 粉砂夹砂质粉土中位于③-2 砂质粉土层中。各土层物理力学指标见表 1。

三、基坑围护方案

1. 周边环境条件

工程四周用地红线距离基坑围护结构内边线近，最近处约 4m～11m。工程东南侧是富春路，东北侧为婺江路和富春路主变电站，富春路主变电站为桩基础，正在施工；其余

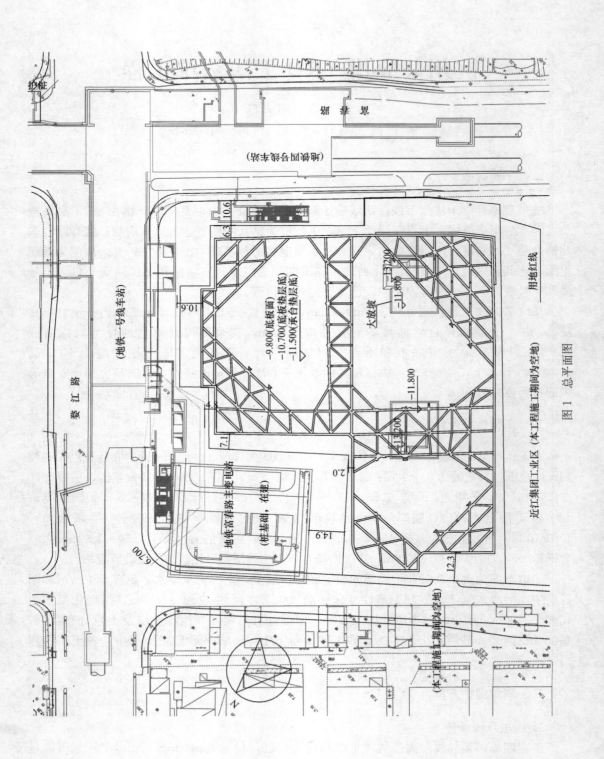

图1　总平面图

两侧为近江集团工业区和周边 1～2 层混凝土砖房，施工期间为空地。

各土层物理力学指标   表 1

土类	层号	含水量（%）	重度（kN/m³）	天然孔隙比	粘聚力（kN/kPa）	内摩擦角（°）	压缩系数（MPa⁻¹）	渗透系数（cm/s）	
								水平	垂直
杂填土	①		(18.5)		(8)	(13)			
素填土	②		(18.5)		(8)	(15)		$(1.0×10^{-5})$	$(1.0×10^{-5})$
砂质粉土	②-1	30.2	19.1	0.834	3.5	28.0	0.127	$1.45×10^{-4}$	$4.18×10^{-5}$
砂质粉土	②-2	29.9	19.4	0.806	4.0	30.0	0.106	$4.80×10^{-5}$	$3.30×10^{-5}$
粉砂夹砂质粉土	③-1	27.4	19.4	0.760	4.0	34.0	0.108	$2.15×10^{-4}$	$1.87×10^{-3}$
砂质粉土夹粉砂	③-2	31.9	18.9	0.876	5.0	30.0	0.173		
淤泥质粉质粘土夹粉土	⑥-1	39.5	18.0	1.11	10.0	15.0	0.473		
粉质粘土	⑨-1	26.6	19.8	0.742	30.0	16.0	0.197		
含砂粉质粘土	⑨-2	22.5	20.5	0.619	12.0	28.0	0.207		

注：括号内数值为经验值。

富春路和婺江路交叉口为地铁 1 号线和 4 号线换乘站富春路站；4 号线在上，1 号线在下；1 号线和 4 号线车站采用"T"型换乘方式，两站站台中心夹角 90°。1 号线车站位于婺江路下，为地下 3 层岛式车站，沿婺江路布置，婺江路宽 40.0m。4 号线位于富春路下，为地下 2 层岛式车站，沿富春路布置。车站基坑开挖深度约 20～23m 深，分别采用 800mm 和 1000mm 厚地下连续墙作为围护结构，该基坑围护已施工完成。

1 号线盾构线在本工程基坑范围外，靠富春路主变电站。4 号线南端盾构线距离本基坑工程较近，约 25m；根据施工工期安排，该盾构线先于本工程施工，且埋深约地表下 8m。已施工的地铁线对土体变位要求高，围护结构应严格控制该侧土体变位，确保盾构线的正常使用。同时尽管富春路主变电站为桩基础，但对该侧土体变位要求仍然较为严格，围护结构须控制主变电站侧的土体位移。

纵观工程周边环境，四周用地红线近，两侧为钱江新城主干道，且均为在建的富春路地铁站，其中富春路南端盾构线距离基坑较近。另两侧施工期间为空地。同时基坑开挖影响深度范围内为砂质粉土层，渗透性高，水量丰富；钱塘江涨潮时水头压力大。因此，降水和止水是基坑设计的关键，设计中应对降水有严格的要求；同时应严格控制基坑开挖对已施工地铁盾构线的影响。

2. 围护设计方案

由于基坑东侧地铁 4 号盾构线已施工完成，且本工程土质渗透性大，该侧应严格控制坑外地下水位，同时需确保该侧止水帷幕的止水效果。为此，对三轴水泥搅拌桩和 TRD 工法水泥土连续墙的止水效果做了进一步对比分析。

三轴水泥搅拌桩机械功率大，采用连续方式全断面套打时，止水效果较好。TRD 工法水泥土连续墙是将链锯式切削刀具插入地基中，沿水平方向掘削前进形成连续沟槽，同时将固化液从切削器端部喷出，与土在原地搅拌混合，从而形成水泥土连续墙，见图 2。

TRD 工法形成水泥土地下连续墙与三轴水泥搅拌桩不同，是完全连续墙，在其施工的范围为无缝墙体，止水防渗性能好。由于链锯式刀具的上下移动能够将土层完全搅拌，形成连续墙体质量稳定,墙面平整度高。TRD工法和SMW工法的成墙质量对比见图3和图4。

综合分析场地地理位置、土质条件、基坑开挖深度及周围环境等多种因素,经多方案分析比较,最后确定采用以下围护设计方案。

(1)确定临近盾构线一侧及南侧采用TRD工法水泥土地下连续墙,其余侧采用SMW三轴水泥搅拌桩内插H型钢作为围护桩,结合一道钢筋混凝土支撑的围护体系;

(2)靠近地铁盾构线附近围护结构外侧增设一排TRD工法水泥土地下连续墙。

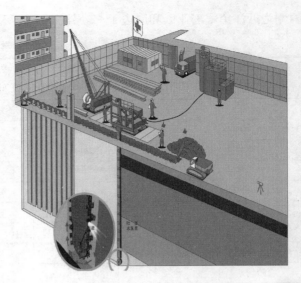

图2 TRD工法水泥土地下连续墙施工

(3)坑内深坑采用大放坡形式,靠近地铁盾构线一侧被动区采用三轴水泥搅拌桩加固的围护形式,以进一步减小该侧的土体位移。

图3 TRD工法水泥土地下连续墙墙面

图4 三轴水泥搅拌桩墙面

(4)靠地铁盾构线一侧,以及道路和富春路主变电站侧,坑外周边采用轻型井点降水;其余侧坑外周边采用自流深井降水。

(5)坑内采用自流深井降水的措施。

尽管TRD工法止水效果好,但基坑平面阳角较多时,需完全提升切割刀具,在地面拆卸并重新组装改换方向后,才能再重新施工。因此在西侧降止水要求不高时,仍采用三轴水泥搅拌桩作为止水帷幕。

四、监测内容及应急要求

本工程基坑开挖深度较深,为确保施工的安全和开挖的顺利进行,在整个施工过程中应进行全过程监测,实行动态管理和信息化施工。现场监测对于基坑的土方开挖和地下室

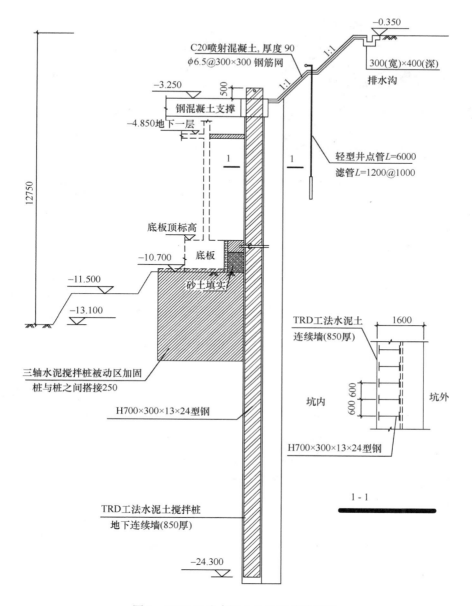

C20喷射混凝土, 厚度90
φ6.5@300×300 钢筋网
300(宽)×400(深)
排水沟
钢混凝土支撑
-3.250
-4.850地下一层
轻型井点管L=6000
滤管L=1200@1000
底板顶标高
底板
-10.700
砂土填实
-11.500
-13.100
TRD工法水泥土
连续墙(850厚)
坑内
坑外
三轴水泥搅拌桩被动区加固
桩与桩之间搭接250
H700×300×13×24型钢
H700×300×13×24型钢
1-1
TRD工法水泥土搅拌桩
地下连续墙(850厚)
-24.300
12750
500
1600
600 600
1 1

图 5 TRD 工法水泥土地下连续墙剖面

施工是必不可少的重要环节,只有进行现场监测,才能及时获取基坑开挖过程中围护结构及周围土体的受力与变形情况,掌握基坑开挖对周围环境的影响,以有效地指导施工,及时调整施工措施,确保周边道路、建筑物、构筑物和地下管线的绝对安全。本工程进行了以下内容的监测:

1. 周围环境监测:周围建筑物、道路的路面沉降等。

2. 围护体沿深度的侧向位移监测,基坑围护体最大侧向位移控制值:空地侧为5.0cm,盾构线一侧2.0cm,其余侧为3.0cm,连续三天侧向位移控制值为3mm/天。

3. 压顶圈梁及墙后土体的沉降观测。

图6　TRD工法水泥土地下连续墙剖面

4. 基坑内外的地下水位观测。水位变化警戒值±0.5m/天。

5. 支撑的轴力监测：7000kN。

开挖过程中出现渗漏现象时，应停止挖土，查明原因并采取回填措施。开挖过程中出现围护体变形过大或变形发展速率过快时，应立即停止相应范围的土方开挖，必要时采取回填措施或设置应急支撑以控制围护体的变形发展。施工现场应具备一定的抢险应急设备及材料，如草包、钢管、水泥、水玻璃等等，必要时加密、加长土钉，也可考虑卸土。

五、围护结构施工

工程从2010年开始围护结构施工，2011年初开始挖土施工。开挖至坑底时，三轴水泥搅拌桩和TRD工法水泥土连续墙的施工对比见图6。现场监测工作从2011年初开始，到2011年底结束，临地铁4号盾构线一侧监测点的最大侧向位移均未超过20mm，其余监测点处于设计规定的控制值范围内。支撑轴力最大值不超过6500kN。

六、结论

本工程土质渗透性强，地下水位和钱塘江有水力联系，且临近还有已施工但为运营的地铁盾构线的情况下，大面积开挖深度为10.00～14.00m的基坑取得了成功，表明：

1. 采用TRD工法水泥土连续墙，因施工无接缝，止水质量和止水效果好；

2. 在止水质量要求相对较低且基坑平面阳角较多时，三轴水泥搅拌桩现场施工工艺灵活。当基坑开挖深度较浅时，三轴水泥搅拌桩比TRD工法具有较多施工工艺优势。

苏州广播电视总台现代传媒广场基坑工程
Ⅰ. 基坑自身监测部分

柳骏茜[1]　朱炎兵[2]　李　想[1]　谭　勇[1]

（1. 同济大学地下建筑与工程系，上海　200092；

2. 中国铁路第四勘察研究院苏州分院，苏州　215000）

一、工程简介及特点

苏州市广播电视总台现代传媒广场位于苏州工业园区，北临翠园路，西临南施街，西北侧与苏州地铁一号线南施街站相接。本工程总建筑面积约320000m²，基地内主要规划有超高层智能型办公楼、演播楼、酒店楼、商业设施及广场等。其中办公楼主楼地上42层，地上建筑总高度217.8m，群房地上8层；酒店及公寓为地上37层，高度156.7m。周边演播中心群房与商业群房均为地上8层建筑，上述四个单体建筑通过一个地下3层的地下室连为整体，地下室底板顶标高−15m。采用桩筏基础，工程桩均采用钻孔灌注桩。

本工程基坑开挖面积约为33500m²，基坑周长约770m，东西最长约243m，南北最宽约150m，地下室群房大底板开挖深度15.6m，群房局部区域开挖深度16.6m，塔楼厚底板区域开挖深度17.6m。基坑安全等级为一级。

二、工程地质及水文地质条件

拟建场地位于长江中下游冲积平原东部，地貌类型为三角洲冲、湖积平原地貌，地貌形态单一。拟建建筑场地地势总体较平缓，为绿化草坪，场地东侧和南侧为河道，河面标高1.0m，河底标高约−1.1m。场地地面绝对标高一般在1.50～3.14m。根据勘察报告，拟建场地自然地面以下150m以内的土层为第四系早更新世以来沉积的地层，属于第四纪湖沼沉积物，主要由粘性土、粉土和砂土组成。按其沉积的先后、沉积环境、成因类型以及土的工程地质性质，自上而下分为14个工程地质层，其中第①、⑥、

图1　苏州广播电视总台现代传媒广场
项目效果图

⑫、⑬、⑭土层各分为两个亚层、第④土层分为三个亚层、第④−₃层及第⑧层各包含一个

透镜体夹层。根据基坑开挖深度，对基坑变形与稳定产生影响的土层主要包括8个土层。土层的具体分布及其物理力学性质指标详见表1。

场地土层主要力学参数

表1

层序	土名	层底深度 (m)	重度 (kN/m³)	含水量 (%)	孔隙比 e	压缩模量 $E_{s0.1\sim0.2}$ (MPa)	固结快剪峰值 c (kPa)	固结快剪峰值 φ (°)	渗透系数 k (cm/s) K_h	渗透系数 k (cm/s) K_v
①-1	素填土	1.4	18.78	34.9	0.964	4.07	15.8	9.6	4.9e-6	4.3e-6
①-2	淤泥	2.4	17.00	50.6	1.418	2.07	—	—	—	—
②	粘土	3.7	19.73	27.7	0.769	6.47	46.7	10.7	5.3e-8	4.7e-8
③	粉质粘土夹粉土	6.4	19.41	29.2	0.810	6.85	40.2	11.9	1.5e-4	9.5e-5
④-1	粉质粘土夹粉土	10.8	18.85	32.7	0.917	4.72	27.8	12.8	6.4e-4	4.6e-4
④-2	粉质粘土	13.1	19.3	30.3	0.843	5.55	34.8	12.6	5.7e-6	4.5e-6
④-3	粉质粘土夹粉土	15.8	19.21	30.2	0.844	7.58	30.6	14.8	1.2e-4	7.7e-5
④-3a	粉土夹粉质粘土	16.2	19.45	29.5	0.805	8.64	38.5	14	7.1e-4	4.1e-4
⑤	粉质粘土	23.8	19.29	30.2	0.842	5.33	33.4	12.4	5.2e-6	4.0e-6
⑥-1	粘土	26.3	20.28	24.1	0.677	7.96	55.1	10.6	2.8e-8	4.5e-8
⑥-2	粉质粘土	31.1	19.42	29.5	0.828	7.26	38.5	12.2	6.2e-6	4.6e-6
⑦	粉质粘土	36.3	19.03	31.3	0.879	6.43	33.0	13.7	6.2e-6	4.6e-6
⑧	粉土	42.7	18.85	31.7	0.899	6.23	31.2	15.1	1.6e-4	1.1e-4
⑧-a	粉质粘土夹粉土	47.2	19.25	30.5	0.832	8.69	7.7	22.8	4.4e-4	3.2e-4
⑨	粉质粘土	49.2	18.97	32.0	0.900	5.72	31.4	12.5	—	—
⑩	粉质粘土	62.7	19.35	29.9	0.830	6.89	38.6	12.5	—	—
⑪	粉质粘土	66.25	20.13	25.5	0.705	9.09	51.0	11.2	—	—
⑫-1	粉、细砂	79.2	19.82	27.0	0.725	12.05	5.4	28.4	—	—
⑫-2	细砂、中砂	98.0	19.61	26.9	0.738	20.47	3.8	31.5	—	—
⑬-1	粉质粘土	106.2	19.91	26.1	0.730	9.5	49.0	11.6	—	—
⑬-2	粘土	112.5	20.11	25.2	0.704	12.09	55.8	10.5	—	—
⑭-1	粉砂、细砂	130.4	19.49	27.3	0.748	12.19	5.1	30.2	—	—

本场地浅层地下水属潜水类型，主要补给来源为大气降水，以侧向排泄河流为主要排泄途径，水位随季节变化明显。本基坑设计采用地下水位0.5m。场地内较浅的粉质粘土系列土层（③、④-1、④-2、④-3）有微承压水，主要接受侧向径流补给。微承压水头埋深在1.8～2.1m。本工程外围地下墙穿过微承压水层，插入下部⑤、⑥、⑦层隔水层，隔断基坑内外的微承压水水力联系。承压水主要分布于第⑧层中，该层最浅埋深约为31m，承压水头埋深4.65～4.75m。经过计算，群房大底板基坑（15.6m区域）开挖不需要降低承压水头；而塔楼厚底板区域（16.6～17.6m）坑内土体抗承压水不满足，需采取措施按需降低承压水头，以保证基坑开挖安全。

三、基坑周边环境

本工程北临翠园路，西临南施街，东面与南面与中央河相接。

1. 基坑北侧

本工程北侧为翠园路，路下市政管线密集，且场地北侧临近已建的苏州一号线地铁南施街站及区间盾构隧道。相邻地铁车站及其区间隧道与本工程的关系详见《苏州广播电视总台现代传媒广场基坑工程Ⅱ. 邻近隧道及地铁车站监测部分》。

2. 基坑西侧

本工程西侧为南施街，路下市政管线密集，道路对面的建筑物与本工程基坑距离超过50m。地下管线分布详情见表2。

<table>
<tr><td colspan="3" align="center">基坑周边地下管线分布</td><td align="right">表2</td></tr>
<tr><td></td><td align="center">管线类型</td><td colspan="2" align="center">与基坑的距离（m）</td></tr>
<tr><td rowspan="6">南施街侧</td><td align="center">电力线缆</td><td colspan="2" align="center">6.0</td></tr>
<tr><td align="center">雨水管 φ300/1.20m</td><td colspan="2" align="center">9.8</td></tr>
<tr><td align="center">给水管 φ800/1.40m</td><td colspan="2" align="center">12.0</td></tr>
<tr><td align="center">给水管 φ300/0.80m</td><td colspan="2" align="center">25.0</td></tr>
<tr><td align="center">燃气管 φ300/1.20m</td><td colspan="2" align="center">26.5</td></tr>
<tr><td align="center">上水管 φ300</td><td colspan="2" align="center">30.5</td></tr>
<tr><td rowspan="8">翠园路侧</td><td align="center">雨水管 φ300/1.20m</td><td colspan="2" align="center">32.6</td></tr>
<tr><td align="center">电力排管</td><td colspan="2" align="center">9.2</td></tr>
<tr><td align="center">雨水管 φ400/1.25m</td><td colspan="2" align="center">13.0</td></tr>
<tr><td align="center">给水管 φ300/1.50m</td><td colspan="2" align="center">14.5</td></tr>
<tr><td align="center">燃气管 φ200/1.50m</td><td colspan="2" align="center">34.5</td></tr>
<tr><td align="center">雨水管 φ400/1.40m</td><td colspan="2" align="center">36.0</td></tr>
<tr><td align="center">污水管 φ450/2.50m</td><td colspan="2" align="center">38.0</td></tr>
<tr><td align="center">电信电缆</td><td colspan="2" align="center">42.5</td></tr>
</table>

3. 基坑东侧、南侧

本工程东侧及南侧为中央河，中央河为人工河，河道距离基坑最近距离约13m，河面绝对标高+1.00m（较基坑设计地面低1.5m），河底绝对标高-1.1m（较基坑设计地面低3.6m）。

四、基坑围护设计方案

1. 总体方案设计

经过多个方案的技术经济对比，本基坑外围均采用地下连续墙，地下连续墙与地下室结构外墙采用两墙合一的形式来降低工程造价。基坑中隔墙采用钻孔灌注桩＋三轴搅拌桩止水的形式。其中基坑北侧邻近地铁车站及盾构隧道侧，地下墙与地下室结构墙形成复合墙，并在地下墙与结构墙之间设置膨润土防水毯，基坑其他区域地下连续墙采用两墙合一的形式，地下墙兼作地下结构外墙，地下室各层楼板采用钢筋接驳器与地下墙连接，连接可采用图 2 所示的两种方式。另外为加强地下墙接缝处的止水效果，可结合地下室结构边柱的布置，在地下墙接缝处设置扶壁柱（边柱），如图 3 所示。围护结构具体参数详见表 3。

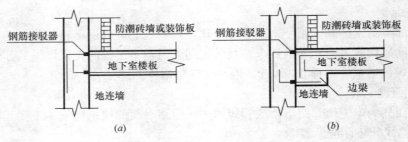

图 2　地下室楼板与地下墙连接

（a）地下室楼板与地下墙直接连接；（b）地下室楼板通过边梁与地下墙连接

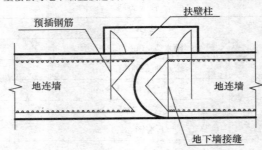

图 3　两墙合一侧地下墙接缝处扶壁柱示意图

围护结构参数　　　　　　　　　　　　　　　　　　　表 3

围护结构位置	基坑开挖深度（m）	地下墙厚度/灌注桩尺寸（mm）	地下墙深度（m）	备注
基坑北侧邻地铁侧	15.6	1000	35	复合墙
基坑中隔墙	15.6	1100@1300	34～35	灌注桩两侧设置止水帷幕
基坑其余侧	15.6	800	35	两墙合一

基坑北侧邻近地铁设施，因此该侧地连墙厚度为 1m，以控制基坑变形，减少基坑开挖对地铁设施的扰动。同时考虑到塔楼的工期是本工程施工进度的关键，故先开挖塔楼所在的 1-1 区与 1-2 区基坑，等这两个区施工出±0.00 后在开挖 2 区基坑。这样不仅能够加快整个工程进度，也能较好的解决施工场地布置的问题，同时将基坑北侧分为 3 个区施工，可以减小基坑大面积一次性卸载对北侧地铁设施的扰动影响。基坑分区筹划平面详见图 4。

2. 坑内加固

为控制基坑变形对周围环境的不利影响，在基坑邻地铁车站侧和邻南施街侧，针对开挖面以下较为软弱的⑤层土进行坑内裙边加固，以控制围护结构变形。

其中邻地铁侧采用 8m 宽 6m 厚 Φ850mm 三轴搅拌桩裙边加固，邻南施街侧采用 6m 宽 4m 厚 Φ850mm 三轴搅拌桩墩式加固，该侧墩式加固采用格栅状布置。三轴搅拌桩加固体单桩水泥掺量＞20%，加固实体至地面采用低掺量（10%）补强加固。

此外，三轴搅拌桩加固体与地下连续墙间采用 Φ1000mm@700mm 三重管高压旋喷桩

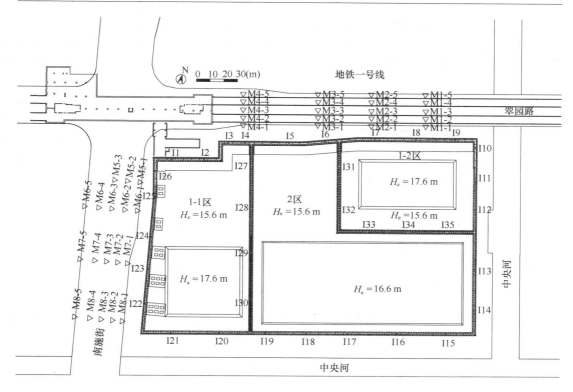

图 4 基坑总平面及监测点布置图

填充加固，单桩水泥掺量＞25％。

对于塔楼深坑，通过降水固结法以改善坑内土体性质，并通过控制局部深坑的边坡高宽比小于 1：1，以满足塔楼深坑开挖的边坡稳定要求。因而本工程对于落深 2m 的塔楼深坑均未进行护坡加固。

3. 降水措施

（1）潜水

对于潜水，采用真空深井泵降水，每 150～200m² 设一口井。本工程塔楼深坑未设置边坡加固，采用降水固结法改善土性，因此必须保证潜水的降水效果，以确保局部深坑开挖时的边坡稳定，在开挖的各个阶段采取主要措施有：在土方开挖前进行两个星期以上的预降水；施工过程中，根据开挖工况地下水位须降至开挖面 1.0m 以下，同时对降水期间坑外水位的变化情况进行监测，监视围护结构渗漏情况，一旦发现漏水要及时堵漏，必要时可采用坑外回灌井点回灌水的措施来稳定坑外水位；降水井必须在底板浇筑完成后达到一定强度后才能拆除。

（2）微承压水

场地内微承压水主要分布于第③～④₋₃层范围内，本工程地下墙穿越微承压水含水层，插入下部隔水层中，切断了基坑内外微承压水的水力联系，因此基坑开挖阶段只需要降低该层内的残余微承压水头。

（3）承压水

承压水主要分布于第⑧层，该层最浅埋深约为 31m，承压水头埋深约 4.6m，本工程基坑裙房底板区域开挖深度为15.6m，塔楼等局部厚底板区域开挖深度16.6～17.6m。经计算，本工程基坑开挖深度15.6m的区域不需要降低承压水头，而挖深16.6～17.6m的区域须采取措施按需分级降低承压水头。承压水降压相关情况详见表4。

各区域承压水降水相关参数　　　　　　　　　　　　　　　　　表4

	降压高度（m）	厚底板区域土方量（m³）	厚底板工程量（m³）	工期
东北侧酒店塔楼挖深17.6m区域	降4m	4600	8000	不超过30天
西南侧办公塔楼挖深17.6m区域	降4m	5200	9100	不超过40天
南侧裙房厚底板挖深16.6m区域	降2m	8800	17600	不超过50天

4. 土方开挖措施

基坑土方开挖针对本地区软土的流变特性应用"时空效应"理论，严格实行限时开挖支撑要求。土方开挖、支撑施工为盆式开挖，总原则是严格实行"分层、分段、分块、留土护壁、限时对称平衡开挖支撑"的原则，将基坑变形带来对周围设施的变形影响控制在允许的范围内。开挖过程中随挖随撑（或浇筑垫层）。土方开挖严格控制挖土量，严禁超挖。各分区基坑采用盆式挖土，边坡留土要求坡顶宽20m以上，坡脚宽25m以上，每一级坡高宽比应该小于1：2。

另外，本工程塔楼厚底板开挖深度达17.6m，在不增加围护结构插入比的情况下，为确保塔楼区域基坑的安全稳定，在基坑开挖至裙房大底板区域后，先施工裙房底板，在开挖施工塔楼厚底板区域。

5. 支撑体系

本工程基坑各分区均采用明挖顺作施工。基坑沿竖向设置三道钢筋混凝土支撑，支撑体系刚度大，并应用时空效应挖土支护原则，可以较好的控制基坑侧向变形。支撑的临时立柱均为灌注桩加角钢格构柱，格构柱均应插入钻孔灌注桩3m，间距一般不大于12m。

支撑信息表　　　　　　　　　　　　　　　　　表5

支撑道数	支撑截面
第一道支撑	大支撑：1000mm×1000mm
	主支撑：800mm×800mm
	八字撑：700mm×700mm
	连杆：600mm×600mm
第二道支撑	大支撑：1200mm×1000mm
	主支撑：1000mm×1000mm
	八字撑：800mm×800mm
	连杆：700mm×700mm
第三道支撑	大支撑：1200mm×1000mm
	主支撑：1000mm×1000mm
	八字撑：800mm×800mm
	连杆：700mm×700mm

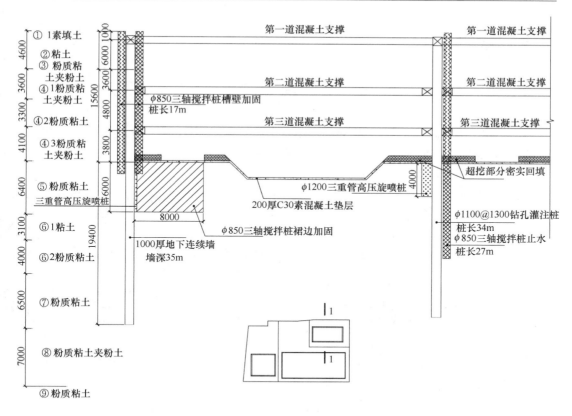

图5 典型结构剖面图（1-1 剖面）

五、施工工况

施工工况表 表6

工况	1-1 区	1-2 区	2 区
工况1：限时分块开挖第一层土方	2012.04.27—2012.05.23	2012.02.15—2012.05.05	2012.10.13—2012.11.13
工况2：限时分块开挖第二层土方	2012.06.15—2012.07.27	2012.05.13—2012.06.03	2012.11.16—2012.12.27
工况3：限时分块开挖第三层土方	2012.07.30—2012.08.24	2012.06.16—2012.07.27	2012.12.29—2013.04.02
工况4：浇筑施工裙房底板	2012.08.10—2012.09.16	2012.07.06—2012.07.31	2013.01.17—2013.04.25
工况5：开挖塔楼深坑土方	2012.08.28—2012.09.09	2012.08.01—2012.08.13	
工况6：浇筑施工塔楼深坑底板	2012.09.10—2012.10.08	2012.08.14—2012.09.03	
工况7：拆除第三道支撑	2012.10.04—2012.11.02	2012.09.11—2012.09.24	2013.04.29—2013.05.08
工况8：地下三层施工	2012.10.23—2012.12.01	2012.09.25—2012.10.22	2013.05.11—2013.06.06
工况9：拆除第二道支撑	2012.11.13—2012.12.10	2012.10.27—2012.11.13	2013.05.29—2013.06.21
工况10：地下二层施工	2012.12.13—2013.01.06	2012.11.03—2012.12.10	2013.06.22—2013.07.22
工况11：拆除第一道支撑	2012.12.23—2013.01.26	2012.12.13—2012.12.21	2013.07.23—2013.08.11
工况12：地下一层施工	2013.01.17—2013.02.27	2012.12.23—2013.01.11	2013.07.23—2013.08.25

六、现场监测

本工程基坑周边环境复杂，紧邻地铁盾构隧道及地铁车站，环境保护要求严格，为确保工程顺利完工，对基坑施工的全过程进行检测。

1. 围护墙体的测斜

在基坑的四周地连墙以及中隔墙上一共布置了 35 个监测点，用来检测围护结构的侧向位移，测点编号为 I1~I35。测点布置如图 4 所示。

2. 支撑轴力的检测

根据围护方案，在承受较大内力的指定截面的支撑上焊接钢筋应力计，通过数字式监测仪测得读数，可换算成截面的轴向内力变化情况。共布置 144 组（每层 48 组，共 3 层），编号 Z01~Z144。测点布置如图 6 所示。

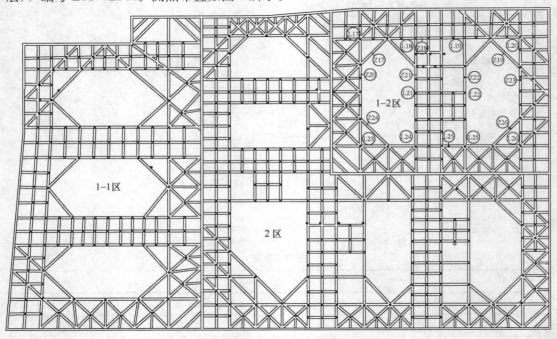

图 6　基坑支撑平面及监测点布置图

3. 立柱沉降/隆起监测

立柱桩沉降的测点，直接布置在立柱桩上方的支撑面上，对多个支撑交汇受力复杂处的立柱应做为观测的重点。拟布置 50 个立柱竖向位移监测点，以监测立柱的竖向位移是否超过设计要求，编号 L01~L50。测点布置如图 6 所示。

4. 周边地面竖向位移监测

周边地面为反应不均匀沉降采用断面形式布置，每组断面 5 个监测点，共布置 8 组断面，抱箍法进行监测，不具备直接监测条件的将对其间接保护，监测点设置在管线的窨井盖上，或管线轴线相对应的地表，将钢筋直接打入地下，深度与管底一致，作为观测标志。关于地铁区间隧道的监测点布置详见本书《苏州广播电视总台现代传媒广场基坑工程Ⅱ.邻近隧道及地铁车站监测部分》一文。

七、监测结果分析

1. 围护结构的侧移

图 7 为 1-2 区围护结构的主要测点在开挖阶段主要工况下的侧移情况。其中 I7-I10 为北侧地连墙上的测点；I31-I35 为中隔墙（钻孔灌注桩）上的测点。从图中可以看出，采用不同的围护结构，其侧向位移的形式和大小有着明显的不同。对于采用地连墙作为围护结构的 I7-I10 测点而言，其最大侧移出现在第二道支撑的位置，大约在 7.5m 深度处；最大位移量出现在 I7 测点上，约为 19.3mm。于采用钻孔灌注桩上的 I31-I35 测点而言，其最大位移出现的位置相对 I7-I10 测点偏下，大约出现在 9m 深度处，而平均的侧移量也明显大于 I7-I10 测点，均在 20~25mm 之间，其中最大侧移量约为 23.3mm，出现在 I33 测点上。这说明采用地下连续墙作为基坑的围护结构，在控制基坑变形的效果上要好于钻孔灌注桩。

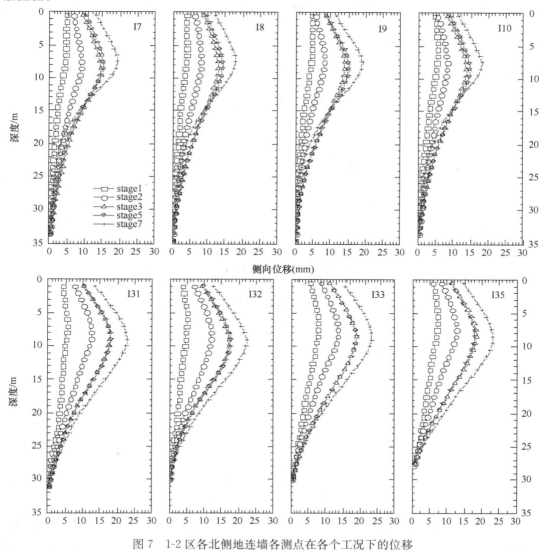

图 7　1-2 区各北侧地连墙各测点在各个工况下的位移

2. 支撑轴力监测

从图 8～图 10（注：其中 Z1-17 代表第一道支撑的第 17 号测点，以此类推）可以看出每一层的支撑都是在该层土方挖完之后达到最大，然后几乎稳定不变直到拆除该层支撑，这说明每一道支撑所承担的土压力的范围是固定的，不再随挖深的增加而增加。1-2 区第一道支撑轴力的最大值约为 4000kN，第二道支撑的最大值约为 8500kN，第三道支撑的最大值约为 7000kN。

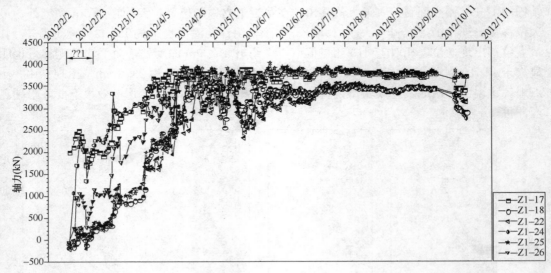

图 8　1-2 区第一道支撑轴力监测值

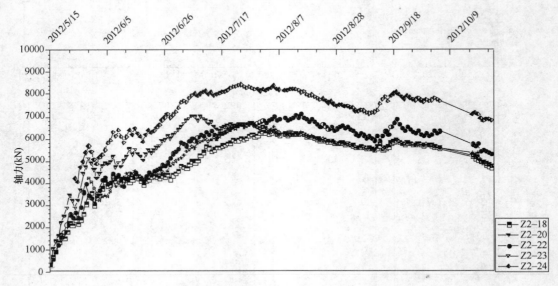

图 9　1-2 区第二道支撑轴力监测值

3. 周围地表沉降监测

土体沉降一共布有 8 组（M1-1～M1-5）～（M8-1～M8-5）共 40 个测点，其中 M4 被破坏，没有得到监测数据。M1 与 M2 最大沉降值均为 25mm，而 M3 断面的最大沉降

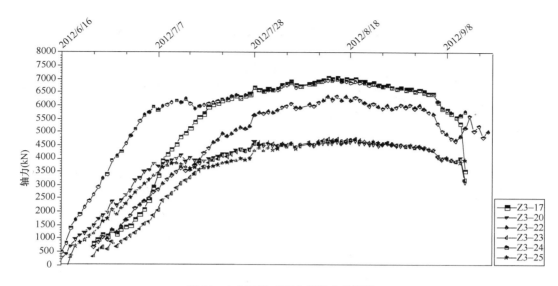

图 10　1-2 区第三道支撑轴力监测值

为 7mm。地面沉降见图 11。

4. 立柱桩隆沉监测

立柱桩的隆起变形随着基坑的整个开挖过程而不断发展，隆起的速率基本稳定；在基坑的底板浇筑完成后，立柱桩的隆沉变形基本稳定，此时立柱桩最大隆起量为 30mm，最小的隆起量为 17mm。随着下部主体结构的施工（工况 7—工况 9），立柱桩继续隆起，但增量较小，其主要变化阶段以土体开挖阶段为主，最终立柱桩的最大隆起量为 33mm。立柱桩具体变形情况见图 12。

八、小结

苏州广播电视总台现代传媒广场项目基坑周边的环境复杂，环境保护要求较高。本工程在施工过程中，在基坑变形的控制方面取得了较好的效果。

（1）通过采用地连墙作为围护结构并加以坑内裙边加固，成功地将北部（邻近地铁隧道）基坑的侧向位移控制在 20mm 以下，小于规范要求的控制位移（25mm）；同时，对于控制位移相对宽松的中隔墙，则采用了钻孔灌注桩作为围护结构，在确保基坑安全的前提下，降低了工程成本。因此，本工程的支护形式组合是经济合理的。

（2）从本工程支撑轴力的变化来看，每一道支撑都在相对应土层开挖挖成后轴力发展到最大值，且基本保持稳定，这说明每道支撑所承受的土压力范围是一定的，并不随着开挖深度的增加而增加。这为今后类似工程支撑体系设计提供了一定的依据。

（3）从地表沉降的监测数据来看，位于北侧的 M1 与 M2 两组测点的最大沉降值约为 25mm，略大于控制值（20mm），但是注意到，在基坑开挖的同时，邻近的苏州地铁一号线正处于试运营阶段，列车运行的动荷载也会使其上方土体发生沉降，因此本工程基坑围护结构外地表沉降基本合理。

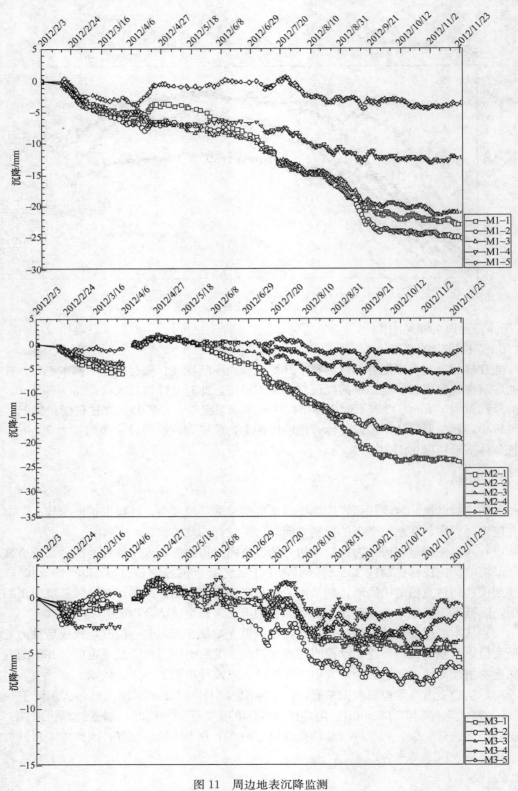

图 11　周边地表沉降监测

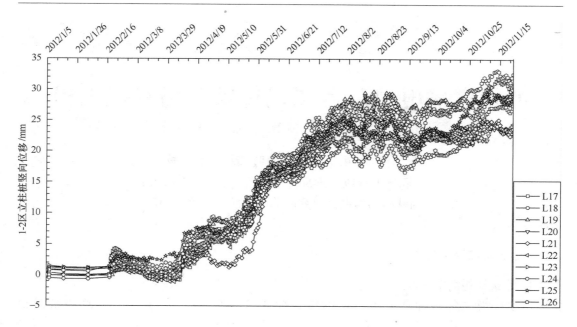

图 12 立柱桩沉降监测

苏州广播电视总台现代传媒广场基坑工程

II. 邻近隧道及地铁车站监测部分

李　想[1]　朱炎兵[2]　柳骏茜[1]　谭　勇[1]

（1　同济大学地下建筑与工程系，上海　200092；
2　中国铁路第四勘察研究院苏州分院，苏州　215000）

一、工程简介及特点

1. 建筑结构简况

该项目为一集多种功能于一体的综合性建筑，占地面积 21550m²，总建筑面积 299700m²。分为酒店公寓塔楼（地上 37 层）、广电中心塔楼（地上 43 层）两个超高层建筑及周边演播中心裙房和商业裙房部分，其下部为统一的 3 层大地下室，采用桩筏基础，各建物详细情况见表 1。

建筑概况一览表　　　　　　　　　　　　　　表 1

建筑物	层数	高度	结构类型	基地平均反力	地下室	地下室板底高程（85 国家高程基准）
酒店公寓塔楼	37	156.7m	框架-核心筒结构	730kPa	3 层	−15.2m
广电中心塔楼	43	219m	筒中筒结构	770kPa	3 层	−15.2m
商业裙房	5	30m	框架/框剪结构	170kPa	3 层	−13.2m
演播中心裙房	8	48.5m	框架/框剪结构	240kPa	3 层	−13.2m

地下室柱网大部分为 8.4m×8.4m，塔楼区域板底埋深约 19m，其他区域约 17m，
±0.00 相当于 85 国家高程基准 3.8m，单柱浮力约 4700kN。

2. 周边环境

基坑西侧为南施街，道路底下埋有若干管线，基坑东侧和南侧为中央河河道。基坑北侧紧临运营地铁苏州轨道交通 1 号线南施街站及隧道区间结构，基坑距离隧道盾构区间最近距离为 11.7m。隧道埋深约 14～15m（与开挖深度相当），隧道直径 6.2m，为盾构法施工隧道，隧道的管片厚度为 350mm，轻轨运营隧道位于第④层土层内，土质情况一般。地铁车站为地下两层岛式车站，底板埋深约 16m，其东南出入口与本工程地下室 B1 层开口连通，场地平面位置详见图 1。考虑到本基坑开挖深度较深（15.6～17.6m）、面积较大，因此必须严格控制基坑开挖引起的地表沉降及对运营地铁车站结构以及区间隧道的影响，以保证其安全运营。

3. 基坑工程概况

基坑开挖面积约 33500m²，基坑轮廓尺寸为 243m148m，地下室裙房大底板开挖深度

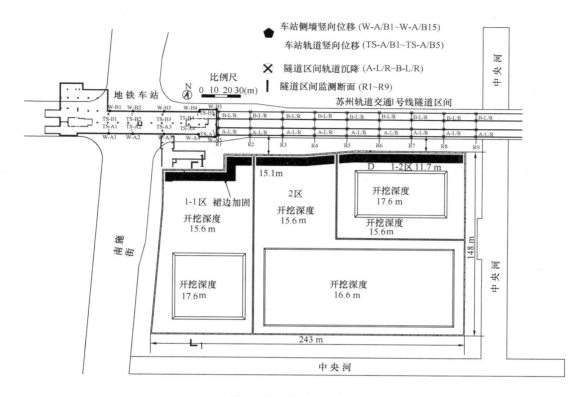

图 1　基坑总平面示意图

15.6m，塔楼厚底板区域开挖深度 17.6m，裙房局部区域开挖深度 16.6m。本工程两栋塔楼位于场地的东北区及西南区，塔楼施工建设是本工程的关键进度路线。另外场地北侧紧邻苏州一号线地铁盾构隧道，西北侧与一号线南施街站相接，环境保护要求较高。经场地安排、施工筹划等统筹考虑，将基坑分为三个区先后开挖施工，可以加快塔楼工程的工期进度，有利于施工场地的布置，同时基坑分区开挖也减少了基坑大面积开挖卸载对相邻地铁设施的不利影响。基坑外围围护结构设计采用地下连续墙，内部中隔墙采用钻孔灌注桩＋三轴搅拌桩止水的围护结构形式。

二、工程地质条件

拟建场地位于广阔的长江中下游冲积平原东部，地貌类型属三角洲冲、湖积平原地貌，地貌形态单一。建筑场地地势总体较平缓，为绿化草坪，东侧为一河道，场地地面一般标高 1.50～3.14m，总体较平缓，场地中部、西南部分布有三个水塘，水体水面标高 1.0m 左右，水深 0.4～1.5m，塘底标高 −0.52～0.61m，东侧河道河水水面标高 1.0m 左右，河水深约 2.0m，河底标高 −1.12～−0.56m。本场地浅层为潜水，主要补给来源为大气降水，勘察期间埋深为 0.0～1.8m，设计中采用地下水位为 0.5m。场地土层主要物理力学参数详见《苏州广播电视总台现代传媒广场基坑工程 Ⅰ. 基坑自身监测部分》，其中③、④_{-1}、④_{-2}、④_{-3}分布有微承压水，承压水位于第⑧层。

三、基坑支护方案

1. 围护结构

本基坑外围均采用地下连续墙,地下连续墙与地下室结构外墙采用两墙合一的形式以降低工程造价。基坑中隔墙采用钻孔灌注桩＋三轴搅拌桩止水的形式。其中基坑北侧邻近地铁车站及盾构隧道侧地下连续墙与地下室结构墙形成复合墙,并在地下连续墙与结构墙间设置膨润土防水毯;基坑其余区域地下连续墙采用两墙合一的形式。基坑北侧邻近地铁设施,因此该侧地下连续墙厚度较其余的 0.8m 要厚,为 1m,用以控制基坑变形,减小基坑开挖对地铁设施的扰动。典型基坑剖面图如图 2 所示,图 2 为 1-1 地块包含南施街地铁车站的基坑剖面。

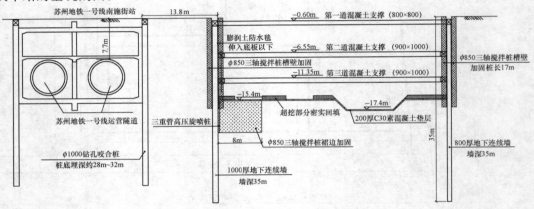

图 2　邻近地铁车站 1-1 基坑剖面

2. 支撑体系

本工程基坑各分区均采用明挖顺作法施工,支撑平面布置如图 3 所示。基坑沿竖向设

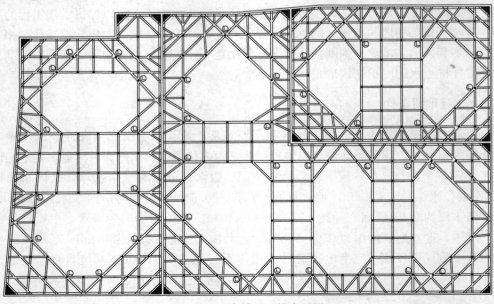

图 3　平面支撑及立柱布置图

置三道钢筋混凝土支撑，采用对撑布置形式，支撑体系刚度大，并应用时空效应挖土支护原则，以较好地控制基坑侧向变形。支撑的临时立柱均为灌注桩加角钢格构柱，其中格构柱插入钻孔灌注桩 3m，间距一般不大于 12m，立柱桩尽量利用工程桩。

四、基坑分区开挖方案

基坑开挖过程中，大面积的土方卸载势必引起基坑周围土体的位移场变化，这将对运营地铁产生不利影响。为保证苏州地铁一号线的正常运营，减小大面积卸载引起的过大变形，经过若干方案讨论，对整个基坑分三部分进行分块开挖。首先开挖 1-2 地块，待 1-2 地块第一层土开挖完成后，开始开挖 1-1 地块，以此错开一层土方的开挖时间，待 1-1 区和 1-2 区底板施作完毕后，进行 2 区地块开挖及回筑。对靠近隧道的部分土方按照均匀、对称的原则分成若干细小块进行开挖。基坑开挖至裙房大底板坑底后，先浇筑施工裙房底板，再开挖施工塔楼深坑。具体施工进度日程见本书《苏州广播电视总台现代传媒广场基坑工程Ⅰ. 基坑自身监测部分》。

五、通过控制基坑自身变形对运营隧道的保护措施

由于本工程周边环境保护要求较高，在施工过程中只有严格控制基坑开挖卸载所产生的变形才能保证地铁设施的安全使用。因此，采用了以下几方面的措施来控制基坑开挖卸载引起的变形：（1）经场地安排、施工筹划等统筹考虑，基坑分为三个区先后开挖施工，可以加快塔楼工程的工期进度，有利于施工场地的布置，同时基坑分区开挖也减少了基坑大面积开挖卸载对相邻地铁设施的不利影响。（2）在地下墙两侧采用 ϕ850mm 的三轴搅拌桩对槽壁进行加固，以提高地下墙的施工质量，改善地下墙接缝处的止水效果，减小围护结构渗漏水现象。（3）基坑开挖过程中严格限时完成土体开挖，垫层、支撑浇筑，严格控制土体卸载量和坑内土体无支撑暴露时间，以控制基坑变形。（4）基坑支撑体系采用刚度加大的井字撑的形式，并应用时空效应开挖支护原则以控制基坑侧向变形，减小对周边环境设施的不利影响。（5）在坑内设置一定的三轴搅拌桩坑内裙边加固（图1），加固宽度为 8m，加固深度为坑底以下 6m（图2），用以改善坑内软弱土层性质，提高基坑被动区抗力，减小该区域围护结构的变形，减小基坑变形对地铁车站和区间隧道的影响。（6）基坑开挖至裙房大底板后，要求先浇筑施工裙房底板，待其施工完成后在开挖施工塔楼深坑。此工况下可以利用先施工的裙房底板作为支撑，较好的控制塔楼深坑施工阶段的基坑变形。（7）本工程施工全过程实施信息化监测控制，通过对监测数据进行分析，及时调整施工参数，以控制基坑变形和稳定。

六、基坑围护结构变形情况

限于篇幅，本节主要介绍基坑北侧 1-2 区靠近地铁 1 号线的测点 D 处（图1）的围护结构侧移，如图4所示。从图4中可以看出，地下连续墙顶部侧移位移很大，原因有二：（1）基坑第二层土开挖的厚度为 6m，开挖第三层土厚度为 4.8m，基坑一次性卸载较常规基坑要大；（2）混凝土支撑未到一定的养护强度，就进行了下一步的开挖施工，使得混凝土支撑的刚度较设计值小，因此，地连墙最大位移出现的深度位置较常规的在开挖面附近出现了上移的趋势，甚至出现在第二道支撑所在位置处。

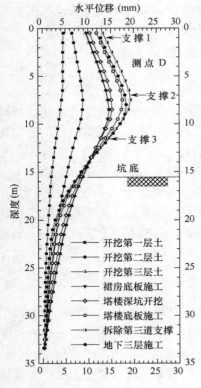

图 4　1-2 区近隧道侧测点 D 的
　　　围护结构侧移

图中图例：
- 开挖第一层土
- 开挖第二层土
- 开挖第三层土
- 裙房底板施工
- 塔楼深坑开挖
- 塔楼底板施工
- 拆除第三道支撑
- 地下三层施工

水平位移 (mm)
深度 (m)

七、地铁隧道监测情况

1. 地铁监测测点平面布置（如图 1 所示）

1）地铁主体结构南施街站断面监测，共 5 处断面。

2）地铁盾构区间段断面监测，共 9 处监测断面，包含轨道沉降及收敛监测，如图 5 所示。

2. 监测频率

根据设计及相关规范要求，翠园路下地铁轨道主体结构安全监测的监测频率确定为：

1）施工前一周，进行初始数据的观测；

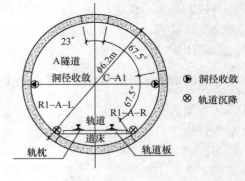

图 5　隧道监测断面图

2）基坑土方开挖深度≤8m，每 3 天监测 1 次；

3）基坑土方开挖深度 8～12m，每 2 天监测 1 次；

4）基坑土方开挖深度≥12m 至底板砼浇筑前，每 1 天监测 1 次，可根据轨道公司日程调整；

5）底板施工完毕后到地下负一层施工完毕，每 3 天监测 1 次，当监测值相对稳定时可适当降低监测频率到 4 天 1 次；

6）地下负一层施工完毕到基坑基本回填完毕，每 7 天监测 1 次，直至基坑工程结束。

3. 监测结果与分析

图 6 为 A 隧道区间轨道沉降日程图，图例含义如图 4 所示。图 7、图 8 分别为 A 隧道区间和地铁车站的轨道差异沉降监测日程图，A 隧道为靠近基坑侧的隧道。图 7 数据为 A 隧道 R_i-A-R 和 R_i-A-L（i 为 1～9 不同的断面）两轨道上测点的差异沉降时程曲线，正值表示靠近基坑侧沉降大，负值表示靠近基坑侧沉降小。从图 6、图 7 可以看出，区间隧道的轨道沉降最大值为 5.2mm，差异沉降最大值为 0.6mm，均满足地铁方面给出的安全运营要求。2011 年 7 月至 2012 年 2 月为各区地连墙施工阶段，2012 年 2 月中旬开始进行 1-2 区的开挖，2012 年 4 月底开始进行 1-1 区的开挖。2012 年 8 月之前，1-1 区和 1-2 区未开挖最后一层土，此时由于隧道仍位于开挖面以下，隧道沉降和差异沉降由于前期卸载缓慢增大至不变，但是变化值不大。2012 年 8 月至 2012 年 10 月，1-1 区和 1-2 区土方开挖

至坑底，隧道差异沉降明显增大。2012年10月之后进行中间2区土体的开挖，差异沉降有所减小，2013年1月至4月为2区土体最后一层开挖，差异沉降也随之变大。最终土方开挖完成后至2013年8月进行地下室结构的回筑，差异沉降基本稳定不变。从图6可以看出，在2012年8月后，由于进行的土体开挖与隧道埋深相当，隧道沉降迅速增大，直至2013年3月停止开挖后，隧道沉降趋于稳定。图8为基坑西北角的地铁车站里，上下行两轨道中心的差异沉降值日程曲线图。图8的规律和图7基本类似，限于篇幅不再赘述。

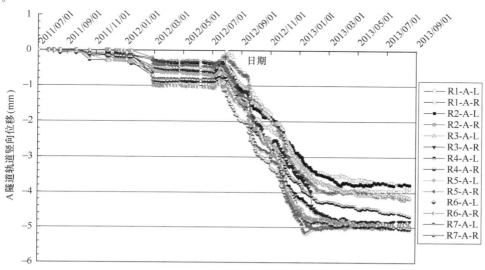

图6　A隧道道床沉降日程图

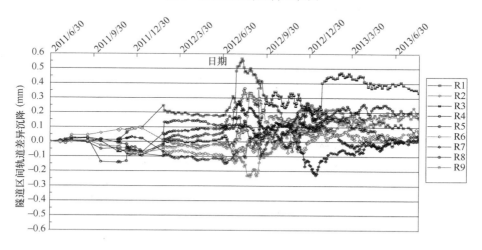

图7　地铁隧道区间A隧道轨道差异沉降随时间变化趋势图

图9为隧道区间洞径收敛随时间的变化趋势图，洞径收敛测点如图5所示，洞径收敛为负值表示水平隧道直径增加，A为靠近基坑侧隧道，B为远离基坑侧隧道（图1）。从图9可以看出，由于基坑卸载，隧道水平方向的直径在逐渐增大，且靠近基坑侧的A隧道的水平洞径扩大值大于远离基坑侧B隧道。图9水平洞径的发展趋势前期同图6基本类

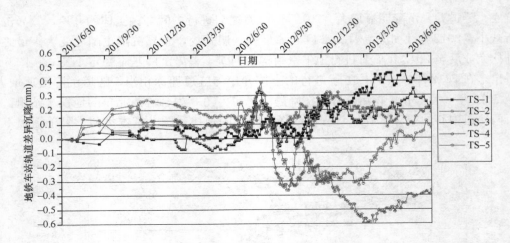

图 8　地铁车站轨道差异沉降随时间变化趋势图

似，即 1-1 区和 1-2 区未开挖最后一层土时（2012 年 8 月前），水平洞径缓慢扩大。2012年 8 月至 2013 年 4 月期间进行 1-1 区和 1-2 区的开挖最后一层土和中间 2 区的开挖时，水平洞径扩大速度明显变快。而图 9 与图 6 不同的是，图 6 隧道的竖向沉降在开挖后基本不继续增长了，而图 9 的水平洞径仍然继续保持增长。这说明，基坑开挖卸载对开挖面附近的隧道的影响，水平方向的影响时间要长于竖直方向的影响时间，水平向的变形在停止开挖时仍然继续增长。

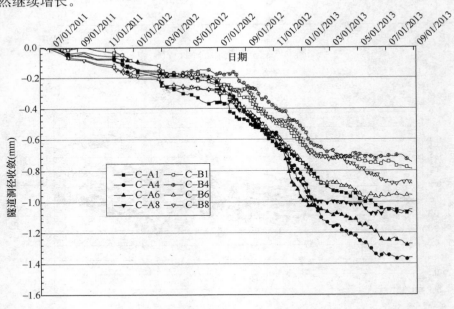

图 9　隧道洞径收敛随时间的变化趋势图

八、小结

本基坑工程开挖面积大，开挖深度大，周边环境较复杂，施工期间基坑北侧地铁 1 号线开始正式运营，这是现今基坑工程中较典型的基坑案例。本基坑工程，按照分块开挖的原则，监测结果表明分块开挖基本对运营隧道没有造成影响，使得差异沉降产生波动，而不是单调上升，这在一定程度上意味着在减小差异沉降，因此，此次基坑开挖制定的分块开挖方案可以作为类似工程的参考。此外，还发现基坑开挖对隧道水平方向的时间效应要强于隧道的竖直方向，即水平方向变形在停止开挖和回筑时期仍然继续增长，而竖直方向沉降却基本稳定。

苏州新苏吴地中心逆作法基坑工程

赖允瑾[1] 王 鑫[2] 丁文其[1]

（1. 同济大学土木工程学院地下建筑与工程系，上海 200092；

2. 中船第九设计研究院工程有限公司，上海 200063）

一、工程简介及特点

苏州新苏吴地中心位于苏州市平江区平江新城人民路与312国道交叉路口。工程占地面积约 1.52 万 m^2，地下 4 层。基坑形状为四边形，各边平面尺寸为 178m×182m×95m×55m，围护结构总长 510m，开挖面积达 1.36 万 m^2。基坑开挖深度：裙房挖深 19.04m，塔楼挖深 20.40m，电梯井挖深最深达到 22.80m。

围护结构采用地下连续墙，按"二墙合一"设计，基坑西侧临近地铁一号线，墙体厚度为 1.0m，其余三边墙体厚度为 0.8m，墙身长度 35.0～38.0m，混凝土强度等级为 C35。基础形式为桩筏基础，塔楼底板厚 2.5m，裙房底板厚 1.0m。工程桩采用钻孔灌注桩，桩径分为 0.9m 和 1.0m 两种。采用大开口逆作法工艺施工。

图 1 基坑卫星摄影图

该基坑工程具有如下特点：

1. 周边环境非常复杂。基坑东侧为人工河道，且水位较高；西侧人民路下方存在两条地铁区间隧道，距离较近；南侧为总观堂路，北侧为 312 国道，路面下方均分布有电信、给水、路灯、天然气和雨水等众多管线。

2. 采用大开口逆作法工艺进行施工，即裙房区域逆作，塔楼区域大开口顺作，以加快挖土速度。

3. 大开口内部增设临时角撑，提高结构的确保水平支撑体系的稳定性。

4. 塔楼位于基坑东侧，距离基坑边缘较近。在采用大开口逆作法进行围护结构设计时，楼板开口位置和形式不利于楼板结构的受力，采取边跨楼板加厚的技术措施，以确保主体结构安全及控制围护墙的变形。

二、基坑周边环境情况

整个地块周边环境如下：东侧为人工河道，距离围护墙最近约27.5m；南侧为总观堂路，地下分布电信、路灯、天然气和雨水等众多管线，其中电信线路与围护墙的最近距离仅有3.5m；西侧人民路下方分布地铁区间隧道，隧道顶部埋深8.5m，且距离围护墙最近处仅24.4m；北侧312国道下方分布给水和电信管线，距离围护墙最近约为19.9m。基坑方位及周边道路情况如图1所示。

三、工程地质条件

拟建场地原为工业旧厂房，场地东部原有一条南北走向的河道已回填，场地原始地面标高在1.50m左右，地势较低。现作为规划商业用地，勘探施工前，业主对场地作覆土平整，覆土厚度约为0.5m，部分区域少量积水。

工程地质资料表明，基坑围护结构所处地层的土层分布自上而下依次为：①$_1$ 杂填土；①$_2$ 灰黑色浜土；③粘土；④粘土；⑤$_1$ 粉土夹粉质粘土；⑤$_2$ 粉砂；⑥粉质粘土；⑧$_1$ 粉质粘土；⑧$_2$ 粉质粘土夹粉土，⑧$_3$ 粉质粘土。坑底位于⑥粉质粘土层，墙底位于⑧$_2$ 粉质粘土夹粉土层中。场地土体分层情况及土体主要力学参数如表1所述。

场地土层主要力学参数 表1

土层序号	土层名称	厚度 (m)	固快标准值		重度 (kN/m³)	渗透系数 (10^{-7}cm/sec)	
			c (kPa)	φ (°)		K_v	K_h
①	杂填土	1.5	10.0	10.0	18.0	—	—
③	粘土	1.9～3.8	27.5	14.4	18.7	1.22	2.45
④	粘土	1.4～4.3	43.2	15.0	19.2	1.30	1.97
⑤$_1$	粉土夹粉质粘土	2.2	7.5	22.5	18.4	7130	6290
⑤$_2$	粉砂	6.9～9.2	1.7	29.8	18.6	6670	6910
⑥	粉质粘土	4.0～9.9	1.8	13.7	18.5	3.79	6.02
⑧$_1$	粉质粘土	1.5～4.7	46.6	15.0	19.4	1.74	2.11
⑧$_2$	粉质粘土夹粉土	3.9～10.6	14.4	16.9	19.0	285	334
⑧$_3$	粉质粘土	1.1～12.6	27.8	15.2	18.6	—	—

水文地质资料表明，场地浅部地下水属潜水类型，主要存在填土和上部土层的孔隙裂隙中，受大气降水及地表迳流补给，属典型的蒸发入渗型动态特征类型。潜水稳定水位埋深一般在1.00～2.30m之间，其相应标高在-0.06～1.28m之间。⑤层为微承压水层，水头埋深为地表以下1.60m左右。承压水存在于⑧$_2$ 层粉质粘土夹粉土中的所夹粉土层，水头埋深为地表以下3.50～4.32m。

四、基坑支护方案设计

1. 围护结构设计

考虑周边建筑环境及管线情况，结合基坑抗倾覆、抗隆起稳定性、抗管涌稳定性、基坑变形及节约造价的要求，围护结构采用两种厚度的地连墙。近人民路一侧临近地铁隧道，采用1.0m厚地连墙，如图2中围护结构阴影区段所示；其余三侧均采用0.8m厚地连墙。

基坑塔楼区域位于基坑东侧，挖深达20.4~22.8m，其余为裙房，挖深18.9m。考虑隔断⑧₂层承压水，地连墙墙底插入⑧₃粉质粘土层中至少2.0m，墙体长度达到35.0~38.0m，混凝土等级为C35，抗渗等级为S10。

2. 水平支撑体系设计

（1）大开口楼板结构形式

新苏吴地中心基坑共有4层地下室，除结构楼板个别小开口位置略有不同，B0~B3层水平支撑体系的整体设计基本相同，属于矩形大开口与临时角撑相结合的水平支撑体系。

B0层楼板开口位置及形式如图2所示，楼板为梁板结构体系，其中格形阴影区域为B0层楼板上作为施工栈桥进行加固的范围。B0~B3层楼板在塔楼处设置有面积达1878m²的矩形大开口。基坑大开口位置东侧边跨宽度仅12.87m，需在开口内增设临时斜撑，以增大水平支撑体系刚度。裙房区域中部开设有2个面积达500m²的矩形开口，开口内部设置对撑，以控制楼板结构在水平力作用下的变形。除此之外，为尽可能提高挖土、出土进度，在各层楼板边跨还设有5个大小不一，宽度为1跨（约9.0m），长度为数跨的狭长开口，其面积从154~223m²不等。各开口内部均设有琵琶撑，以控制围护结构的侧向变形。梁板结构中所设置的开口面积共3905m²，占楼板总面积的28.7%以上。

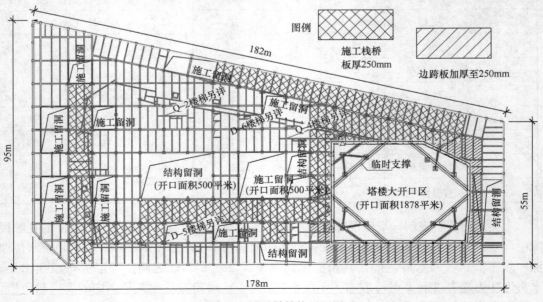

图2　B0层逆做结构平面图

水平支撑位置越深，结构体系受力越大。楼板结构开口内部设置的边梁、斜撑及对撑等构件截面自上而下依次增大。可根据平面数值计算结果确定合理的支撑截面尺寸，各层楼板圈梁、边梁、斜撑、系杆等的截面尺寸列于表2。

吴地中心基坑各层楼板梁及支撑截面尺寸   表2

序号	B0 层楼板		B1 层楼板		B2 层楼板		B3 层楼板	
	支撑编号	截面尺寸（mm）	支撑编号	截面尺寸（mm）	支撑编号	截面尺寸（mm）	支撑编号	截面尺寸（mm）
1	KL01	400×800	KL11	400×800	KL21	400×800	KL31	400×800
2	QL01	600×1200	BL11	600×800	BL21	700×800	BL31	700×800
3	L01	450×600	L11	450×600	L21	450×600	L31	450×600
4	L02	1000×800	L12	1200×600	L22	1400×800	L32	1200×800
5	ZC01	700×800	ZC11	700×800	ZC21	1000×800	ZC31	100×800
6	ZC02	1200×800	ZC12	1200×800	ZC22	1200×800	ZC32	1400×800
7	ZC03	800×800	ZC13	800×800	ZC23	1000×800	ZC33	1200×800
8	ZC04	600×800	ZC14	600×800	ZC24	800×800	ZC34	800×800
9	ZC05	700×800	ZC15	700×800	ZC25	700×800	ZC35	700×800

（2）水平支撑体系设计特点

楼板结构所设置的开口多、面积大，其开口面积达到整个基坑面积的28.7%。大面积的开口，能够极大的加快基坑土方开挖和出土进度。由于塔楼区域开口面积大，整个施工期间的通风、采光条件非常好，施工环境得到很大改善。特别是，该大开口为土方开挖出土带来极大方便。如图3所示。

图3 大开口支撑布置和出土实况

楼板结构大开口的位置是结合主体结构形式和塔楼位置确定的。本工程塔楼位于基坑东侧，并且东侧裙房楼板仅有一跨宽度可以作为水平支撑结构。因此，大开口内部设置两道临时斜撑，以增大水平支撑体系的刚度和稳定性，同时有效控制围护结构的变形。

塔楼矩形大开口的四角均设置有临时斜撑，斜撑由两根互相平行的混凝土梁与其间的系杆共同组成稳定的传力体系。斜撑是抵抗水平荷载的主要受压构件，而系杆的作用则是通过减小斜撑跨度而保证受压杆件的稳定性。

3. 竖向支承体系设计

大开口逆作法基坑中的竖向支承体系采用与主体结构相结合的设计方法，通常采用"一柱一桩"的结构形式，立柱桩采用主体结构桩，立柱的位置与主体结构柱的布置相同。竖向支承钢立柱根据地下结构各层楼板结构的自重以及各种施工荷载，进行强度和稳定性设计。

本工程临时立柱全部采用角钢拼接格构柱。开挖施工期间，采用格构柱与钻孔灌注桩作为基坑支护结构的竖向支承体系。型钢格构柱需要在开挖前插入灌注桩的桩孔中，插入深度为 3.0m 左右。在逆作阶段结束之后，将型钢格构柱外包混凝土，形成劲性柱并作为正常使用阶段的主体结构柱。

在逆作施工阶段，格构柱主要承受 4 层地下梁板结构以及作用于顶板上的挖土机械、土方车辆等施工荷载，钢立柱采用 4L180×18 角钢拼接，设计断面 470mm×470mm，采用 390mm×250mm×12mm@800mm 钢缀板连接。对于栈桥区域的格构柱进行加强，钢立柱采用 4L200mm×20mm 角钢拼接，设计断面 540mm×540mm，采用 460mm×250mm×12mm@800mm 钢缀板连接。图 4a 为逆做立柱详图，图 4b 逆做立柱实景图，图中未注明尺寸单位均为 mm。

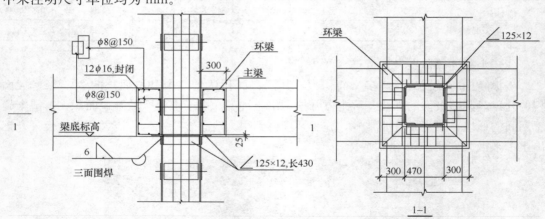

图 4a 逆做立柱详图

图 4b 逆做立柱实景图

4. 基坑典型剖面

基坑西侧临近地铁区间的典型剖面情况如图 5 所示。地铁区间隧道与地连墙净距约 24.4m，地连墙厚度为 1.0m。该区域基坑开挖深度 19.04m，墙体插入坑底以下 16.90m。

五、基坑实施要点

本基坑开挖过程的实施筹划需要把握以下几点原则：

1. 裙房区域采用逆作法施工，塔楼大开口区域采用顺作法施工。场地整

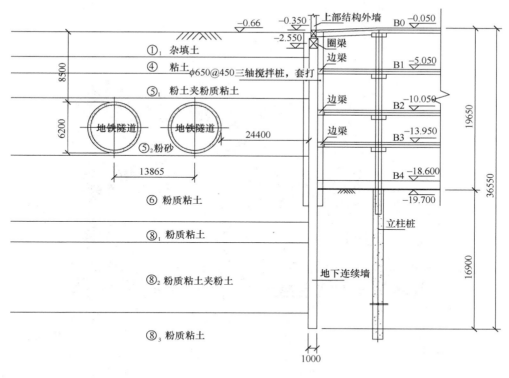

图 5　临近地铁侧的基坑典型剖面

平、地连墙、格构柱和灌注桩施工完成后，浇注裙房区域 B0 层楼板，塔楼区大开口内加强边梁及临时角撑。

2. 逆作施工时，分区开挖分区施筑硬地坪及结构楼板。其中边区一跨范围采用土胎模施工梁板结构，中央采取脚手架支模施工梁板结构。当挖至裙房区坑底时，应尽快浇筑裙房区底板。同时塔楼区继续向下开挖，待该区域开挖至设计标高，尽快浇筑塔楼区底板。如此达到"将大基坑化小基坑"的目的，可以有效的控制基坑变形。如图 6 所示。

3. 裙房区域逆作法施工，塔楼区域顺作法施工，两者之间相互影响较小。本工程的

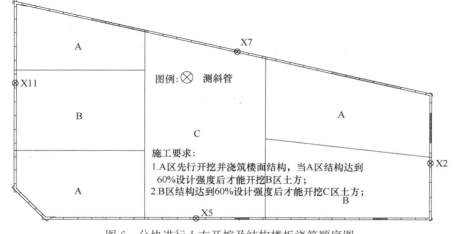

图 6　分块进行土方开挖及结构楼板浇筑顺序图

竖向支承体系承载力具备双向逆作的条件，因此裙房逆作区在 B0 完成后，地下和地上实施同步施工，根据立柱承载力，底板浇筑前，地上结构施工的最大层数为 2 层。如此可以加快施工进度，缩短工期，满足房屋前期销售计划。

4. 本工程基坑在施工过程中的全景如图 7 所示。

图 7　基坑施工过程全景图

六、实测资料

1. 地连墙水平侧移

图 8 为吴地中心基坑的地连墙在各开挖工况下的水平挠曲曲线图，其中测斜点 X11、X7、X2、X5 分别位于基坑西侧、北侧、东侧、南侧围护结构中部，如图 7 所示。H 为基坑开挖深度。由图中曲线可知：

（1）随基坑开挖深度增大，围护墙墙顶侧移逐步增大。开挖至坑底后，测斜点 X11、X7、X2、X5 所得墙顶侧移分别为 12.15mm、14.46mm、12.26mm 和 12.82mm。

（2）随基坑开挖深度增大，支撑体系逐步向下施工，连续墙最大侧移位置逐步向下发展，最大侧移值也逐步增大。开挖至坑底后，测斜点 X11、X7、X2、X5 所得水平侧移最大值分别为 32.58mm、40.82mm、39.37mm 和 38.42mm。

（3）根据基坑开挖及支撑情况，可得到相应的围护结构侧移计算曲线。计算所得墙顶位移较小，而实测墙顶位移稍大。总体而言，计算值与实测值所得侧移曲线的最大值及其发生深度是比较接近的。

2. 坑外地表沉降

图 9 为吴地中心基坑坑外地表沉降曲线图，其中（a）、（b）、（c）分别为基坑北侧、西侧、南侧的地表沉降测线，H 为基坑开挖深度。由图中曲线可知：

图 8 为吴地中心基坑坑外地表沉降曲线图，其中（a）、（b）、（c）分别为基坑北侧、西侧、南侧的地表沉降测线，H 为基坑开挖深度。由图中曲线可知：

（1）随基坑开挖深度增大，坑外各边地表沉降值逐渐增大。开挖至坑底时，基坑北侧、西侧、南侧地表沉降最大值分别为 12.8mm、13.4mm 和 13.5mm。

（2）基坑开挖深度较浅时，坑外各边地表沉降曲线较平缓；而开挖深度较深时，与基

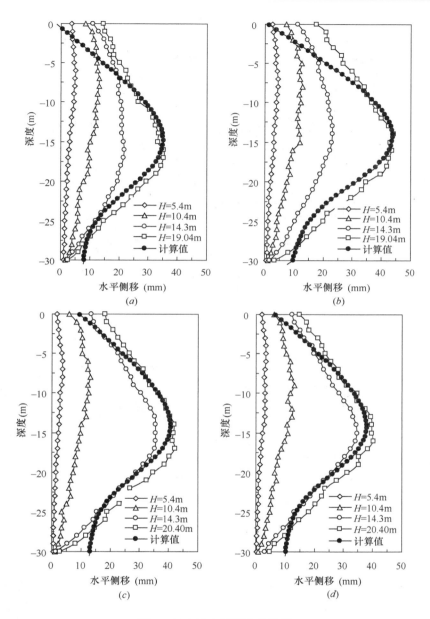

图 8 地连墙水平侧移曲线图

(a) X11 测斜点；(b) X7 测斜点；(c) X2 测斜点；(d) X5 测斜点

坑距离较近的测点，其沉降值增大较明显，与基坑距离较远的测点，其沉降值增幅较小。

（3）由于坑外地表道路表面具有一定的硬度，实测所得地表沉降曲线并不是非常典型的沉降槽曲线。

七、总结

1. 对于塔楼偏向基坑一侧的情况，仍可采用大开口逆作法进行基坑围护结构设计和施工。通过设计分析和优化，在水平支撑体系刚度足够的情况下，可以保证围护结构变形

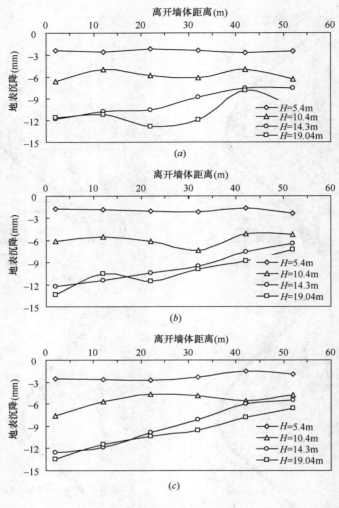

图 9 坑外地表沉降曲线
(a) 北侧；(b) 西侧；(c) 南侧

在控制要求范围以内。

2. 在楼板中设置大面积的矩形开口时，需设置斜撑以减小边跨长度，从而提高水平支撑体系的刚度，并确保开口楼板结构的受力安全及稳定性。但临时支撑设置不宜过多，并尽量避免对土方施工的影响。

3. 在社会经济效益方面，大开口逆作法采用支护结构与主体结构相结合的形式，以大开口梁板结构作为水平支撑体系，临时支撑量非常少，避免了拆撑造成的材料浪费，减少了建筑垃圾造成的环境污染。

宁波国际金融中心北区地下室基坑工程

吴才德　沈俊杰　龚迪快

（浙江华展工程研究设计院有限公司，宁波　315012）

一、工程简介及特点

1. 工程简介

宁波东部新城开发投资有限公司投资兴建的宁波国际金融服务中心北区地下室位于宁波市东部新城中心商务区，民安路以南，在建海晏路以西，西侧为规划中央公园，南至规划商业步行街。拟建工程包括 6 栋办公楼、1 栋酒店以及 1 栋共用会所，整体规模约为 36 万 m²。本工程地下室为 3 层，基坑开挖面积 45000m² 左右，支护结构延长米约 840m；±0.000标高相当于黄海高程 3.600m，基坑周边自然地坪绝对标高平均为 3.600m，基坑周圈开挖深度为 16.0～17.0m，局部坑中坑开挖深度达到 21.5m。总平面和监测示意图如图 1 所示。

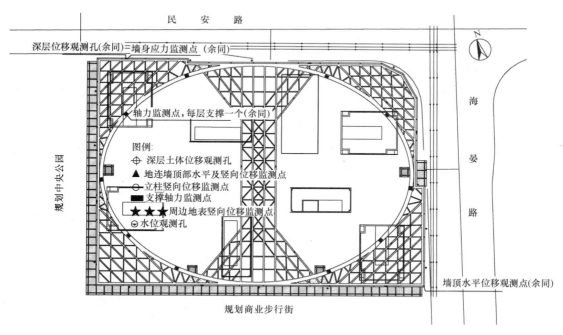

图 1　基坑总平面和监测示意图

2. 工程特点

（1）基坑特点

宁波国际金融服务中心北区深基坑工程主要有以下几个特点：

1) 地下室体量巨大，结构复杂，地下室基础部分结构复杂，存在十余种不同的挖土深度，其中最大的高差达到4.5m。

2) 周边环境复杂，对变形控制的要求较高。基坑东侧海晏路已完成路基、共同沟的施工及地下管线的埋设。基坑北侧距离民安路最近仅为2.5m，民安路一侧管线众多，有天然气、电信、雨水管和污水管等。

3) 工程地质条件复杂。基坑开挖影响范围内土层有12层，土层与土层之间差异非常大，既有厚度达到13m的流塑状淤泥，也有达到硬可塑状态的粉质粘土。基坑底附近又刚好落在粉砂层，该层土内含承压水，极易引起突涌、流砂等事故。

(2) 周边环境特点

1) 基坑东侧为施工中的海晏路，已完成路基及地下管线部分。

2) 基坑南侧为建设留用地，可作为临时施工场地。

3) 基坑西侧目前有部分村民临时住宅，停车场及一条村间道路，在本工程开工前，上述建筑物均将拆除。

4) 基坑北侧距离民安路最近距离约为4m，路对面即为宁波国际会展中心。

5) 本基坑红线范围内几乎没有施工场地，但实际施工中可适当考虑东、南、西三侧红线外的场地。

6) 周边管线情况。东侧海晏路及北侧民安路分布有较多管线。其中：东侧海晏路：由近到远分别布电信、雨水管和污水管等管线。北侧民安路：由近到远分别布有天然气、电信、雨水管和污水管等管线。

二、工程地质条件

1) 场地内土层分布比较均匀，地质起伏比较平缓，各区之间土质差异不大。

2) 对基坑围护影响较大的②c层淤泥和②d层淤泥质粉质粘土物理力学性质较差，层厚相加达到13m左右。

3) 本基坑坑底基本落在③层含粘性土粉砂或②d层淤泥质粉质粘土中。

4) ⑤b层粘土及以下土层土性较好，支护桩桩端进入⑤b层以下土层可有效减少踢脚和基坑底隆起现象的发生。

5) ③层含粘性土粉砂为微承压含水层，水头差在13m左右，渗透系数达到1.17×10^{-3}cm/s，该层土局部缺失。在基坑开挖到一定深度，应对该层地下水采取坑坑内外降水，以防发生坑底突涌和流砂等不良地质作用。

场地土层主要力学参数详见表1，典型土层剖面图见图2。

场地土层主要力学参数 表1

层号	土层名称	层厚（m）	w (%)	ρ (kN/m³)	e	直剪固快 C (kPa)	直剪固快 ϕ (°)	压缩 a_{1-2} (MPa⁻¹)	压缩 $E_{s_{1-2}}$ (MPa)	渗透系数 K_v (cm/s)	渗透系数 K_h (cm/s)
①	粘土	0.6~1.6	36.9	18.4	1.050	29.2	13.1	0.43	4.85	9.08E-08	3.37E-7
②a	淤泥质粘土	0.9~3.0	49.9	17.2	1.405	12.8	8.6	0.98	2.68	9.01E-8	3.46E-7
②b	粘土	0.3~1.4	42.6	17.9	1.201	22.8	11.9	0.66	3.37	7.74E-8	2.01E-7

层号	土层名称	层厚（m）	w (%)	ρ (kN/m³)	e	直剪固快		压缩		渗透系数	
						C (kPa)	ϕ (°)	a_{1-2} (MPa⁻¹)	$E_{s_{1-2}}$ (MPa)	K_v (cm/s)	K_h (cm/s)
②c	淤泥	7.0～9.0	55.8	16.6	1.581	11.6	8.0	1.10	2.40	1.28E-7	3.19E-7
②d	淤泥质粉质粘土	1.8～5.4	40.9	18.0	1.141	11.6	10.3	0.65	3.41	6.58E-7	1.28E-6
③	含粘性土粉砂	1.0～4.6	26.5	19.6	0.735	11.8	29.7	0.19	9.46	2.42E-4	3.93E-4
④a	淤泥质粉质粘土	4.9～9.0	34.7	18.6	0.973	13.5	11.6	0.48	4.14	8.31E-7	1.03E-6
④b	粘土	0.4～8.0	43.7	17.7	1.239	22.6	12.0	0.68	3.31	9.95E-8	3.12E-7
⑤b	粘土	1.3～8.2	27.8	19.5	0.799	44.2	20.3	0.21	9.23		
⑤c	粉质粘土	1.2～11.8	32.7	18.9	0.920	31.1	17.7	0.29	6.75		
⑤c'	粉质粘土夹粉砂	1.1～4.8	34.1	18.7	0.943	11.9	31.1	0.18	11.20		
⑤d	粘质粉土	0.8～9.0	33.5	18.8	0.928	11.9	29.7	0.17	11.73		

三、基坑围护方案

根据本基坑的特点、实际施工条件及以往工程经验，经过多个方案的选择和比较，我们认为以下两种支护结构体系对于本基坑是可行的：

1. 地连墙体系

考虑到本基坑地处闹市区，面积较大，深度达到14.1m，开挖范围土体渗透性较大，在安全性上，地连墙优势较大，可确保民安路和海晏路的安全。

优点：①地下连续墙整体刚性好，抗变形能力强，防渗性能好；②较钻孔桩有效多发挥12%的截面抗力；③地下预留作业面小，减少基坑开挖面积；④施工质量易控制；⑤有条件可以做成两墙合一；⑥泥浆排放少，场地较文明。

缺点：①地下连续墙施工要求较高，单方造价高；②本地企业对此工艺不十分熟悉，需引进杭州、上海等地的专业单位施工。③前期准备工作要求较高时间较长。

2. 排桩体系

优点：①宁波地区经验成熟，对于本基坑，可以采用单排φ1000mm钻孔灌注桩外排辅助密排高压旋喷桩止水防漏土，该方案是宁波地区常用经典的围护形式；②施工手段均为宁波施工企业较为熟悉的施工工艺，经济较好；

缺点：但该方案防渗性能较差，由于本基坑②b层、②c层及③a层土体的渗透性较大，采用高压旋喷桩止水防漏土，存在较大风险，同时支护结构变形较大，对民安路和海晏路的影响较大。

另外规范建议软土地区基坑深度大于12.0m不宜采用钻孔灌注桩围护，主要基于钻孔灌注桩和高压旋喷桩的施工质量可靠性较难于保证，尤其是钻孔桩的间距均一性较困难，由于本基坑开挖深度深，基坑内外土压力差大，一旦出现桩间漏土和渗流就会危及基坑安全。

基于以上两种支护结构的对比，我们最终选用的支护结构形式为地下连续墙加三道钢筋混凝土水平内支撑的支护结构形式，地连墙墙厚850mm，平面支撑体系采用对撑加角撑

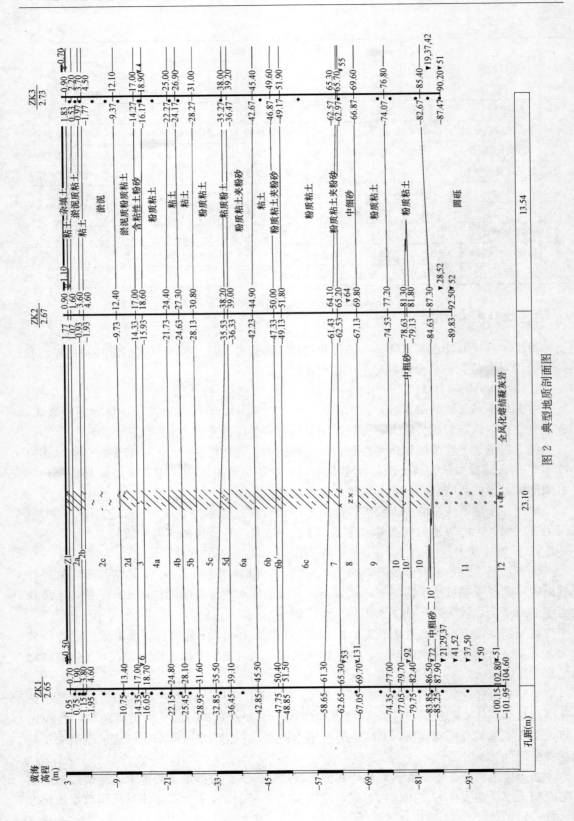

图 2　典型地质剖面图

加椭圆内支撑的形式布置。

3. 竖向支护体系

（1）压顶梁设置在自然地坪以下 0.5m，一道围梁及支撑面标高降到自然地坪以下 2.5m 处，二道围梁及支撑面降到自然地坪以下 7.2m 处，三道围梁及支撑面降到自然地坪以下 11.9m 处；这样做一方面改善了墙身内力分布，减少了墙身变形，同时也给挖土施工作业提供了足够的空间。

（2）地连墙下端均穿越淤泥或淤泥质土进入土性相对较好的⑤b 层或⑤c 层，以防止踢脚和基坑底隆起，减少变形。

竖向支护体系详见图 3。

4. 平面支护体系

1）支撑体系采用对撑加角撑加椭圆内支撑，尽可能减少了支撑覆盖面积，方便挖土施工。

2）椭圆弧顶及拱脚区域采取多种措施以确保安全，措施包括：

a. 采用高压旋喷桩对弧顶内侧坑底进行加固；

b. 采用高压旋喷桩对弧顶基坑外侧进行主动区加固；

c. 弧顶及拱脚位置坑外设置钢筋混凝土梁板结构以加强该部位整体刚度，该梁板结构同时兼作出土口平台；

d. 弧顶及拱脚位置坑内第二道支撑位置设置钢筋混凝土梁板结构以加强该部位整体刚度，该梁板结构同时兼作停放挖机的平台。

e. 弧顶及拱脚位置设置混凝土板带以增强相应位置的刚度。

平面支护体系见图 1。

5. 坑中坑处理

坑中坑开挖大部分位于第 3 层含粘性土粉砂中，该土层透水性好，为方便坑中坑施工，采用高压旋喷桩进行围护，同时也起到止水帷幕的作用。

1#及 2#坑中坑紧邻基坑边，坑中坑开挖须等周围垫层施工完毕，并设好坑中坑处支撑后方能进开挖。

6. 降水措施

本基坑采用坑内外降（抽）水的措施以防坑底突涌或产生流砂等问题。

坑外：在挖土前沿基坑边每隔 25m 左右设置降水管井。

坑内：在第三道支撑施工结束后设置管井将 3 层承压水抽出，以确保坑内土体的顺利开挖。

7. 止水帷幕

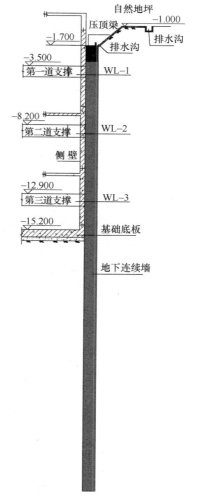

图 3　基坑围护剖面图

地连墙每个墙幅连接处设置两根高压旋喷桩，以防止墙幅连接处发生透水事故。

8. 施工栈桥

基坑开挖面积、体量较大，为加快地下室挖土速度和基坑施工速度，结合平面支护结构体系，设计提出车辆下坑的方法，在支撑中间设置下坑斜向施工栈桥，其平面图及剖面图详见图4、图5。现场照片见图6。

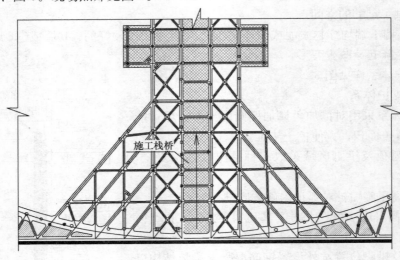

图 4 施工栈桥设计图

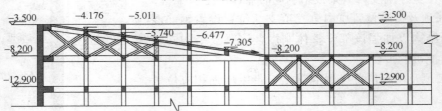

图 5 施工栈桥剖面图

图 6 施工栈桥现场照片

四、基坑监测情况

基坑土体开挖施工期间加强对基坑支护结构、周围建筑物、工程桩、邻近道路及管线的观测，发现异常情况必须及时通知有关单位，以便采取有效措施，消除隐患，确保基坑内外的安全。基坑监测平面布置图见图1。

监测数据显示，本基坑施工过程中，虽然存在部分监测数据超警戒值的情况，但现场巡视未发现明显结构开裂情况，基坑本体结构及周边环境均安全可控。监测项目理论计算值和实际监测值的对比详见表2。

理论计算值和实际监测值对比 表2

监测项目	最大支撑轴力（kN）			最大坑外沉降（mm）	水平位移（mm）	深层土体水平位移（mm）
	一道	二道	三道			
理论计算值	11500	12250	9200	53	37	68
实际监测值	9541	11835	6776	75	21	95

第一道混凝土支撑轴力时程曲线

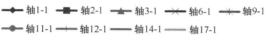

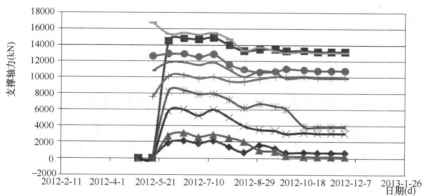

图7 第一道支撑轴力监测曲线

第二道混凝土支撑轴力时程曲线

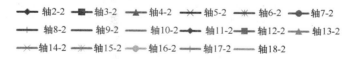

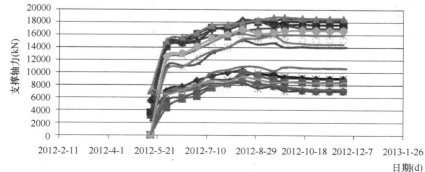

图8 第二道支撑轴力监测曲线

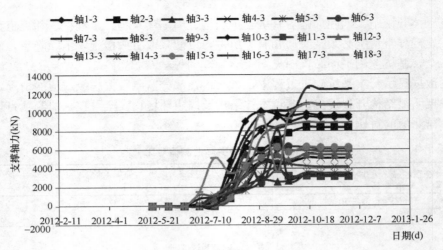

图 9　第三道支撑轴力监测曲线

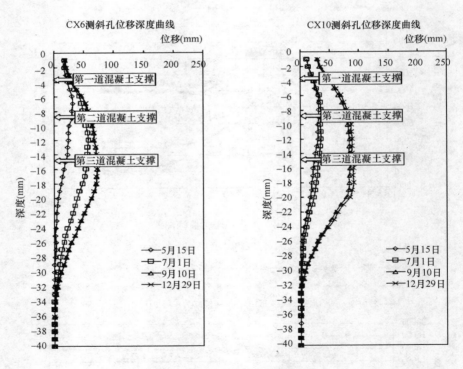

图 10　深层土体位移监测曲线

五、点评

宁波国际金融中心北区基坑工程成功克服了周边复杂环境条件的约束和限制,采用了地下连续墙加三道钢筋混凝土水平内支撑支护体系,其中椭圆环形内支撑长轴直径达到240m,短轴直径达到180m,并且在中间对撑部位充分利用原有支护结构,设置斜向施工栈桥，为大面积基坑开挖提供了安全方便，经济适用的工程案例。通过支护结构优化设计，节约支护结构、土方开挖、运输成本总计约 4000～5000 万元，经济效益显著，为类似超深大基坑的支护设计提供了一种安全、合理、经济的解决方案，具有较强的工程示范作用。

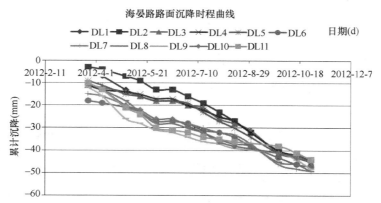

图 11　坑外沉降监测曲线

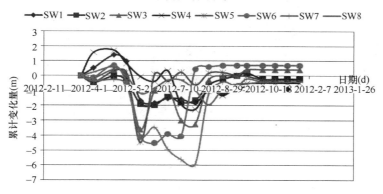

图 12　水位变化监测曲线

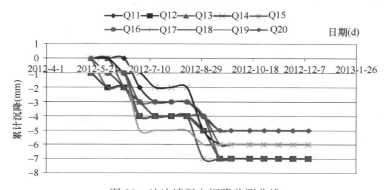

图 13　地连墙竖向沉降监测曲线

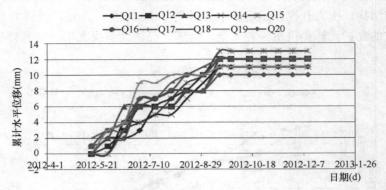

图 14 地连墙水平位移监测曲线

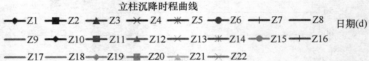

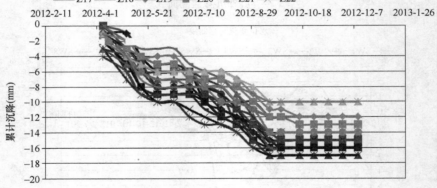

图 15 立柱沉降监测曲线

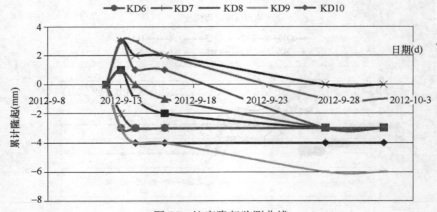

图 16 坑底隆起监测曲线

二、桩—撑(锚)支护

北京某饭店改扩建项目基坑工程

尹一鸣　马永琪　吉晓朋

（中航勘察设计研究院有限公司，北京　100098）

一、工程简介及特点

1. 工程简介

本项目为北京市重点酒店类建筑工程，是集酒店、办公楼与零售商场为一体的高档建筑，本次改扩建拟拆除全部原有建筑，新建建筑由诺金饭店、首旅大厦、谭阁美饭店、裙楼、贵宾休息室以及纯地下车库组成。

工程场区位于北京市朝阳区将台路，拟建建筑物为现浇钢筋混凝土框架结构/钢结构，地上 25～28 层，地下 3～4 层，建筑高度 120m，主楼内设核心筒结构，采用筏板基础。基坑面积约为 16000m²，基坑长约 181.8m，宽约 97.5m，基坑深度 18.60～20.40m。

2. 基坑周边环境情况

本工程基坑北侧、西侧、东侧均为较为繁华的市政道路，基坑开挖线距离马路边线 12m 以外（图 1）。基坑南侧周边环境条件复杂，南侧东段邻近一栋国际公寓（28 层）及其地下车库，该建筑距离基坑最近处约为 12m；南侧中部圆弧形车库坡道处原为 1 栋 3 层建筑，现已拆除，该部位车库弧顶距离国际公寓锅炉房仅 1.6m，该锅炉房为柱基，钢框架结构。

根据周边管线的探测资料，拟建场地周边存在大量的雨水、污水、上下水、暖沟、通讯、电缆等管线。基坑支护施工前，总承包单位已沿着拟施工护坡桩轴线开挖探沟，探沟深度 1.8m，宽度 2.0m，垂直于基坑开挖线的管线已做截断处理，探沟范围内未发现平行于开挖线的管线。

现场的围墙基本按照规划红线砌筑，考虑到施工所需搭建办公和生活用房以及材料堆放，场地内空间十分有限。按照总包单位要求，基坑支护考虑基坑周边料场堆载、道路过载等影响，基坑周边荷载按照 40kPa 考虑，超载宽度 6.0m，超载边线距离基坑开挖线 1.0m。

二、工程地质条件

北京市的地貌单元自西部山前冲、洪积扇过渡为冲积平原区，地层岩性构成也相应地自西向东由碎石土、砂土渐变至以粘性土、粉土为主的交互地层。本工程场地处于冲积平原区，场地土层参数见表 1。

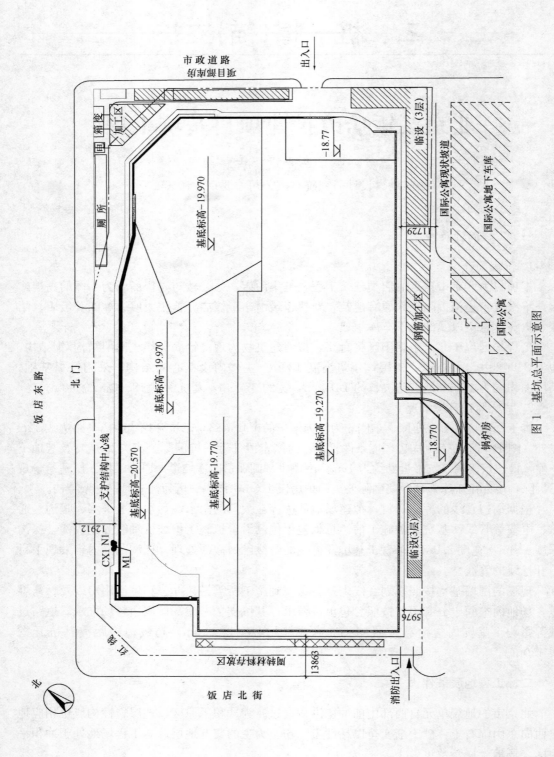

图 1　基坑总平面示意图

场地土层主要力学参数   表1

层序	土 名	层底深度 (m)	重度 γ (kN/m³)	含水量 ω (%)	孔隙比 e	压缩模量 $E_{S0.1\sim0.2}$ (MPa)	固结快剪峰值 c (kPa)	固结快剪峰值 φ (°)	渗透系数 k (m/d)
①	填土	1.4	18.8	/	/	/	0	10	/
②	粉质粘土	4.4	19.9	20.4	0.702	7.28	59.52	13.75	/
③₁	粉细砂	7.8	19.5	/	/	25	0	26	6
③	粉质粘土	9.2	20.2	24.3	0.67	8	42	6	0.02
④	细中砂	14.0	19.5	/	/	35	0	30	17
⑤	粉质粘土	18.5	20.8	18.6	0.53	13	29	17.6	0.02
⑥	重粉质粘土	20.0	20.3	22.5	0.62	13	57	14	0.01
⑦₂	粉质粘土	23.0	20.0	24.6	0.64	12.3	70	7.5	0.02
⑦₁	砂质粉土	25.3	20.7	19.2	0.53	20.2	70	24	0.2
⑧	粉质粘土	30.3	19.8	19.8	0.78	12.3	49	12.7	0.02

工程场地的典型地质剖面见图2。

本工程岩土工程勘察期间（2011年2月~3月、5月~6月）于钻孔中实测到4层地下水，具体地下水水位情况参见表2。

场地地下水情况一览表   表2

序号	地下水类型	水位埋深（m）	水位标高（m）
1	层间水	7.10~7.50	29.02~29.31
2	层间水	22.00~22.70	14.11~14.25
3	承压水	25.60~29.30	6.95~10.92
4	承压水	42.30	−5.78

三、基坑支护、地下水处理方案

1. 基坑支护、止水设计方案

本工程支护结构采用排桩＋锚索的支护形式，护坡桩桩径800mm，桩间距1.4m，设置4道锚杆（局部5道）。采取基坑外止水帷幕封闭截水的形式阻止地下水进入基坑内，对基坑内土体的地下水采用疏干井抽水疏干的方式进行处理。

在护坡桩桩间设置1根900mm直径的高压旋喷桩，高压旋喷桩桩端置于基底不透水层，高压旋喷桩与混凝土护坡桩共同形成封闭的止水帷幕。基坑内的疏干井采用大口径管井，将地下水位降低至槽底1.0m以下，以满足基坑开挖干槽作业的要求。

本工程基坑的部分支护剖面设计图如下，其中A剖面位于场地北侧，C剖面位于场地东南侧。A剖面护坡桩参数如下，桩长：26.47m（嵌固段长5.9m）；桩钢筋笼主筋17Φ22mm，均匀布置（图4）；加强筋Φ16@1500，箍筋Φ6.5mm@200mm；桩身材料：C25商品混凝土。

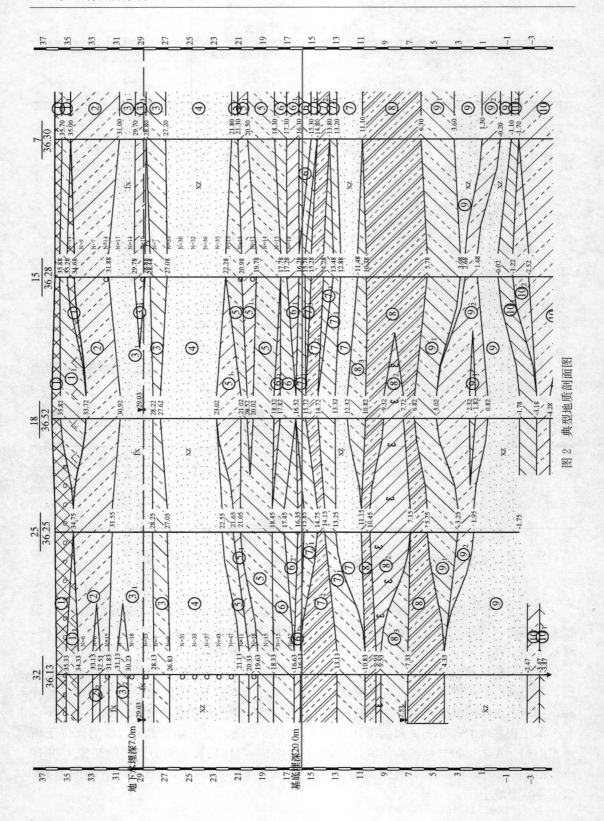

图 2　典型地质剖面图

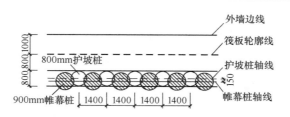

图 3 基坑围护平面布置大样图

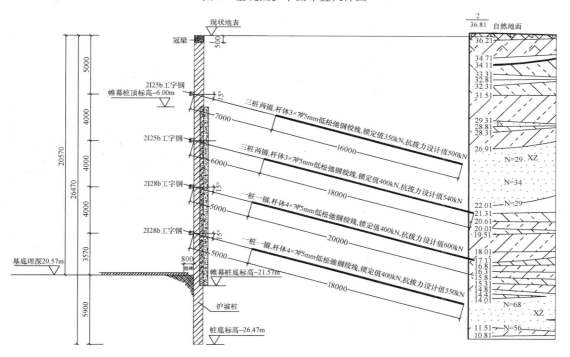

图 4 基坑围护 A-A 剖面图（基坑北侧）

C 剖面（图 5）护坡桩参数如下，桩长：24.9m（嵌固段长 5.6m），桩钢筋笼主筋 15Φ22mm，均匀布置；加强筋Φ16@1500，箍筋 ϕ6.5mm@200mm；桩身材料：C25 商品混凝土。

2. 止水帷幕施工参数

本工程止水帷幕采用护坡桩＋桩间高压旋喷桩止水帷幕桩的布置方式，其中三重管高压旋喷桩布置在基坑南侧，其余部分采用二重管高压旋喷桩，帷幕桩施工参数如下：

（1）三重管高压旋喷桩施工参数

高压水：压力 P＝30～35MPa，水量 Q＝60～70L/min。

压缩空气：压力 P＝0.5～0.7MPa，风量 Q＝0.8～1.0m³/min。

浆液：压力 P＝0.3～1.0MPa，浆量 Q＝70～80L/min。

提升速度：10～20cm/min。旋转速度：10～20rpm。

水泥用量：水泥用量 350kg/m，水灰比 1.3∶1。

（2）二重管高压旋喷桩施工参数

压缩空气：压力 P＝0.5～0.7MPa，风量 Q＝0.8～1.0m³/min。

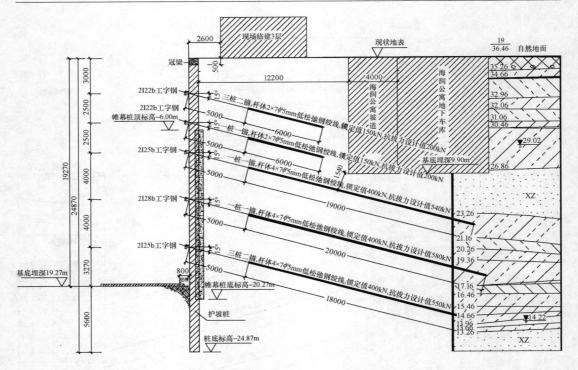

图5 基坑围护 C-C 剖面图（基坑东南侧）

浆液：压力 $P=32\text{MPa}$，浆量 $Q=70\sim80\text{L/min}$。

提升速度：$10\sim15\text{cm/min}$。旋转速度：$10\sim20\text{rpm}$。

水泥用量：水泥用量 350kg/m，水灰比 $1.3:1$。

四、桩间漏水、流砂情况

本工程在 2012 年 3 月初进行第三步锚索施工工作面开挖时（工作面位于地表下 13m 深度），护坡桩桩间出现流砂现象，如图6（图示位置位于场地西北角，基坑在头天晚上开挖第三步锚索工作面后，第二天早上的出现的流砂情况）：

图6 开挖后桩间出现流砂

图7 护坡桩桩间帷幕缩颈

经观察，流砂部位开始出现在细中砂④层与粉质粘土⑤层粘土交界部位（地表下 13.0m 左右的位置），随后随着流砂的进行，整个细中砂④层逐步流空，形成桩后孔洞。

168

在细中砂④层中，护坡桩桩间的帷幕桩缩颈情况严重，见图 7。流砂从护坡桩桩间流出，进而形成桩后孔洞，情况示意见图 8。

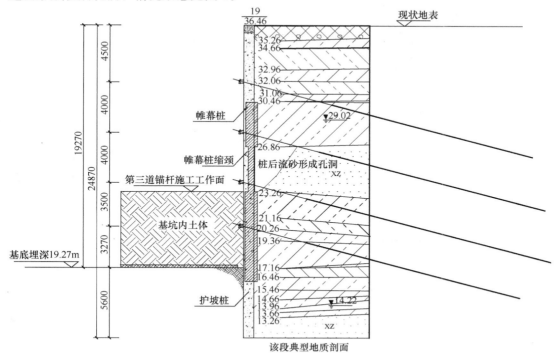

图 8　桩间流砂情况剖面示意图

五、桩间漏水、流砂原因分析

基坑止水帷幕漏水的主要原因是在含水砂层部位的帷幕桩出现缩颈问题，帷幕桩没有与护坡桩形成有效的结合，没有形成封闭的止水帷幕。经过分析砂层处止水帷幕出现施工质量问题的原因如下：

1. 赶工期的原因

帷幕桩施工期间，现场工期压力较大，对施工单位采取按照时间节点赏罚的措施。施工队伍存在赶工期，未严格按照设计施工参数进行施工，造成止水帷幕质量下降的情况。

2. 设计施工参数的原因

本工程的止水帷幕桩在基坑临近建筑物较多的南侧采用三重管高压旋喷桩，其他 3 侧采用二重管高压旋喷桩，后期的开挖效果表明三重管高压旋喷桩的效果要优于二重管的效果。另外，高压旋喷桩的水泥浆液水灰比偏大，在含水砂层厚的部位浆液不易留存固化。

3. 施工设备的原因

从基坑整体开挖后的情况来看，同样地层情况下，基坑边坡南侧采用的三重管旋喷钻机（钻机高，钻杆长，成桩时不接钻杆）施工的止水帷幕效果要优于其他部位采用的二重管旋喷钻机（钻机低，钻杆分节，成桩时接钻杆）。二重管旋喷钻机在高压旋喷过程中，要反复拆卸钻杆，喷射的压力不能持续，造成旋喷桩喷射出的帷幕桩桩径局部较小，不能保证喷射效果。

而且，由于帷幕钻机主要靠机身高度的顺直来控制成孔的垂直度，小直径的钻杆在成孔深度较大的情况下，极易发生偏移，造成帷幕桩桩体下部偏移较多（部分帷幕桩桩身甚至打入基坑内），也致使部分帷幕桩与护坡桩咬合较差。

六、桩间漏水、流砂处理措施

针对上述桩间漏水、流砂的情况，现场施工单位立刻采取了处理措施，具体措施如下：

1. 调整锚杆工作面开挖方案

根据地层及现场实际情况，调整土方开挖方案，在后续的第三道锚杆工作面开挖时，将距离支护结构（护坡桩）约1.5m范围内的土层预留，以免砂土由桩间直接流出，随后由小挖掘机缓慢分层开挖此部分土，并由专业堵漏、导排水人员及时跟进封堵桩间的帷幕桩缩颈部位，并插入泄水管导排出流砂层中的水体，做到流水不流砂，避免由于流砂造成的桩后土体的流失。

同时及时进行堵漏部位的桩间喷砼支护施工，并将原设计桩间支护的14mm横向钢筋的间距加密为50cm一道，预制的3mm厚的钢筋网片（网目间距85mm×85mm）双层交错放置，以加强此部位的桩间支护。

2. 处理已出现的基坑支护桩间流砂严重的问题

对于基坑北侧护坡桩外第三步土体已完全开挖且流砂严重的部位（395号~20号护坡桩、98号~106号护坡桩），采用以下方式进行处理：

（1）回填该段边坡已开挖坡脚，防止流砂现象继续发生。

（2）重新逐步开挖桩间土，开挖时严格控制每步开挖高度，开挖后在桩间已形成孔洞的护坡桩后码放袋装水泥，随后将水泥、水玻璃及相关早强剂、速凝剂等其他材料一起拌制的混合料抹平袋装水泥与桩、土之间的缝隙，封堵孔洞。封堵孔洞后，对流砂形成的桩后孔洞，采用锚喷混凝土干料的方式进行充填，充填时需预留注浆管，待流砂部位桩间土面层支护完成后实施注浆。

（3）封堵回填孔洞时，要及时设置泄水管，将桩后的水体及时有组织的排出，泄水管的位置主要设置在砂层与其下粘土层交界处及渗水严重的部位。

（4）在水泥袋外侧施工桩间土喷护，桩间土施工时将原设计中横向钢筋的间距加密为50cm一道，预制的钢筋网片双层交错放置。

（5）桩间土施工完毕后，利用预留的注浆管向孔洞内注入水泥浆，同时，根据孔洞的高度情况，在孔洞上部设置注浆孔进行注浆，以封堵可能存在的空隙，确保流砂形成的孔洞填充密实。

（6）为了确保桩后流砂形成孔洞的回填密实，不留隐患，采取在对应流砂部位的基坑桩间侧壁凿洞排查，若有孔洞采取由侧壁开孔位置向孔洞内喷射混凝土干料，并预留注浆管，喷射干料后，对孔洞内注浆；同时在基坑周边的地面上对相应流砂部位的桩后进行钻孔，查找孔洞，通过钻孔填充干料、注浆的形式，确保流空、扰动的桩后土体的密实。

（7）针对本工程的情况，基坑支护的侧壁渗水部位都应及时设置泄水管。泄水管采用1寸塑料管，插入土体的部分每隔10cm加工一道缝隙，随后将要插入土体的管体外裹纱网，并包扎结实；泄水管插入土体的深度视渗水部位的渗水、流砂情况确定；插入部位在支护坡壁渗水点的下方。

在槽底沿基坑边线内侧（紧邻护坡桩）设置排水盲沟及集水井，汇集基坑侧壁渗水后，将水及时抽排出基坑外。

上述措施，主要是及时封堵帷幕桩漏水部位，将桩后土体中的水有效、有组织地排出，做到流水不流泥沙，有组织排水，确保桩后土体的稳定，以保证基坑及周边环境的安全。

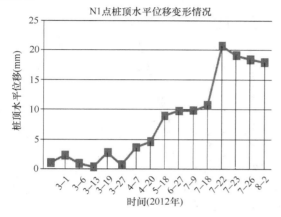

图 9　N1 点桩顶水平位移变形值

七、基坑监测结果

该基坑监测项目有桩顶位移、沉降、锚杆轴力、护坡桩深层水平位移等，从变形监测数据来分析，能够很好的反应基坑的工况。在本工程西北角（流砂最严重的部位）设置了编号为 CX1 的基坑深层水平位移观测点，编号为 N1 的桩顶水平位移观测点，编号为 M1 的锚杆轴力观测点。观测点的具体位置见图 1，图 9、图 10 为该部位的基坑变形观测值。

3 月初，基坑开挖到 15.0m，桩间土发生流砂，细中砂④层流失严重，桩顶变形向临土侧回弹，3 月中旬处理回填完毕，变形恢复正常，3 月底又发生流砂，导致桩顶变形减小，随着基坑开挖深度增加，变形表现趋于正常。

7 月 21 日，北京发生特大洪水，基坑被淹，桩间护壁被冲毁，发生流砂，而在基坑排水过程中，排入雨水管道的水因管道漏水再次从桩间流回基坑内，加剧了桩间土流失，桩顶变形陡然加大，随着水位回落，变形也趋于稳定。

护坡桩深层水平位移曲线与桩顶位移监测一致，通常桩身位移最大值是桩顶的 2～3 倍，但该项目却不同，桩身、桩顶位移基本相同，究其原因应当是桩后土层的改变造成的，桩后流砂塌空后用混凝土干料填充，再注水泥浆加固，使得土体主动土压力减小。

锚杆轴力监测结果表明，在桩后流砂塌空后轴力减小，幅度在 50～100kN 之间，基坑开挖到底后，轴力增加不明显。

八、总结

1. 近年来北京地区限制进行施工降水，止水帷幕在基坑工程中应用越来越多。本工程基坑处于地下水丰富的望京地区，目前在北京地下水丰富的地区，基坑的护坡桩桩间设置 1 根止水帷幕桩的做法，多出现漏水现象。建议在地下水丰富地区，重要的深大基坑应采用多排帷幕桩组合止水，同时根据地层地下水情况选择合适的施工工艺和施工参数，高压旋喷桩止水的效果与施工队伍的施工经验有很大关系，应加大管控力度。

2. 本工程所采取的处理桩间漏水、流砂问题的措施及时有效，基坑未出现任何安全问题，基坑周边环境得到了有效保护，经过基坑西北角深层水平位移观测点的数据分析，桩间流砂形成的孔洞得到了有效的填充。

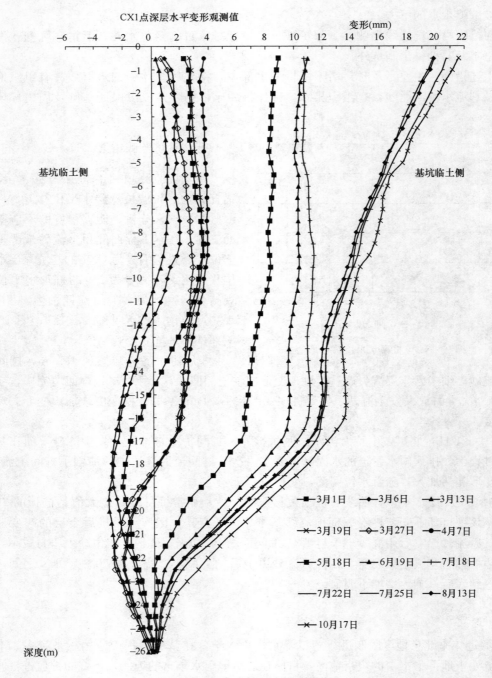

图 10　CX1 点深层水平变形值

北京建研院科研试验大楼基坑工程

王曙光　马　骥　张东刚　李钦锐

（中国建筑科学研究院，北京　100013）

一、工程简介及特点

拟建科研试验大楼位于北京市朝阳区北三环东路 30 号中国建筑科学研究院内。拟建建筑物由两栋主楼、裙房、地下车库组成，形成大底盘多塔楼联体结构；主楼部分地上 20 层、钢筋混凝土框架-剪力墙结构，裙房部分地上 2 层，裙房及地下部分为钢筋混凝土框架结构；主楼、裙房及地下车库均地下 4 层，筏板基础。本工程基坑开挖深度约 19.11m，面积约 6160m²，周长约 312m。

本工程基坑深、周边环境复杂、基坑周边建构筑物较多、周边环境敏感，施工难度、施工风险较大。该工程基坑平面呈不规则的矩形，基坑整体采用桩锚支护结构，南侧局部采用支护桩＋内支撑支护结构。东侧采用中心岛式支护方案，进行二次开挖：第一次开挖采用支护桩＋预留土台，第二次开挖采用支护桩＋内支撑结构。降水采用搅喷桩止水帷幕＋坑内疏干的排水方案。

二、工程地质条件

根据岩土工程勘察报告，拟建场地地面下勘察深度范围内的土层划分为人工堆积层、第四纪沉积层，按地层岩性及其物理力学指标进一步划分为 8 个大层：杂填土①层；粘质粉土②层，夹砂质粉土②-1层、粉质粘土②-2层、粘土②-3层；粉质粘土③层，夹粘质粉土③-1层；粘质粉土④层，夹细砂④-1层、粉质粘土④-2层；中细砂⑤层；粉质粘土⑥层，夹粘质粉土⑥-1层、粘土⑥-2层；卵石⑦层，夹中细砂⑦-1层、圆砾⑦-2层；卵石⑧层，夹粉质粘土⑧-1层、圆砾⑧-2层。典型地质剖面见图 1，场地土层主要力学参数见表 1。

根据勘察时水位观测材料，勘察深度范围内，实测到 3 层地下水：第一层为潜水，静止水位埋深 4.1～6.4m；第二层为层间潜水，水位埋深 13.0～15.5m；第三层为微承压水，水位埋深 20.1～22.5m。历年最高地下水位绝对标高在 45.0m 左右，近 3～5 年最高地下水位标高为 42.5m 左右。

场地土层主要力学参数　　　　　　　表 1

土层编号	土层名称	重度 γ（kN/m³）	空隙比 e	塑性指数 I_p	液性指数 I_L	c（kPa）	φ（°）	压缩模量 E_s（MPa）
②	粘质粉土	19.8	0.63	8.1	0.5	25	18	8.2

土层编号	土层名称	重度 γ (kN/m³)	空隙比 e	塑性指数 I_p	液性指数 I_L	c (kPa)	φ (°)	压缩模量 E_s (MPa)
②-1	砂质粉土	20.2	0.57	6.8	0.67			11.4
②-2	粉质粘土	19.4	0.71	11.4	0.42	40	11	5.5
②-3	粘土	18.4	0.89	16.7	0.3	30	15	5.7
③	粉质粘土	19.8	0.67	11.2	0.42	34	13	7.6
③-1	粘质粉土	20.1	0.58	9.1	0.33	28	16	8.7
④	粘质粉土	20.1	0.58	8.4	0.39	34	10	14.6
④-1	细砂							28
④-2	粉质粘土	20.1	0.62	10.8	0.36	36	13	14.2
⑤	中细砂							32
⑥	粉质粘土	19.9	0.65	11.9	0.2			16.2
⑥-1	粘质粉土	19.6	0.65	8.8	0.39			15.9
⑥-2	粘土	18.9	0.85	15.7	0.18			11.4
⑦	卵石							50
⑦-1	中细砂							35
⑦-2	圆砾							40
⑧	卵石							55
⑧-1	粉质粘土	20.2	0.61	11.9	0.07			17.6
⑧-2	圆砾							45

三、基坑周边环境

本工程基坑周边环境复杂（如图 2 所示），基坑周边建构筑物较多，给基坑支护的设计和施工带来很大困难。

基坑西侧 16m 处为既有的中国建筑科学研究院主楼，地上 20 层，地下 2 层，基础埋深约 10m，箱形基础，天然地基，其支护结构为支护桩，桩长 15m；基坑北侧为北三环东路，距基坑约 4m、8m、10m 分别有一电信光缆、电缆、上水管道，埋深分别在 0.7m、0.7m、1.5m 左右；基坑东侧北部 8m 处为 6 层办公楼，1 层地下室，天然地基；基坑东侧中部 8.5m 处为 16 层住宅楼，1 层地下室，基础埋深约 5m，采用预制桩基础，梅花型布置，桩长 10m；基坑东侧南部 7m 处为 3 层办公楼，无地下室，天然地基；基坑南侧 9m 处为 7 层办公楼，1 层地下室，采用夯扩挤密桩复合地基，桩位不详。

四、基坑支护与地下水控制方案

1. 基坑支护

基坑支护是为保护地下主体结构施工和基坑周边环境的安全，对基坑采用的临时性支挡、加固、保护与地下水控制的措施。它可分为桩、墙式支护结构、重力式支护结构、土钉墙、组合式支护结构等。其中桩、墙式支护结构易于控制支护结构变形，尤其适用于开挖深度较大的深基坑，并能适应各种复杂的地质条件，设计计算理论较为成熟，各地区的工程经验也较多，是深基坑工程中经常采用的主要围护结构形式。内支撑和锚杆是两种为

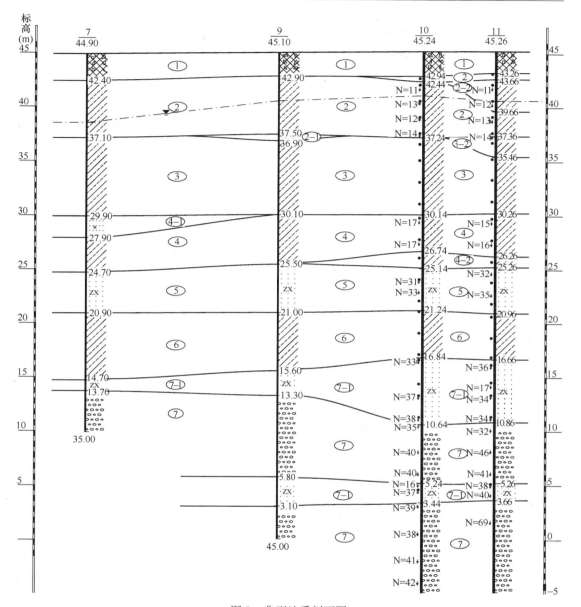

图 1 典型地质剖面图

桩、墙式支护结构提供约束的方式，各有其特点和适用范围。支护桩、墙与内支撑系统形成的支护体系结构受力明确，计算方法比较成熟，施工经验丰富，在软土地区基坑工程中应用广泛，但是内支撑结构给土方开挖、地下主体结构施工造成困难，且造价较高。采用支护桩、墙加锚杆为支护结构的基坑支护，基坑内部开敞，为挖土、结构施工创造了空间，有利于提高施工效率和工程质量，但是锚杆不应设置在未经处理的软弱土层、不稳定土层和不良地质地段，及钻孔注浆引发较大土体沉降的土层，而且锚杆的设置受周边环境的影响制约，当基坑周边有地下结构、管线等且距离基坑较近时，锚杆无法施工。当受周边环境限制，不能采用锚杆而采用内支撑又不经济时，可以考虑采用中心岛式支护方案。即在支护桩、墙施工完毕后，先放坡开挖，预留土台，基坑开挖到底后进行主体结构施

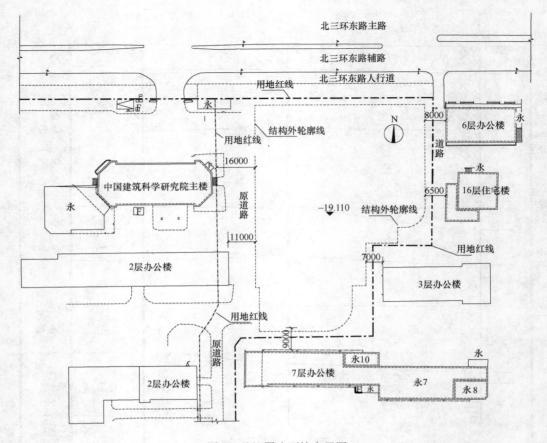

图 2　基坑周边环境布置图

工，主体结构施工至自然地面以上后进行二次开挖，在支护桩、墙与已完成的主体结构之间安装水平支撑，挖除留下的土体。

本工程基坑开挖时为保证既有建筑的安全，采用桩式支护结构，基坑平面布置图见图3。针对周边建构筑物对基坑开挖引起的变形的敏感程度，将基坑分为 3 个区，其中基坑南侧 7 层办公楼、基坑东侧中部 16 层住宅楼对变形比较敏感，需重点防护，因此分别为Ⅰ区、Ⅱ区，其他部分为一般保护区，为Ⅲ区。

（1）Ⅰ区

基坑南侧距离周边建筑物较近，且建筑物下采用夯扩挤密桩复合地基（桩位不详），为避免支护结构施工对周边建筑物产生影响，该部位支护桩需要四道约束，其中上部三道采用内支撑、第四道采用锚杆。Ⅰ区所在的位置基坑宽度约40m，上面三道内支撑采用角撑，为了方便主体结构施工，支撑设置在地下结构楼板标高上 1m 处（−5.4m、−9m、−12.6m）。预估南侧建筑夯扩挤密桩桩长不超过 15m，为了减少基坑支护对主体结构施工的影响、同时节约工程造价和工期，最下面采用一道锚杆。第四道锚杆也为抗拔桩施工提供作业空间。

该区剖面图及弹性抗力法的计算结果（注：计算软件为中国建筑科学研究院地基基础研究所基坑与边坡支护结构设计软件 RSD（V3.0）见图 4，基坑施工效果图见图 5。

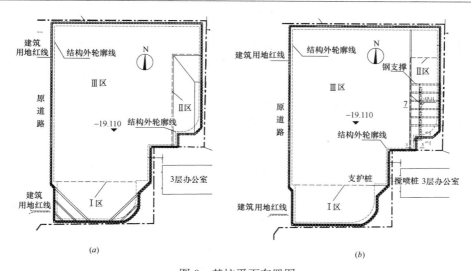

图 3　基坑平面布置图

（a）一次开挖基坑平面布置图；（b）二次开挖基坑平面布置图

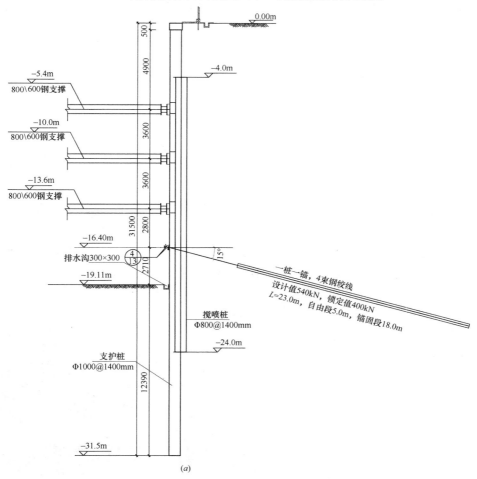

(a)

图 4　Ⅰ区支护剖面图及弹性抗力法计算结果（一）

（a）Ⅰ区支护剖面图

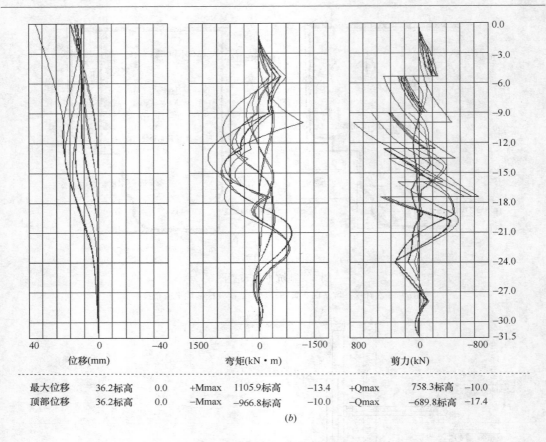

最大位移	36.2标高	0.0	+Mmax	1105.9标高	−13.4	+Qmax	758.3标高	−10.0
顶部位移	36.2标高	0.0	−Mmax	−966.8标高	−10.0	−Qmax	−689.8标高	−17.4

(b)

图 4　Ⅰ区支护剖面图及弹性抗力法计算结果（二）

(b) Ⅰ区支护结构弹性抗力法计算结果

（2）Ⅱ区

对于基坑东侧局部的住宅楼，由于地下室及基础下桩基础的存在，锚杆无法施工；如果完全改为内支撑结构，由于支撑跨度约80m，会大大增加基坑支护工程的造价，且给土方及后续结构施工造成困难。为保证基坑工程顺利进行，又保证周边建筑物的安全，该部位采用中心岛式支护方案，对该处进行二次开挖。第一次开挖时在基坑的该部位先放坡开挖，预留土台保证基坑的稳定，基坑开挖到底后进行主体结构施工，主体结构施工至±0.00后，再进行二次开挖，在支护桩与主体结构之间设置内支撑，再挖除留下的土台。

该区域是本工程的难点，设计和施工中考虑了如下因素：

1）稳定性验算，计算过桩端和切桩的稳定性，整体稳定安全系数均不小于 1.30；

2）采用有限元程序分析该工况下支护桩的变形（支护桩的变形不超过 30mm，建筑物的沉降不超过 10mm）；

图 5　Ⅰ区施工效果图（4-4 剖面）

178

3) 增加一道大角度锚杆作为安全储备；

4) 为确保土坡的稳定性，土坡中设置土钉。

该

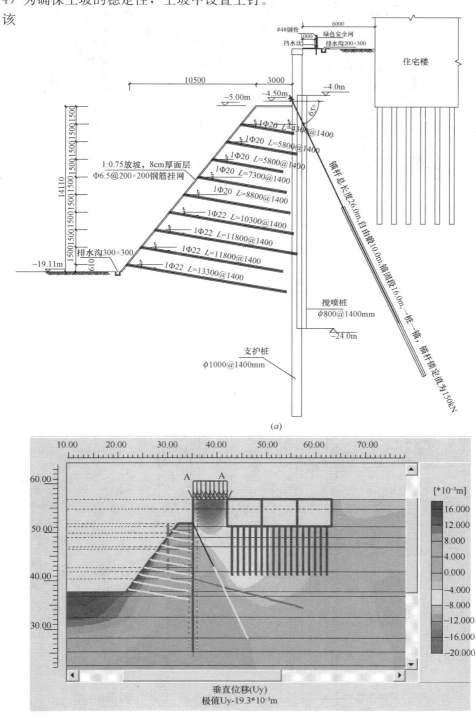

图 6　Ⅱ区第一次开挖支护剖面图及开挖到底后 Plaxis 计算结果

(*a*) Ⅱ区第一次开挖支护剖面图；(*b*) Ⅱ区第一次开挖 Plaxis 计算结果

图 7 Ⅱ区第一次施工效果图（6-6 剖面）

该区第二次开挖剖面图及数值计算见图 8，基坑施工效果图见图 9。

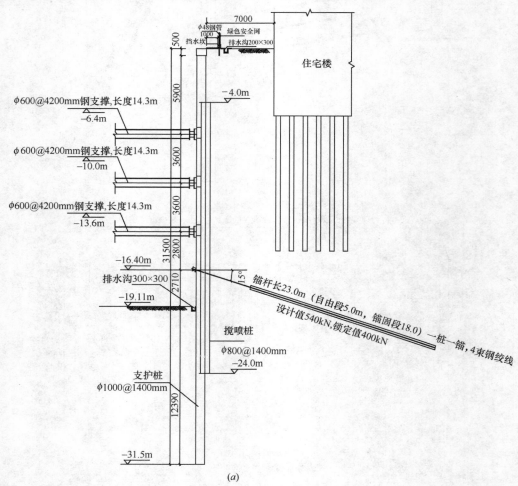

(a)

图 8 Ⅱ区第二次开挖支护剖面图及土台开挖到底后 Plaxis 计算结果

(a) Ⅱ区第二次开挖支护剖面图（6-6 剖面）

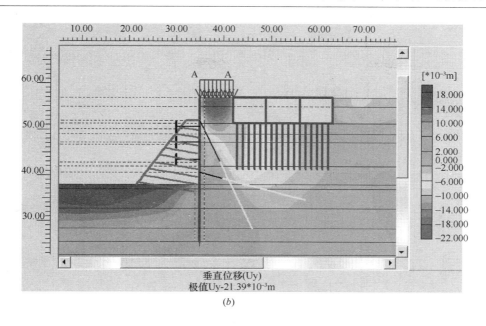

(b)

图 8　Ⅱ区第二次开挖支护剖面图及土台开挖到底后 Plaxis 计算结果

（b）Ⅱ区二次开挖 Plaxis 计算结果

图 9　Ⅱ区第二次开挖施工效果图（6-6 剖面）

（3）Ⅲ区

Ⅲ区基坑周边环境相对较好，采用支护桩加锚杆的支护体系，该区剖面图见图 10。

2. 地下水控制

本工程采用搅喷桩止水帷幕＋坑内疏干的排水方案。搅喷桩桩径 800mm，桩顶标高－4m，桩长 20m，桩距 1400mm，布置于支护桩间。支护桩与搅喷桩位置关系如图 11 所示。

基坑内部布置 10 口疏干井，间距 25m，井深为 24m，降水井成孔直径为 $\phi600mm$，全孔下入外径 $\phi400mm$，内径 $\phi300mm$ 的水泥砾石（无砂）滤水管，管底封死，管外填滤

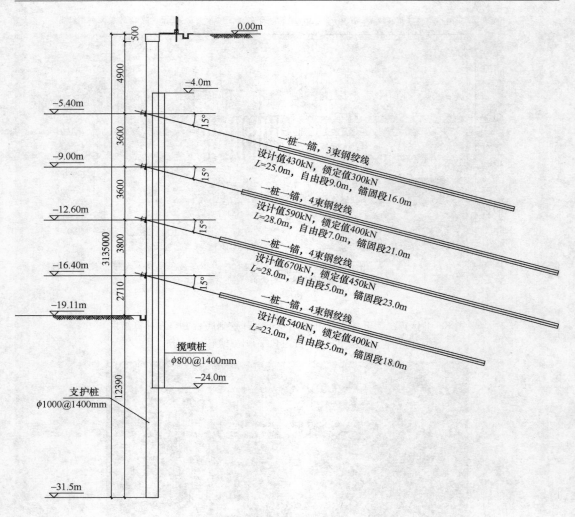

图 10 Ⅲ区支护剖面图

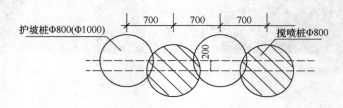

图 11 支护桩与喷搅桩位置图

料。滤料的规格为 2～10mm。滤料填至孔口以下 1～2m，上部回填黏土封至孔口。在基坑四周设置排水管道，并设置沉淀池，将疏干井中的出水经沉淀后引入市政下水道。

五、变形控制及基坑监测

1. 变形控制

（1）支护桩施工过程中的变形控制

支护桩的施工工艺很多，不同的施工工艺对周边环境的影响不同。本工程根据工程经验、各种工艺的施工能力及对周边环境的影响等因素综合确定，采用旋挖钻机成孔灌注桩。施工时采用隔桩跳打的施工顺序，降低施工对周边环境的影响。为了防止孔壁坍塌、减小钻孔周围土体变形，在每根桩施工过程中严格控制泥浆比重。

（2）锚杆施工过程中的变形控制

锚杆施工会影响相邻建筑物地基以及周边环境。为了减小锚杆施工对周边道路管线、建构筑物的影响，本工程采用套管跟进成孔工艺，注浆工艺采用二次高压注浆。为了进一步降低对建筑物的影响，在建筑物下施工时，采用隔孔跳打的施工顺序。

（3）内支撑设置与拆除的变形控制

当采用内支撑结构时，支撑结构的设置与拆除是支撑结构设计的重要内容之一，设计时应有针对性地对支撑结构的设置和拆除过程中的各种工况进行设计计算。如果支撑结构的施工与设计工况不一致，将可能导致基坑支护结构发生承载力、变形、稳定性破坏。因此支撑结构的施工，包括设置、拆除、土方开挖等，应严格按照设计工况进行。

（4）土方开挖

土方开挖严格按设计要求施工，开挖时间、开挖部位及开挖高度等严格与设计工况相一致，施工过程中加强施工管理和监督，避免对周边环境等造成不利影响。

基坑施工的过程中，每步土方开挖都在相应的支护结构应达到设计要求的强度后进行；每步土方开挖后及时施工支护结构，以减少基坑暴露时间。

基坑开挖采用分层开挖。土钉或锚杆作业面的开挖深度应在满足施工的前提下尽量减少，本工程每步土方开挖至土钉或锚杆标高下 0.5m，钢支撑设计标高下 1m。

2. 变形观测

在基坑施工的过程中，我方及第三方单位对支护结构及周边建筑物进行了完整的变形观测。对周边建筑物进行了沉降观测，对基坑支护桩冠梁顶进行了沉降、水平位移观测以及支护桩深层水平位移观测（测斜仪），对钢支撑、锚杆进行了内力监测。

（1）周边建筑物沉降观测简况

对周边建筑物进行了详细的沉降观测，比较有特点的是南侧 7 层办公楼和东侧 16 层住宅楼，其平面位置图详见图 12。

在基坑工程施工工程中，南侧 7 层办公楼的最大沉降量约为 11.2mm，东侧 16 层住宅楼的最大沉降量约为 5mm。沉降观测结果详见图 13。

（2）支护结构位移简况

对支护结构进行了详细的变形观测，比较有特点的是Ⅰ区域和Ⅱ区域，现简述如下：

对于Ⅰ区域，基坑开挖到底时支护桩顶水平位移 1mm，基坑回填后支护桩顶水平位移 9mm。

对于Ⅱ区域，基坑预留土台其余部分开挖到底时支护桩顶水平位移 7mm，基坑挖除土台施工支撑和锚杆开挖到底时支护桩顶水平位移 14mm，基坑回填后支护桩顶水平位移 19mm。

其他区域的支护结构水平位移未超过 22mm。

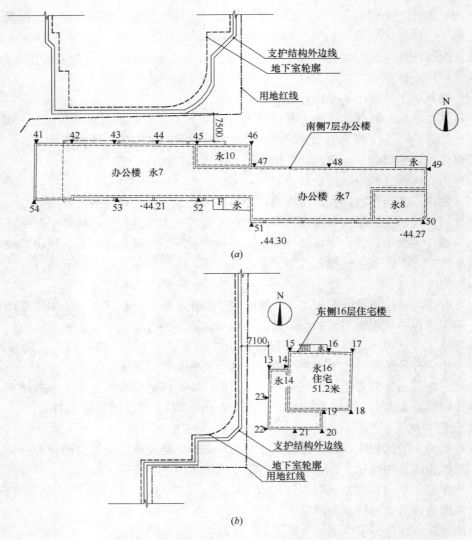

图 12　周边建筑物监测点平面位置图

(*a*) 南侧 7 号办公楼；(*b*) 东侧 16 层住宅楼

六、总结

本基坑工程为保证基坑工程的稳定及周边建筑物的安全，整体采用桩锚支护结构，南侧局部采用支护桩＋内支撑支护结构采用，东侧局部采用中心岛式支护方案。变形观测的结果表明该工程是成功的。总结如下：

1. 支挡式支护结构是深基坑工程的主要支护形式，内支撑和锚杆是两种为桩、墙式支护结构提供约束的方式，各有其特点和适用范围。当工程地质条件及周边环境适宜时应优先采用锚杆。当受周边环境限制，不能采用锚杆时，而采用内支撑又不经济时，可采用内支撑结构或利用原状土结构（预留土台）作支撑、采用中心岛式支护方案。

2. 周边环境复杂的基坑工程，设计前应通过周边环境调查，确定基坑的变形控制指标，分区域进行设计、施工。施工过程中应从支护结构施工、地下水控制、土方开挖等方

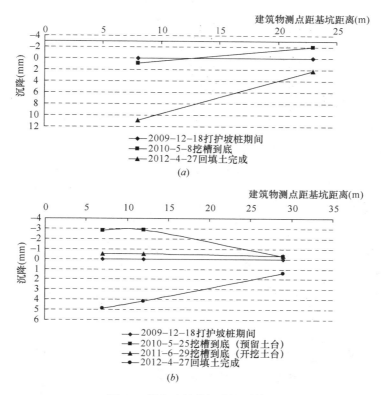

图 13　周边建筑物沉降观测结果

(*a*) 南侧 7 层办公楼；(*b*) 东侧 16 层

面采取措施，保护周边环境。

3. 工程环境保护要求严格时，基坑工程应加强变形观测，尤其是对支护结构、周边建（构）筑物的位移观测，实施信息化施工，必要时应进行动态设计、动态施工。

上海东方万国企业中心项目基坑工程

——"环岛法"基坑围护设计施工技术

梁志荣　魏　祥　李　伟

（上海申元岩土工程有限公司，上海　200040）

一、工程简介及特点

1. 工程简介

（1）建筑结构简况

工程位于上海市浦东新区金桥，项目用地面积 95530m²，总建筑面积 298812m²，其中地下建筑面积约 107752m²；基地内拟建建筑物主要由分布在场地周边的 10 幢 9～12 层小高层及多幢 1～3 层的建筑组成，均设有 2 层地下室，中心区域为下沉式广场。

主体结构采用框架或者框剪结构，基础形式为桩＋筏板（主楼为承台板）式基础，工程桩采用钻孔灌注桩（主楼及中心下沉式广场区域）及预制桩（裙房区域）。

图 1　基坑全貌（卫星图）

（2）基坑工程概况

整个基坑面积约 70500m²，周边长 1090m（图 1）。本工程中心较大范围的区域为直接下到底板面的下沉式广场，地下室顶板及地下一层楼板均大面积的缺失，抗震审查时要求底板作为嵌固端，则主楼的筏板厚度较常规的小高层筏板厚度大，基坑的开挖深度相应较大，且塔楼均分布于基坑周边，基坑开挖深度详见表 1。

					基坑开挖深度信息	表1

区域	周边场地标高 (m)	底板面标高 (m)	底板厚度 (m)	垫层厚度 (m)	开挖面标高 (m)	开挖深度 (m)
主楼	−0.500	−8.400	3m	0.2m	−11.600	11.1m
裙房及下沉广场	−0.500	−8.400	1m	0.2m	−9.600	9.1m

2. 工程特点

（1）基坑面积、开挖深度均较大

本工程基坑长约320m，宽170～250m，整个基坑面积达到70500m²，基坑开挖深度9.1～11.1m，根据上海软土地区基坑工程设计施工实践，一般宜化整为零，将整个基坑分为多块先后施工，每块基坑面积不宜超过3万m²，以控制基坑开挖的空间效应，减少对周边环境的影响。则本工程至少分为3块先后开挖施工。

（2）主体结构特殊

本工程主要由10幢小高层及多幢多层辅助建筑组成，10幢小高层均分布于基坑周边，且主楼底板较厚，普遍开挖深度达到11.1m。10幢主楼围绕的中心区域为下沉式广场，大面积缺失地下室顶板及地下一层楼板（仅有底板）。

（3）项目工期要求高

本工程项目建设单位工期要求较高，尤其是10幢主楼均要求在2年内交付，考虑常规的分块施工方案，必将有部分主楼将会延迟交付。

二、基坑周边环境

基坑围护设计的目的是为地下室结构提供一个施工空间，同时应确保周边环境的安全。随着城市建设的发展，新建项目往往周边均临近既有的建构筑物、道路管线等。本工程周边同样分布有大量的管线、道路及建筑等（图2）。

1. 基坑东侧环境

基坑东侧红线外为待改造的唐陆路，唐陆路下分布有配水、煤气及光缆等管线，处于两倍基坑开挖深度范围内；唐陆路另一侧分布有较多年代久远的、外观破旧的多层建筑。

2. 基坑南侧环境

基坑南侧红线外为西门子通讯系统有限公司，临近本工程一侧大部分为空地，厂内建筑距离围护结构稍远。东南角分布有变电站及一幢6层建筑距离围护结构稍近。

3. 基坑西侧环境

基坑西侧红线外为中储上海物流有限公司的3层办公楼，厂房、7层建筑；西侧近南为东浩环保装备有限公司的2/6层厂房、2/6层办公楼等，亦处于2倍基坑开挖深度范围内。

4. 基坑北侧环境

基坑北侧红线外为新金桥路，新金桥路下分布有配水、煤气、电力及雨水等管线，处于2倍基坑开挖深度范围内；此外，还分布有跨新金桥路的热力架空管道。

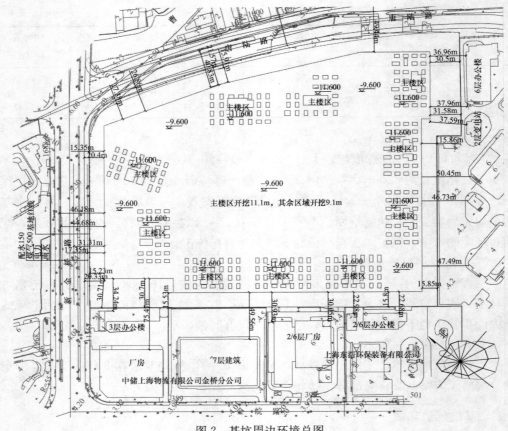

图 2　基坑周边环境总图

三、工程地质条件

典型地质剖面图见图 3。

（1）地形地貌：拟建场地地貌类型属滨海平原相地貌类型。场地位于上海浦东金桥出口加工区。勘察期间，实测各勘探点的地面标高介于 4.33～5.11m 之间，最大高差约 0.78m，场地地形均较为平坦。

（2）潜水：拟建场地浅部土层中的地下水属于孔隙潜水类型，其水位动态变化主要受控于大气降水、地面蒸发及地表水系等，丰水期水位较高，枯水期水位较低。勘察期间，于各取土孔内实测地下水初见水位埋深介于 0.40～1.50m，稳定水位埋深介于 0.15～1.00m 之间，平均 0.56m，稳定水位标高介于 3.81～4.40m 之间。根据规范，上海地区潜水位埋深一般为 0.30～1.50m，年平均水位埋深 0.5～0.7m，设计时，地下水位可根据安全原则按最不利因素取值工程应用时考虑不利情况。

（3）土层力学性质指标在设计计算中考虑取用固结快剪峰值强度。基坑围护设计参数见表 2。

（4）不良地质现象一：浜填土。经勘察，拟建场地中部偏西存在近南北走向的暗浜，浜底最大深度 3.4m，场地东南部近东西走向分布有暗浜，最大浜底深度 3.1m。浜填土成分主要为灰色粘性土与少量黑色淤泥混杂，含有机质。暗浜分布区第②层粉质粘土缺失或变薄，将会对拟建物桩基施工及基坑围护产生不利影响。施工前要求对浜填土进行换填。

场地土层主要力学参数 表2

层序	土名	层底深度(m)	重度 γ (kN/m³)	含水量 ω (%)	孔隙比 e	压缩模量 $E_{s0.1\sim0.2}$ (MPa)	固结快剪峰值 c (kPa)	固结快剪峰值 ϕ (°)	渗透系数 k (cm/s)
①	填土	1.75							
②	粉质粘土	3.14	18.9	28.5	0.816	6.27	18	18.5	1.90E-05
③₁	淤泥质粉质粘土	5.95	17.6	38.8	1.1	4.09	10	20.0	2.50E-05
③₂	砂质粉土	8.02	18.6	29.8	0.851	10.59	4	29.5	2.30E-04
③₃	淤泥质粉质粘土	10.26	17.4	40.8	1.162	3.42	11	15.5	8.10E-06
④	淤泥质粘土	19.07	16.7	49.8	1.415	2.29	14	10.0	8.10E-06
⑤₁₋₁	粘土	23.24	17.3	42.4	1.220	2.96	16	11.0	5.20E-06
⑤₁₋₂	粉质粘土	25.54	18.2	33	0.959	4.48	16	17.5	
⑥	粉质粘土	29.72	19.6	23.7	0.688	6.92	46	16	
⑦₁	砂质粉土夹粉质粘土	38.28	19.2	26.5	0.752	10.90	8	29.5	
⑦₂	粉细砂		18.9	27.6	0.783	13.86	0	33	

（5）不良地质现象二：填土及地下障碍物。勘察揭露，拟建场地局部地段有最大厚度可达2.40m杂填土层分布，填土成分复杂，局部夹有大块混凝土块（最大块径达40～50cm以上），将会对拟建物桩基及围护桩施工产生不利影响，桩基及围护桩施工前应予以清除，确保围护结构体顺利实施。

（6）不良地质现象三：管涌与流砂。本场地浅部分布有厚度较大的第③₂层砂质粉土，渗透系数较大，第③₁、③₃、④层土夹有少量或者薄层粉砂，在动水压力作用下也易受扰动产生渗水等现象。一方面基坑开挖过程中应注意此段土层内围护体和止水帷幕的施工质量，采取合理的施工工艺，避免塌孔等工程事故的发生；另一方面，需确保此区域止水帷幕的止水效果，避免发生渗漏、流砂、管涌等不良地质现象，从而保护基坑工程的顺利实施，减少周边地层因水位降低导致的沉降变形，保护周边环境安全。

（7）不良地质现象四：软弱土层。场地内第③₁、③₃、④层均属于高压缩性土，具有含水量高、孔隙比大、压缩模量小等特性的软弱土层。呈饱和、流塑或流塑状态，土抗剪强度低，灵敏度中～高，具有触变性和流变性特点，是上海地区最为软弱的土层；同时也是导致基坑围护体变形、内力增大的土层。在基坑围护结构设计和施工中，应注意这层土对基坑开挖的影响，尽量避免对主动区土体的扰动；并采取适当、合理的措施对被动区土体进行加固，控制围护结构体的变形在允许的范围之内。

四、基坑围护方案

1. 总体方案

本工程基坑长约320m，宽度170～250m，面积达到70500m²，基坑开挖深度9.1～11.1m。

根据上海软土地区基坑工程设计施工实践，如此大面积的深基坑工程采用整体顺作法时一方面支撑长度将达到320m，受温度应力、混凝土收缩影响较大，对支撑的受力安全

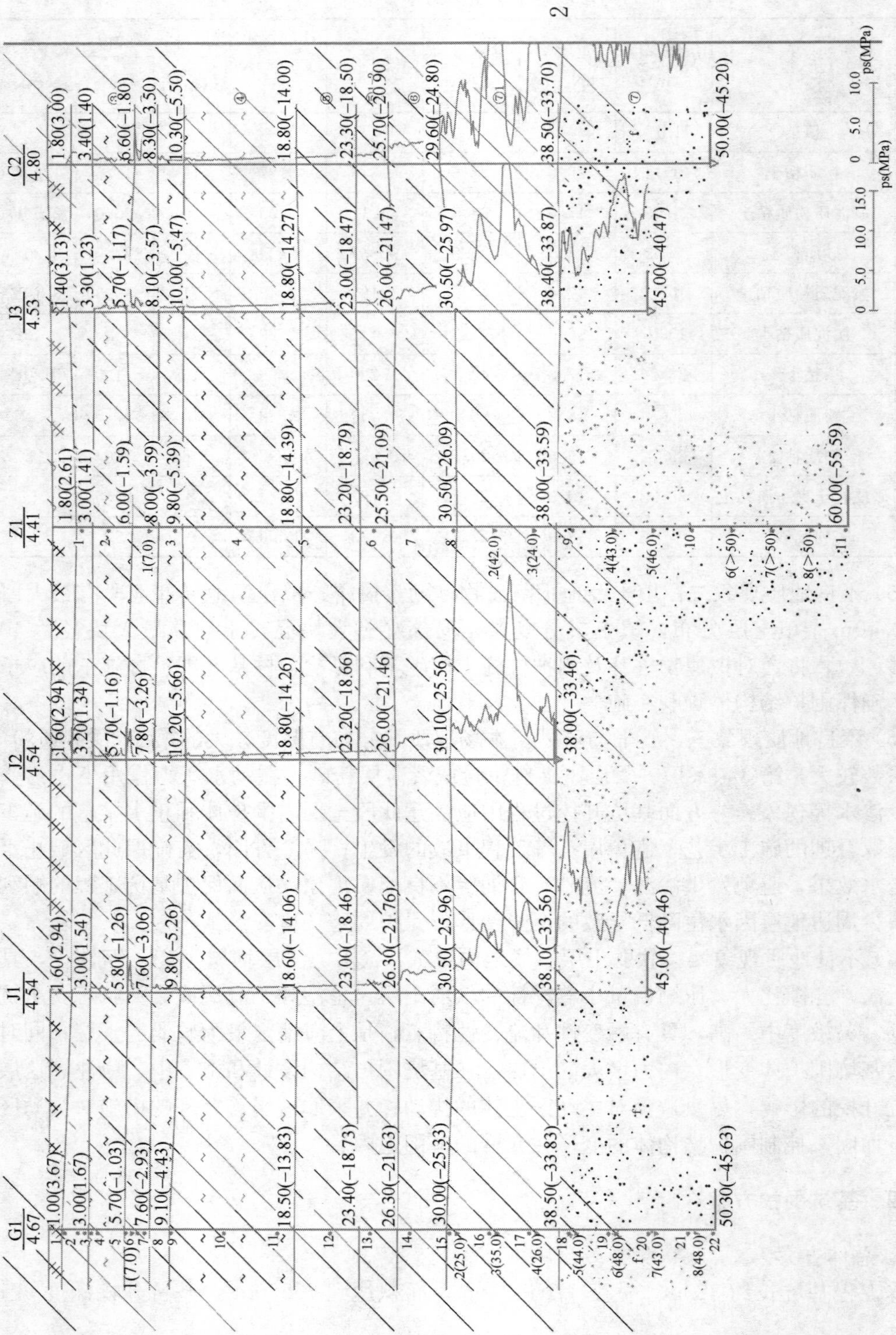

图 3　典型地质剖面图

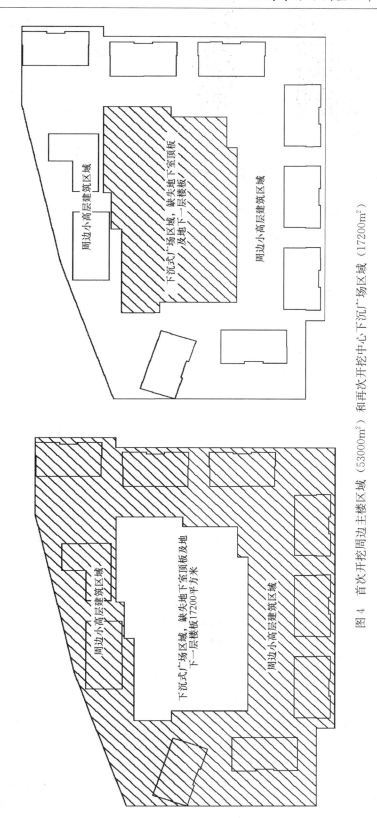

图 4 首次开挖周边主楼区域（53000m²）和再次开挖中心下沉广场区域（17200m²）

及支撑变形控制存在较大的安全隐患；考虑采用圆环支撑时，圆环支撑直径将达到200m，圆环支撑的受力极大，且对施工顺序要求较高，同样不利于基坑工程的风险控制。另一方面基坑面积较大，整体开挖时，基坑开挖的空间效应将比较明显，土方卸载引起的坑底回弹较大及坑底抗隆起稳定偏于不安全，引起支撑体系上浮将较明显从而影响支撑受力安全，同时对周边环境的影响范围及程度均较大。因此，上海地区大面积基坑一般设置多道分隔围护结构，化整为零，将整个基坑分为多块基坑先后施工。

大面积基坑亦可考虑采用逆作法，整体逆作开挖时同样存在大面积卸载引起的坑底回弹较大的问题，进而影响楼板差异沉降导致楼板开裂；此外，本工程的结构特点大面积缺失地下室顶板及地下一层楼板，即使采用逆作法，需要设置大量的临时支撑；逆作法施工组织及梁柱节点施工较困难，施工质量控制较差，工期亦同样难以保证。

本工程基坑面积、深度均较大，中心区域地下室结构缺失，不适宜采用任何型式的中心岛法设计施工方案。

经过对各种方案的安全性、经济性及工期控制比选的基础上，本次基坑围护设计创新的提出"环岛法"基坑设计施工方法。即设置两圈钻孔灌注桩围护，将中心下沉式广场区域的土方保留，先开挖周边小高层区域土方，待周边小高层区域地下室完成后再无支撑开挖中心区域土方（图4）。

2. 围护结构

本工程采用环岛法基坑设计施工方法，设置了两圈围护结构（图5～图7）。外圈围护结构为 ϕ850～1050mm 钻孔灌注桩＋ϕ850mm 三轴水泥土搅拌桩止水，根据不同区域的开挖深度、周边环境保护要求及基坑安全控制指标采用不同的桩径、桩长。

内圈围护结构仅设置 ϕ850mm 钻孔灌注桩，不另设止水帷幕。

3. 支撑体系

A. 水平支撑

——第一道钢筋混凝土支撑体系中心绝对标高为－1.900m，围檩截面为 1200mm×800mm，支撑截面为 900mm×800mm，连杆 700mm×700mm。

——第二道钢筋混凝土支撑体系中心绝对标高为－6.700m，围檩截面为 1300mm×800mm，支撑截面为 1000mm×800mm，连杆 800mm×800mm。

支撑布置形式对撑为主，辅以角撑，见支撑平面布置图（图8～图9）。

B. 支撑立柱

支撑立柱坑底以上采用型钢格构柱，截面为 480mm×480mm；坑底以下设置立柱桩，立柱桩采用 ϕ800mm 钻孔灌注桩。型钢格构立柱在穿越底板的范围内需设置止水片。

C. 拆撑换撑

在底板和楼板处均设置砼传力带换撑，砼设计强度 C30。楼板缺失处需设置临时钢支撑或混凝土支撑；待主体结构完成后拆除。

待底板和换撑带达到设计强度后，可根据监测情况分块拆除第二道支撑；地下一层楼板及其相应的换成带完成后，分块拆除第一道支撑。

4. 坑内加固

为控制基坑的长边效应，在基坑坑内被动区设置多处双轴水泥土墩式加固，宽度4.2m，坑底以下深度4m，水泥掺量 13%。

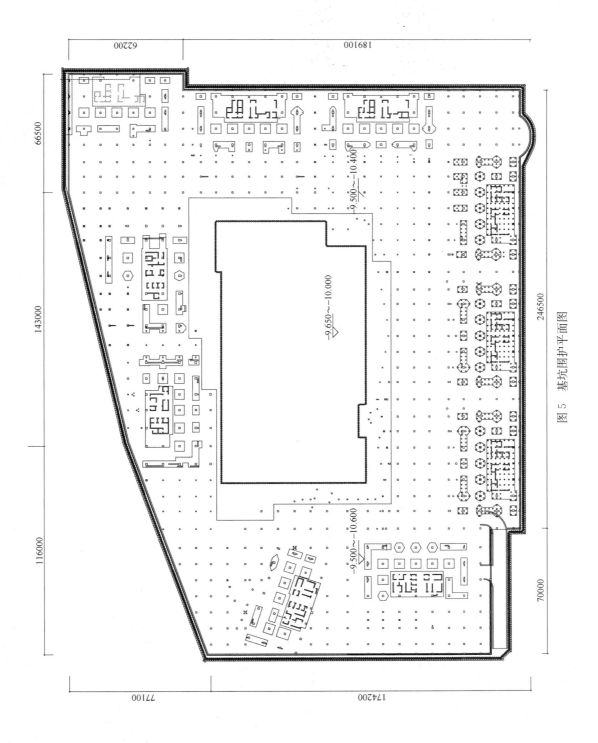

图 5 基坑围护平面图

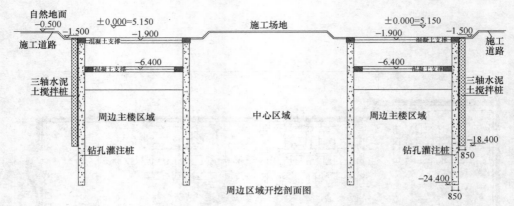

图 6　基坑开挖典型剖面图（工况一）：开挖周边主楼区域

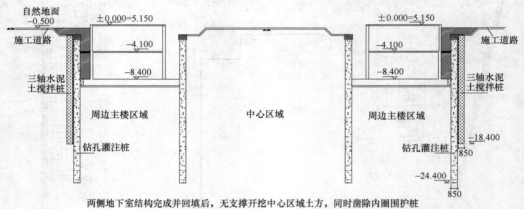

两侧地下室结构完成并回填后，无支撑开挖中心区域土方，同时凿除内圈围护桩

图 7　基坑开挖典型剖面图（工况二）：无支撑开挖中心区域

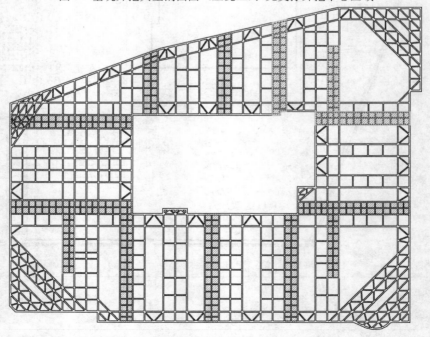

图 8　基坑第一道支撑平面布置图（阴影区域为栈桥）

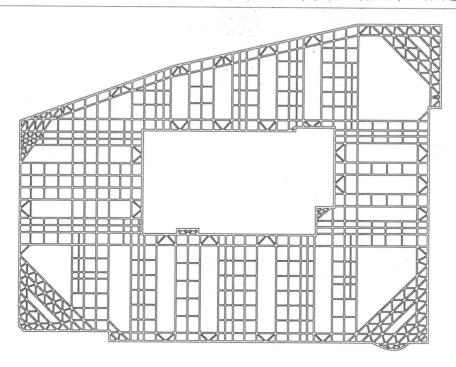

图 9　基坑第二道支撑平面布置图

5. 降水

为提高坑内被动区土压力强度，方便土方开挖，采用真空深井进行疏干降水，尤其是坑内侧围护结构未设置止水帷幕，因此在周边主楼区域基坑开挖时，中心区域设置部分真空深井管井进行降水。

6. 基坑实施工况

工况一：进行工程桩、支撑立柱桩、外圈三轴水泥土搅拌桩、内圈及外圈围护钻孔灌注桩、坑内加固等施工。

工况二：施工第一道支撑

工况三：开挖至第二道支撑底

工况四：施工第二道支撑

工况五：开挖至底

工况六：浇注垫层、施工地下室底板及底板与围护桩之间传力带

工况七：拆除第二道支撑

工况八：施工地下二层的墙、柱及地下一层楼板及地下一层楼板与围护桩之间的传力带

工况九：拆除第一道支撑

工况十：施工地下一层的墙、柱及地下室顶板

工况十一：外墙地下室外墙防水、回填等

工况十二：无支撑进行中心区域的土方开挖、地下室结构施工，最终完成整个地下室。

五、基坑监测情况

监测点平面布置如图 10。

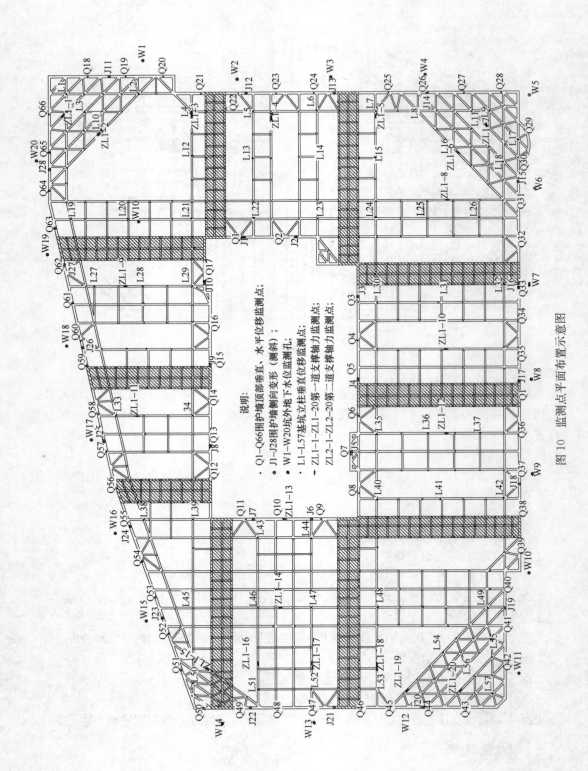

说明：

· Q1—Q66 用护墙顶部垂直、水平位移监测点；

⊗ J1—J28 用护墙侧向变形（测斜）；

⊙ W1—W20 坑外地下水位监测孔；

· L1—L57 基坑立柱垂直位移监测点；

▬ ZL1-1—ZL1-20 第一道支撑轴力监测点；

▬ ZL2-1—ZL2-20 第二道支撑轴力监测点；

图 10 监测点平面布置示意图

1. 监测项目

本工程采用信息化施工，施工期间根据监测资料及时控制和调整施工进度和施工方法。根据工程实际情况，设置了如下监测项目。

（1）周边环境监测

a）地下管线垂直、水平位移监测；

b）周边建筑物沉降、倾斜、裂缝；

c）周边地表沉降剖面监测；

（2）基坑围护监测

a）围护墙顶沉降及水平位移监测；

b）围护墙体侧向变形监测；

c）深层土体侧向变形监测；

d）支撑轴力及两端差异沉降监测；

e）立柱桩垂直位移监测；

f）坑内、外潜水位监测；

2. 监测结果

本基坑从 2010 年 7 月开始施工，至 2012 年 7 月完成基坑工程及土建工程，工期满足建设单位要求。

根据监测单位提供的现场监测数据，整个施工过程中，围护结构水平变形普遍在 3～5cm，图 11 给出了挖土到坑底围护结构水平变形曲线，从图可以看出，"环岛法"施工时基坑围护结构水平变形趋势与常规设计思路施工时变形趋势一致，体现为抛物线型位移。

基坑立柱在开挖期间上抬隆起比较明显，从监测结果来看，沿基坑四周布置的靠近坑边的支撑立柱点要明显小于位于基坑中部的支撑立柱的上抬量。位于基坑中部的 L20、L28、L34、L46 号点的最大累计上抬隆起量分别达到 36.7mm、32.8mm、34.0mm、35.7mm。本工程面积超大，即使先行开挖的周边主楼区域也超过 5 万 m²，采用"环岛法"设计施工方法后，坑底隆起得到有效控制，立柱上浮量与常规基坑相当。

六、点评

软弱土层中超大面积深基坑开挖的关键技术问题在于不仅要确保基坑自身结构和周边环境的安全，还要考虑到结构特点、工期造价建设单位要求等多方面因素。本基坑所采用的新型基坑支护总体设计思路：环岛法，正是基于对以上这些关键因素的思考，结合本工程特点，在常规基坑支护设计思路的基础上加以创新。该项目的成功实施，给超大面积深基坑同时开挖提供了一个新思路，是基坑工程设计的又一创新。

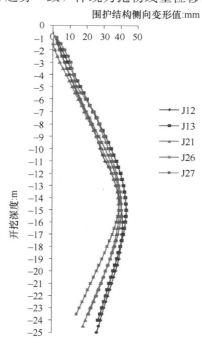

图 11　挖土至坑底时围护结构
水平变形曲线

通过以上基坑围护设计方案的选择，即一方面采用两道围护结构后，在一定的围护桩插入深度的基础上，上海地区围护结构控制性指标基坑抗隆起安全无论从理论计算还是工程经验的角度都得到有效控制，大大减小了大面积基坑的空间效应，坑底隆起量及周边地面沉降得到有效控制。

采用两道围护结构后，支撑长度控制在合理范围内，支撑以对撑为主，支撑体系刚度大大提高，支撑水平传力有效、可靠，围护结构刚度根据不同的保护要求有针对性的增减，基坑围护结构水平变形控制较理想，有效的保护了周边环境。

上海华森钻石商务广场基坑工程

魏建华　杨明义

（上海岩土工程勘察设计研究院有限公司，上海　200070）

一、工程简介及特点

1. 工程简介

华森钻石商务广场位于上海市闸北区恒丰路以西、苏州河以东、长安路以北地块，由22～28 层甲级办公楼、8 层 loft 办公楼和 13 层商务酒店和两层地下车库组成大底盘建筑物，占地面积约 1.36 万 m^2，总建筑面积约 8.9 万 m^2。基坑开挖深度 8.5m，基坑开挖面积约为 10300m^2，基坑围护结构周长约 400m（图 1）。

场地原为烂尾楼，原基坑按 6.5 m 深度设计，采用双轴水泥土搅拌桩重力坝、双排钻孔灌注桩以及单排钻孔灌注桩加上一道水平钢筋混凝土支撑的组合围护型式。原桩基工程和围护结构在 1993 年～1994 年已施工完毕，之后直到 2005 年才重新启动建设，但新的建筑规划设计发生了重大变更，基坑变深且新旧地下室边线相互交错。

2. 工程特点

基坑工程具有如下特点：

（1）基坑东侧道路下市政管线密布，上空的高压电线距基坑边仅 4.2m，施工设备和围护桩型的选择受到限制。

（2）基坑南侧原双轴水泥土搅拌桩坝体紧贴用地红线，新围护体系只能在旧搅拌桩坝体内施工，且基坑边 6 层天然地基建筑物的保护应重点考虑。

（3）基坑西侧紧邻苏州河及其堤岸，临水基坑工程所面临的问题以及堤岸的保护是本基坑工程设计应重点考虑的因素。

（4）场地内有已经施工十余年的围护桩和工程桩，新老基坑边线相互交错，使得新围护体系在施工空间和围护型式上受到限制；旧搅拌桩坝体强度高，新围护桩在其间施工难度大、施工效率低。

（5）充分利用原有围护结构，可节约围护造价和工期，但在深厚砂性土地层要充分考虑基坑止水帷幕设计的可靠性以及诸多不确定性因素，实行从施工图设计、围护结构施工到基坑开挖全过程的风险控制。

（6）基坑内旧搅拌桩和老灌注桩密布且高出基坑底 2m，开挖阶段有大量的凿桩工作量，支撑布置宜便于土方开挖和凿桩。

二、工程地质条件

根据该场地岩土工程勘察报告，拟建场地填土局部区域较厚，且该填土夹有较多砖块煤渣或为水泥地坪或老基础；浅部约 15m 深度内有厚约 12m 的第②₃层砂质粉土，渗透性较强，基坑开挖时易产生流砂和管涌，应采取有效的隔水及降水措施。

浅部地下水属潜水类型，主要受大气降水补给，并与苏州河有互补关系。地下水位埋深按 0.50m 考虑。深部的第⑦₁层砂质粉土为上海地区第一承压含水层，但由于层顶埋深较深，经计算可不考虑该层承压水的影响。场地土层分布及物理力学指标如表 1 所示。

<table>
<tr><td colspan="7">场地土层分布及物理力学指标   表 1</td></tr>
</table>

土层编号	土层名称	平均层厚（m）	重度 γ（kN/m³）	粘聚力（kPa）	内摩擦角（°）	渗透系数 K（cm/s）
①	杂填土	1.20	—	—	—	—
②₁	粘质粉土	1.20	18.9	11	29.0	3.0E−05
②₃	砂质粉土	12.00	18.5	7	30.5	5.0E−04
④	淤泥质粘土	2.10	16.9	13	12.0	2.0E−06
⑤₁₋₁	粘土	4.40	17.8	15	16.5	1.0E−06

三、基坑周边环境

场地及周边环境如图 1 所示。

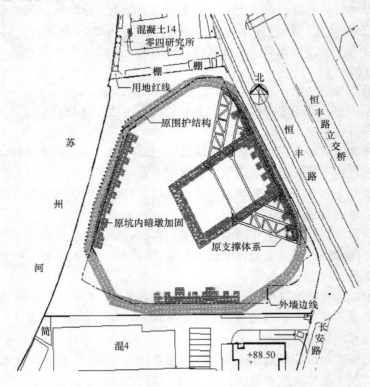

图 1   场地及周边环境示意图

基坑周边环境条件十分复杂：

（1）东面地下室外墙距用地红线最近距离约 4.2m，围墙边上空有高压线通过；东南角地下室外墙距变电站约 6m；围墙外为恒丰路及恒丰路桥，设有公交车站台，道路下市政管线密布。

（2）南面地下室外墙紧贴旧围护结构，距用地红线最近距离约 5.1m；距不夜城都市工业园约 11m，6 层建筑物，由原来的 4 层厂房改建而成，天然地基（碎石桩加固）。

（3）西面紧临苏州河，地下室外墙距防汛墙约 10m，距苏州河河岸线约 12m。

（4）北面地下室外墙距用地红线最近距离约 4.5m；距冷却塔约 5.1m，天然地基。

四、基坑支护设计方案

根据前述基坑工程特点并结合老围护结构现状，采取钻孔灌注桩结合止水帷幕的围护体，竖向设置一道钢筋混凝土水平圆环支撑系统，并在基坑支护设计中充分利用原有的围护结构。

1. 基坑止水帷幕设计

按上海地区工程经验，8m 左右类似地层基坑的止水帷幕一般采用单排 $3\phi850mm@1200mm$ 三轴水泥土搅拌桩。本基坑工程的特殊性在于止水帷幕已存在，但局部位于新基坑内部而将被挖除，局部因新增的钻孔灌注桩施工将有所损伤，考虑到本场地浅部土层渗透性强以及止水帷幕的重要性，在利用原有双轴水泥土搅拌桩止水帷幕的基础上，主要采用 $3\phi650mm@900mm$ 三轴水泥土搅拌桩作为止水帷幕，局部区域采用 $\phi650mm@400mm$ 高压旋喷桩止水，桩端入土深度 17m，进入微渗透性粘土层不少于 2m，最终形成封闭的止水帷幕。

针对不同情况，止水帷幕的设计也有所差异，具体体现在如下几个方面：

1）南侧大部分区域利用原剩余 4.5m 宽双轴水泥土搅拌桩坝体止水，不再新增止水桩。

2）除东侧外，在可利用 1.2m 宽双轴水泥土搅拌桩区域，设单排 $3\phi650mm@900mm$ 三轴水泥土搅拌桩止水；无止水帷幕区域，设双排 $3\phi650mm@900mm$ 三轴水泥土搅拌桩，止水帷幕宽度 1.3m。

3）东侧受空中高压线限制，在可利用 1.2m 宽双轴水泥土搅拌桩区域，设单排 $\phi650mm@400mm$ 高压旋喷桩止水；无止水帷幕区域，在钻孔灌注桩外侧设单排 $\phi650mm@400mm$ 高压旋喷桩，并在钻孔灌注桩之间设 $\phi650mm$ 高压旋喷桩进行补强。

4）在新旧止水帷幕交接处，采用 $\phi650mm$ 高压旋喷桩进行补强。

2. 基坑挡土结构优化设计

在保证安全的前提下，本基坑的挡土结构充分利用原有围护结构，针对不同的环境条件及原围护结构采取差异化的设计，包括东侧挡土结构的信息化设计、南侧天然地基建筑物的保护设计、西侧带撑双排桩设计和其余区域挡土结构的优化设计。

基坑围护平面布置图见图 2。

（1）东侧挡土结构的信息化设计

基坑东侧原有挡土结构为 $\phi700mm@850mm$ 钻孔灌注桩，经计算复核，基坑稳定性满足规范要求，原灌注桩配筋也能满足抗弯能力要求，但基坑侧向变形计算结果偏大，根据上海地区工程经验基坑安全度也偏低。但该侧受用地红线和上空高压线限制，在新增一排高压旋喷桩止水后再无灌注桩的施工空间，高压旋喷桩内也无法插入 H 型钢。

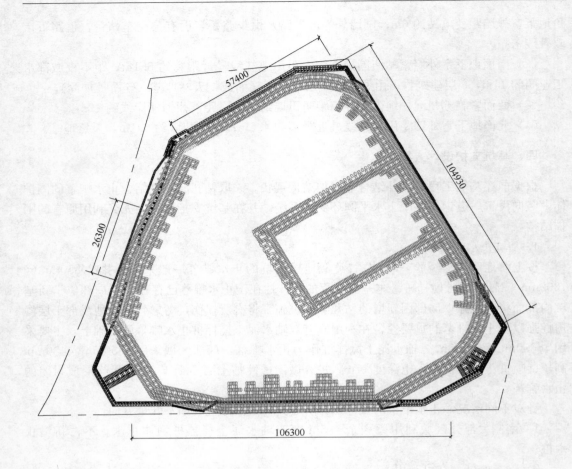

图 2　基坑围护平面布置图

　　针对以上情况，设计上考虑增设一道型钢斜抛撑作为应急预案，在基坑开挖过程中加强变形监测，根据实际的变形情况确定是否架设斜抛撑。

　　参照其他区域基坑开挖到底后侧向变形不大，考虑到斜抛撑施工不方便、增加土方开挖和结构施工难度且会增加基坑的暴露时间，对基坑的变形控制及安全反而不利，故根据监测反映的情况取消斜抛撑，分块开挖且坑底增设配筋垫层，并加快底板施工速度，底板浇筑后实测侧向变形一般为 4.5cm，周边管线未受损坏，基坑工程得以顺利完成。

　　(2) 南侧天然地基建筑物的保护设计

　　基坑南侧临近六层天然地基建筑物，对其进行重点保护设计：

　　1) 在原有水泥土搅拌桩坝体围护结构内设置 $\phi800mm@1000mm$ 钻孔灌注桩，加强围护结构的刚度，控制基坑侧向变形；桩长加长，桩端进入第⑤$_{1-1}$层粘土不少于 3m，减少坑外地面沉降和建筑物沉降。

　　2) 支撑落低，增加基坑的稳定性和减小基坑侧向变形；灌注桩伸至地面，顶部设置冠梁，以及利用原有水泥土搅拌桩坝体，控制支撑施工时的初始变形。

　　3) 利用原有坑底水泥土搅拌桩裙边加固。

　　基坑围护剖面如图 3 所示。

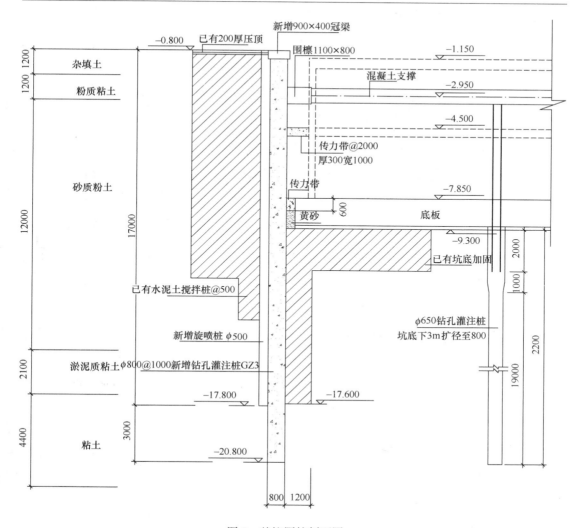

图3 基坑围护剖面图一

（3）西侧带撑双排桩设计

基坑西侧紧邻苏州河，属于一侧临水基坑工程，根据水位观测资料，苏州河水位波动不大，故水土压力变化不大。原围护结构为双排 $\phi700mm$ 钻孔灌注桩，内侧 $\phi700mm@$ 1000mm 钻孔灌注桩，外侧 $\phi700mm@2000mm$ 钻孔灌注桩，双排桩顶部采用梁板结构连接，整体刚度较好，双排桩内部采用 3.4m 宽水泥土搅拌桩坝体加固。

新旧基坑边线的调整导致部分区域内侧灌注桩位于基坑内部，在内侧增加一排 $\phi700mm@2000mm$ 钻孔灌注桩，桩顶设置冠梁并增加锚固钢筋锚入旧围护结构形成整体；未受影响的原双排桩则充分利用。

基坑西侧围护型式为带撑双排桩，由悬臂式双排桩发展而来，具有以下优点：

1）与单排灌注桩相比，通过围护桩不同几何形状的组合并结合桩顶的联系梁充分发挥其空间效应，具有侧向刚度大和抗弯能力好的特点。

2）与普通悬臂式双排桩结构相比，增加内支撑抗倾覆能力更强，可以更好地控制位移。

根据上述分析，带撑双排桩可以很好地控制基坑变形，保护苏州河堤岸。

基坑围护剖面如图 4 所示。

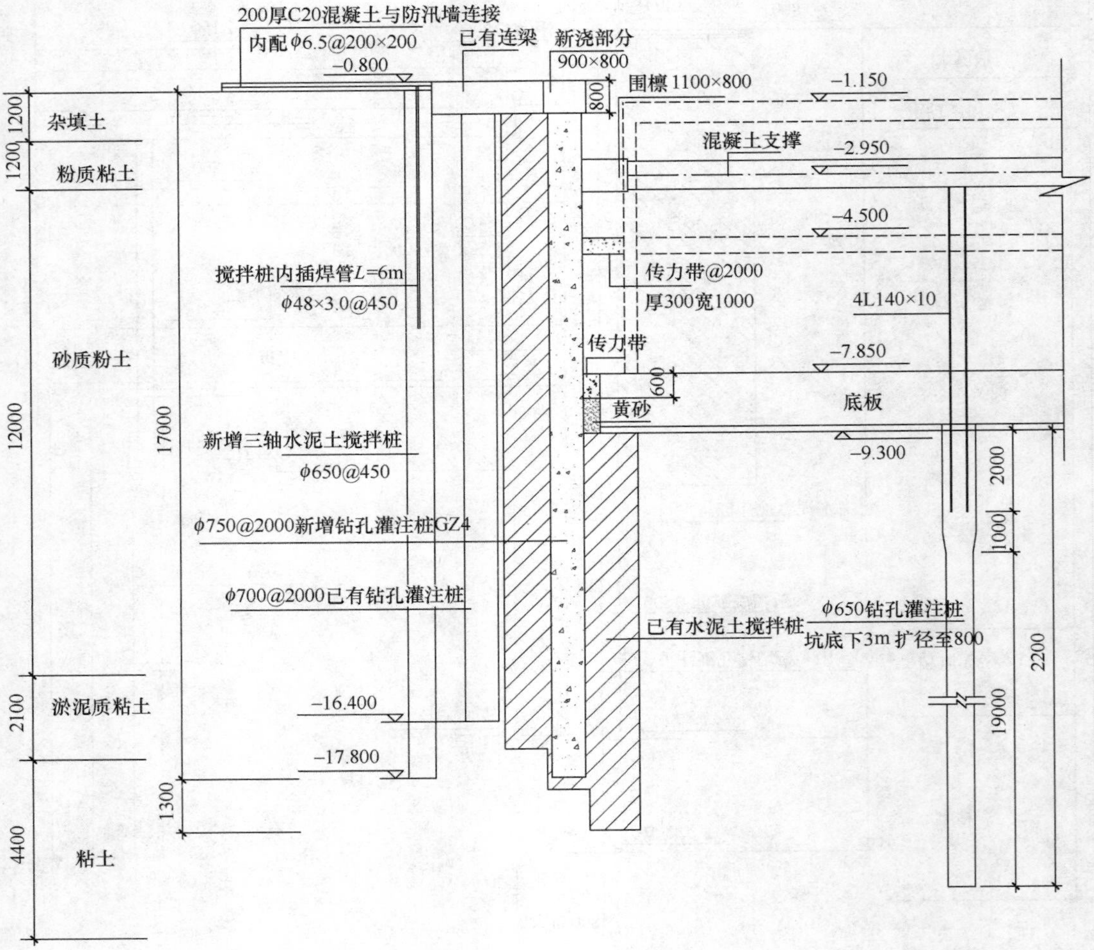

图 4 基坑围护剖面图二

（4）其余区域挡土结构的优化设计

新老围护不交错区域，利用原有的坑底搅拌桩加固，并适当新增坑底搅拌桩加固，基坑围护设计考虑坑底加固的贡献作用以及砂性土地层有利于基坑变形控制的特点，挡土结构由常规的 $\phi 850mm@1000mm$ 钻孔灌注桩优化为 $\phi 750mm@1000mm$ 灌注桩。

3. 圆环支撑系统的设计

钢筋混凝土支撑布置形式一般有正交对撑、圆环支撑或对撑＋角撑结合边桁架布置形式，本工程根据场地条件结合基坑形状选用圆环支撑结合角撑的布置形式，为挖运土的机械化施工提供了良好的多点作业条件，采用竖向分层、岛式开挖为主，可成倍提高挖土速度，方便坑内凿桩施工，大大缩短深基坑的挖土工期，也方便了地下室施工。

西侧因紧邻苏州河，东西两个方向水土压力不均衡，圆环支撑的设置避免了因采用东西向对撑造成的对苏州河堤岸的向外推移。

临水基坑工程四周的水土压力是不均衡的，而且基坑土方开挖不能完全均匀对称的客观情况将加剧圆环支撑受力的不均匀性，处理对策是加大环梁的刚度，除按压弯构件进行配筋外，按纯压构件进行复核并确保构件轴心受压安全度大于 2.5；另外，为避免因个别连杆破坏而导致整个支撑体系破坏，连杆数量适当增加。

此外圆环支撑平面外失稳也是必须重点考虑的问题，处理对策是在竖向支承立柱的设计中，一方面适当控制立柱间距，另一方面严格地控制立柱的竖向沉降或隆起，选择第⑦₁层砂质粉土作为桩基持力层；在圆环支撑施工中严格控制支撑的挠曲，要求支撑底模任意两点高差在 10mm 内，如未达标则采用水泥抹平直至满足要求为止。

基坑支撑截面尺寸如表 2 所示，直径 82m 的圆环支撑平面布置如图 5 所示。

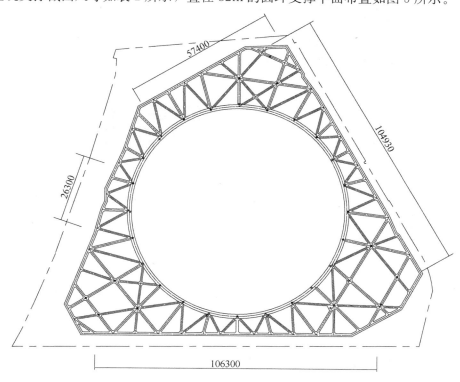

图 5　基坑支撑平面布置图

支撑截面尺寸一览表　　　　　　　　　　　表 2

项　目	围檩 （mm）	圆环梁 （mm）	主撑 （mm）	连杆 （mm）
第一道支撑	1100×800	1800×900	900×700	700×700

立柱桩采用 ϕ650mm 钻孔灌注桩（尽量利用工程桩），桩长 22 m，桩端进入第⑦₁层砂质粉土约 1.5m，上部 2.5m 扩径至 800mm；立柱采用 4L140mm×10mm 角钢格构柱，埋入钻孔灌注桩不少于 2.0m。

五、基坑施工简介及简要实测资料

本基坑工程从围护桩基施工开始至基坑出正负零，时间长达 14 个月，2006 年 7～10 月围护结构施工，2006 年 11 月围护桩冠梁施工及基坑预降水，2007 年 1～2 月支撑施工及养护，2007 年 3～6 月基坑分块开挖及底板分块浇筑，2007 年 7 月地下 2 层结构施工，2007 年

8月支撑拆除，2007年9月地下1层结构施工至零层板，2007年11月基坑完成回填。

基坑工程施工全景照片如图6所示。

图6　基坑工程施工全景照片

基坑工程实施信息化监测动态设计与施工，基坑周边环境监测点布置图及基坑本体监测点布置图如图7、图8所示。

基坑土体侧斜典型曲线如图9所示。

根据监测单位提供的监测报表，监测数据整理如下：

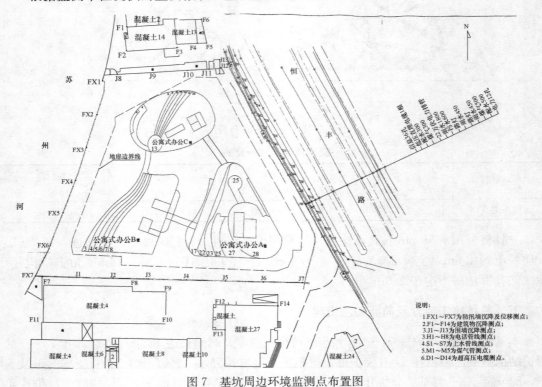

图7　基坑周边环境监测点布置图

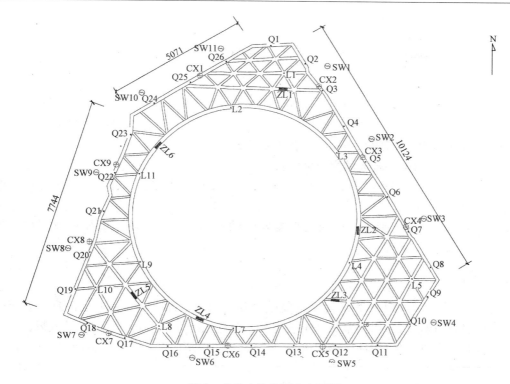

图 8　基坑本体监测点布置图

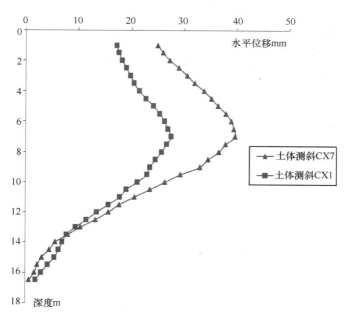

图 9　基坑土体侧斜典型曲线

1. 东侧煤气管线沉降较大，但基坑开挖期间沉降较小、沉降较均匀且为缓慢变形，未出现破坏情况，一般沉降约 3cm（间接监测点）；

2. 南侧围墙最大沉降约 2cm，都市工业园（六层天然地基建筑物）新增沉降 2～

4cm，变形控制较好；

3. 西侧防汛墙沉降 2~5cm，差异沉降不大，防汛墙未出现裂缝；

4. 土体侧斜资料表明，至基坑底板浇筑完毕水平位移在 2~4cm，出正负零后最终水平位移一般在 4~6cm。

至基坑底板浇筑完毕，西侧采用双排灌注桩加支撑处和南侧区域实测最大变形一般为 2.5~3.0cm，计算最大变形约 2.1cm，两者比较接近；基坑其他区域实测最大变形一般为 4.0cm，计算最大变形约 2.8cm，两者相差较大。

实测值与计算值偏差较大的主要因素：

1) 基坑侧向位移监测点为土体侧斜，基坑开挖过程中出现多次渗漏，围护桩后土体流失造成监测值偏大。

2) 基坑从开始开挖到底板浇筑完毕暴露时间长达 4 个月，软土蠕变造成基坑变形偏大。

六、点评

1. 本工程场地内岩土工程环境条件复杂，基坑围护设计秉承绿色岩土的理念，充分利用原有围护结构，对止水帷幕和挡土结构采取差异化的设计，取得了较好的效果。

2. 解决新围护桩在旧围护结构中施工的问题，实现新旧围护结构的共同围护作用。

3. 合理地设置一道水平钢筋砼圆环支撑体系，极大地方便了土方开挖和地下室施工。

4. 基坑工程实施信息化监测动态设计与施工，根据监测情况取消东侧的斜抛撑、设置加厚配筋垫层，加快了地下室的施工。

5. 本基坑工程从施工图设计、围护结构施工到基坑开挖实行全过程的风险控制，解决复杂环境条件下砂性土重的地区的基坑堵漏，今后类似基坑工程可借鉴其风险控制的经验。

深圳中航城 G/M、H 地块基坑工程

张　俊　姜晓光　周焕杰

（中国京冶工程技术有限公司深圳分公司，深圳　518054）

一、工程简介及特点

该项目位于深圳市福田区华强北片区，场地位于中航路西侧，地势为东北高、西南低。南接在建的中航广场，西面隔区间路与航都大厦、南光大厦相邻，北隔振中路为 D2 地块、鼎诚国际（图 1）。G/M 大部分为 3 层地下室，H 地块为 4 层地下室。基坑周长约为 682m，面积约 13686.6m²，基坑开挖深度约为 14.7～20.7m。

本项目地处市中心，周边交通繁忙，管线众多，基坑东侧为中航路，下有电信、污水管、雨水管、给水管等市政管线；北侧隔振中路为新老四栋（D2 地块）和鼎诚国际，振中路下管线密集，包括燃气、电信、污水等，北侧的鼎诚国际为三层地下室，人工挖孔桩基础；西侧的航都大厦为二层地下室，基础桩为人工挖孔桩，其中的区间路下埋设有给水、雨水、电信等管线；南光大厦为天然地基，片筏基础，其中路下埋设有给水、雨水、电力、污水等管线；南侧为在建的中航广场，其基坑支护型式为地下连续墙＋钢筋混凝土支撑，中航广场与 G/M 地块红线处布置有给水、污水、燃气、消防等管线。

二、工程地质条件

场地原始地貌单元属冲积阶地～台地地带，根据钻探揭露，场地内分布的地层有人工填土层、第四纪冲洪积层、坡洪积层和残积层，下伏基岩为燕山晚期花岗岩（图 2）。

勘察期间，各钻孔均遇见地下水，属上层滞水类型，主要赋存于人工填土及第四系地层中，受大气降水及地表水补给。勘察时为雨季，钻孔的地下水位埋藏深度为 0.70～7.30m，水位标高介于 5.95～13.62m（个别钻孔因受降雨影响，所测水位偏高）。基岩中赋存裂隙水，其赋水量和渗透路径受基岩裂隙控制。

场地土层主要力学参数　　表 1

指标 / 土层名称	重力密度 γ (kN/m³)	含水量 (%)	孔隙比	渗透系数 K (cm/s)	抗剪强度 内摩擦角 Φ (°)	抗剪强度 凝聚力 C (kPa)	层厚 (m)
人工填土①	18.0	31.7	0.996	5.0×10^{-4}	10	12	0.2～4.3
含有机质粉质粘土②	17.0	44.3	1.262	5.0×10^{-7}	7	12	1.0～4.9
粘土③	19.0	25.6	0.796	3.0×10^{-5}	20	24	1.1～14.3
砂质粘性土④	18.5	28	0.851	4.0×10^{-5}	22	25	1.7～25.5
全风化花岗岩⑤	20.0			1.0×10^{-4}	25	35	1.0～15.6
强风化花岗岩⑥	22.0			1.5×10^{-4}	30	45	1.0～22.9

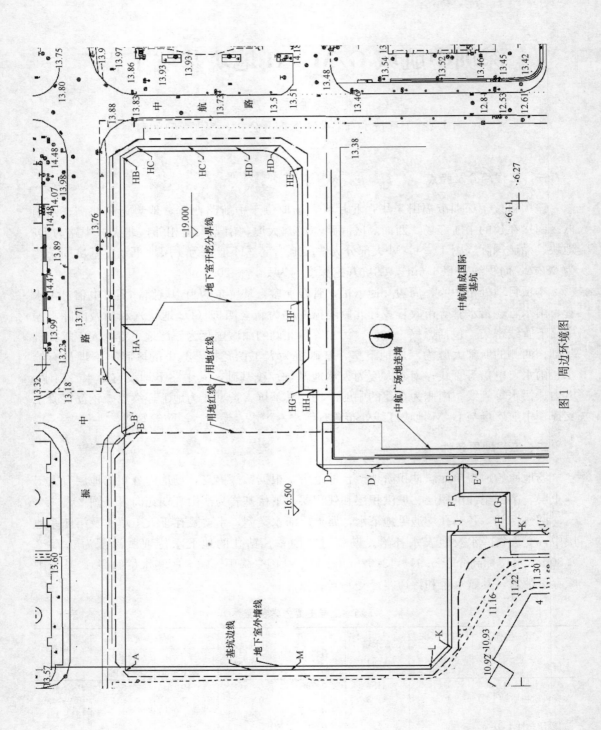

图 1 周边环境图

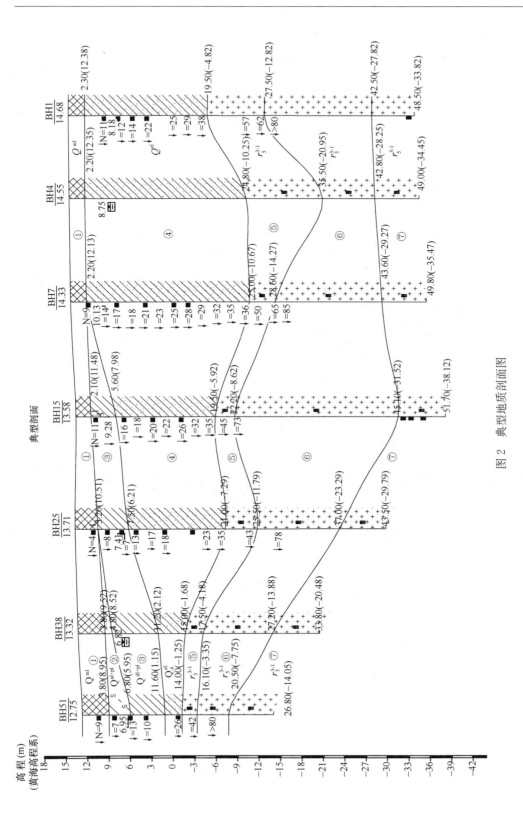

图 2　典型地质剖面图

三、基坑围护方案

本项目采用桩撑支护体系，直径1.2m灌注桩，间距1.8m，其中北侧受鼎诚国际基坑支护预应力锚索影响，对应区段采用人工挖孔桩，直径1.2m，间距2m；桩间采用三重管高压旋喷桩止水；设置两道钢筋混凝土内支撑，四层地下室部分设置三道内支撑，支撑节点位置设置直径1.0m的钢筋混凝土立柱（图3～图5）。

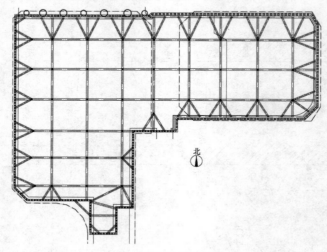

图3　基坑围护平面图

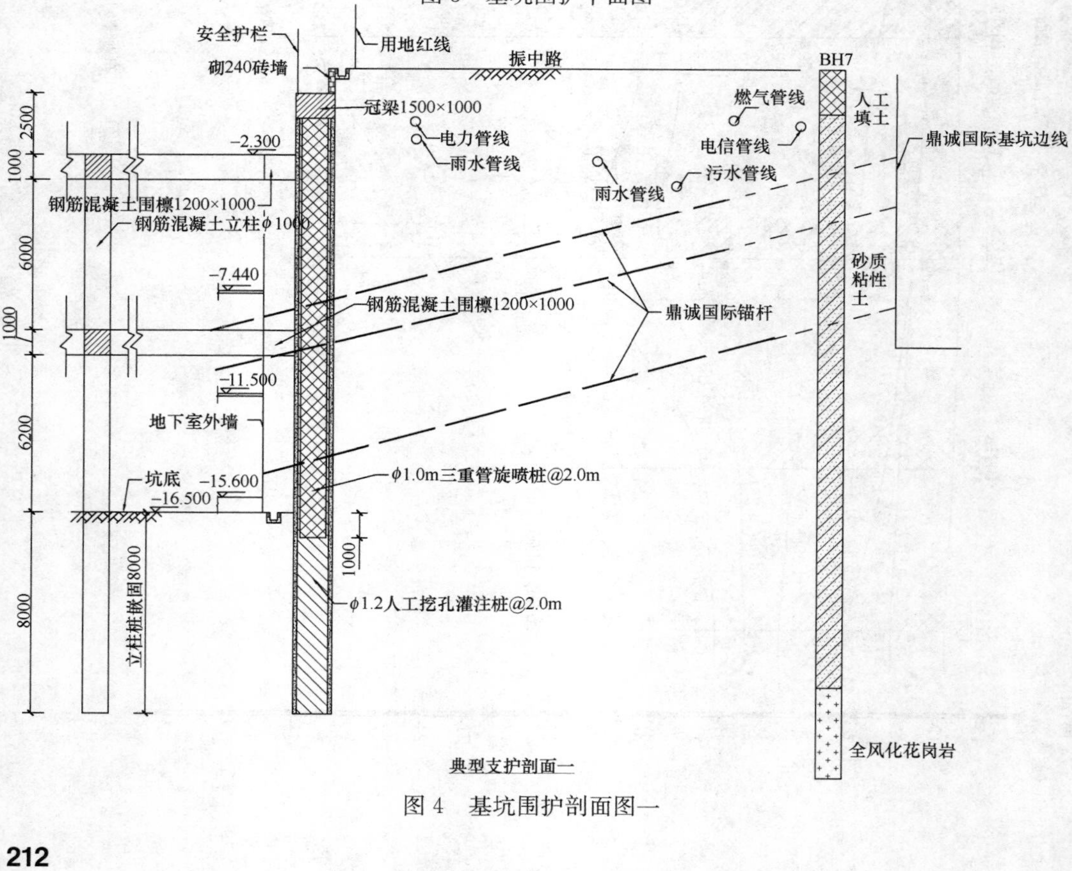

图4　基坑围护剖面图一

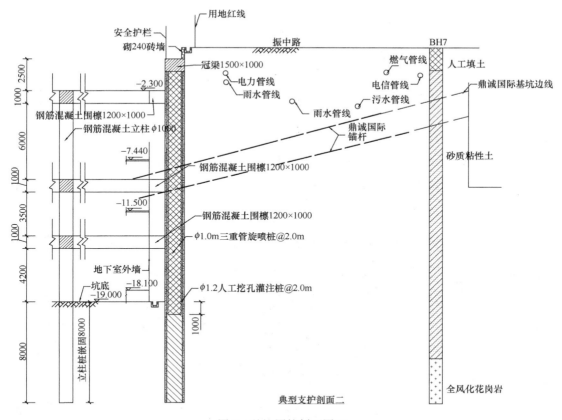

图 5　基坑围护剖面图二

四、基坑监测情况

本项目对基坑周边沉降、围护结构水平位移、桩身应力、支撑梁应力、地下水位等作了监测，监测平面布置如图 6。

沉降曲线中的 C1、C3、C4、C6、C7、C10 位于基坑的北侧，与基坑之间隔振中路，C12、C13、C15、C16 位于基坑的东侧，与基坑之间隔中航路，C40、C41、C43、C45 位于基坑的西侧，与基坑之间隔了区间路。

基坑于 6 月份局部到底，先进行基坑南侧部分区域的人工挖孔桩施工，C40、C41、C43、C45 四个位置的沉降在 7 月初时开始发展；基坑东侧的人工挖孔桩在 7 月底时才零星开始施工，到 8 月份工程桩大面积施工时，沉降发展较快（图 7）。

五、总结

本项目内支撑东西最长 162m，立柱间距最大 20m，项目于 2010.12 月开工，2011.6 月局部到底，陆续进行工程桩施工，2012.12 月地下室完工。在使用期间，经历了雨季、台风等多种因素的影响，效果良好，振中路及中航路正常运行未受影响，基坑桩顶水平位移最大值 22.2mm，沉降 34.77mm（沉降最大位于人工挖孔桩支护剖面），其余各项均满足设计要求。

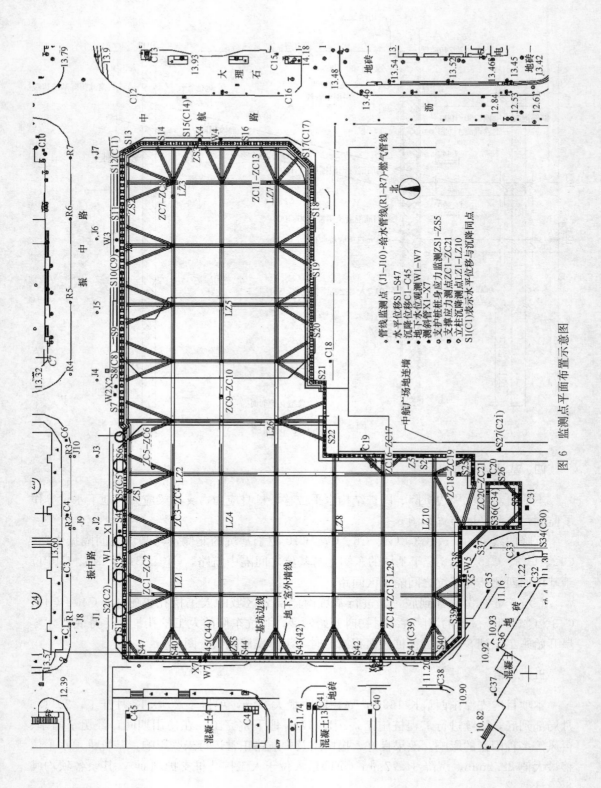

图6 监测点平面布置示意图

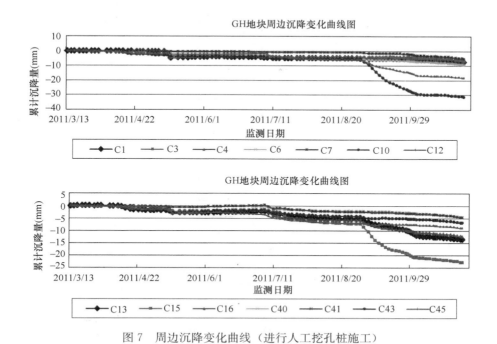

图 7　周边沉降变化曲线（进行人工挖孔桩施工）

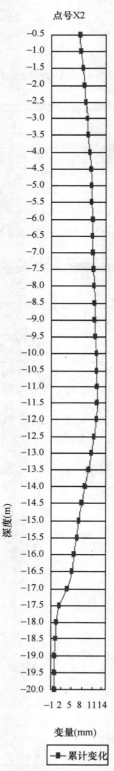

图 8 围护桩侧向变形曲线（支撑梁全部拆除、地下室施工完成时）

南京邮电大学科研综合楼基坑工程

黄广龙[1]　周文苑[2]　赵升峰[2]　李书波[2]　潘　磊[1]　谢　超[1]　叶晶晶[1]

（1. 南京工业大学交通学院　南京　210009；

2. 南京市测绘勘察研究院有限公司　南京　210005）

一、工程简介及特点

1. 工程简介

南京邮电大学科研综合楼位于南京市新模范马路中段北侧，由 28 层主楼、4 层裙楼组成，设置两层地下室，结构体系为框架-剪力墙结构。基础形式为桩基础，桩基础采用钻孔灌注桩。基坑总开挖面积约为 4680m²，周长约为 290m。设计标高采用黄海高程，该场地周边自然地面相对标高为 −0.000～−0.600m，考虑基础高度及垫层厚度后，基坑开挖深度 11.1～11.7m。

2. 工程特点

（1）土质条件差：基坑开挖影响深度范围内，浅部为填土，以下为粉砂及粉土层，工程性质差。

（2）土体含水丰富：地下水主要为潜水，土层渗透系数较大。土层含水量高，影响基坑开挖的稳定性。

（3）周边环境条件差：基坑东西两侧为建筑物，东侧建筑物距地下室外墙仅 3.00m，南北两侧为道路，距地下室外墙约 3.50～4.00m。基坑开挖对变形控制要求高，为保证路面不开裂，建筑物不沉降，须对基坑周边采取支护措施。

（4）支护方法新：采用管桩水泥土复合墙（PCMW 工法）这一新型基坑支护技术。

二、工程地质条件

根据该场地岩土工程勘察报告，拟建场地地貌单元为长江漫滩，由于受人类活动影响，原地貌景观形态已改变，现地形平坦，场地南部原有平房尚未拆除。拟建场地地面标高最大值 11.35m，最小值 10.50m（黄海高程），地表相对高差 0.85m。

1. 土层分布

根据野外钻探、原位测试及室内土工试验资料，将勘探深度范围内的岩土按照时代、成因及物理力学性质划分为 5 层，共 10 个亚层，其中主要土层自上而下分别为杂填土、粉质黏土、粉土夹粉砂、粉质黏土、粉砂、粉细砂。基坑开挖影响范围内各土层主要物理力学性质指标见表 1，典型地质剖面图如图 1 所示。

场地土层主要力学参数　　　　　　　　　　　　　　　　　　　　表 1

层　号	土层名称	重度（kN/m³）	固结快剪指标		渗透系数（10^{-5}cm/s）	
			c（kPa）	φ（°）	k_v	k_h
①	杂填土	18.8	5	15	1.0	1.0
②-1	粉质黏土	19.2	20	18.3	0.1	0.1
②-2	粉土夹粉砂	18.9	7	27.9	2.1	11.2
②-2A	粉质黏土	18	11	21.2	0.9	2.8
③-1	粉砂	19.3	6	31.2	2.7	18.7
③-2	粉细砂	19	5	31.4	1.7	63.4

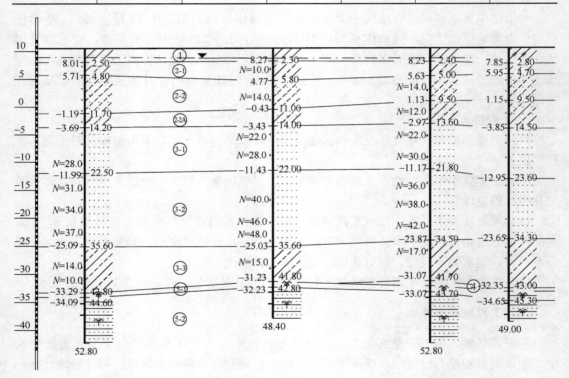

图 1　典型地质剖面图

2. 地下水

本场地地下水属潜水，主要赋存于①层填土、②层以及③-1层、③-2层，由大气降水、地表水补给，以蒸发和渗流形式排泄。勘探期间有部分钻孔测得的初见水位埋深为 1.80～2.20m，相应标高为 8.50～9.01m；稳定水位埋深为 1.60～2.10m，相应标高为 8.72～9.53m。地下水位的年变幅约为 0.5m。近年最高地下水位约为 10.00m。

三、基坑周边环境概况

基坑北侧地下室外墙与该侧用地红线最近距离约为3.0m，与模范马路最近距离约3.5m；南侧地下室外墙与用地红线最近距离约为3.0m，与该侧新模范马路最近距离约为3.5m；东侧地下室外墙与用地红线最小距离约为3.0m，与东侧建筑物最近距离约3.0m；西侧地下室外墙距离用地红线最小约为3.1m，与该侧道路最近距离约3.5m。周边道路下埋设了众多市政管线。基坑周边环境示意图见图2。

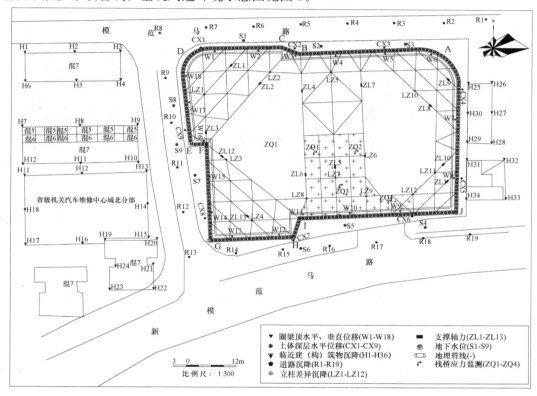

图2　基坑周边环境及监测点布置图

四、支护结构设计

1. 基坑支护总体设计思路

本工程基坑开挖深度较深，场地临近道路和建筑物，环境条件较差，对围护结构稳定性和变形控制要求高。

PCMW工法，即在三轴水泥搅拌土中插入预应力管桩形成水泥土止水、预应力管桩承担土体荷载的复合支护结构，是一种新型深基坑支护方法。PCMW工法施工现场及基坑照片见图3。该工法比地下连续墙支护形式节省造价，又比钻孔灌注桩节省支护空间，实际工程中也证明了其防侧壁止水防渗性能好。PCMW工法支护桩体刚度大、变形小，占地少，工艺构造简单，工程造价较低，工期短，可以较好解决复杂场地条件下的支护问题。

本基坑工程采用如下设计方案：围护结构采用 PCMW 工法桩（三轴搅拌桩内插预应力高强混凝土管桩）结合二道钢筋混凝土支撑，管桩采用 GZH-Ⅲ 800（180）@1200（《先张法预应力混凝土支护桩》(苏 G/T 20—2010)）；采用 Φ850@1200 三轴深搅桩作止水帷幕；坑中坑部位挖深为 3.65m，采用混凝土钻孔灌注桩支护；其余浅坑采用放坡，坡比 1：2.0；基坑顶部设置排水沟，兼做截水作用，坑内采用疏干井降水。

图 3　PCMW 工法施工现场及基坑照片

2. 围护体设计

PCMW 工法桩作为围护体和止水帷幕，作为围护桩的管桩桩长 19m，止水帷幕有效长度 23.7m。ABCD 段止水帷幕插入坑底以下 12.2m，排桩插入坑底以下 7.5m，DEF-GHIJ 段止水帷幕插入坑底以下 12.1m，排桩插入坑底以下 7.4m，JA 段止水帷幕插入坑底以下 12.1m，排桩插入坑底以下 6.9m。坑中坑的深坑部位挖深为 3.65m，采用混凝土钻孔灌注桩支护，有效长度 9m，插入坑底以下 5.35m。经设计计算，管桩的抗弯及抗剪均满足设计要求。PCMW 工法桩的管桩及止水帷幕平面布置图如图 4 所示，围护结构剖面如图 5 所示。

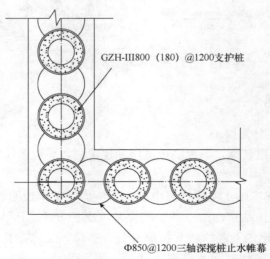

图 4　PCMW 工法桩的管桩及止水帷幕布置图

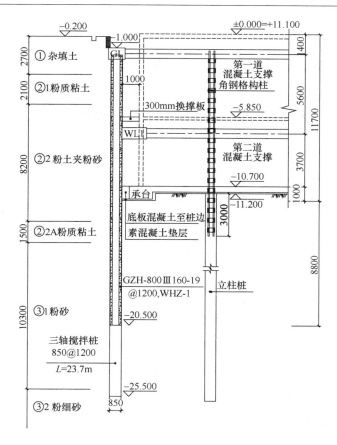

图 5　基坑普遍区域围护体剖面图

3. 水平支撑体系设计

本工程基坑竖向设置两道钢筋混凝土支撑，混凝土等级为 C35，第一道支撑中心标高 -1.400m，第二道支撑中心标高 -7.000m。两道撑的尺寸及中心标高等参数见表 2，支撑平面布置及实景图如图 6 所示。支撑构件轴线偏差应控制在规范允许范围内，构件浇筑平整，单根支撑不得留有施工缝；圈梁、支撑钢筋需通长布设，混凝土支撑钢筋需锚入圈梁 35d；混凝土支撑节点需包住钢立柱。

基坑实施阶段在第一道混凝土支撑的中部区域设置施工栈桥平台，工作机械等设备可以运作通行，还可以作为堆放施工材料的场所，在加快基坑出土速度的同时，缩短基坑工程施工期限。

支撑截面信息表　　　　　　　　　　　　　　　　　　　　　　表 2

项目	中心标高(m)	圈梁(mm)	圈梁(mm)	主撑(mm)	八字撑(mm)	联系梁(mm)	栈桥梁(mm)
第一道支撑	-1.400	1200×800	1200×1000	800×700	600×700	500×600	800×1000
第二道支撑	-7.000	1400×800	1400×800	900×800	700×800	600×700	—

4. 立柱和立柱桩设计

本工程立柱采用角钢格构柱，立柱桩采用钻孔灌注桩。栈桥立柱采用 540mm×

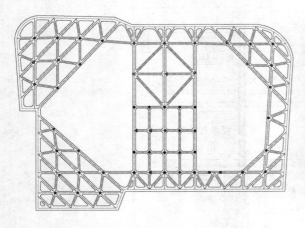

图 6　基坑支撑平面布置及实景图

540mm 角钢格构柱钢立柱，支撑立柱采用 480mm×480mm 角钢格构柱钢立柱，基坑底面以下为 Φ800mm 钻孔灌注桩，格构柱保证进入基坑底面以下立柱桩长不小于 3.0m。钢立柱在底板范围内应设置止水片，立柱桩的打入方向应与主撑方向一致，位置选择应避开工程桩、地梁及小型承台等，如相冲突，立柱桩位置可作适当调整。

5. 基坑降水

本工程根据场地条件，基坑内采用管井降水，基坑四周布设回灌井，兼做观察井使用，具体施工要求如下：

（1）管井直径 800mm，抽水井周围填充一定级配和磨圆度较好的中粗砂。孔内填 1～5mm 有一定级配和磨圆度较好的绿豆砂。严格控制填滤料的规格，保证水井出清水，防止水井淤塞和坑外掏空。

（2）保证水井的施工质量，成井后应立即进行洗井，用空压机自下而上洗至水清、井底不存在泥砂为止，洗井后安装水泵并进行单井试抽。基坑开挖前提前 1～2 周进行降水，整个基坑降水井内水位必须位于坑底下 1.0m。

（3）水泵置于设计深度，水泵吸水口始终保持在动水位以下。

（4）降水单位在基坑开挖期间每天测报抽水量及坑内地下水位。

（5）基坑支护结构外侧设置止水帷幕，严禁水体倒流入基坑内浸泡坡脚，基坑顶部做好截水措施，防止水体倒流入基坑内部。

五、施工工况

土方开挖机地下室的施工顺序如下：

步骤 1. 施工支护桩、搅拌桩、立柱桩等及埋设前期的监测器件，围护桩体达到设计强度后，大面积开挖土方到圈梁底标高；

步骤 2. 浇筑圈梁及第 1 层支撑构件；

步骤 3. 支撑系统达到设计强度后继续向下开挖土方至 2 层支撑底部；

步骤 4. 浇筑 2 层围檩及支撑；

步骤5.2层支撑体系达到强度要求后，向下分层分区继续开挖至基坑底部；

步骤6. 清底后及时铺设混凝土垫层，且延伸至围护桩边；浇筑混凝土底板且延伸至支护桩边；

步骤7. 底板及底板换撑达到强度要求后，拆除第二道支撑；

步骤8. 施工负2层主体结构及换撑块；

步骤9. 负2层主体结构及换撑块达到强度要求后拆除第一层支撑，施工地下主体结构。

六、现场监测

本工程基坑开挖深度较大，周边环境复杂，紧邻多幢建筑物，为确保基坑自身和周边环境的安全，在基坑开挖及地下主体结构施工期间应有基坑监测工作来配合施工，根据监测数据及时地调整施工方案和施工进度，对施工全过程进行动态控制。监测数据必须做到及时、准确和完整，对危险点和重要点，加强监测。基坑监测内容及施工现场的监测点平面布置见图2。

七、监测结果与分析

1. 土体水平位移

图7为坑外9个土体测斜点在各个工况下的水平位移情况。从图中可以看出，在步骤1时由于还是浅层土体开挖，土体的变形普遍较小；步骤4、5、6时土体变形较大且变化规律相似。北侧CX1、CX2、CX3三个测点的最终位移分别为12.98mm、16.53mm、12.17mm，CX2处于北侧边的中部，其变形较靠近于基坑角部的CX1和CX3要大。其他三侧每侧各有2个测点且均在角部，其中CX4和CX5最大位移分别为19.95mm和20.41mm，CX6和CX7最大位移分别为14.76mm和16.11mm，CX8和CX9最大位移分别为15.83mm和15.96mm。这说明基坑周边的土体变形存在一定的空间效应。

2. 围护墙顶位移

图8为围护墙顶的沉降曲线，沉降的发展规律也与墙体的侧移变形密切相关。从图中可以看出总体沉降较小，在步骤1和步骤4时相近，在步骤5和步骤6时相近。在地下室底板浇筑完成时，墙体最大沉降为6.5mm，发生在W8测点位置。

从图中还可以看出整体沉降比较均匀，最大沉降差异发生在W13和W14，W15和W16处，最大沉降差异为1.2mm。

3. 基坑外地下水位的变化

图9为基坑施工期间坑外各地下水位测点的水位变化情况。图中时间轴起点为2012年11月12日，对应于第一层土方开挖的时间。从图中可以看出，各个测点的地下水位起伏变化，没有太明显规律。至施工结束，最大地下水位下降值为32cm，位于S6测点。总体而言，围护结构施工质量较好。

4. 周边建筑沉降

图10为基坑周边各沉降测点的历时沉降情况。从图中可以看出，在整个施工阶段，各建筑物都发生了轻微的沉降，例如H1测点在整个阶段产生的最大沉降为4.9mm。周边各建筑物在施工最后阶段的沉降都达到了最大值。整体而言，基坑周边建筑物的沉降较小，未对建筑物的正常使用造成影响。

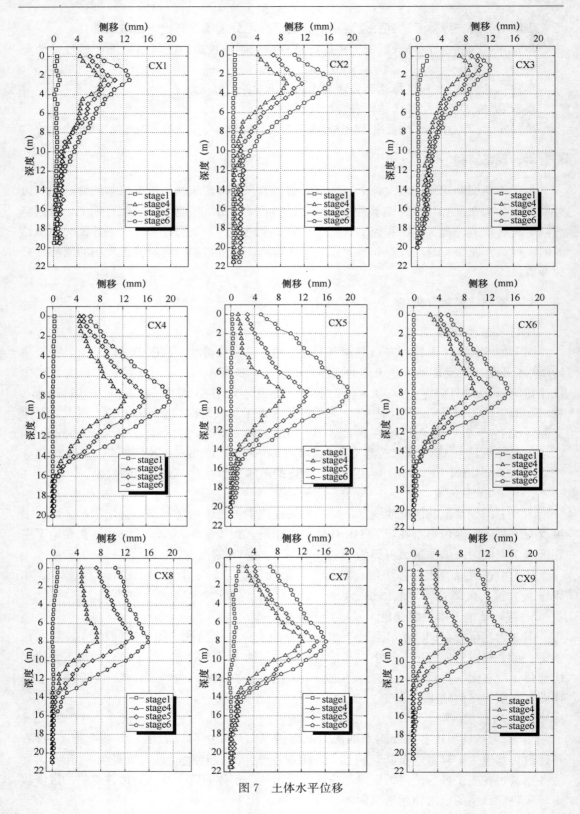

图 7 土体水平位移

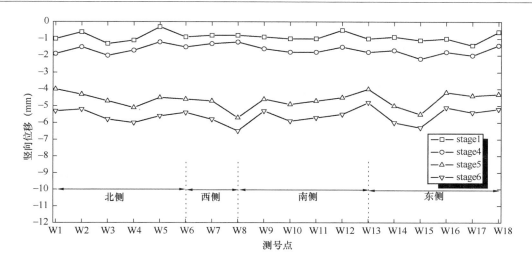

图 8　围护墙顶竖向位移

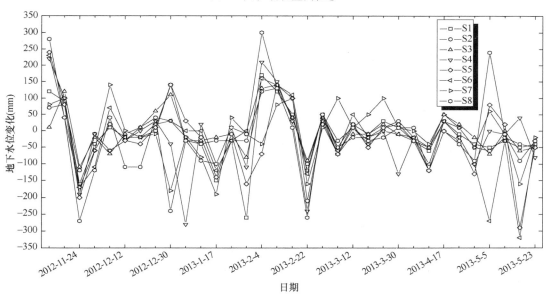

图 9　施工期间坑外各个测点的地下水位变化

八、小结

PCMW 工法是利用三轴水泥土搅拌桩就地钻进切削土体，同时在钻头端部将水泥浆液注入土体，经充分搅拌混合后，再将预制管桩插入搅拌桩体内，形成地下复合连续墙体，利用该墙体直接作为挡土和止水结构的一种新型支护方法。本工程采用该工法桩作为支护结构顺利完成基坑施工。施工过程中进行了全过程的监测，结果表明，基坑工程未对周边环境造成影响。此外，在施工过程中没有出现墙体渗水情况，说明 PCMW 工法止水效果好。本工程的设计和施工可作为同类基坑工程参考。

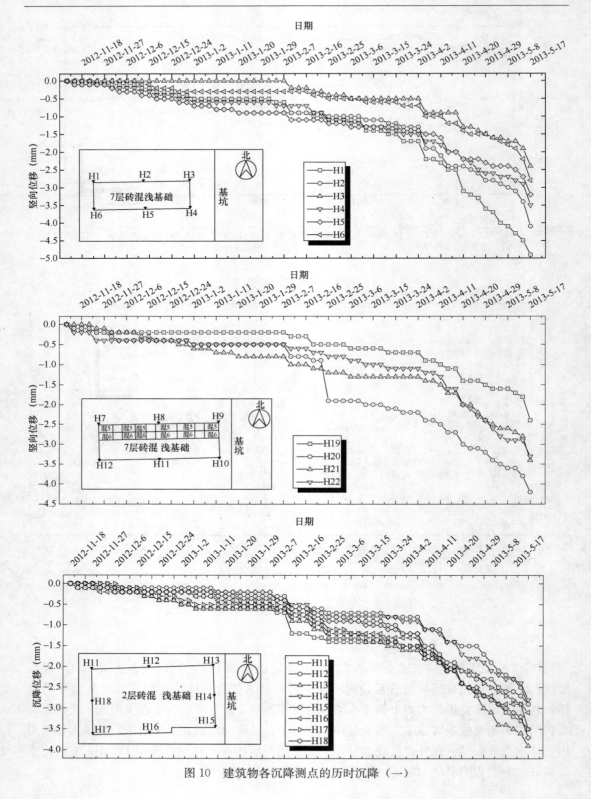

图 10　建筑物各沉降测点的历时沉降(一)

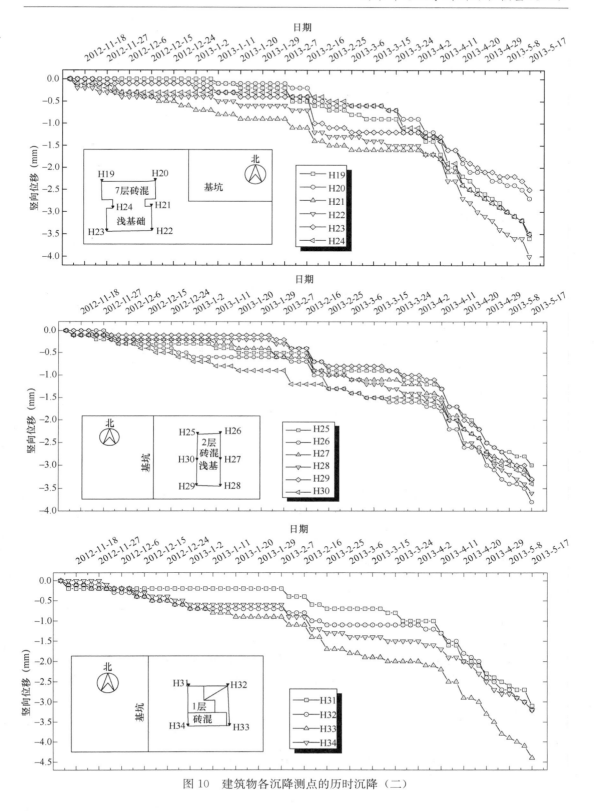

图10 建筑物各沉降测点的历时沉降（二）

武汉东顺擎天基坑工程

权 威 庞伟宾 冯进技

（总参工程兵科研三所，洛阳 471023）

一、工程简介及周边环境概况

东顺擎天项目位于武汉市东西湖区三秀路以东、吴祁路以北（图 1）。拟建项目包括 2 栋 27 层高层住宅楼、3 栋 29 层高层住宅楼、1 栋 31 层高层住宅楼、1 栋 32 层高层住宅楼、1 栋 3 层幼儿园及附属 3~5 层商铺及 1 个整体地下室。

基坑东侧为已建成小区，小区结构形式为框架结构，基础形式分别为筏板基础和条形基础，用地红线距离最近房屋为 7.0m；基坑西侧为现有道路，因现有道路即将扩建，因此本基坑用地红线距离现有道路为 15.0m；北侧及南侧也面临施工道路扩建，基坑用地红线距离现有道路为 17.0m（北侧）和 16.0m（南侧）。现有道路包围的区域内建（构）筑物已拆除完毕，下部道路管线尚未铺设，地下无规划地下轨道交通。基坑东西向长约 140m，南北向长约 270m，基坑围护结构总长度约 792m，开挖面积约 31150m²；基坑开挖深度 11.10~18.20m。

二、工程地质条件及水文地质条件

1. 场地地理位置及地形、地貌

场地位于武汉市东西湖区，本场地多为拆迁场地，地势起伏较大（东高西低），高程在 21.74~30.98m 之间，区域地貌上属长江Ⅲ级阶地。

2. 场地地质条件

本场地在勘探深度范围内所分布的地层除表层分布有填土（Q^{ml}）外，其下为第四纪全新统冲积成因的（Q_4^{al}）粘性土、上更新统冲洪积成因的（Q_3^{al+pl}）粘性土、粘性土夹碎石、中更新统冲洪积成因的（Q_2^{al+pl}）粘性土，下伏基岩主要为志留系（S）泥岩。

基坑开挖深度范围内土层为（图 2）：

①层素填土：该层土土质不均匀，结构松散，工程性能差；主要由粘性土等组成，含少量植物根系，结构松散。堆积年限超过 5 年，硬质物含量小于 5%，局部地段含少量地坪。

②层粉质粘土：可塑状态，中等压缩性，主要含氧化铁及少量铁锰质，干强度中等，韧性一般。

③层粉质粘土：硬塑~坚硬状态，中~低压缩性，强度较高；主要含氧化铁、少量铁锰质及条带状高岭土，干强度高。

④层粘土夹碎石：硬塑到坚硬，压缩性中~低，工程性质较好；主要含少量氧化铁、

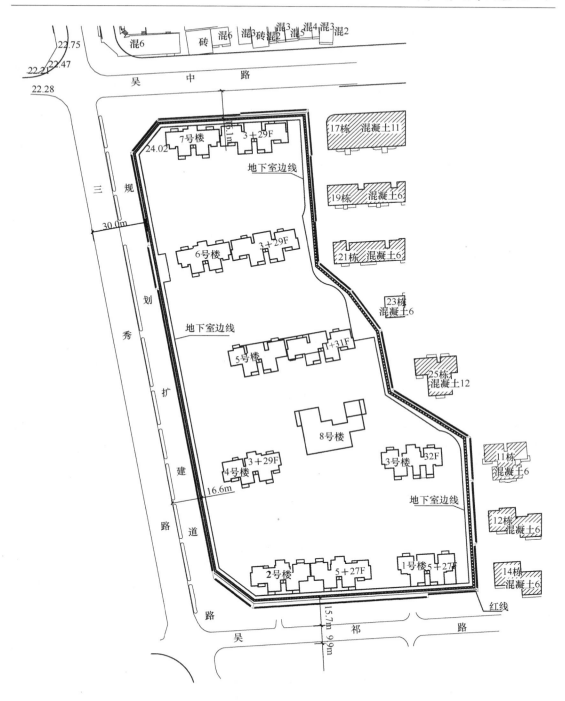

图 1　基坑总平面示意图

少量铁锰质结核，局部含少量高岭土，碎石含量 20%～40%，粒径 0.2～10cm，其成分主要为石英砂岩。

　　⑤层粘土：硬塑～坚硬，压缩性中～低，主要含少量铁锰质氧化物，夹条带状高岭土，干强度高，韧性好。

⑥-1层强风化泥岩：强度高，工程地质性能好。坚硬，压缩性低，岩质极软，节里裂隙发育，大部分风化成砂土状，夹部分未完全风化的母岩岩块，遇水易软化崩解。

⑥-2中风化泥岩：可视为不可压缩，泥质结构，层状构造，裂隙较发育，沿裂隙风化较强烈，节理面见褐色浸染。钻进速度慢，取芯率70%，岩芯呈短柱状，遇水易崩解，较完整岩体，极软岩，岩石基本质量等级为V级。

3. 场地地下水特征

勘察期间所有钻孔中均见有地下水。本场地地下水可分为2种类型：上层为主要赋存于①素填土层中的上层滞水，水量有限，其水位、水量随季节变化，主要受大气降水、生活排放水渗透补给，勘察期间测得稳定水位埋深为0.1～1.5m，其对应的标高为22.76～30.59m。下层为赋存于下部④层粘土夹碎石中的层间水，其水量较小，无统一水位，但对于桩基施工和基坑开挖暴露后有一定的影响，故施工时应采取对应的止排水措施。上下层地下水之间因粘性土阻隔而无水力联系。

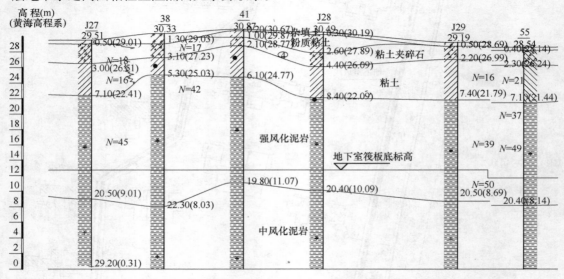

图2　典型地质剖面图

根据勘察报告及相关类似场地施工经验，本基坑设计取各层设计参数如下：

基坑土体物理参数　　　　　　　　　　　　　　　　　　　　　　　　　　　表1

土层名称	层厚(m)	孔隙比	含水量(%)	容重 γ (kN/m³)	粘聚力 C (kPa)	内摩擦角 φ (°)	与锚固体极摩标准值 (kPa)	地基承载力特征值 f_{ak} (kPa)	压缩模量 $E_{s(1-2)}$ (MPa)
①素填土	0.2～2.9			18.8	12.0	8.0			
②粉质粘土	1.2～4.2	0.857	28.7	18.5	25.0	12.0	40	170	8.5
③粉质粘土	0.7～3.5	0.739	23.8	19.0	38.0	15.0	55	320	13.0
④粘土夹碎石	0.5～4.0	0.774	25.4	19.0	35.0	17.0	60	380	14.0
⑤粘土	1.7～13.5	0.733	24.1	19.2	40.0	18.0	65	400	16.0
⑥-1强风化泥岩	1.5～17.5			20.0	45.0	17.0	60	400	42.0
⑥-2中风化泥岩	最大揭露埋深为24.9m			25.0	130	35.0	140	1000	

三、基坑支护结构

本基坑重要性等级一级，按照临时支护设计，使用期限1年。根据本地经验，经过方案比较，最终选定采用钻孔灌注桩＋锚索支护结构。因基坑勘测过程中地下水水量较小，因此本基坑不考虑止水帷幕施工。基坑东西两侧地面高差较大，其中东面地面绝对标高为26.420～30.870m，基坑西侧地面标高为23.050～24.000m，东西两侧相对高差为3.37～7.83m。本基坑±0.00＝23.100m，坑底标高为12.700m（地下室区）～11.700m（主楼区），基坑深度为11.35～19.17m。因此本基坑设计过程根据基坑周边条件不同及要求不同，分别采取以下方案：

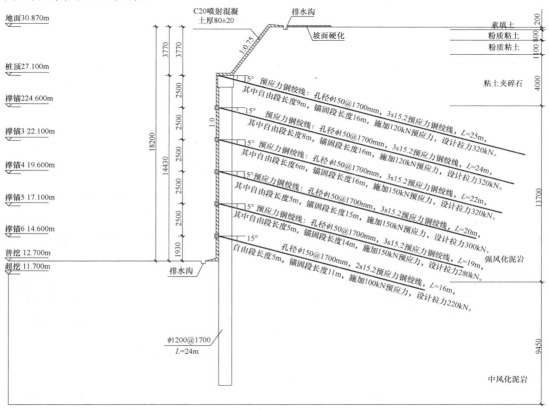

图3　基坑支护剖面图（东侧）

基坑东侧：因临近现有建筑物，且建筑物基础形式为条形基础及筏板基础，基坑支护采用钻孔灌注桩，桩径1.2m，桩间距1.7m，冠梁顶标高为24.6～27.100m（17号楼区域桩顶标高为24.600m，其他区段均为27.100m），5～6排锚索（17号楼区域5排锚索，其他区段均为6排锚索），锚索竖向间距2.5m，水平间距1.7m；第一排锚索锚入混凝土冠梁；其他腰梁采用双拼槽钢腰梁，槽钢型号[25a。

基坑西侧：因本处15m范围内为规划扩建道路，地下无管线及规划地下轨道，因此本处基坑支护采用钻孔灌注桩，桩径0.8m，桩间距1.5m，冠梁顶标高为22.100m，3排锚索，锚索竖向间距3.0m，水平间距1.5m；腰梁采用双拼槽钢，槽钢型号[22a。

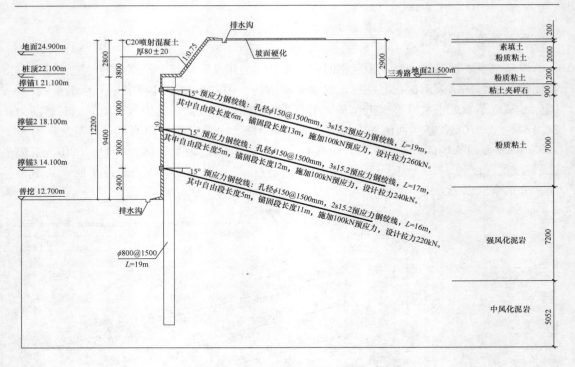

图 4　基坑支护剖面图（西侧）

　　基坑北侧及南侧：本段基坑距离现有道路边缘距离为 16.0～17.0m 左右，且自东向西标高逐步降低，本处基坑支护采用钻孔灌注桩，桩径 0.8m，桩间距 1.5m，冠梁顶标高为 24.600m，3 排锚索，锚索竖向间距 3.5m，水平间距 1.5m；腰梁采用双拼槽钢，槽钢型号 [22a。

　　以上各区段均采用锚索等级为 3×7×15.2－1860 级钢绞线，成孔直径 150mm。基坑开挖后挂钢筋网片喷射混凝土保护桩间土，混凝土等级 C20，钢筋网规格 $\phi6.5@250×250$，喷射厚度 100mm。同时为防止地面渗水，对坡顶至现有围墙区段均采用素喷混凝土防护。

四、基坑监测

　　本工程重要性等级为一级。基坑监测项目包含以下内容：基坑坑顶水平位移、竖向位移、周边建（构）筑物、道路、管线沉降等进行了监测。基坑监测时间自 2013 年 9 月 9 日～2014 年 5 月 6 日，本基坑施工工序为 2013 年 9 月 9 日开始施工冠梁及第 1 排锚索，2013 年 10 月 15 日施工第 2 排锚索，2013 年 11 月 10 日开始施工第 3 排锚索，2013 年 12 月 10 日开始施工第 4 排锚索，2013 年 12 月 26 日开始施工第 5 排锚索，2014 年 2 月 25 日开始施工第 6 排锚索，2014 年 3 月开挖至基坑底。因基坑面积较大，基坑采取边开挖边施工的施工措施，导致本基坑监测数据不同步，因此基坑监测采取相对同步数据进行分析。本文选代表性 17 号楼、21 号楼、23 号楼及 25 号楼进行分析，基坑西侧、南侧、北侧环境相对宽松，本文不做讨论。各楼详细位置可参见基坑支护总平面图（图 1）。

　　其中 17 号楼为 11 层框架结构，基础形式为筏板基础，与支护桩距离为 11.4m；处于基坑转角部位；21 号楼为 6 层框架结构，基础形式为条形基础，与支护桩最小距离为

6.6m，处于基坑支护阳角部位；23 号楼为 6 层框架结构，基础形式为条形基础，与支护桩最小距离为 7.7m，处于基坑支护阴角部位；25 号楼为 12 层框架结构，基础形式为筏板基础，与支护桩距离为 9.2m，处于阳角部位。

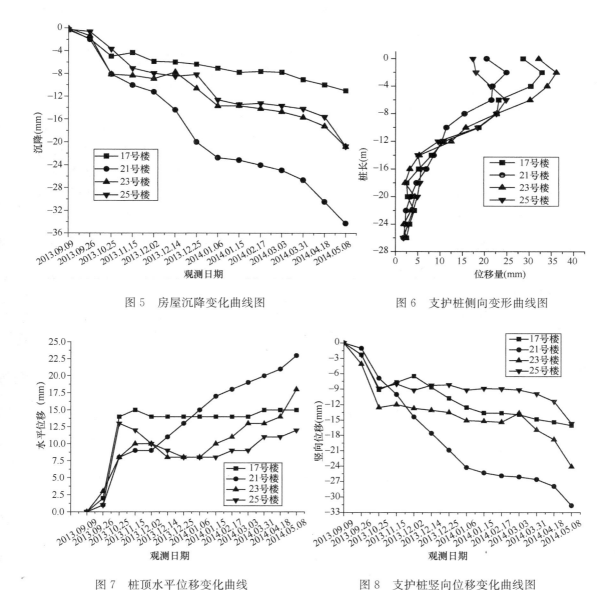

图 5　房屋沉降变化曲线图　　　　　　　图 6　支护桩侧向变形曲线图

图 7　桩顶水平位移变化曲线　　　　　　图 8　支护桩竖向位移变化曲线图

由基坑监测结果可知：其中临近基坑最近的 21♯ 楼沉降最大，累计沉降量为 34.25mm，同时支护桩竖向位移累计值为 31.67mm，深层位移最大值为 24.88mm，产生在两排锚索中间部位；而处于阴角部位的 23 号楼累计沉降量为 20.78mm，支护桩竖向最大位移累计值为 24.10mm，深层位移最大值为 36.07mm，相比处于阴角部位的房屋沉降变形比处于阳角部位的沉降变形要小的多。但是从桩顶竖向及水平位移发展趋势及兼顾考虑基坑施工的时空效应可以看出，基坑阳角是桩锚结构在设计时应尽量避免。

五、点评

本基坑周边环境较为复杂，地势起伏较大，如采用支撑＋锚杆组合式结构则会因为跨度和高差较大而不仅提高了造价，同时也延长了工期，而采用单纯桩锚结构可以更方便组织施工。通过本基坑的设计与施工可以得到以下结论和启示：

（1）基于本工程土质状况，施工作业时采用干法成孔，一定程度上降低了成孔过程中水对粘性土的影响。但基坑施工过程中东侧发现有地下自来水管道渗漏，且无法堵漏，只能采用排水管疏干，结合本地施工经验，承载力在 300kPa 以上的粘性土一旦遇水强度迅速降低，因此在此类土质条件下施工锚杆时，需特别注意防水。

（2）因本基坑周边环境限制，不可避免的出现了基坑支护阳角，由监测数据可知，在阳角部位基坑支护桩顶位移较大，产生应力集中，出现阳角效应；在施加预应力后因应力集中部位单位面积上的锚索刚度较小，在发生弹性变形过程中拉大桩顶位移。因此在设计过程中应避免阳角的产生，如确实无法避免时，可通过提高预应力及增加单位面积上的锚索刚度来减少阳角效应带来的位移过大问题。

（3）因基坑周边房屋距离较近，且基础形式较浅，因此在考虑锚杆上部覆土厚度的同时需要考虑锚杆对现有建筑物的影响。本基坑施工设计及施工过程中，通过控制倾角，使得锚杆锚固段与建筑物基础最小距离为 4.0m，由监测数据可知，此距离对现有建筑物的影响均可忽略不计。

本基坑工程的成功实施，丰富了武汉地区在粘性土及强风化岩中的设计及施工经验，也为同类型基坑支护的设计和施工提供了借鉴和参考。

武汉葛洲坝大厦基坑工程

徐国兴

（总参谋部工程兵科研三所，河南洛阳 471023）

一、工程简介及特点

1. 工程简介

湖北武汉葛洲坝实业有限公司，拟在武汉市硚口区硚口路新建葛洲坝大厦。该项目总用面 9467.1m²，净用地面 3642.2m²，地面上建筑面 39000m²，主楼（33 层）地面上最大建筑高度 124.8m，属超高层建筑，设 3 层满铺地下室，垂直开挖深度 16.5～20.1m。

2. 基坑支护难点

（1）对基坑变形控制严格

本工程周边环境条件复杂且用地极为紧张，基坑三侧紧邻周边建筑物开挖，支护桩距

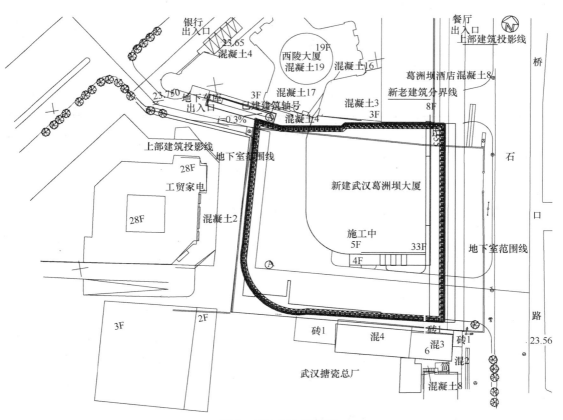

图 1 基坑周边环境图

离周边建筑物距离 1.2～2.3m，多栋民房为砖混结构，基础为条基或独立基础，埋深小于2.0m，对基坑变形敏感性高，设计对基坑变形进行了严格控制，侧向变形量不超过 20mm。

（2）周边高层酒店桩基深度小于基坑开挖深度，为重点监测和保护对象

葛洲坝酒店基础为预制方桩基础，埋深 13.5m，临近该酒店部位基坑开挖深度为17.4m，该区域支护结构考虑了高层建筑附加荷载的影响，该侧支护桩桩径增大至 1.4m，并在该区域进行了被动区加固，并对酒店和支护结构的变形、内力着重监测。

（3）坑内栈桥负荷高

由于场地空间狭小，为保证工程土方外运和地下室结构施工，基坑内设置栈桥一座，作为混凝土罐车、混凝土泵车和渣土运输车辆行驶和作业的通道和平台。车辆作业频繁，栈桥负荷大，设计时着重考虑了该部位钢立柱的变形和栈桥结构的安全性。

（4）基坑地下水降深大

本工程距离汉江约 1.6km，承压水埋藏于第（③-①）～（③-⑤）层的砂性土层中，水量丰富，与江水联通。其承压水头在场区地面下约 6.50m 左右，本工程设计降深 15m，布设 1920t/d 降水井 21 口，设计抽水量 1360t/h，从基坑开挖 7.0m 后开始逐步开启降水井，先期降水井开启数目为 6 口，开挖至底时降水井开启数量为 16 口，电梯井开挖至底时开挖降水井为 20 口。

二、工程地质条件

场地土层主要力学参数

层序	土　名	层底深度（m）	重度（kN/m³）	含水量（%）	孔隙比 e	压缩模量 E_s（MPa）	固结快剪峰值 c（kPa）	固结快剪峰值 φ（°）	渗透系数 k（cm/s）
①	杂填土	3.6	18.0	41.3	1.273	4.1	5	20	$7.96×10^{-3}$
②	粘土	8.8	18.8	38.3	1.122	5.1	23	11	$2.25×10^{-6}$
③	粉质粘土夹粉土	13.6	18.2	40.3	1.164	7.6	15	13	$5.96×10^{-4}$
④	粉、砂互层	18.7	18.0	39.7	0.977	10.3	11	21	0.0185
⑤	粉细砂	30	19.5	33.6	0.986	16.5	0	31	0.0248

三、基坑围护方案

本项目对基坑变形要求严格，围护结构水平变形量控制在 20mm 内。支护方案采用钻孔灌注桩＋三（四）层混凝土支撑结构，止水帷幕采用三重管高压旋喷桩，地下水处理采用坑内井点降水，共计布设降水井 21 口，支撑采用预留孔爆破拆除，换撑采用混凝土板带在底板和地下室结构顶板位置处换撑。

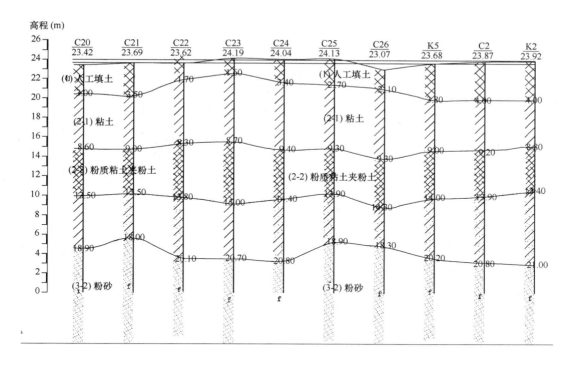

图 2　典型地质剖面图

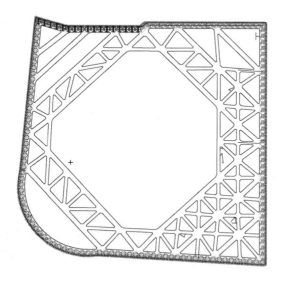

图 3　基坑围护平面图

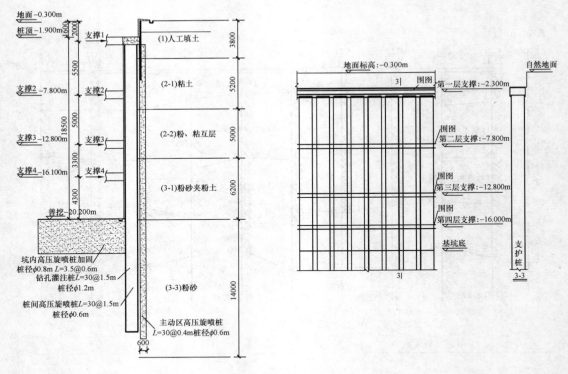

图 4　基坑围护剖面图

四、基坑监测情况

基坑监测由湖北广瑞工程技术有限公司，监测内容包括支护结构水平位移、周边沉降量、周边建筑物沉降、深层测斜及支护结构应力监测。基坑水平位移 8.2~17mm，基坑北侧西陵大厦沉降量 22.3~27.1mm，基坑栈桥沉降量为 11.2~21.3mm。基坑南侧 4 层民房出现不均匀沉降，临近基坑内侧房角沉降量为 68.3mm 和 63.4mm，外侧房角沉降量分别为41.3mm 和 32.6mm。

五、总　结

1. 在条件复杂的条件下，采用强桩强撑围护结构水平变形量较小，能够满足工程安全需要。

2. 基坑降水对周边影响较大，根据现场监测结果，在距离基坑边 10m 内的建筑物都有不同程度的沉降，沉降量随距离基坑边线的距离增加呈递减趋势，在今后的超深基坑降水情况下，为减少对周边建筑物的影响，应采用深层水泥搅拌桩止水帷幕封底至不透水层，如采用 TRD 或 GSM 工艺。

3. 由于止水帷幕仅为一排高压旋喷桩，基坑开挖至 14m 后直至基底过程中出现多处漏点，导致基坑侧壁发生流沙现象，最终采取速凝混凝土和双液灌浆结合的方式封堵了漏点，今后在类似项目施工过程中应加强止水帷幕的宽度，并提前预留深层注浆管便于及时封堵漏点。

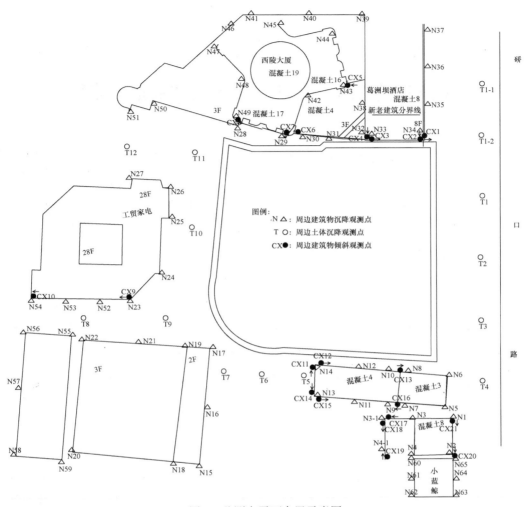

图5 监测点平面布置示意图

深度 (m)	水平位移 (mm)	沉降量 (mm)
0	0	0
1	0.1	0.2
2	0.2	0.2
3	0.4	0.3
4	0.6	0.4
5	1.2	0.5
6	2.2	0.9
7	4.1	4.3
8	7.4	7.9
9	8.3	9.8
10	8.9	11.7
11	10.6	13.6
12	11.2	14.4
13	12.3	15.9
14	13.1	17.3
15	13.7	18.4
16	14.4	22.1
17	15.2	23.3
18	15.9	24.7

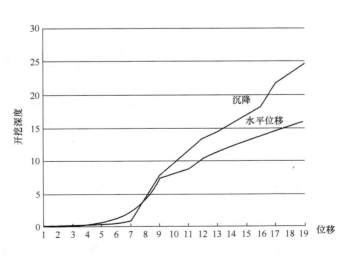

图6 施工过程的监测数值变化

杭州长兴环球中心项目基坑工程

潘德来　陈　跃　陈琦慧

（浙江省地矿勘察院，杭州　310012）

陈　宏

（温州华杰建设工程有限公司，温州　325000）

一、工程概况及周边环境

1. 工程概况

浙江长兴环球中心项目（原名长兴温德姆至尊豪廷酒店）工程位于长兴县城经一路与太湖东路交叉口西南侧地块内。本项目包括酒店塔楼（高度 44 层）和酒店式公寓（高度 30 层）各一幢及酒店裙房（4 层）组成，设 2 层联体大地下室，总建筑面积 190418m²，其中地下建筑面积 38470m²。酒店塔楼和公寓楼区域基础采用钻孔灌注桩桩基，纯地下室区采用 PHC 预应力混凝土管桩桩基。

本建筑工程 ±0.000m 相当于黄海高程 4.900m，场地周边地面标高一般为 4.10m，相对标高 −0.80m（下同），酒店塔楼区基础底板底面标高为 −11.70～−12.30m（已包括垫层、下同），电梯井区"坑中坑"基础底面标高 −13.80m；酒店式公寓区基础底板底面标高 −11.60～−11.95m，电梯井区"坑中坑"基础底面标高 −13.45m；其余大区域（含酒店裙房和纯地下室区）基础底板底面标高为 −10.15m。基坑实际开挖深度绝大部分区域为 9.35m，小部分区域性为 10.80～10.90m，电梯井坑相对基础底板底面挖深 1.85～2.10m。

2. 周边环境

（1）工程场地地貌单元属冲湖积平原。原为制药厂厂址，旧有建筑已拆除，地形平坦。

（2）基坑北侧地下室外墙线距用地红线约 20m，用地红线外为太湖东路，路宽约 35m；东侧地下室外墙线距离用地红线约 5m，用地红线外至经一路约 40m 宽为空地，经一路路宽约 55m。南侧地下室外墙线距离地红线约 22m，用地红线外约 8m 为厂房（浙江广盛化纤纺织有限公司车间、一层、砼结构、浅基础）。西侧地下室外墙线距用地红线约 12m，用地红线外为厂房（浙江广盛化纤纺织有限公司车间、一层、混凝土结构、浅基础）。

（3）基坑周边市政地下管线：场地东侧用地红线外 10～35m 地下分别埋设有电力管线、路灯电缆管、光纤通信管、给水管、雨水管等。场地北侧用地红线外 3～20m 地下分别埋设有光纤通信管、路灯电缆管、雨水管等。基坑支护平面布置图见图 1。

二、工程地质条件

场地地貌单元属冲湖积平原，地形较为平坦。基坑开挖深度影响范围内，场地地层结构自上而下分述如下：

①层杂填土：杂色，稍湿，上部主要为碎砖等建筑垃圾夹少量粉质粘土组成，下部为粉质粘土夹少量建筑垃圾、卵石等组成，局部有原制药厂建筑基础。层厚0.8~2.4m。

②-1层粉质粘土：灰黄色，软可塑状，表层见植物根系，含铁锰质氧气物斑点，切面光滑，干强度和韧性中等，无摇振反应。局部分布，层厚0~1.7m。

②-2层粉质粘土：灰黄色、浅黄色，硬可塑状，含铁锰质氧气物斑点及结核，切面光滑，干强度和韧性高，无摇振反应。层厚1.7~5.2m。

②-3层粉质粘土：灰黄色，软可塑状，含铁锰质氧气物斑点，切面光滑，干强度和韧性中等，无摇振反应。局部分布，层厚0~5.2m。

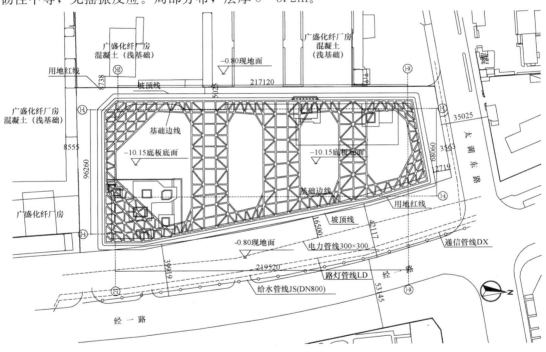

图1 基坑支护平面布置图（基坑周边环境图）

②-4层粘质粉土：灰黄色，很湿，稍密~中密，以中密为主，含云母碎屑。切面粗糙，无光泽，干强度和韧性低等，摇振反应中等。渗透系数 $3.21 \times E^{-4}$ cm/s。层厚0~10.0m。

②-5层粘质粉土：灰色，很湿，稍密~中密，以中密为主，含云母碎屑。切面粗糙，无光泽，干强度和韧性低等，摇振反应中等~迅速。渗透系数 $3.08 \times E^{-4}$ cm/s。局部分布，层厚0~6.9m。

③层淤泥质粉质粘土：灰色、褐灰色，流塑状，湿度饱和，含较多腐殖质、贝壳碎片，呈3~8mm薄层理状，层间夹厚约0.2~0.5mm粉砂和粉粒。切面光滑，无摇振反

241

应，干强度低，韧性中等。层厚 4.1～16.3m。

⑤层粉质粘土：深灰色、褐灰色，软塑状，饱和，偶见少量植物残骸，呈 4～8mm 薄层理状，层间夹厚约 0.2～0.5mm 粉砂和粉粒。切面光滑，无摇振反应，干强度和韧性中等。层厚 0～7.2m。

⑥-1 层粉质粘土：青灰色、灰绿色，硬塑状，饱和，见铁锰质氧气物斑点及条纹，条纹呈灰白色，含少量粉砂。切面光滑，无摇振反应，干强度高，韧性中等。层厚 0～12.0m。

⑥-2 层粉质粘土：青灰色、灰绿色、灰色，软可塑状，含少量粉砂，见灰白色小团块。切面光滑，无摇振反应，干强度中等，韧性中等。层厚 0～9.7m。

⑥-3 层砂质粉土：灰黄色、深灰色、灰色，很湿，中密～稍密，以中密为主，见云母碎片，含较有粉砂，局部粉砂分布较集中呈团状。切面粗糙，无光泽，摇振反应中等～迅速，干强度低。层厚 0～10.1m。

⑥-4 层粉质粘土：青灰色、灰绿色，硬塑状，见铁锰质氧气物斑点及条纹，条纹呈灰白色，含少量粉砂。切面光滑，无摇振反应，干强度高，韧性中等。层厚 0～10.1m。

该场地地下水水位埋藏较浅，勘察期间测得地下水水位在地表下 2.1～2.7m 之间，主要为接受大气降水补给的孔隙潜水。深部主要为粉砂、砾砂层中存在孔隙承压水，承压水头位于地面下约 1.5 米。各土层物理力学参数见表 1。

场地土层主要力学参数表　　　　　　　　　　　表 1

层序	土名	重度 γ (kN/m³)	含水量 ω (%)	孔隙比 e	压缩模量 $E_{S0.1\sim0.2}$ (MPa)	固结快剪峰值		地基承载力特征值 (kPa)
						c (kPa)	ϕ (°)	
①-1	杂填土	(19.0)				(10)	(10)	
②-1	粉质粘土	18.8	31.18	0.898	5.38	37.0	17.5	130
②-2	粉质粘土	19.2	29.34	0.842	5.82	37.7	17.2	180
②-3	粉质粘土	18.8	32.10	0.915	4.73	30	15	130
②-4	粘质粉土	18.9	30.44	0.874	7.66	9.6	27.4	120
②-5	粘质粉土	18.8	31.13	0.888	7.11	8.4	27.5	120
③	淤泥质粉质粘土	17.8	41.69	1.171	2.74	14.3	12.8	80
⑤	粉质粘土	18.4	34.17	0.985	3.99	31.7	14.7	110
⑥-1	粉质粘土	19.2	27.99	0.814	5.81	42.4	19.0	130
⑥-2	粉质粘土	18.5	33.32	0.961	4.33	32.7	14.5	110
⑥-3	砂质粉土	19.6	25.09	0.719	11.38	4.7	34.5	170
⑥-4	粉质粘土	19.4	27.53	0.795	6.16	41.4	19.1	210

三、基坑围护方案

1. 围护形式的选择

本基坑支护具有如下特点：

（1）基坑开挖面积较大，达到 20000 多 m²。

（2）基坑开挖深度：绝大部分区域为 9.35 米、小部分为 10.80～10.90 米，属深基坑。

（3）基坑开挖深度及影响范围内土质主要为粘质粉土和淤泥质粉质粘土，土质坑底以上部分较好、坑底以下部分较差。

（4）基坑北侧距市政道路较近，南侧和西侧用地红线外有一层厂房（化纤厂车间、浅基础），环境条件较为不利。

综合考虑本工程基坑支护开挖深度、周围环境、工程地质条件、投资和工期等因素，确定基坑四周采用单排钻孔灌注桩加一道混凝土内支撑型式支护，钻孔灌注桩外侧设置三轴水泥搅拌桩止水；基坑中部电梯井区"坑中坑"采用大放坡开挖，三轴水泥搅拌桩坡中加固；坑内设自流式深管井（疏干井）降水，地表和坑内设明沟加集水坑排水方案。

2. 围护设计

由于坑底以上部分土质较好，基坑开挖形成侧向土压力较小，因此通过对比分析采用一道内支撑和两道内支撑支护型式时，基坑开挖对基坑周边土体位移的影响，经过专家论证，最终决定采用一道现浇钢筋混凝土内支撑。

支撑布置形式充分考虑支护体系受力明确、方便后期施工挖土等因素，采用四个角撑结合三组对撑形式，将基坑分为四个较大开挖空间。支撑竖向布置上考虑使各工况下围护桩受力情况最优及支撑底部与地下一层底板顶部的净距满足施工作业要求，支撑顶部标高在地面下 3.10m 处。

排桩选用 $\phi800mm@1100mm$、$\phi900mm@1150mm$ 钻孔灌注桩两种，桩端嵌固深度以穿过③层淤泥质粉质粘土进入下部好土控制。止水帷幕采用 $\phi650mm@450mm$ 三轴水泥搅拌桩，桩端以进入坑底附近③层淤泥质粉质粘土一定深度控制。基坑支护典型剖面图见图 2。

四、基坑监测情况

1. 监测点的布置

在基坑工程施工过程中，为了及时获取基坑周边土体位移、基坑内外地下水位、支护结构受力及变形等动态信息，掌握基坑开挖的动态变化，为优化设计、指导施工提供可靠依据，确保基坑安全和保护基坑周边环境，做到"信息化"施工，对基坑工程实施相应的各种监测措施。本基坑工程共设置深层土体位移测斜孔 12 个，地下水位观测孔 11 个，支撑轴力监测点（钢筋应力计）12 组。

2. 监测结果分析

根据基坑监测报告，典型深层土体水平位移—时间曲线如图 3 所示。监测结果显示：

（1）基坑开挖至坑底位置，基坑周边土体位移值在 15～25mm 之间，支撑轴力最大值 3198kN。底板及换撑传力带浇筑完成、支撑拆除后，最大位移值稍有加大，但均未超过预警值。

（2）深层土体水平位移最大值深度位于 8.0m 左右，距离坑底开挖面上约 1～2m 位置。

（3）坑外地下水位变化稳定，未出现水位突然大幅度升降等异常情况。

（4）工程自 2012 年 9 月挖土，至 2013 年 12 月施工至±0.000m，基坑周边土体变形

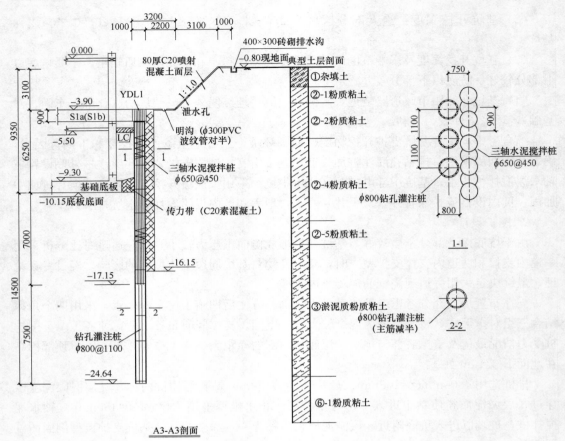

A3-A3剖面

图 2　基坑支护典型剖面图

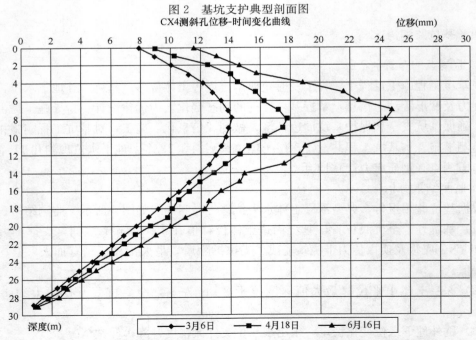

图 3　CX4 测斜孔位移—时间变化曲线（6 月 16 日曲线为基础底板混凝土浇筑后一天）

基本稳定，仅西侧坑外一层厂房柱间砌体曾出现几处细小裂缝，但未对结构等造成明显影响。

（5）基坑工程施工期间，经历多次强降雨的考验，未出现土体位移和支撑轴力等突然变大等情况，达到了预期设计目的。

五、点评

本基坑工程场地范围内坑底附近以上部分土层工程地质性质较好，以下部分土层较差，基坑开挖深度较大，基坑支护型式充分考虑基坑侧壁水平向土压力的分布特点，采用单排钻孔灌注桩加一道内支撑型式进行基坑支护，相比二层地下室一般设置二道内支撑的传统支护型式，不仅节约了围护施工造价，而且提高了施工的便捷性和施工进度，取得了良好的经济效益和社会效益，得到建设单位和监理单位的好评。在临近太湖边的长兴城区，为今后类似的深基坑支护设计提供了有用的工程经验。

杭州杭政储出〔2011〕3号地块基坑工程

楼永良　周奇辉

（中国电建集团华东勘测设计研究院有限公司，杭州　310014）

一、工程简介及特点

1. 工程简介

（1）建筑结构简况

杭政储〔2011〕3号地块工程位于杭州经济技术开发区，东临星河北路，南临金沙大道，西临上沙北路，北临在建楼盘。本工程由2栋22层办公楼＋4层商业裙房＋通盘2层地下室组成，总用地面积约30446m²，总建筑面积约161444m²，其中地下建筑面积约49006m²，基础采用钻孔灌注桩基础。

（2）基坑尺寸及挖深

基坑平面尺寸300m×90m。

基坑周边开挖深度分别为：东侧9.20m，南侧9.50m，西侧、北侧8.90m。

（3）基坑周边环境

1）基坑北侧在建楼盘（1层地下室，土钉墙支护＋自流深井降水），目前施工至主体标准层。围护外边线距离在建楼盘地下室外墙约9.0～9.4m；

2）基坑南侧为金沙大道，金沙大道下分布有地铁下沙中心站～下沙东站区间隧道工程隧道主体已经完工（标准管片衬砌结构，铺轨完成），目前正在进行运行试验。围护外边线距离地铁隧道（左线）约9.1～9.9m；

3）基坑东侧为星河北路，该侧围护外边线距离用地红线（兼道路红线）约3.7m；

4）基坑西侧为上沙北路，该侧围护外边线距离用地红线约3.8～5.2m。

本基坑工程周边环境复杂，基坑开挖须考虑对周边已建构筑物的影响，特别是对杭州地铁1号线下沙中心站～下沙东站区间隧道的影响。

2. 基坑工程特点

综合分析本工程的基坑形状、面积、开挖深度、地质条件及周围环境，基坑围护设计具有以下几个特点：

1）本基坑工程平面尺寸大，基坑平面尺寸约300m×90m，形状较规则；

2）基坑影响深度范围内的土层为填土、砂质粉土等，基坑开挖面基本处于②-2层砂质粉土中，该层土透水性强，在高水位条件下易引起流砂、管涌，从而导致边坡失稳。粉土摩擦角较大，在地下水位降低后，对边坡稳定性较为有利，因此对本基坑而言，降水是关键；

3）本基坑工程开挖深度较大，基坑挖深度8.90～9.50m；

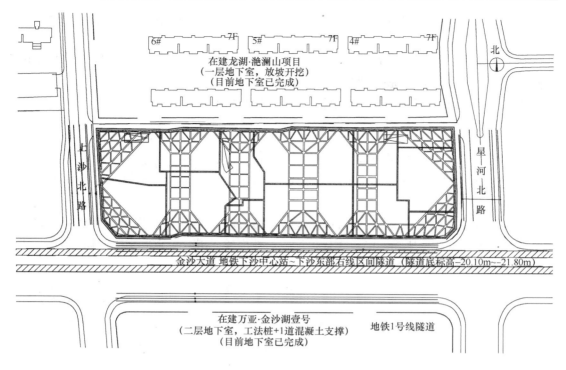

图 1　基坑总平面示意图

4）本基坑工程周边环境复杂，基坑开挖须考虑对周边已建构筑物的影响，特别是对杭州地铁 1 号线下沙中心站～下沙东站区间隧道的影响；

5）本基坑工程用地紧张，地下室外墙距离用地红线约 5.5～7.8m，支护结构须考虑场布荷载；

6）根据地勘提供资料：目前场地地下水位受周边降水影响埋深约 5.0～6.0m；

7）场地全场分布③-3 砂质粉土夹淤泥质粉质粘土层（夹单层厚 1～3cm 淤泥质粉质粘土薄层），止水帷幕嵌入该层，可确保帷幕体系基本封闭。

二、工程地质条件

1. 土层分布

基坑开挖影响范围内土层大致分布如下：

①-1 杂填土：褐灰～灰黄色，稍湿，松散，含较多植物根系，含 20% 左右碎砾石、砖块等建筑垃圾及生活垃圾，并含少量有机质，粉性土充填。局部存在 20cm 水泥地坪。层厚 0.30～2.10m，场地大部分布。

①-2 素填土：灰黄色，湿，松散，含少量砖瓦、碎砾石，夹较多植物根系，粉土性。层厚 0.30～1.90m，场地大部分布。

②-1 砂质粉土：灰、灰黄色，饱和，稍密，含云母屑，摇震反应迅速，切面粗糙，干强度低，韧性低。层厚 3.40～8.20m，全场分布。

②-2 砂质粉土：灰绿、灰色，饱和，稍密，含云母屑，摇震反应迅速，切面粗糙，干强度低，韧性低。层厚 3.30～9.00m，全场分布。

③₁粉砂：灰色、灰绿色，饱和，稍密～中密，含云母，偶见少量贝壳屑。层厚 1.30～9.80m，局部分布。

③₂砂质粉土：灰色，饱和，稍密，含云母屑，摇震反应迅速，切面粗糙，干强度低，韧性低。层厚 1.80～13.10m，局部缺失。

③₂夹粘质粉土：灰色，饱和，稍密，含少量腐殖质及螺丝壳，摇震反应中等，切面粗糙，干强度低，韧性低。层厚 0.90～5.30m，仅在 Z34、ZJ35、ZJ53 和 Z54 孔内揭露该层。

③₃砂质粉土夹淤泥质粉质粘土：灰色，饱和，稍密，含云母屑，夹单层厚 1～3cm 淤泥质粉质粘土薄层，摇振反应中等，切面较粗糙，干强度低，韧性低。层厚 5.30～20.60m，全场分布。

⑤₁淤泥质粉质粘土夹粉土：灰色，流塑，含有机质、腐殖物，夹单层厚 0.1～0.3cm 粉土薄层，灵敏度高，压缩性高，无摇振反应，切面较光滑，干强度中等，韧性中等。层厚 1.40～10.50m，全场分布。

场地土层主要力学参数　　　　　　　　　　　　　　表1

土　类	含水量 (%)	重度 γ (kN/m³)	天然孔隙比 e	固　快 粘聚力 C (kPa)	固　快 摩擦角 ϕ (°)	地基承载力特征值 f_{ak} (kPa)	渗透系数 (cm/s) 水平	渗透系数 (cm/s) 垂直
①-1 杂填土	—	(18.0)	—	(8)	(13)	—	$1.0×10^{-4}$	$1.0×10^{-4}$
①-2 素填土	—	(18.0)	—	(12)	(10)	—	$1.0×10^{-4}$	$1.0×10^{-4}$
②-1 砂质粉土	27.7	19.2	0.788	4.5	28	110	$2.0×10^{-4}$	$4.0×10^{-5}$
②-2 砂质粉土	27.4	19.5	0.763	4.0	28	100	$2.0×10^{-4}$	$4.4×10^{-5}$
③-1 粉砂	24.1	19.8	0.677	3.0	32	180	$1.5×10^{-4}$	$1.2×10^{-4}$
③-2 砂质粉土	29.9	19.1	0.829	5.5	29	140	$2.7×10^{-5}$	$1.6×10^{-5}$
③-2 夹粘质粉土	32.4	18.9	0.884	(12)	(14)	80	—	—
③-3 砂质粉土夹淤泥质粉质粘土	30.0	18.8	0.862	6.0	28	130	—	—
⑤-1 淤泥质粉质粘土夹粉土	34.4	18.0	1.026	14	18	110	—	—
⑤-2 (淤泥质)粘土	42.0	17.6	1.221	20	13.5	110	—	—
⑨-1 灰色粉质粘土	27.8	19.1	0.820	17	19	140	—	—
⑨-1 灰色含砂粉质粘土	21.9	20.4	0.619	17	20	150	—	—
⑩-1 粉质粘土	22.6	20.2	0.645	30	21	220	—	—

2. 水文条件

拟建场地潜水主要赋存于上部①填土层及②、③粉砂性土层中，在地面下 4.82～6.20m 左右。

三、基坑围护方案

1. 支护结构

水平支撑可考虑采用 SMW 工法桩、钻孔灌注桩及地下连续墙方案。

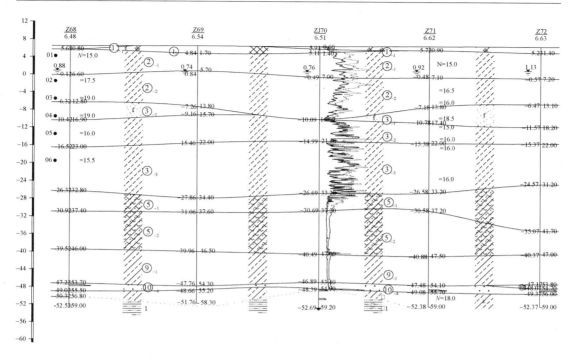

图 2 典型地质剖面图

钻孔灌注桩＋三轴水泥搅拌桩止水帷幕支护结构的桩身强度、稳定及变形可以保证，但是工程造价高，施工工期长，且泥浆废液污染环境。

地下连续墙结构刚度大，整体性、防渗性和耐久性好，可作为永久主体结构。缺点是施工工艺复杂，施工工期长，工程造价高，且泥浆废液污染环境。

SMW工法桩＋钢筋砼支撑支护形式其结构强度、稳定和变形均可保证。相对钻孔桩，工程造价低，工期短，型钢拔除后又不留任何障碍物，便与相邻工程衔接。

在"安全可靠、技术先进、经济合理、方便施工"的原则下，支护结构采用SMW工法桩方案（地铁隧道侧采用钻孔灌注桩方案），型钢隔一插一。同时设置一道钢筋砼支撑，坑外采用管井控制性降水。具体设计剖面见图3、图4。

2. 支撑结构

支撑体系技术经济比较见表2。

支撑体系技术经济比较表   表2

支撑材料	优　点	缺　点
钢支撑	1. 质轻，拆装方便且速度快，可加快施工进度，缩短围护结构无支撑时间； 2. 据围护结构变形发展时间及时调整预应力值以控制其变形； 3. 标准结构，钢支撑可多次重复使用，环保； 4. 无养护期； 5. 不受基坑周围土质的影响，适用性好	1. 支撑刚度相对较小，围护结构变形稍大； 2. 支撑安装误差对支撑强度及稳定影响较大； 3. 拼装结须采取可靠措施防止支撑坠落； 4. 支撑轴力受温度影响大； 5. 由于支撑的存在，对机械化开挖作业有干扰

支撑材料	优 点	缺 点
钢筋混凝土支撑	1. 支撑整体刚度大,围护结构变形小,安全可靠; 2. 对基坑平面形状的适应性好,可应用于各类基坑; 3. 不受周围土质的影响,适用性好	1. 混凝土现场浇筑时间长; 2. 用作临时支撑时拆除工作量大,造价高; 3. 由于支撑的存在,对机械化开挖作业有干扰
拉锚	1. 可适用于平面尺寸较大的基坑; 2. 作业面空间大,施工效率高	1. 在饱和含水地层中,锚杆构造复杂,设置困难; 2. 较弱地层中拉锚承载力低,锚杆用量较大,成本高; 3. 一般存在锚杆(索)超红线

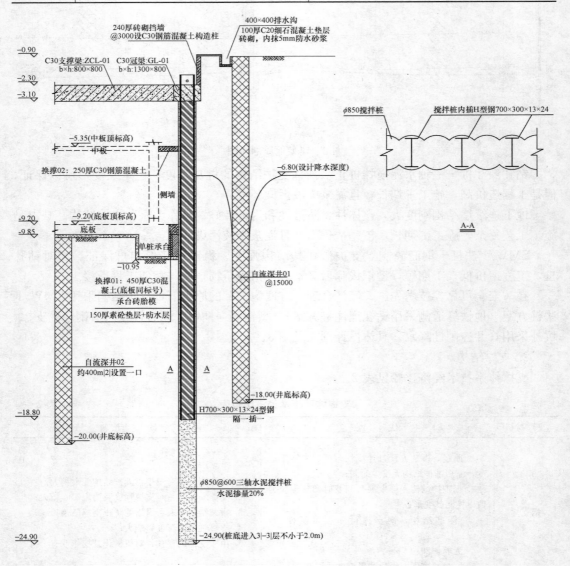

图 3　基坑围护剖面图（其他侧典型剖面）

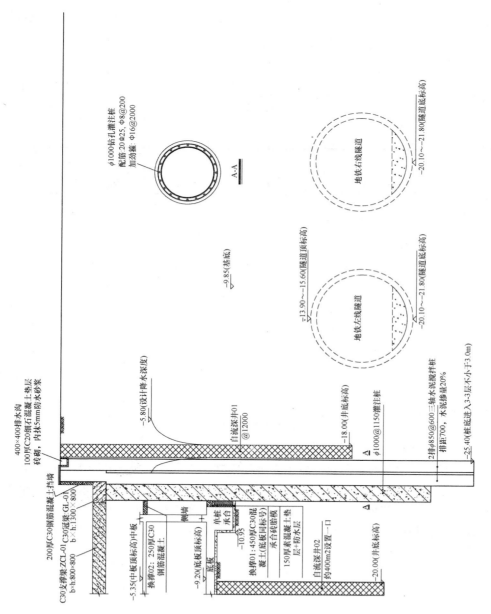

图 4 基坑围护剖面图（地铁侧典型剖面）

在"安全可靠、技术先进、经济合理、方便施工"的原则下，经多方案分析比较最后确定：采用钢筋砼支撑方案。

（1）支撑平面布置方案

本基坑工程平面形状较规则，且呈狭长型（长×宽：约300m×90m），适合布置四角大角撑＋中部对撑方案。结合地下室后浇带布置本工程中部设置4道对撑，把基坑分割成6大块相对独立单元（支撑受力明确，支护变形可控），便于基坑土方开挖、组织分区施工，且与主体结构流水作业不冲突。图5为支撑平面布置图。

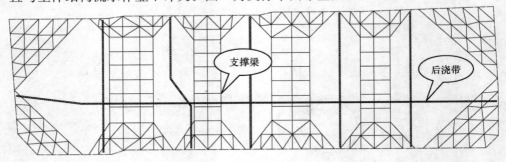

图5　支撑平面布置示意图

（2）支撑竖向布置方案

本工程最大开挖深度约9.50m，开挖范围内主要为砂质粉土具有地基承载力较大，降水后土体内摩擦角较大，土体抗剪强度较高等特点。结合临近基坑成功经验，本工程推荐采用坑外控制性降水＋一道支撑方案。在保证基坑安全，变形可控的基础上，尽量上抬支撑高度，推荐设置在地下一层楼板以上，以控制支撑拆除过程中对周边环境的影响，且方便施工，加快施工进度，降低工程造价。

3. 降水方案

（1）轻型井点降水

该种降水形式特点是安装方便，抽吸能力较大，排水能力较大，降水影响范围较小。但设备多，若工期长，则耗电量大，机械易磨损，维修困难。

（2）自流深井降水

该种方法具有排水量大，降水深，不受吸程限制，排水效果好；井距大，对平面布置干扰小；可用于各种情况，不受土层限制，施工速度快；井点制作、降水设备及操作工艺、维护均较简单；尤其是当施工工期较长时，其单位降水费用低于其他降水方法。

考虑到本工程基坑挖深大，地下室施工工期长，方便土方开挖，结合周边地块的降水经验，推荐采用自流深井降水方案。

4. 周边建（构）筑物保护措施

为了减少基坑开挖对周边建（构）筑物的影响，本工程结合基坑开挖深度、工程地质、水文地质、周边建（构）筑物特点拟采取如下保护措施。

（1）一般性共性保护措施

1）坑外控制性降水，沿道路侧坑外降水深度不超过5.50m（根据地勘报告目前场地地下水位受周边降水影响埋深约5.0～6.0m）。

2）三轴水泥搅拌桩止水帷幕桩底进入弱透水层③₃砂质粉土夹淤泥质粉质粘土，切断坑内外水力联系，减少坑内降水对周边环境的影响。

3）对于支撑长度大于50m的长支撑，采用分段浇筑工艺，且分段之间采用微膨胀混凝土浇筑，减少混凝土收缩引起的二次变形量。

（2）特殊节点保护措施

特殊节点保护措施除满足一般性共性保护措施外，尚应结合特殊保护对象采取正对性措施，具体如下：

1）金沙大道下地铁区间隧道保护措施

①沿金沙大道侧三轴水泥搅拌桩止水帷幕增加至2排，确保帷幕体系可靠；

②沿金沙大道侧支护结构采用直径1.0m灌注桩，提高支护结构刚度，减少支护结构变形；

③增加沿金沙大道侧支护结构（灌注桩）插入深度，确保型钢底标高低于地铁隧道底标高，减少支护结构变形；

④增加沿金沙大道侧自流深井密度，减少井内降水深度，降低降水深度不均匀性；

⑤增加地铁隧道监测项目（隧道竖向、水平位移及隧道收敛）；

⑥合理组织挖土方向及挖土顺序，尽量减少基底暴露时间。

2）出入口市政管线保护措施

本工程出入口市政路面车辆行驶范围内增设路基板或者钢板，减少进出重型车辆对市政管网的影响。

四、基坑监测成果

基坑开挖过程中，设置了深层水平位移、地铁隧道变形等监测项目。监测布置详见图6、图7。

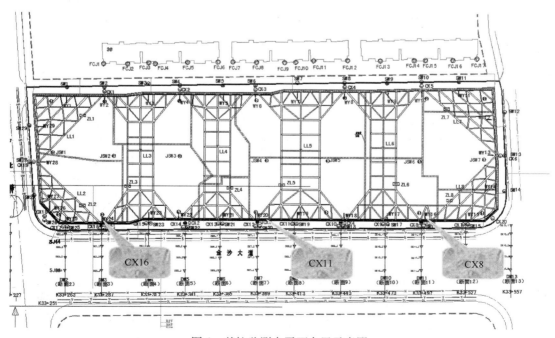

图6　基坑监测点平面布置示意图

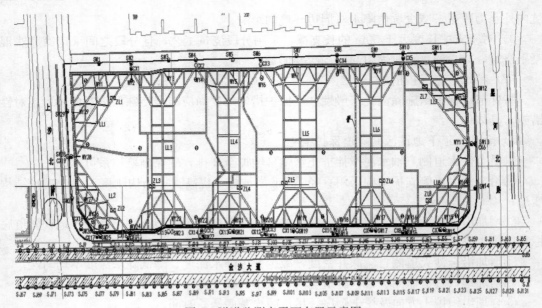

图 7　隧道监测点平面布置示意图

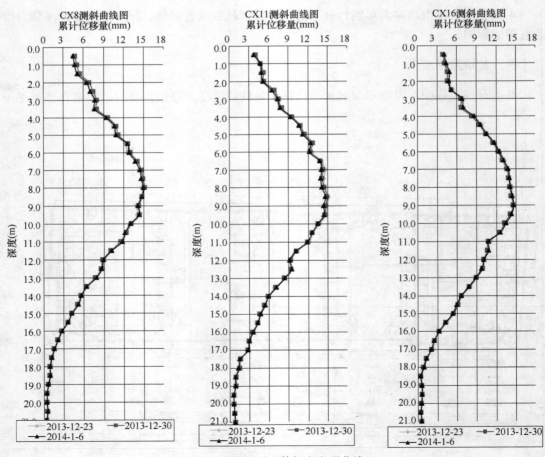

图 8　围护桩后土体侧向变形曲线

基坑南侧的深层水平位移测斜孔 CX8、CX11、CX16 监测数据详见图8；紧邻基坑的地铁隧道各环水平位移、竖向位移监测数据图9、图10。由图可见：

1）基坑南侧深层水平位移最大约15mm，发生在坑底高程位置；

2）基坑施工过程，地铁最大水平位移、竖向位移不超过3.0mm。

可见基坑围护体系安全可靠，地体隧道结构安全。

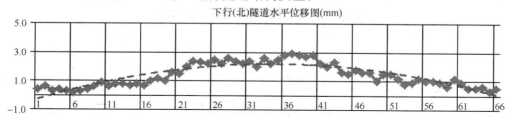

图9　下行地铁隧道水平位移变形曲线

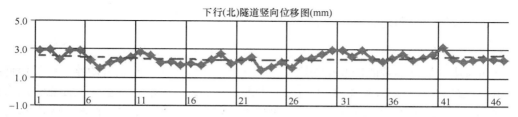

图10　下行地铁隧道竖向位移变形曲线

五、点评

1. 在透水性较好的土层中，降水对基坑安全至关重要，坑外进行控制降水一方面可减小围护结构上的侧压力，另一方面减小降水对周边环境的影响，有条件下止水帷幕应尽量进入相对不透水层。

2. 对侧向变形控制严格的基坑开挖项目，尤其是临近轨道交通线时，加强围护结构刚度、控制坑底隆起很重要。本工程邻隧道侧止水帷幕采用两排三轴水泥搅拌桩以增强止水帷幕可靠性；支撑分段浇注并采用微膨胀混凝土，减少支撑收缩等措施对保证隧道安全运营起到很好的作用。

3. 实行信息化施工对保证基坑也很重要。本工程对地铁隧道实行全自动监测，根据监测数据及时调整施工方案对保证隧道安全运营也起到很好的指导作用。

杭州海康威视监控智能产业化
基地项目基坑工程

潘德来　陈　跃　陈琦慧

（浙江省地矿勘察院，杭州　310012）

李东亭

（杭州信达投资咨询估价监理有限公司，杭州　310000）

一、工程概况及周边环境

1. 工程概况

杭州海康威视监控智能产业化基地项目位于杭州市滨江区，东临阡陌路，南靠伊甸园路。拟建建筑物由两栋 22 层主楼和 4 层裙房组成，设 2 层联体地下室。工程总用地面积 21107m²，总建筑面积 100093m²，其中地下建筑面积 36775m²。基础采用钻孔灌注桩桩基。

基坑周边地坪标高－0.70m（土建相对标高、下同），地下室基础底板底面标高－11.85m，周边基础承台底面标高－12.25～－12.55m，电梯井区坑中坑底面－14.70m，基坑实际开挖深度为 11.85m（计算控制深度），电梯井坑相对基础底板底面再挖深 2.85m。基坑平面呈长方形，长度 157m，宽度 115m。

2. 周边环境

基坑北侧地下室外墙线距离用地红线约 7.6m，用地红线外距离约 16.0m 处为建设河（河面宽约 23.5m，河水面绝对高程 3.5m）；基坑东侧地下室外墙线距离用地红线 7.2～16.2m，用地红线外为阡陌路，路边人行道地面下埋设有电力电缆、自来水管等管线；基坑南侧地下室外墙线距离用地红线约 4.0m，用地红线外为伊甸园路，路面下埋设有通讯电缆、自来水管、污水管等管线；基坑西侧地下室外墙线距离用地红线 6～12m，用地红线外侧为滨江区土地整测中心杭高新工业［2007］19 号地块（中南建设工地、一层地下室、深度 5.5m、桩基、土钉墙结合放坡围护、深管井降水、正在施工，坡顶线距离本工程地下室外墙线最近约 11m）。基坑围护总平面图见图 1。

二、工程地质条件

本场地原为农用地，场地地势平坦，地貌单元属冲海积平原。基坑支护影响范围内场地地层结构自上而下分述如下：

①层杂填土：杂色，稍湿，主要为碎砖等建筑垃圾夹少量粘质粉土组成，浅部含大量的植物根系，局部有厚约 10～15cm 的混凝土路面。该层局部分布，层厚 0.2～1.8m。

②-1 层粘质粉土：灰色、灰黄色，稍密～中密，以稍密为主，局部中密，稍湿～湿，

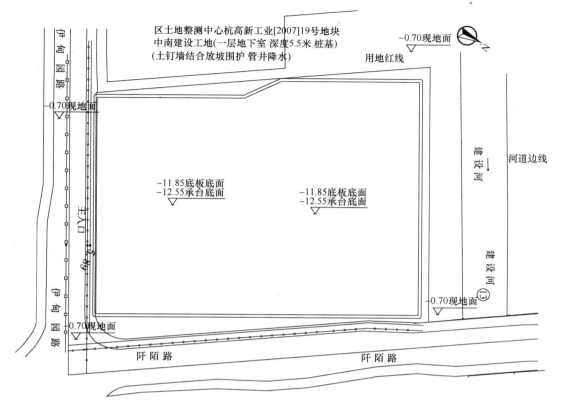

图1 基坑围护总平面图

含云母碎屑。干强度低，摇震反应中等～迅速，无光泽，切面粗糙。层厚3.2～7.9m。

②-2层砂质粉土：灰色、灰黄色，稍密，稍湿～湿，含云母碎屑。干强度低，摇震反应中等～迅速，无光泽，切面粗糙。该层局部分布，层厚0.0～1.8m。

②-3层砂质粉土：灰色、灰黄色、以灰色为主，稍密～中密，以中密为主，局部稍密，湿，含云母碎屑，局部含粉砂较多，呈含粉土粉砂状。干强度低，摇震反应中等～迅速，无光泽，切面粗糙。层厚4.6～9.3m。

②-4层粉砂：灰色，湿，稍密～中密，以中密为主，局部稍密，夹少量砂质粉土，局部呈砂质粉土状。该层局部分布，层厚0.0～1.8m。

③层淤泥质粉质粘土：灰色、褐灰色，流塑，饱和，含较多腐殖质，偶见少量植物残骸，呈鳞片状。切面光滑，摇震反应无，干强度低，韧性中等。层厚14.5～18.7m。

⑤层淤泥质粉质粘土夹粉砂：灰色，流塑，饱和，粉质粘土与粉砂呈互层状，单层淤泥质粉质粘土厚2～4cm，单层粉砂厚3～5cm。韧性低，干强度低，摇震反应无。层厚1.2～5.9m。

⑥层粉砂：灰黄色、浅黄色、灰色，中密～稍密，以中密为主，含少量粘性土，局部为粉砂夹粉质粘土状。层厚5.6～10.6m。

该场地地下水水位埋藏较浅，勘察期间测得地下水水位在地表下2.2～3.9m之间，主要为接受大气降水补给的孔隙潜水。基坑开挖深度影响范围内土层主要的物理力学性质指标见表1所示，典型工程地质剖面图见图2。

场地土层主要力学参数   表1

层序	土 名	重度 γ (kN/m^3)	含水量 ω （%）	孔隙比 e	压缩模量 $E_{S0.1\sim0.2}$ （MPa）	固结快剪峰值 c (kPa)	固结快剪峰值 ϕ (°)	地基承载力特征值 （kPa）
①	杂填土	(18.6)				(10)	(15)	
②-1	粉质粘土	18.8	29.94	0.875	8.41	9.3	29.6	130
②-3	砂质粉土	19.5	26.50	0.753	12.29	5.8	34.0	150
③	淤泥质粉质粘土	17.6	42.80	1.204	2.65	14.2	10.0	70
⑤	淤泥质粉质粘土夹粉砂	18.2	37.45	1.055	4.89	13.5	11.6	100
⑥	粉砂	20.1	22.20	0.629	14.81	7.7	29.5	200

注：表中抗剪强度指标采用固结快剪指标，表中（ ）内值为设计采用值。

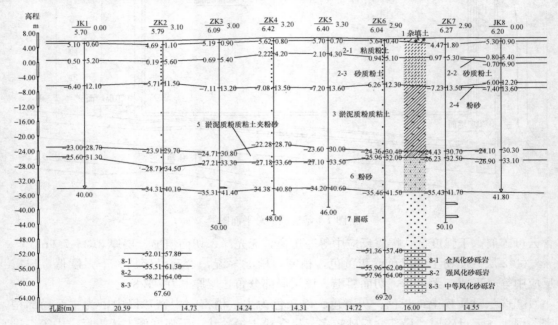

图 2　典型工程地质剖面图

三、基坑围护方案

1. 基坑支护特点

根据岩土工程勘察报告及其有关资料，本基坑支护具有如下特点：

（1）基坑开挖面积较大，达到 18000 多 m^2；

（2）基坑开挖深度 11.85m，属深基坑；

（3）基坑开挖深度及影响范围内土质主要为粉质粘土、砂质粉土和淤泥质粉质粘土等，土质坑底以上部位较好，坑底以下部位较差；

（4）根据浙江省标准《建筑基坑工程技术标准》（DB33/T 1008—2000）的有关规定和周围环境的特点，确定基坑工程安全等级为一级，对应于基坑工程安全等级的重要性系数为 $\gamma_0 = 1.1$。

2. 支护体系方案选择

综合考虑本工程基坑支护开挖深度、周围环境、工程地质条件、投资和工期等因素，决定采用如下形式：基坑采用单排钻孔灌注桩加一道钢筋混凝土内支撑型式支护，钻孔灌注桩外侧设置一排三轴水泥搅拌桩止水，压顶梁以上部位喷射混凝土护面，坑外和坑内深管井降水（坑外为普通渗流式降水井、坑内为疏干降水井），地表和坑内设明沟加集水坑排水方案。

（1）支护钻孔灌注桩桩径 $\phi900$，混凝土 C25，桩间距 1150mm，桩端以穿过淤泥质土层进入下部⑥层粉砂层≥0.9m 控制。

（2）水平内支撑竖向布置主要考虑支护桩所受弯矩沿基坑开挖深度的变化，结合支撑与地下室楼板净距满足楼板施工作业的需要，支撑底面标高高于地下室 2 层楼板顶标高 500mm 控制。水平支撑梁（混凝土 C30）规格：S1：900mmB×900mmH；S2：800mmB×900mmH；S3：700mmB×900mmH；S4：600mmB×900mmH。压顶梁 1100mmB×600mmH，围檩梁 1200mmB×900mmH。

（3）钻孔灌注桩外侧止水帷幕水泥搅拌桩考虑本工程地层特性，采用 $\phi850mm@600mm$ 三轴水泥搅拌桩，水泥（P.O42.5MPa）掺入量 22%，按标准套接法布置。

（4）坑外布置控制性降水井 47 口（地下水位降深 7～9m，起到减小坑内、坑外水头差的目的），坑内布置疏干井 20 口（地下水位控制在开挖面以下 0.5～1.0m），电梯井区边坡采用小管泵辅助降水。

基坑围护平面布置及基坑围护典型剖面图如图 3、图 4 所示；基坑工程施工现场照片

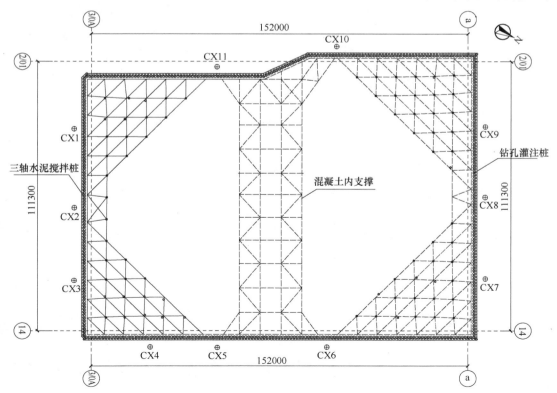

图 3　基坑围护桩位及水平支撑平面图

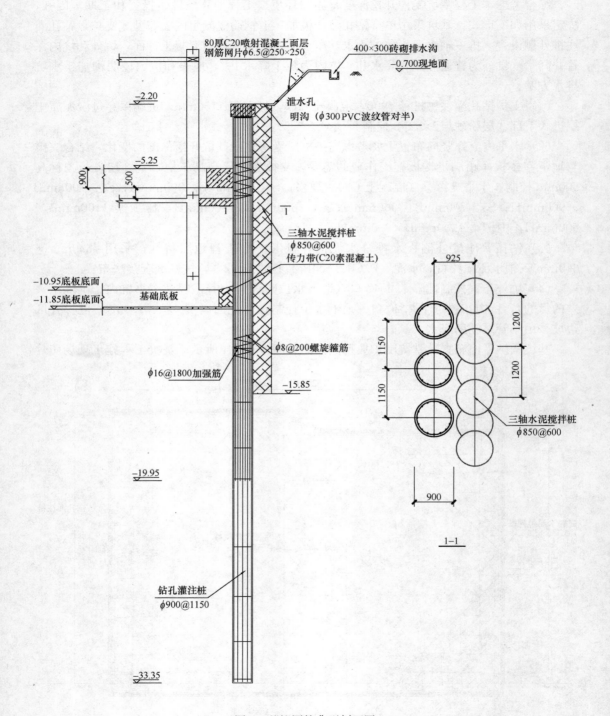

图 4 基坑围护典型剖面图

见图 5、图 6。

图 5 基坑施工现场 (镜头朝西南)

图 6 基坑施工现场 (镜头朝东南)

四、基坑监测情况

1. 本基坑工程监测点布置类型及数量如下：

（1）深层土体水平位移观测测斜管：共计 11 根，钻孔深度为 35m。

（2）边坡土体顶部垂直位移和水平位移监测：在基坑外侧 1～2m 处地面，每 15m 设置 1 个地面垂直位移和水平位移观测点。

（3）已建建筑物（包括工地临设）沉降和倾斜监测：在基坑外侧 30m 范围内所有已建建筑物均布设沉降观测点，每幢楼至少 4 点。

（4）地下水位观测孔：在基坑内外侧设置 17 个地下水位观测管孔，监测开挖过程中基坑外水位的变化。

（5）在每根钢立柱顶部支撑面均设立一个支撑面升降观测点。

（6）支撑轴力监测：在每道支撑上布置 7 组轴力计（每组 2 只、对角线布置）。

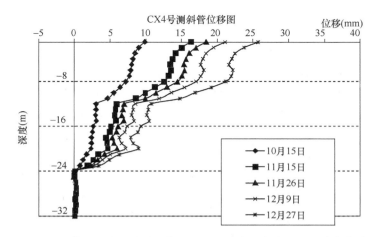

图 7 深层土体最大水平位移测斜孔（CX4）水平位移沿深度分布曲线图
（图中各日期对应工况：10 月 15 日——基坑开挖至压顶梁底部位置；
11 月 15 日——基坑开挖至围檩梁底部位置；11 月 26 日——开挖至 8.0m 深度位置；
12 月 9 日——基坑开挖至坑底；12 月 27 日——基坑土方回填完成）

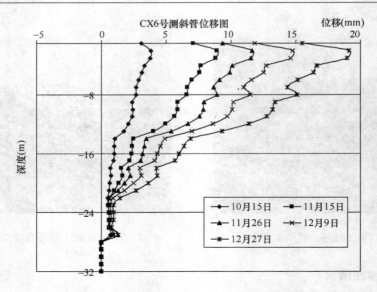

图 8　深层土体水平位移测斜孔（CX6）水平位移沿深度分布曲线图

（图中各日期对应工况：

10 月 15 日——基坑开挖至压顶梁底位置；

11 月 15 日——基坑开挖至图檩梁底位置；

11 月 26 日——开挖至 8.0m 深度位置；

12 月 9 日——基坑开挖至坑底；

12 月 27 日——基坑土方回填完成）

（7）基坑监测预警指标：

①水平位移值达到 40mm，或位移速率达 3mm/d 连续 3 天，或单日位移 3mm。

②地面沉降值达到 30mm，或沉降速率达 3mm/d 连续 3 天，或单日位移 3mm。

③支撑立柱桩顶升降值达到±20mm。

④支撑轴力监测值达到：第一道支撑 6500kN。

⑤地下水位监测：单日变化幅度达到 500mm。

2. 从 2011 年 10 月 8 日开始基坑开挖，根据深层位移监测资料，基坑监测进行至基坑土方回填止，基坑边深层土体水平位移值累计最大值为 25.73mm（CX4，位于基坑东南侧），支撑轴力最大值为 5500kN，坑外地面沉降最大值为 15.30mm，支撑立柱桩顶升降值最大值达到－3.80mm，地下水位监测单日变化幅度最大值达到 450mm，均小于设计预警值。

五、点评

本基坑工程所处区域上部土层工程地质性质较好，接近坑底及以下位置土质差，为③淤泥质粉质粘土，支护桩底穿过淤泥质粉质粘土，进入下部较好土层，增加了围护体系的稳定性和可靠性。采用设置于负二层楼板上方的一道砼内支撑体系，较好地平衡了钻孔灌注桩的侧向受力问题，与竖向二道内支撑形式相比，据初步测算节省工程造价 100 多万元，缩短工期约 50 天。止水帷幕三轴水泥搅拌桩穿过上部②-3 砂质粉土层，进入下部③淤泥质粉质粘土，隔断了基坑内外的水力联系，降低了基坑边坡发生渗漏破坏的危险性。

由于电梯井区边坡刚好处于砂性土与粘性土分界处，出现了流砂现象，须采用小管泵井点辅助降水，才能排干砂质粉土中的积水。

本基坑工程成功之处是坑外止水帷幕采用了标准套接的三轴水泥搅拌桩，而非传统的高压旋喷桩，且先于围护钻孔灌注桩施工，基坑开挖后未出现桩间渗漏和坑底管涌现象，止水效果良好。基坑监测结果表明，基坑围护体系是稳定的，基坑最大水平位移约为开挖深度的 0.23%，满足了基坑周边环境对位移的控制要求。

杭州余杭区崇贤镇四维杨家浜农民多高层公寓项目C区块基坑工程

潘德来　陈琦慧　陈　跃

（浙江省地矿勘察院，杭州　310012）

章国华

（杭州余杭新农村建设有限公司，杭州　310000）

一、工程简介及特点

本工程位于杭州市余杭区崇贤镇洋湾路北侧，康杨路西侧地块内。工程总用地面积21945m²，建筑物由8幢11～18层高层住宅楼组成，设1层联体地下室，基础采用钻孔灌注桩桩基。建筑±0.000相当于黄海高程5.90m，现场地地面标高约4.0m（相当于土建标高－1.9m、下同），地下室基础底板底面标高－5.80～－6.60m，周边基础地梁底面标高－6.00～－6.80m，周边基础承台底面标高－6.40～－7.30m，电梯井区基础底面标高－7.55m。基坑实际开挖深度按周边基础地梁、承台或临边电梯井底面计为4.10～5.65m，基坑内部电梯井区"坑中坑"相对基础底板底面挖深1.75m。基坑周边长约585延长米。

本工程基坑开挖面积大，开挖深度影响范围内淤泥土土质差；场地东侧、北侧临近施工道路。基坑支护平面布置图见图1。

二、工程地质条件

根据本工程岩土工程勘察报告，基坑支护可能影响范围内的场地土层结构自上而下分述如下：

①-1层　杂填土：灰色、杂色，湿，松散。主要由粘性土、建筑垃圾组成，其中西侧地段杂填土较厚，为新近堆填。局部缺失，层厚0.00～6.50m。

②-2层　耕作土：灰色，湿，松软。以粘性土为主，含少量植物根茎。局部分布，层厚0.00～0.40m。

②层　粉质粘土：灰黄色、灰色，软塑、局部软可塑。切面稍有光泽，无摇震反应，韧性及干强度中等，含铁锰质斑及蓝灰色高岭土团块，局部粉粒含量较高。局部缺失，层厚0.00～2.70m。

③层　淤泥：灰色，流塑。切面光滑，无摇震反应，干强度中等，含有机质斑和腐殖质，无味。局部缺失，层厚0.00～8.20m。

④-1层　粉质粘土：青灰色、灰黄色，硬可塑、局部软可塑。切面有光泽，无摇震反应，韧性中等，干强度高，含铁锰质斑。局部缺失，层厚0.00～6.70m。

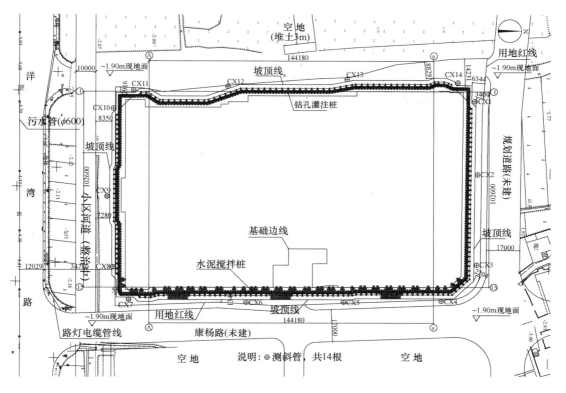

图 1　基坑支护平面布置图

④-2层　层状粉质粘土：灰黄色，软塑～流塑。切面较粗糙，无光泽，局部具轻微摇震反应，韧性低，干强度中等，含铁锰质斑。具韵律层理构造，夹粉土薄层，层厚1～10mm。全场分布，层厚3.90～11.80m。

本场地地下水上部为浅层孔隙潜水，勘察期间于钻孔中实测地下水位埋深在0.40～6.30m。场地地下水主要接受周边河网及大气降水补给，地面蒸发和侧向径流是其主要排泄方式。地下水年变化幅度一般在1.0～2.0m。

基坑开挖深度影响范围内土层主要力学参数指标见表1。图2为典型工程地质剖面。

场地土层主要力学参数　　　　　　　　　　　　　　表1

层序	土 名	重度 γ (kN/m³)	含水量 ω (%)	孔隙比 e	压缩模量 $E_{S0.1\sim0.2}$ (MPa)	固结快剪峰值		地基承载力特征值 (kPa)
						c (kPa)	ϕ (°)	
①-1	杂填土	(18)				(10)	(15)	
②	粉质粘土	18.3	34.0	0.964	4.0	24.3	14.3	90
③	淤泥	16.6	55.8	1.537	2.0	13.8	8.1	55
④-1	粉质粘土	19.1	27.2	0.772	6.0	51.4	12.6	180
④-2	层状粉质粘土	18.6	32.1	0.889	5.0	15.5	16.5	150

注：表中抗剪强度指标采用固结快剪指标，表中（）内值为设计采用值。

265

三、基坑周边环境

1. 本建筑场地原为农用地，内有大量堆土，计划在开工前外运，并平整场地。

2. 基坑边坡上坎线距用地红线情况

基坑北侧边坡上坎线距用地红线 2.2～3.5m，用地红线外为规划道路（未建），路宽约 18m；西侧距用地红线 0～14.2m，用地红线外为空地，与基坑边平行 30m 范围内有 2～3.5m 高新近堆土（按绝对高程 4.0m 起算）；南侧邻近用地红线，用地红线外约 10m 处为小区河道，河水面绝对高程约 2.0m，水深 1.5m，用地红线外侧约 35m 处为洋湾路，路宽约 20m；东侧距用地红线 0～4.5m，用地红线外为康杨路（未建），路宽约 18m，康杨路东侧为二期 D 项目建设用地，现为空地。

3. 基坑周边市政地下管线：基坑周边 20m 范围内暂无地下管理设。

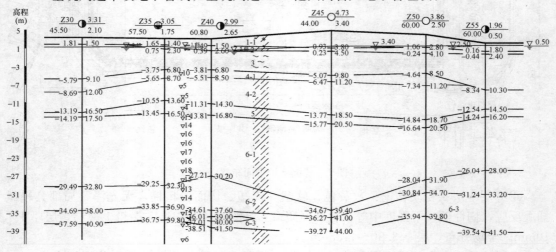

图 2 典型工程地质剖面图

四、基坑围护方案

综合考虑本基坑支护工程开挖深度、周围环境、工程地质条件、投资和工期、本地区类似工程经验等因素，决定采用如下混合支护形式：

基坑四周主要采用钻孔灌注桩门架式结构支护，转角地段采用钻孔灌注桩加水平角支撑支护，坑外水泥搅拌桩止水；基坑东侧淤泥土较厚处坑底被动区采用水泥搅拌桩墩式加固；电梯井区坑中坑采用松木桩坡中加固；基坑降排水采用坑内坑外明沟集水坑排水方案。

1. 钻孔灌注桩间距和排距的布置

根据基坑开挖深度的差异，结合土层变化及周边环境，门架式支护段前排钻孔灌注桩桩径及桩间距分别采用 $\phi 600mm@1250mm$ 和 $\phi 700mm@1300mm$，后排桩间距加倍，前后排桩排距 2.5m；基坑转角处钻孔灌注桩加内支撑支护段，桩径和桩间距采用 $\phi 800mm@1100mm$。

2. 坑外止水帷幕水泥搅拌桩的布置

水泥搅拌桩采用 $\phi 600mm@450mm$，桩与桩之间搭接 150mm。在门架式支护地段，为了改善前后排桩之间土体的工程特性，增强前后排桩之间土体的强度，在内排钻孔灌注桩外侧施工二排水泥搅拌桩，联系梁下增设肋条式水泥搅拌桩。

3. 被动区水泥搅拌桩的布置

基坑东侧临近施工道路且坑底淤泥土厚度较厚地段，坑内被动区采用 $\phi 600mm@500mm$ 单轴水泥搅拌桩墩式加固。

门架式支护结构典型剖面图如图 3 所示。基坑施工现场情况见图 4。

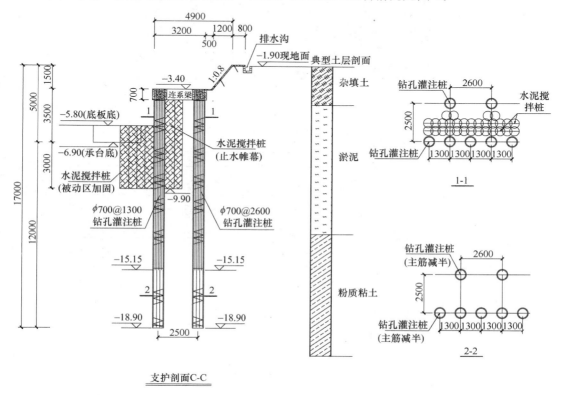

图 3　门架式支护结构典型剖面图

五、基坑监测情况

1. 监测点的布置

本工程基坑监测共布置深层土体位移测斜孔 14 个，地下水位观测孔 13 个，坑外地面日常沉降观测孔 41 个。深层土体位移测斜孔布置详见图 1。监测时间自 2013 年 1 月 8 日基坑开挖前一周开始至 2013 年 12 月 28 日基坑地下室土方回填止。

2. 监测结果

根据本工程基坑监测报告，对各深层土体位移监测孔监测成果进行了统计，发现其中两处水平位移测斜孔 CX2 和 CX6 测得位移最大，位移—时间变化曲线见图 5、图 6。

3. 监测结果分析

（1）从围护体系侧向位移而言，基坑的围护体系产生最大的位移为基坑北侧 CX2 孔

图 4　基坑施工现场（镜头朝向西南）

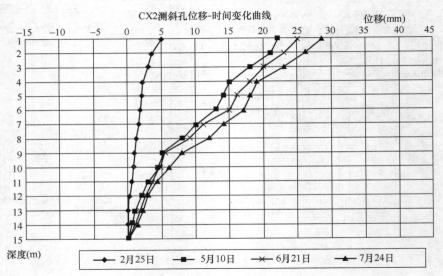

图 5　CX2 测斜孔位移—时间变化曲线（门架式支护段）

（图中各日期对应工况：2 月 25 日—基坑开挖至压顶梁底部位置；5 月 10 日—基坑开挖至坑底；
6 月 21 日—基坑底板施工完成；7 月 24 日—基坑土方回填完成）

和东侧 CX6 孔，位移量分别为 28.58 和 35.87mm，但全部测斜孔测得位移值均在正常范围内，未超过设计警戒值（45mm），基坑工程施工较为顺利。

（2）基坑开挖过程中，坑外土体水平位移速率不大，但呈长期连续递增状态，水平位移值在地下室基础底板施工完成后逐渐趋于稳定。

（3）通过测斜孔的曲线分析对比后发现，水平角支撑地段曲线呈弓形，最大位移点位于地面下约 4m 位置。门架式支护地段曲线呈放射线形，最大位移点位于地面下约 1m 位置。

（4）从本工程地下水位观测成果看，基坑周边地下水位最大变化量为基坑南侧 SW11，最终变化量为 0.80m（下降），地下水位变化均在正常范围内。

（5）从本工程基坑周边地表沉降成果看，基坑周边地表最大沉降量为基坑南侧 CJ40，

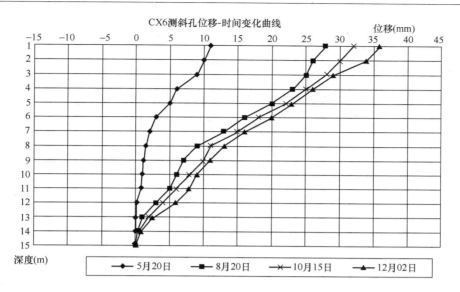

图 6　CX6 测斜孔位移—时间变化曲线（门架式支护段）

（图中各日期对应工况：2 月 25 日—基坑开挖至压顶梁底部位置；5 月 10 日—基坑开挖至坑底；
6 月 21 日—基坑底板施工完成；7 月 24 日—基坑土方回填完成）

最终沉降量为 16.10mm，地表沉降值均在正常范围内。

六、点评

本工程基坑开挖面积大，近 2 万 m^2，场地所在土层工程地质性质差，主要为淤泥、粉质粘土等。基坑围护主要采用双排钻孔灌注桩门架式支护，通过以往类似工程经验及验算，对前后排桩的横向排距及纵向间距进行了合理安排，并在前后排桩之间设置两排水泥搅拌桩、联系梁下增加水泥搅拌桩肋条，起到止水和坑壁土体加固双重作用，尽量降低压顶梁标高，较好地控制了坑外土体位移，满足了门架式支护结构抗倾覆稳定要求，相比采用桩加内支撑型式的围护结构较大节省了工程造价和工期，方便了基坑土方开挖；相比桩加锚杆（索）或复合土钉墙围护型式避免了锚杆或土钉超用地红线问题、或者在坑外土体中遗留锚杆（土钉）等地下障碍物，在今后相似土质和开挖深度的基坑中，具有借鉴和推广作用。

郑州丹尼斯百货花园路商厦地下
停车场基坑工程

钟士国　　何德洪　　王　建　马伟召　　宋建学

（河南省建筑设计研究院有限公司，郑州　450014）

一、工程简介及特点

1. 工程简介

丹尼斯百货花园路商厦地下停车场工程位于郑州市，花园路与农业路交叉口的东北角，拟建建筑为地下3～4层车库，钻孔灌注桩基础；基坑平面大致呈矩形，东西边轴线间距131m，南北边轴线间距69.25m，基坑深度东西两侧略有不同，东侧开挖深度为地面下18.95m，西侧深度为地面下15.0m。

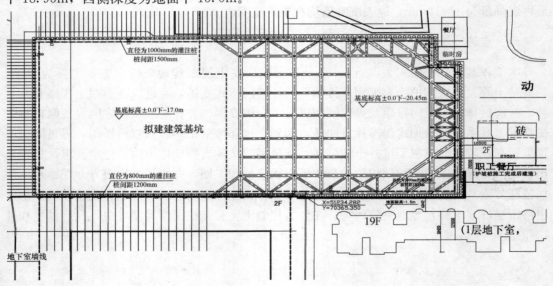

图1　基坑总平面示意图

2. 工程特点

（1）场地地层较软，上部为新近沉积土，地层承载力较低；

（2）场地地下水位较高，地下水位埋深仅3.8m，地下水对基坑开挖影响大；

（3）周边建筑复杂，场地西侧距离即将开工的地铁站约4m，南侧西部距离正在营业的商场0.0m，该商场地下2层，基础埋深10.3m；南侧东部距离19层住宅7m，东侧计划在护坡桩完成后（基坑开挖期间）建设二层食堂，北侧为动物园绿地及附属用房，基坑周围没有放坡空间；

（4）基坑挖土、运土困难，两侧深度不一；

（5）经南侧商场主体结构设计单位验算基坑南侧商场地下室外墙不能承受支撑结构传递来的土压力。

二、工程地质条件

根据勘察报告，基坑支护影响范围内的土层情况如下：

第①层（Q_4^{ml}）：杂填土，稍湿，稍密。以杂色碎砖块和灰渣为主，黄褐色粉土充填。

第②层（Q_4^{al}）：粉土，褐黄色，稍湿～湿，稍密～中密。

第③层（Q_4^{al}）：粉质粘土，黄褐色，可塑。

第④层（Q_4^{al}）：粉土，黄褐色，湿，中密。

第⑤层（Q_4^{al}）：粉质粘土，浅褐色～灰褐色，可塑。

第⑥层（Q_4^{al}）：粉土，青灰～褐灰色，湿，中密。

第⑦层（Q_4^{al}）：粉质粘土，灰～灰褐色，可塑。

第⑧层（Q_4^{al}）：粉土，浅灰色，湿，中密～密实。

第⑨层（Q_4^{al}）：有机质粉质粘土，灰黑～黑色，软塑～可塑。

第⑩层（Q_4^{al}）：细砂，褐灰色，饱和，中密～密实。

第⑪层（Q_4^{al}）：细砂，灰褐色，饱和，中密～密实。

场地土层主要力学参数　　　　　　表1

层序	土名	层底深度 (m)	重度 γ (kN/m³)	含水量 ω (%)	孔隙比 e	压缩模量 $E_{s0.1\sim0.2}$ (MPa)	固结快剪峰值 c (kPa)	固结快剪峰值 ϕ (°)	渗透系数 k (cm/s)
①	素填土	1.0	15.0				20.00	9.00	
②	粉土	2.4	18.4	20.4	0.696	5.2	16.00	18.00	3.47×10^{-4}
③	粉质粘土	4.3	19.0	24.3	0.686	3.4	20.00	13.00	2.31×10^{-6}
④	粉土	5.9	19.2	23.2	0.661	6.0	18.00	18.00	2.31×10^{-4}
⑤	粉质粘土	7.7	18.9	25.8	0.721	4.9	22.00	15.00	5.79×10^{-6}
⑥	粉土	10.9	19.1	23.6	0.64	10.4	16.00	20.00	4.63×10^{-4}
⑦	粉质粘土	13.0	18.3	27.4	0.782	4.4	25.00	12.00	5.79×10^{-6}
⑧	粉土	14.3	19.1	23.3	0.647	5.5	18.00	23.00	4.63×10^{-4}
⑨	有机质粉质粘土	16.5	18.5	30.8	0.685	3.9	18.00	10.00	3.47×10^{-6}
⑩	细砂	20.8	20.0			15.2	3.00	26.00	3.47×10^{-3}
⑪	细砂	28.1	20.0			18.5	0.00	28.00	9.26×10^{-3}

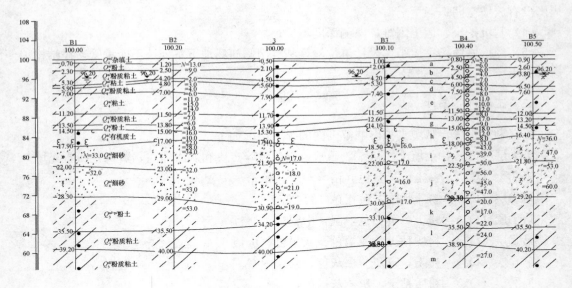

图 2   典型地质剖面图

三、基坑围护方案

1. 基坑支护形式

综合考虑基坑周边环境和地质条件的复杂程度、基坑深度等因素，确定支护结构的安全等级为一级，为了方便土方开挖和运输，基坑西半部采用桩锚支护结构，东半部采用内支撑结构。

2. 基坑支护参数

基坑西半部北坡、西坡采用 $\phi1000$ 钻孔灌注桩挡土，布置 4～5 排锚杆，西部南坡紧邻商场地下室，开挖后地下室基础下土体直立高度较小（约为 4.7m），采用 $\phi800$ 钻孔灌注桩加锚杆进行支护，支护剖面如图 3 所示。

基坑东部采用内支撑体系，采用直径为 $\phi1000$ 钻孔灌注桩挡土，布置 3 排混凝土结构水平支撑，一道支撑范围略小，基坑二道支撑平面布置见图 4，三道支撑平面布置与二道支撑基本相同，支护结构围檩尺寸为（1200mm×1000mm），主梁尺寸为（1200mm×800mm 和 800mm×800mm），次梁尺寸为（600mm×600mm）。

3. 支护设计和施工中疑难问题的解决

（1）开口支撑结构内力的平衡问题

根据计算结果，基坑东侧主动土压力约为 1286kN/m，基坑东侧总长度为 72m，支撑结构所受到的不平衡主动土压力为 92592kN，该力需通过圈梁，围檩传递到基坑南北两侧的坑壁上，通过桩体与土体之间的摩阻力和基底下桩体的嵌固进行平衡，为了保证围檩和圈梁的传力效果，南北两侧围檩和圈梁力求保持垂直，延长围檩和圈梁超出支撑部分至基坑西侧桩锚支护区域，并且把锚杆布置在围檩上用来增加围檩所受的正压力，以达到增大摩擦力的效果。根据估算结果，当桩体与土体的摩擦系数达到 0.143 时，摩擦力可以平衡其主动土压力。考虑到不平衡力需通过围檩和圈梁传递到基

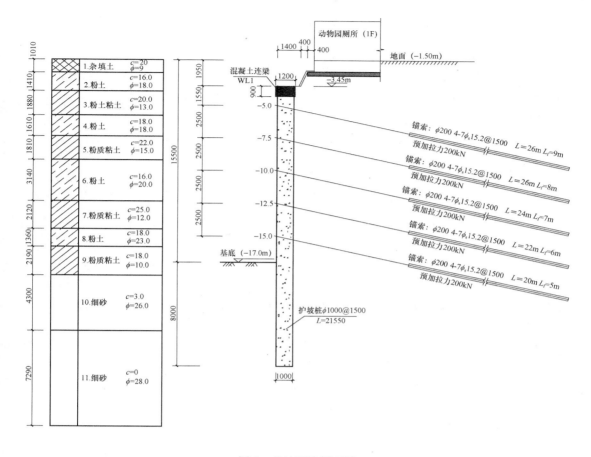

图 3 基坑围护剖面图

坑侧壁上，对围檩截面尺寸进行验算，南北两侧传力围檩和圈梁共有 6 个，宽度为 1200mm，计算其高度为 780mm 可满足要求，满足抗弯计算设置围檩高度为 900mm 和 1000mm。

（2）基坑西侧锚杆钢绞线的回收问题

基坑西侧紧邻地铁站，本工程基坑施工遗留钢绞线在土层中会影响地铁站护坡桩及止水帷幕的施工，因此必须进行回收。根据调查了解，采用可回收钢绞线技术，预应力锚杆钢绞线可轻松回收，采用人力可将钢绞线拉出。

（3）高压旋喷桩墙上钻孔灌注桩施工问题

基坑南侧有商场基坑支护遗留下的高压旋喷桩挡土墙，地下车库支护结构混凝土灌注桩刚好位于旋喷桩墙上，如何在旋喷桩上进行灌注桩成孔施工是工程面临的一个难题。考虑到基坑南侧紧邻商场，大型机械很难靠近，小型钻机无法破碎坚硬结构进行成孔，首先对南侧商场底板以上 10.3m 深度的土层进行开挖，其下剩余高压旋喷桩的高度约有 8.0m，采用风镐人工开挖的方法能很好的解决了钻进难题，原支护结构遗留的旋喷桩在挖桩期间可起到挡土和护壁的作用，经试开挖效果很好，所以在南侧受影响的 30 根桩中推广使用，方便快捷。

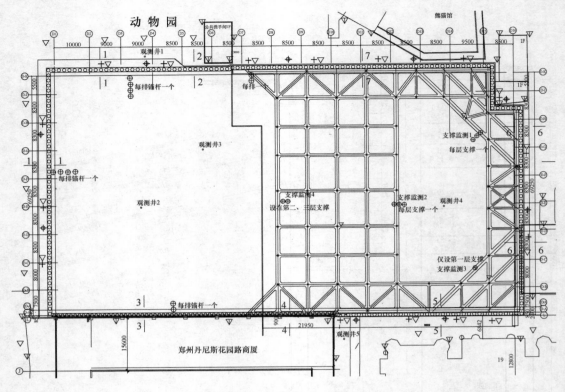

图4　内支撑及监测点平面布置图

四、基坑降水方案

根据勘察报告，场地地下水位较高，地下水位埋深仅 3.8m，根据场地的地层及周边环境特点，基坑降水采用管井、自渗砂井配合集水坑降水。共设置 55 口降水井及 5 口管测井，管井施工成孔直径不小于 650mm，井管内径不小于 300mm，深度 30m（电梯井及集水坑位置 35m）；对砂层要求在井管外包裹 80～100 目滤网。井管外滤料要求采用 2～4mm 级配石英砂；基坑南侧花园商厦处共设置自渗砂井 70 口，水平间距 1.2m，在护坡桩完成后开始施工，采用水冲或钻机成孔，直径 300mm，成孔后内填密实粗砂，深度为 −12m 至 −21.0m，有效长度为 9m。

五、基坑监测情况

截止到 2012 年底，基坑已开挖到底并完成最下层地下室施工，基坑坡顶最大位移约 20mm，符合现行规范要求；南侧相邻建筑沉降小于 10mm，安全稳定，西侧地面沉降约为 18mm；东侧坑边沉降约为 30mm，北侧坑边沉降约为 35mm，东侧、北侧沉降略大于规范规定，究其原因，主要是受场地施工空间狭小的制约止水帷幕设置不完整，基坑北侧留有缺口，周边雨污水管道存在渗漏，虽经多次维修仍有土体流失，引起坑边土体缓慢沉降。基坑监测点平面布置图详见图 4，深层水平位移及地表沉降变化时程曲线详见图 5、图 6：

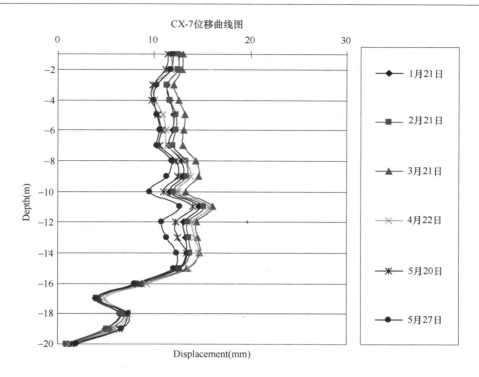

图 5 深层水平位移变形曲线

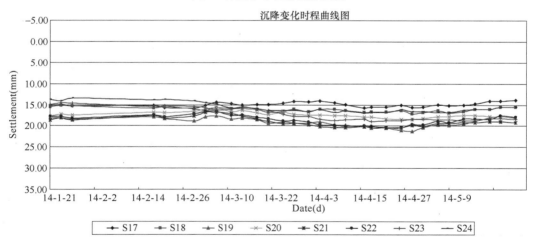

图 6 地表沉降变化时程曲线

六、几点体会

1. 由于混凝土结构内支撑体系整体较好,开口支撑体系内力比较复杂,开口支撑通常情况下宜选择混凝土结构体系;

2. 开口支撑体系存在土压力不均衡的开口,支撑体系受到的主动土压力不平衡,在充分利用支撑体系刚度的情况下,支撑体系的内力可以通过相邻基坑侧壁的桩与土间的摩擦力来平衡;

3. 在考虑桩与土间摩擦力仍不能平衡主动土压力的情况下，可在围檩上布置锚杆来增加基坑侧壁的摩阻力。本工程为了保证二、三道围檩与桩体连接成一个整体，设计对围檩高度处的护坡桩间土进行切削，使护坡桩一侧镶嵌在围檩外侧锯齿状混凝土结构中，以增加二者的整体性；

4. 对于深度较大的基坑工程，止水帷幕不仅可以切断基坑内外地下水的水力联系，对于防止地下管网漏水和地表水体渗漏冲刷基坑也具有很好的防护作用。

七、点评

城市建设和地下空间开发促使深基坑工程的规模和深度不断加大，在建筑物密集区的深基坑工程也越来越多，深基坑周围既有建筑物密集、管线道路错综复杂、施工场地狭窄是处在城市建筑密集区深基坑工程的显著特点。既能保证深基坑开挖施工过程中的安全稳定性，又能取得较好经济效益的深基坑支护结构方案，一直都是基坑工程研究的追求目标。

排桩内支撑支护体系能够很好的解决条件复杂情况下的基坑支护问题，本文提供一个矩形基坑三面需采用内支撑支护，另外一侧不进行支护的工程实例，为开口内支撑问题的解决提供范例。

太原山西省中医药研究院地下停车场基坑工程

史卫平[1] 罗 岚[1] 吴正杰[1] 葛忻声[2]

（1. 山西省建筑设计研究院，太原 030013；2. 太原理工大学，太原 030024）

一、工程简介及特点

本工程为山西省中医药研究院地下停车场基坑支护，地下停车场为地下 2 层，其中地下 1 层为普通车库兼战时人防，层高 3.9m；地下 2 层为 3 层机械立体车库，层高为 8.1m。结构形式为框架结构，基础形式为梁板式筏基。

场地整平标高－0.45m，基底标高－13.82m，局部－15.50m，支护深度取 13.37m，局部 15.05m，基坑设计安全等级为一级。本基坑外轮廓尺寸约为 79×63m，建设场地狭小，周边环境复杂且四周地下管线较多。东，南，北三侧均有相临很近的建筑物，西侧紧邻城市主干道，四周没有卸土减载的条件。

二、工程地质条件

根据地勘报告，基坑的开挖影响深度范围内的典型土层分布如表 1 及图 1 所示。

场地土层主要力学参数
表 1

土层	土类名称	平均厚度（m）	重度（kN/m³）	粘聚力 c（kPa）	内摩擦角 ϕ（°）	含水量 $W\%$	孔隙比 e
1	杂填土	2.4	18	10	15		
2	湿陷性黄土	3.0	18	14	24	15.3	0.84
3	粉土	6.4	19	10	20	19.8	0.63
4	粉土	6.6	20	13	23	19.8	0.59
5	中细砂	2.7	20	0	30		
6	粉土	3.8	20	13	23	20.0	0.59

注：① c、ϕ 值由直接剪切试验及三轴剪切试验确定；② 地下水类型及埋深：地下水位约－8.00m；勘察深度内场地地下水类型为孔隙潜水。

三、基坑周边环境条件

基坑与周边环境的关系见图 2。

基坑北侧 3 层砖房为医院办公楼，基坑开挖时仍需使用，墙边距基坑边约 4.5m；东侧靠南有 6 层砖混住宅楼距基坑边 8.5m，无地下室，条形基础；南侧为刚建成的高 99m

住院楼，1层地下室，灌注桩承台基础，墙边距基坑边5.0m，在此5m范围内有不能移动的住院楼给水管线距基坑边1.5m；基坑西侧为城市主要道路青年路，基坑边距离人行道围挡7.0m。

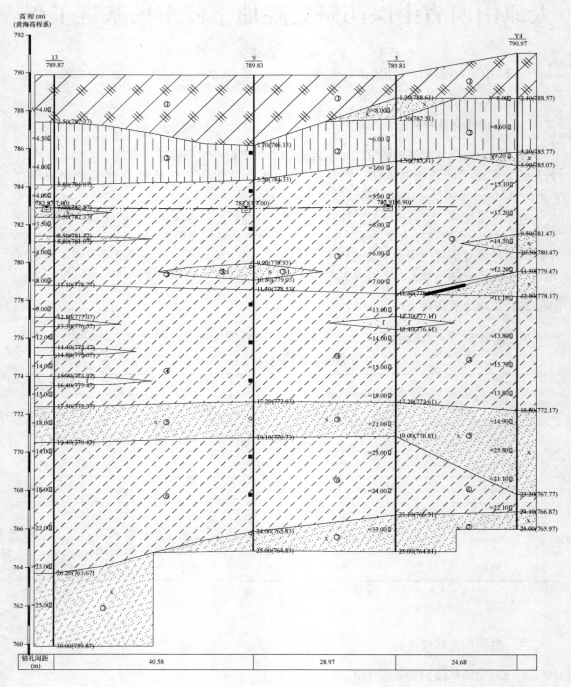

图1　典型地质剖面图

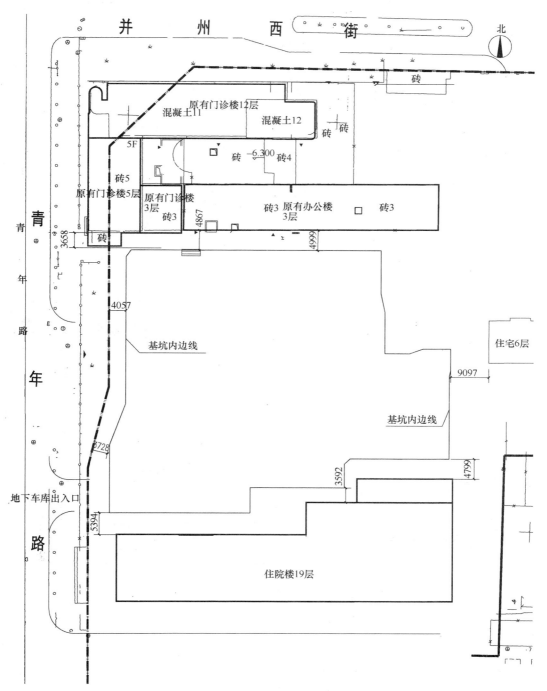

图 2　基坑支护周边关系示意图

四、基坑支护设计方案

本着支护设计安全可行，经济合理的原则，针对本工程周边相邻建筑物的特殊环境，本基坑支护设计依现场实际情况在基坑周圈分别采用不同支护形式，基坑支护总平面布置图见图 3。典型剖面大样见图 4～图 7。

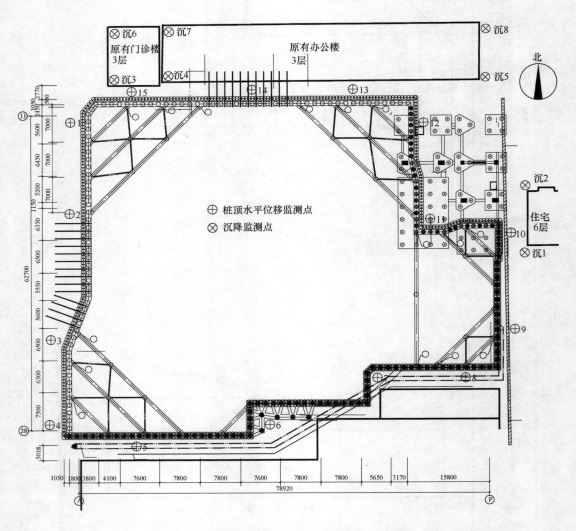

图 3　基坑支护总平面布置图

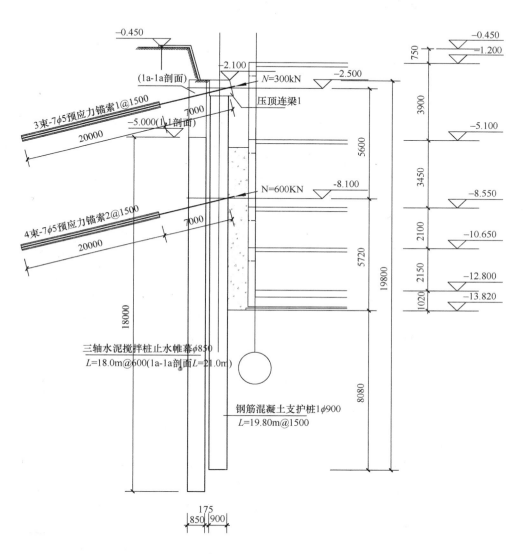

图 4　支护桩＋双排锚索支护大样

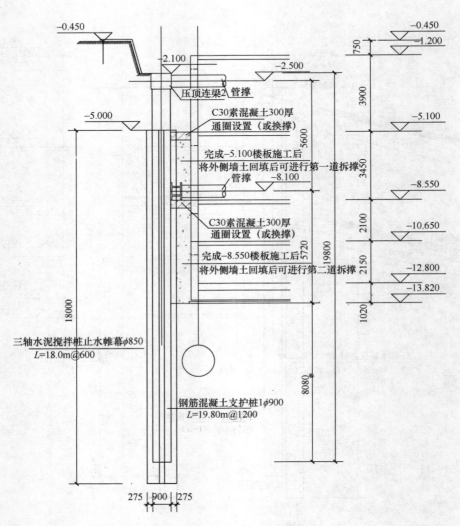

图 5　支护桩＋双排钢支撑支护大样

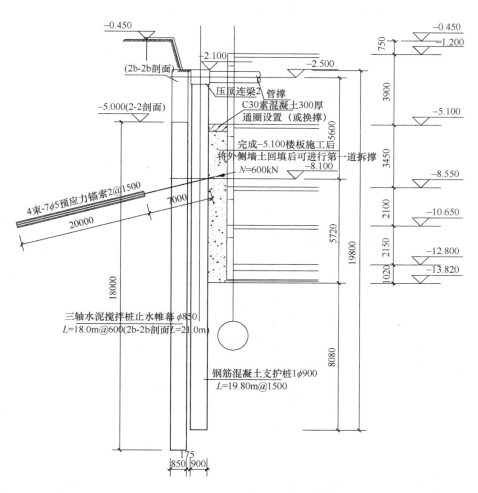

图 6　支护桩＋单排钢支撑＋单排锚索支护大样

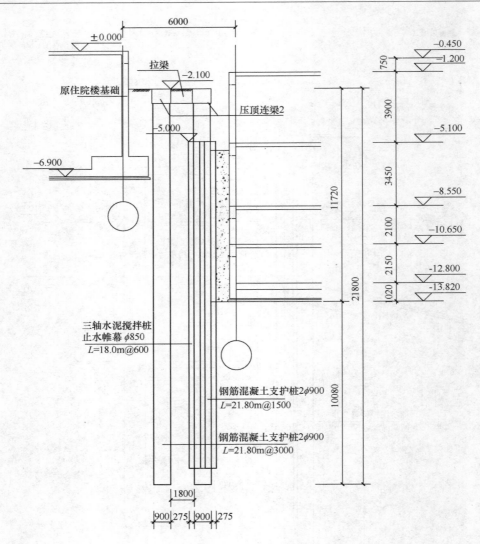

图 7　双排桩支护大样

图 8　基坑西侧实拍照片

图 9　基坑北侧实拍照片

1. 基坑西侧：基坑边距围挡 7.0m，围挡外为青年路人行道，支护结构中部采用 Φ900mm 灌注桩，间距 1.5m，双排 27.0m 预应力锚索；西北角和西南角均采用 Φ900mm 灌注桩，间距 1.5m，上部 Φ630mm×14mm 钢管角撑，下部单排 27.0m 预应力锚索（图 8 为基坑西侧施工完毕后现场实拍照片）。

2. 基坑北侧：基坑边距 3 层砖房墙边 4.5m，支护结构中部采用 Φ900mm 灌注桩，间距 1.5m，双排 27.0m 预应力锚索；西北角采用 Φ900mm 灌注桩，间距 1.5m，上部 Φ630mm×14mm 钢管角撑，下部单排 27.0m 预应力锚索，西南角采用双排 Φ630mm×14mm 钢管角撑（图 9 为基坑北侧施工完毕后现场实拍照片）。

3. 基坑东侧：靠北部分车库与待建主楼地下室连通，根据建设单位施工顺序要求车库先投入使用，主楼再动工修建。车库部分为天然地基，主楼部分为灌注桩承台基础，如分期施工，两者间没有支护结构施工的空间，故利用主楼承台中共 16 根工程桩做为支护桩使用，靠南部分距基坑边 1.8m 有煤气、电缆等管线，不能移动，按常规单排灌注桩＋单排止水帷幕空间距离不够。故靠北部采用 Φ800mm 灌注桩和 Φ800mm 工程桩均做支护桩，间距 1.2m，双排 Φ630mm×14mm 钢管支撑；靠南部采用支护与止水帷幕联合桩，即双排三轴水泥土搅拌止水帷幕桩内插打 Φ900mm 灌注桩，间距 1.5m，双排 Φ630mm×14mm 钢管支撑（图 10 为基坑东侧施工完毕后现场实拍照片）。

4. 基坑南侧：基坑边距新建成的住院楼外墙 5.0m，且存在住院楼给水管线，距离基坑边 1.5m，同样需采用双排三轴水泥土搅拌止水帷幕桩内插打灌注桩以节省支护结构所占空间，支护结构中部采用双排 Φ900mm 灌注桩，间距 1.5m；西北角采用 Φ900mm 灌注桩，间距 1.5m，单排 Φ630mm×14mm 钢管支撑，Φ900mm 灌注桩，间距 1.5m，双排 Φ630mm×14mm 钢管支撑（图 11 为基坑南侧施工完毕后现场实拍照片）。

图 10　基坑东侧实拍照片

图 11　基坑南侧实拍照片

五、现场监测结果

现场检测水平位移与建筑物沉降　　　　　　　　　　　　　　　　　表 2

	计算值	实测值
冠梁顶水平位移	35～40mm	最大处为 28mm（东侧），其余部位 15mm～20mm。
周边建筑沉降值	25～60mm	东侧六层住宅楼平均沉降 8mm，南侧医院住院楼平均沉降 3mm，北侧三层砖混楼沉降 12mm。

沉降监测点 1 及水平位移监测点 9 变形曲线见图 12、图 13。

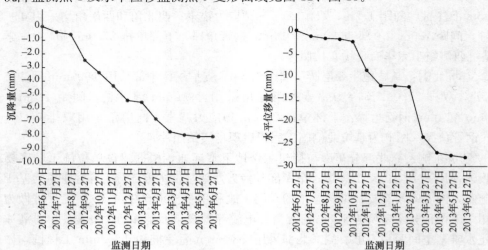

图 12　沉降监测点 1 变形曲线　　　　图 13　水平位移监测点 9 变形曲线

由表 2 可知：

1. 冠梁顶水平位移值：均满足规范要求。

2. 周边建筑沉降值：周边建筑沉降均匀。均在变形控制范围之内。

3. 止水效果：基坑开挖及基础施工过程中，均未见明显的渗水、漏水现象。

六、结论

1. 针对基坑周圈不同条件，分别使用了，桩撑、桩锚、桩撑＋锚、双排桩等各种支护体系，东侧还利用了主楼 16 根工程桩兼做支护桩，很好地说明了基坑工程的灵活性，因地制宜选用合理的支护形式才能在保证安全的前提下，提高基坑工程的经济性；照顾到挖土、出土的便捷性。

2. 针对基坑北侧、西侧中部有条件进行锚索施工，故采用双排锚索，且要求采用大功率的套管跟进锚索施工机械，保证在拔出套管前完成注浆，以确保西侧道路与北侧三层砖房不发生沉降开裂，在锚索施工时与开挖至坑底后，周边道路与房屋均未出现不均匀沉降及开裂。

3. 基坑东侧由于车库与待建医院新门诊大楼地下相连，根据建设单位要求，车库部分必须先投入使用，再修建新门诊大楼。利用了 16 根门诊楼的工程桩作为车库部分的支护桩使用，效果良好。

4. 基坑南侧与东侧因有不能移动的管线存在，如按常规的钢筋砼灌注桩＋三轴止水帷幕，需占用 2.0m 的范围，现场只能提供 1.5m 的空间供支护结构使用，故此处我们在山西地区创新的使用了双排三轴止水帷幕中插打钢筋砼灌注桩的新工艺，满足了场地实际要求支护、止水效果均达到设计要求。

西安西藏大厦基坑工程

卜崇鹏　杨丽娜　王勇华　张　斌

（机械工业勘察设计研究院，西安　710043）

一、工程简介及特点

陕西博安投资有限公司西安西藏大厦建筑场地位于西安市友谊东路北侧原珠穆朗玛宾馆院内。基坑东西长约92m，南北宽约67m，基坑原设计深度为12.37m，降水深度为4m。原设计采用护坡桩加预应力锚杆支护形式和坑外管井降水方案。在基坑施工至−8.0m处时，因业主对该建筑地下停车位有增加需求，便提出用加深基坑深度办法来增加地下停车位数量，并要求设计院根据目前施工完成情况，在经济的基础上确定基坑加深深度并制定合理的加固方案。因护坡桩和预应力锚杆、降水井均按原设计施工完成，如何确定合适的基坑深度、以充分发挥已完成的支护结构、并保证加深后的基坑坡壁的安全稳定及周边建构筑物及管线等的正常使用，达到降低施工成本、减少资源浪费、加快基坑施工周期目的，是本基坑工程设计的重点与难点。

二、基坑周边环境情况

场地西邻长胜街，南邻友谊东路，东侧为铁一局家属院，东距雁塔北路约170m。基坑西侧开挖边线距围墙3.5m，围墙外为长胜街道沿，宽约5.0m，为停车位置；基坑南侧开挖边线距围墙5.48m，围墙外为友谊路道沿（距友谊路主干道较远），为停车位置；基坑东侧基坑开挖边线距围墙8.0m，围墙外为相邻小区道路，围墙距离铁一局高层17.0m，该建筑带地下室，桩基基础；基坑北侧开挖边线距围墙5.72~9.72m，围墙外有7层及4层民房，基坑平面图及监测点布置图如图1所示。

三、工程地质条件

1. 土层条件

拟建场地地形较平坦，地貌单元属黄土梁洼。根据钻孔揭露，基坑开挖影响深度范围内地层组成自上而下依次为：人工填土（Q^{ml}）、第四系上更新统风积（Q_3^{2eol}）黄土、残积（Q_3^{1el}）古土壤，中更新统风积（Q_2^{eol}）黄土。

各土层物理力学指标见表1。

2. 地下水

勘察期间，实测场地地下水稳定水位埋深在现地面下9.3~10.1m。属潜水类型，主要受大气降水和地表水渗入等补给。地下水位年变化幅度约为2.0m。

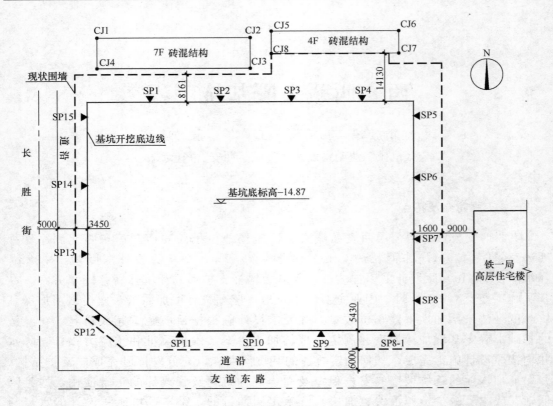

图 1　基坑平面图及监测点布置图

场地土层主要力学参数　　　　　　　　　　　　　　　　　　　　　表 1

地　层	土层厚度 （m）	土体重度 γ （kN/cm³）	粘聚力 c （kPa）	内摩擦角 φ （°）	塑性指数 I_L	极限摩阻力标准值 q_{sik}/kPa
①₋₁填土	2.0	16.5	10	10	0.42	30
②₋₁黄土	6.5	15.4	20	18	0.4	55
②₋₂黄土	3.0	17.0	25	18	0.55	50
③古土壤	3.5	19.0	35	19	0.6	50
④黄土	3.0	19.3	48	22	0.65	50
⑤黄土	6.0	19.7	40	21	0.47	50

四、基坑围护支护及降水方案

1. 基坑支护方案

为了确定基坑深度和加固方案，通过收集类似工程经验和反复的分析计算以及对现有已施工的支护结构进行安全评估、同甲方进行意向沟通后，本着合理可行的原则，从利用原有支护结构、施工周期和施工可行性三个因素出发，在满足业主基本要求的前提下，选择了 4m，3m，2.5m，2m 基坑加深深度，对原支护结构进行反复验算，并进行了分析和选择。最终确定基坑深度增加 2.5m 时，支护结构可以充分利用，也满足施工技术可行性要求，同时也满足车库结构设计的要求。

确定开挖深度后，对各支护段可以采取的支护类型进行分析研究，提出了可供选择的方案并从经济，施工难度，工期和建设单位要求等方面对可采用的方案进行了对比选择，经过多次比较和选择，最终制定以下的加固方案，基坑支护结构布置图见图2。

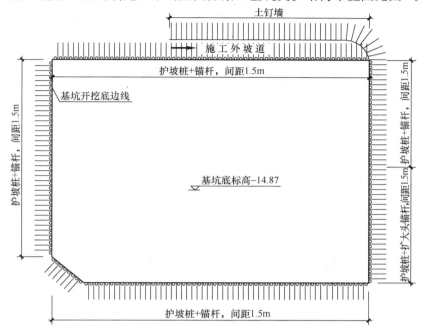

图2　基坑围护平面图

（1）坡道部分

内侧采用护坡桩＋常规锚杆的支护形式，外侧采用土钉墙支护形式。

（2）基坑北侧西段、西侧、南侧和东侧北段

采用增加锚杆排数并改进锚杆施工工艺进行加固。大量的试验结果表明，锚杆的抗拉拔力并不与锚固段的长度增加成正比，过长的增加锚固段长度，并不能有效的提高锚固力，因此若采用增长锚固段的长度来满足设计承载力要求，不但会增加投资而且效果不显著，锚杆长度过大，施工难度也加大。因此为了满足设计要求同时降低施工成本，设计上对这些部位的锚杆采用二次高压注浆工艺。支护结构典型剖面图详见图3。

（3）基坑东侧南段

采用增加锚杆排数并改进锚杆施工工艺进行加固。此段距离铁一局高层只有17m，高层建筑采用桩基处理，锚杆伸入桩基础会影响其受力，且锚杆打进桩基础施工难度大，锚杆难以按照设计长度成孔，施工条件严重受限，二次高压注浆工艺虽然能有效的提高传统锚杆的承载力，但施工长度仍不能满足设计要求，必寻求其他的改进措施，因此设计上对此段采用高压喷射扩大头锚杆。高压旋喷扩大头锚杆，施工工艺简单易于操作，可用性强，相对于混凝土支撑，在降低造价、缩短工期、节约用材方面具有更明显的经济效益和社会效益，能降低施工成本的同时，节约施工用电。

（4）护坡桩嵌固段弥补措施

基坑加深后，护坡桩嵌固段将变短，设计采用增加最下一排锚杆长度将支护结构锚固

到稳定地层来满足设计的要求，弥补嵌固段长度的不足。

（5）锚杆筋体选择

锚索质量轻强度大，可弯曲，便于高空操作，因此锚杆钉体采用锚索。

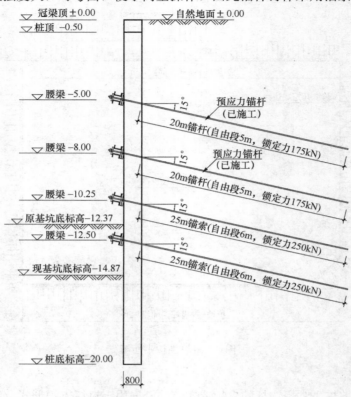

图 3　支护结构典型剖面图

2. 降水方案

原降水井 25m，基坑加深后，井中设计降深 6.4m，比原设计加深 2.5m，就本工程而言，一般在基坑外增加降水井和增加单井出水量两种方案可以满足降深要求。通过核算表明，两种方案降水结果基本都能够满足施工要求，但是目前基坑周边基本已无条件增设降水井，且施工难度很大，增加单井出水量方案比较经济合理。因此，本设计在基坑内后浇带部分增设 3 口水位观测井，井结构同降水井结构，井深 22m，观察降水效果和指导降水施工的同时，必要时这 3 口观测井可作为降水井使用，达到一井多用的效果。

五、基坑监测情况

本基坑工程为加固工程，基坑深度较深，地下水位降幅较大。为了保证相邻建筑物及基坑的使用安全，在基坑开始开挖至基础施工完成应对基坑边坡坡顶及相邻建筑物进行水平位移监测和沉降观测，以及时了解支护结构的工作情况和相邻建筑物的使用情况。监测点平面布置见图 1。

本基坑变形观测工作从 2012 年 7 月开始至 2013 年 3 月止，通过近半年的观测，测得护坡桩桩顶最大水平位移为 19.03mm，相邻建筑物最大沉降量为 6.15mm。桩顶水平位移—时间曲线如图 4 所示；相邻建筑物沉降—时间曲线如图 5 所示。

从监测结果可以看出，基坑四周位移及相邻建筑物沉降量均较小，均在规范要求范围之内。可以说明本基坑工程是安全的，基坑降水未对相邻建筑造成影响，基坑加固方案的实施达到了预期效果。

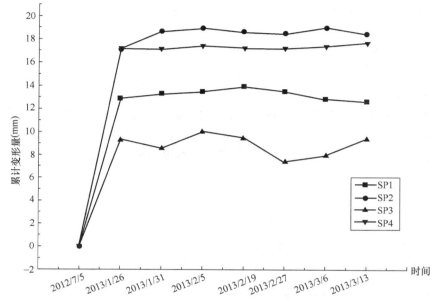

（说明：2012/7/5～2013/1/26 为基坑开挖与桩身锚杆施工阶段
2013/1/26～2013/3/13 为基坑使用阶段）

图 4　基坑北侧桩顶水平位移—时间曲线

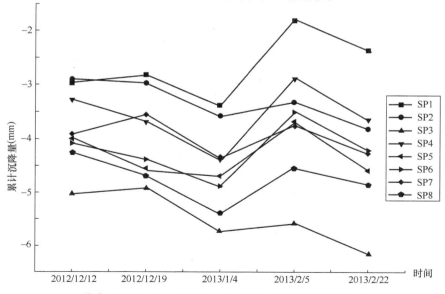

（说明：2012/12/12～2013/1/4 为基坑开挖与桩身锚杆施工阶段
2013/1/4～2013/2/22 为基坑使用阶段）

图 5　相邻建筑物沉降—时间曲线

六、点评

1. 本方案根据甲方的要求，通过多方案比选，利用原有支护结构，并针对不同情况不同地段采用不同支护类型和施工工艺，最大限度上利用了原有已经施工的支护结构，即满足了基坑的稳定，又增加了支护结构的经济性，同时也解决了地下车库车位数量不够的难题。

2. 本基坑工程实施效果表明了基坑边坡稳定性得到控制，杜绝了边坡坍塌事故的出现；同时有效降低了施工成本，减少资源浪费，加快了基坑施工周期，保证了工程的顺利进行。

3. 工程造价同一次定好的基坑深度所需造价基本相同，同一般基坑加固工程相比，缩短工期约 2 个月，同时为甲方节约成本约人民币 100 万。本基坑支护加固设计方案是有效且经济的，同时我们的工作也得到了建设单位的高度认可，为我们以后的发展奠定了良好的基础。

甘肃省商会大厦基坑工程

朱彦鹏　任永忠　周　勇　叶帅华

（兰州理工大学土木工程学院，兰州　730050）

一、工程概况

甘肃省商会大厦位于兰州市城关区，场地北侧临 T605 号路，东侧临 T606 号路，南侧临 T604 号路，西侧紧邻雁滩家园小区，拟建建筑物筏板边线与红线（雁滩家园小区围墙）仅为 1.13m，围墙内距离围墙 10.5m 处有两栋（33F）住宅楼，两栋住宅楼基础持力层为卵石层，基础埋深为 -7.700m，18F 高层住宅楼基础为筏板基础，基础埋深为 -4.800m。本工程规划总用地为 27056m²，建设用地为 14792.7m²，总建筑面积为 135112m²，地上总建筑面积为 96512m²，地下总建筑面积为 38600m²，其中：地上建筑由北塔楼（25F，高 99.95m）和南塔楼（27F，高 99.95m）及两塔楼中部（5F）建筑和南侧（7F）建筑 4 部分组成；地下三层，局部设夹层。场地地面绝对标高为 1511.7m，基坑周围有道路及地下管线分布，其开挖规模很大，由于地下室层数设置的不同，基坑开挖深度随之也变化，其开挖深度分别为 20.0m 和 18.6m，基础长×宽为 201.8m×67.73m，因此基坑开挖的稳定性对雁滩小区内住宅楼的安全有重要的影响。依据《建筑基坑支护技术规程》JGJ 120—2012 和《湿陷性黄土地区建筑基坑工程安全技术规程》JGJ 167—2009，该深基坑支护工程安全等级确定为一级。基坑与周围建筑物的关系见图 1。

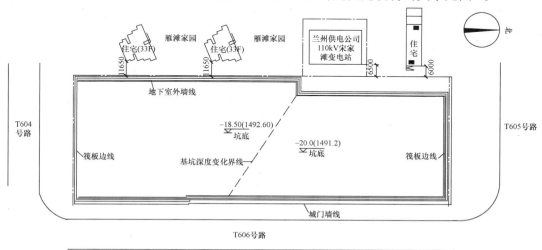

图 1　基坑与周围建筑物的关系

由上图可以看出，2 栋住宅楼（33F）距基坑边仅有 11.6m，变电所（3F）距基坑边 6.5m，另一栋住宅楼（18F）距基坑边仅有 6.0m。基坑西侧是支护设计的重点和难点。

二、场地工程地质及水文地质条件

1. 工程地质条件

根据甘肃省土木工程科学研究院（2012 年 11 月）编制的甘肃省商会大厦场地岩土工程勘察报告，地貌单元属黄河南岸Ⅰ级阶地，场地地层在勘探深度范围内，自上而下主要为①填土层、②卵石层、③第三系砂岩层。

①填土层，层厚 0.40～5.30m，整个场地分布，杂色，由粉土及建筑垃圾和生活垃圾等组成，含砖块、砾石、煤灰及塑料等，土质不均匀，稍湿，稍密。部分地段下部为素填土，厚 1.4～1.7m，黄褐色，土质不均匀，含少量粉砂石，偶有植物根系，摇振反应一般，无光泽，干强度低，韧性低，稍湿～湿，稍密。

②粉细砂层，厚 0.60～2.40m，浅黄色，主要由石英、长石、云母等组成，含少量粉土，较均匀，稍密，稍湿，岩芯呈散状，部分地段缺失。

③卵石层（Q_4^{al+pl}），整个场地分布，层面埋深 0.7～5.8m，层面标高 1505.57～1509.89m，层厚 4.7～8.1m，青灰～灰白色，骨架颗粒主要为石英岩、花岗岩及变质岩等，含量约 70%，磨圆较好，上部粒径相对较小，局部为圆砾，充填物主要为中粗砂，含砂量较大，级配良好，稍密，钻进较快，有漏浆、塌孔现象；向下粒径逐渐变大，为卵石，局部含大量漂石，分选性差，级配不良，中密，饱和，钻进困难，局部有粉细砂夹层，呈透镜体分布。

③$_{-1}$ 粉细砂层（Q_4^{al+pl}），场地内部分地段分布，分布不连续，呈透镜体分布③卵石层中，层厚 0.4～2.0m，局部夹有圆砾及黄土状粉质粘土薄层，灰黄色，砂质较均匀，主要矿物成分为石英、长石、云母等，岩芯呈散状，易塌孔，饱和，稍密。

④第三系砂岩层，层面埋深 8.5～11.2m，层面标高 1499.53～1501.84m，最大揭露厚度 43.3m，未穿透。以粉细砂为主，夹有砾石等粗颗粒，泥、钙质胶结，局部夹有灰褐色砂岩，40m 以上成岩作用差，呈强风化状态，岩芯呈散状、片状、短柱状，湿，手捏易碎，较软弱，钻进容易；40m 以下呈中风化状态，岩芯呈短柱状，强度较高，不易破碎，遇水易软化崩解。

2. 水文地质条件

根据甘肃省土木工程科学研究院（2012 年 11 月）编制的甘肃省商会大厦场地岩土工程勘察报告，拟建工程场地地下水属潜水型，勘察期间地下水埋深 3.2～5.1m，标高 1505.46～1506.54m，卵石层中下部为主要含水层，④第三系砂岩层浅部存在裂隙水，主要由大气降水及黄河上游侧向补给，水位变化幅度约 1.0m。③卵石层渗透系数 k 为 50m/d。

场地地层主要物理力学参数如表 1。

场地地层主要物理力学参数表　　　　　　　　　　　　　表 1

名　称		层厚 (m)	天然重度 γ/kN/m³	固结快剪强度		承载力特征值 f_{ak} (kPa)	压缩模量 E_s (MPa)	锚固体摩阻力 (kPa)
				C (kPa)	ϕ/°			
①填土层		4.0	17.0	0.01	12.0	—	—	20
②卵石层	1.5m 以上	1.5	23.0	0.0	30.0	400	35	200
	1.5m 以下	4.5	23.0	0.0	30.0	500	45	200
③第三系砂岩层		50	24.0	0.02	25.0	400	30	120

注："—"表示岩土工程勘察报告未提供该参数。

本工程典型地质剖面如图 2。

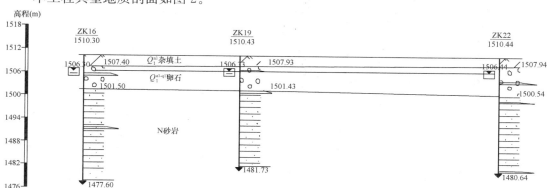

图 2　典型地质剖面图

三、支护结构设计

1. 基坑支护总体设计思路

本工程位于兰州市城关区，基坑西侧建筑物密集，拟建场地周围存在 3 栋高层及一处变电所，针对变电所建筑内部相关设备对位移有严格的控制和要求。因此工程环境条件复杂，环境保护要求高。本工程基坑开挖深度较深，在如此复杂的周边环境条件下来实施深基坑的开挖，这给设计和施工都带来了较大的难度和挑战，同时提出了更高的要求。本着"安全经济、合理可行"的原则，在综合考虑基坑工程的开挖深度、面积、地质条件、施工条件以及场地周边环境等因素的影响下，拟采用咬合钻孔灌注桩与预应力锚索相结合的桩锚支护方案，相邻两根支护桩桩间设一根素混凝土桩，为基坑的主体围护结构，同时场地地下水存在卵石层中，地下水位较高，因此采用止水桩和支护桩相互咬合已形成止水帷幕，同时在基坑周边布置一定数量的降水井以达到控制地下水对基坑安全性的影响。

2. 基坑支护结构设计

本基坑工程拟采用咬合钻孔灌注桩与预应力锚索相结合的桩锚支护方案，相邻两根支护桩桩间设一根素混凝土桩。排桩采用冲击成孔钢筋混凝土灌注桩，桩径采用 1000mm，锚索采用"一桩双锚"的设计方式，即在排桩的两侧各设置一根锚索。由于在基坑的西侧有建筑的存在及建筑物距离基坑边距离不等，为避免锚索与地下室外墙发生碰撞，锚索的竖向间距不同，其中在住宅（33F）建筑物位置处第一排锚索距桩顶为 3.5m，第二排锚索距离第一排锚索为 4.0m，第三排锚索距离第二排锚索为 4.5m，基坑底面距第三排锚索为 6.6m。基坑开挖深度为 20.0m 范围内，由于现有地下管线以及将来市政管线铺设的影响，将桩顶下移 4.3m，此部分高度采用烧结砖砌筑，第一排锚索距地面为 4.5m，第二排锚索距离第一排锚索 4.5m，第三排锚索距第二排锚索为 5.0m。锚索的水平倾角均取 15°。桩的嵌固段长度经计算确定，桩身混凝土强度等级为 C30。排桩顶设置冠梁，冠梁截面尺寸为 1200mm×800mm，以加强支护结构的整体稳定性。具体的支护立面图详见图 4 和图 5。在锚索设计过程中，锚索所施加预应力对基坑的稳定性具有很大的影响，依据《建筑基坑支护技术规程》JGJ 120—2012 中第 4.7.7 条款规定锚杆的锁定值宜取锚杆轴向拉力标准值的（0.75～0.9）倍。经过《理正深基坑结构设计软件》计算锚索轴向拉力标准值，最后计算可得各个锚索的预应力值。

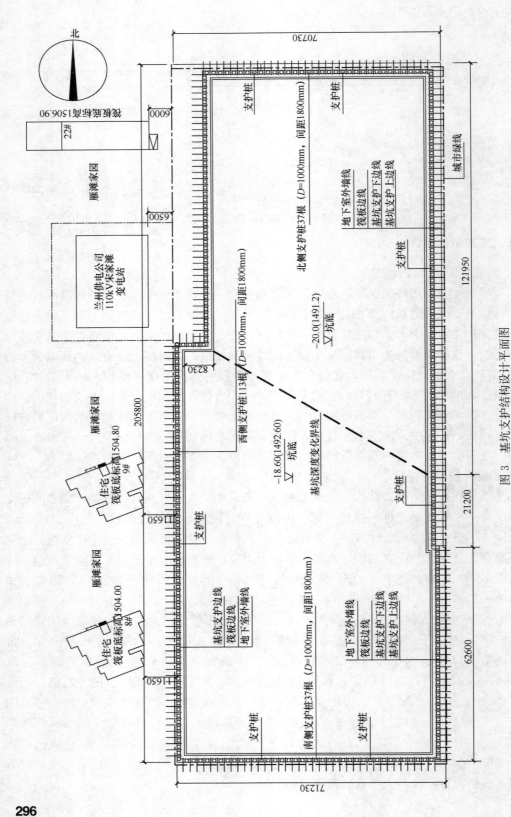

图 3　基坑支护结构设计平面图

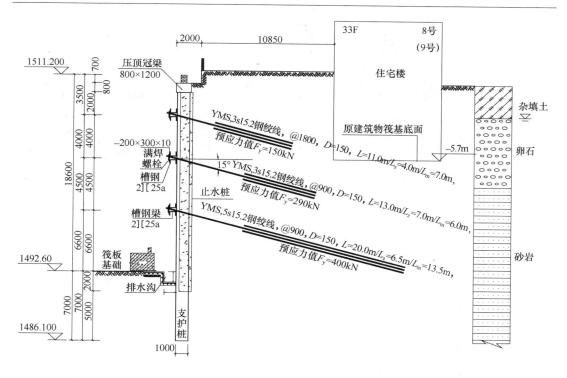

图 4　住宅（33F）处支护剖面图

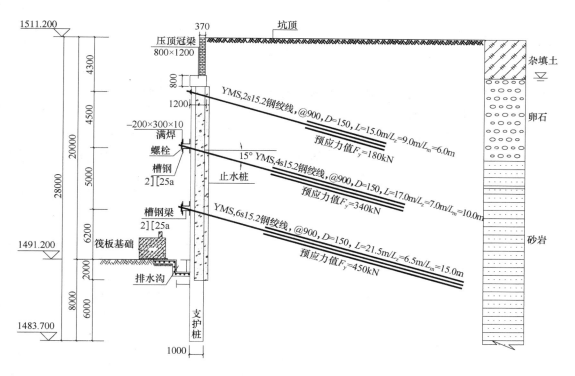

图 5　变电所处支护剖面图

图 6　整个基坑全貌图　　　　　图 7　基坑西侧建筑物与基坑的位置关系

四、基坑设计与施工注意事项

1. 基坑支护设计首先必须保证开挖过程的稳定以及对周围既有建筑物的基础、通信光缆、天然气管道以及地下给排水管线的保护，同时要考虑支护结构的总体造价经济合理，在该基坑西侧支护区域内，必须要保证周围建筑物的正常使用。

2. 本基坑工程采用"动态设计、信息化施工"的技术原则，基坑的设计与施工是紧密结合的。基坑设计必须与施工相互协调才能完成，由于基坑开挖过程中地质状况有可能发生变化或者在施工过程中不可预见的隐患，随着施工的进行，基坑设计也随之相应的动态设计。在本工程中基坑东侧在施工之前按三道预应力锚索设计，然而在施工过程中由于基坑顶面钢筋建材的堆载及地下水的影响，经第三方的监测支护桩桩顶位移变化速率加剧变大。设计方依据现场条件增设一排预应力锚索，满足了现场的紧急情况。

3. 土方开挖应遵循"分段分层、分块开挖、先中间后两边、随挖随撑、限时完成"的原则，以缩短开挖时间，减少累积变形为主要控制目标。严格控制基坑开挖坡度，必须按基坑设计的相关参数施工。由于本工程基坑开挖深度较深，必须保证桩间土完好。为此每开挖深度 2.0m 后，在坡面绑扎钢筋网片，采用细石混凝土喷面，等到面层达到初凝时再进行下一步的开挖，到达预应力锚索位置处限时完成预应力锚索的施工并进行张拉施加预应力。

4. 为保证基坑的安全使用，在基坑未回填之前，不得破坏支护结构，不得在基坑顶上施加额外荷载，坑顶堆载距离基坑开挖上口线不得小于 1.5m，堆载荷载不得超过 10kPa。

五、基坑监测方案及监测结果分析

基坑的安全监测在设计和施工过程有着重要的作用，靠现场监测提供动态信息反馈来指导施工全过程，并可通过监测数据来了解基坑的设计强度，为今后降低工程成本指标提供设计依据。同时可及时了解施工环境——地下土层、地下管线、地下设施、地面建筑在施工过程中所受的影响程度，最后可及时发现和预报险情的发生及险情的发展程度，为及时采取安全补救措施充当耳目。因此基坑的安全监测不容忽视。依据基坑平面形状和基坑周边环境的复杂性，具体的监测点布置详见图 8。

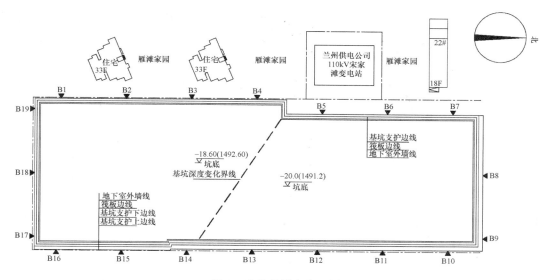

图 8　基坑监测点布置图

1. 排桩桩顶水平位移

依据《湿陷性黄土地区建筑基坑工程安全技术规程》JGJ 167—2009 和《建筑基坑工程监测技术规范》GB 50497—2009 规定，当基坑侧壁安全等级为一级时，支护结构安全使用最大水平位移限值为 $0.0025h$，此处 h 为基坑的开挖深度，因此该支护结构桩顶最大水平位移限值为 50.0mm（基坑开挖深度分别为 20.0m 和 18.6m，此处水平限值按 20.0m 来计算）。图 9 为基坑西侧排桩桩顶水平位移曲线。本基坑工程从 2013 年 5 月 28 日～2013 年 11 月 9 日为期 165 天针对基坑西侧进行了重点监测。从图 7 可以看出，基坑开挖过程中桩顶的水平位移变化较大，预应力的施加能有效的减小水平位移的发展，B2 监测点水平位移最大，其最值为 43.5mm，未超过规范规定的水平位移限值，同时从图中可以看出，2013 年 10 月 1 日之后排桩桩顶水平位移值保持水平，这是因为基坑开挖结束，基坑支护工程已竣工，锚索的预应力的施加极大程度的限制了桩顶的水平位移。

2. 基坑周围建筑物、地表沉降

依据桩顶水平位移监测点的布置，同时埋设了 7 个基坑周边沉降观测点，同时进行为

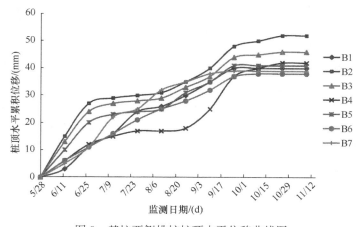

图 9　基坑西侧排桩桩顶水平位移曲线图

期 165 天的沉降监测，最大沉降发生在基坑西侧 B2 点，其沉降量为 24.6mm。依据《建筑地基基础设计规范》GB 50007—2011 规定，体型简单的高层建筑基础的平均沉降量为 200mm，沉降均满足预期目标，基坑监测点沉降变化曲线图见图 10。

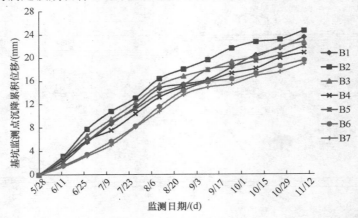

图 10　基坑监测点沉降曲线图

图 11　基坑中筏板的施工过程

六、结论

本文通过甘肃省商会大厦深基坑讨论了在复杂周围环境条件下的深基坑支护问题，通过设计分析可以得到以下结论和启示：

1. 在复杂的周围环境下进行了深度为 20.0m 的深大基坑支护，采用咬合钻孔灌注桩与预应力锚索相结合的桩锚支护方案，相邻两根支护桩桩间设一根素混凝土桩，用于止水和桩间土防护，有效的保证了基坑的稳定性以及基坑变形，满足了使用要求。

2. 在基坑周围设计降水井不能距离基坑边距离太大，如果采用桩锚支护形式时，由于降水井抽水作用使得把水泥砂浆带走，造成锚索的锚固段无法提供设计要求的锚固力，应该将降水井设置在锚索的自由段位置处。

3. 针对兰州地区的深基坑来说，支护形式多采用的是排桩加预应力锚杆（索）支护，桩顶标高应该低于地面 1.5m 左右，这样对于将来建筑物地下管线的开挖和铺设较为方便，否则需要爆破桩顶才能施工。

佛山新城 CBD 商务区 02、03 地块基坑工程

陈志平　林本海

（广州大学地下工程与地质灾害研究中心，广州　510006）

一、工程简介

佛山新城 CBD 商务区 02、03 地块位于佛山市新城岭南大道东侧、文华南路西侧、君兰路和佛山新闻中心南侧、富华路北侧。拟建工程占地面积约 12.7 万 m²，由中国移动、中信银行、中德高技术平台、企业家大厦、集成金融、中盈盛达、宝能置业、欧浦商业中心 8 个项目（单位）的 8 栋超高层写字楼建筑群组成；因 8 个项目的用地红线相连，基坑支护各自设计和施工将严重耗费公共资源，为此管委会牵头对 8 宗场地基坑进行联合设计和整体开挖施工，依据各家对地下空间的使用功能要求，地下室的层数为 3～4 层，基坑开挖深度约为 15.0～18.0m，联合大基坑的边长约 535m，边宽约 230m，周长约 1530m。

二、场地工程地质条件

拟建场地原为耕地及鱼塘，近期经人工填土整平。地貌上属于珠江三角洲冲淤积平原区，地势平坦，地面标高在 2.15～3.66m 之间。

经钻孔揭示，本场地地层由人工填土、第四系海陆交互相冲淤积层、风化残积土层及第三系泥质粉砂岩等组成。与基坑开挖有关的土层为：

①素填土：土层主要由黄褐色粉细砂及粉质粘土组成，局部由褐红、紫红色泥、砂风化土混少量碎石组成。

②粘土、粉质粘土混砂层：土层呈黄褐～土黄色，饱和，可塑，局部软塑。常见铁质锈迹，顶部含植物根茎，局部含粉砂，塑性较强。

③淤泥质土混砂层：土层呈深灰色，饱和，流塑，土质不均，上部常见夹 1～10mm 厚的微薄层粉砂，含水量高，孔隙比大；下部见含少量腐木腐碎屑及腐木叶片，土质较上部稍硬。

④中（粗）砂：主要呈灰黄、深黄、褐黄及浅青灰等色，饱和，中密，成分以石英为主，含 2～10mm 大小的石英砾石，砾石分布不均，大部分地段砾石较富集。

⑤粉砂层混泥层：多呈青灰～浅棕色，饱和，中密，多含细粒土及腐殖土，局部偶见夹中砂层薄层泥炭土，分选性差。

⑥残积土层：主要呈黄绿、深黄、青灰及灰黑等色，由残积粘性土组成，呈饱和、可塑状，为泥岩、粉砂质泥岩风化残积而成，偶见强风化岩块。

⑦风化岩层：为全风化泥质粉砂岩，强风化泥质粉砂岩，中风化粉泥质粉砂岩，微风化泥质粉砂岩。

场区内地下水主要为人工填土层中潜水、砂土层中承压孔隙水和基岩中裂隙水。地下水主要靠地下水循环补给，其次靠大气降水及河流、沟渠水渗透补给，排泄方式为蒸发，地下水受季节气候影响较小，涌水量较为稳定，总体水量较丰富。

基坑场地代表性的地质剖面图见图1。

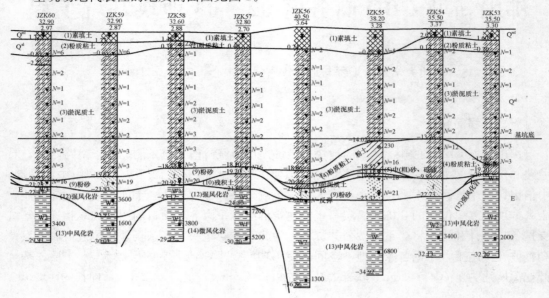

图1 场地（南边）代表性地质剖面图

各地层的主要性质如表1所示。

场地土层主要性质参数 表1

岩土层名称	状 态	土层厚 (m)	标贯值 N (击)	重度 γ (kN/m³)	c (kPa)	φ (°)
①素填土	未经~稍经压实	0.8~11.8	5~7	17.5	10	8
②粘土、粉质粘土	可塑	0.3~2.9	4~8	18.0	20	18
③淤泥质土	流塑~软塑	3.2~21.9	1~5	16.5	6	5
③-1淤质粉砂	极松散~松散	0.6~6.8	1~8	17.8	2	10
④粉土、粉质粘土	软塑~可塑	0.6~6.2	6~16	18.5	22	20
⑤中（粗）砂、砾砂	中密	0.6~8.4	16~30	19.0	0	22
⑥粘土、粉质粘土	可塑（局部硬塑）	0.8~8.2	9~23	18.5	22	18
⑦淤泥质土	流塑~软塑	0.5~10.2	2~4	16.5	6	5
⑧粉质粘土、粉土	可塑	0.7~1.6	—	18.5	22	18
⑨粉砂	中密	0.8~4.3	15~25	18.8	0	22
⑩残积土	可塑~硬塑	0.5~6.1	12~29	18.5	26	18
⑪全风化泥质粉砂岩	坚硬土状	2.1~10.9	30~38	20	40	25
⑫强风化泥质粉砂岩	岩芯多呈半岩半土状	0.8~16.0	—	21	60	30
⑫-1中风化岩夹层	岩芯短~长柱状	1.9~4.3	—	22	120	32
⑫-2微风化岩夹层	岩芯呈短~长柱状	1.2~4.4	—	23	200	35
⑬中风化泥质粉砂岩	岩芯呈短~长柱状	0.5~18.1	—	22	120	32
⑭微风化泥质粉砂岩	岩芯呈短~长柱状	0.5~13.9	—	23	200	35

三、基坑周边环境情况

佛山新城 CBD 商务区 02、03 地块联合基坑的四周环境见图 2，主要特点如下：

1. 基坑北侧红线外为已建的市政道路—君兰路，道路的另一边的西半段即为佛山新闻中心（基坑边距佛山新闻中心外墙边线约 75m），东半段为拟开挖的苏宁广场基坑（非本地块项目，地下 3 层，基坑开挖深度 17.5m）。君兰路下面拟建广佛地铁环线及广州—佛山—江门—珠海的城际轨道换乘站，轻轨线的轨顶面标高约比联合基坑中最临近的盈盛达地块基坑底还深 4.4—6.0m。

2. 基坑东侧红线外为已建的断头路—文华南路，此路北端与君兰路相连，南端断头不通。道路下管线众多，道路宽约 50m（包括人行道及绿化带），道路下面也拟建佛山地铁 3 号线，地铁隧道距基坑项目的用地红线最近距离约为 5m。要求本基坑的支护设计与施工不能对后期地铁隧道盾构施工造成影响和留下永久地下障碍，同时隧道直径 1.5 倍（约直径 9m）范围内为严格控制范围。

3. 基坑南侧红线外为已建断头路—富华路，此路西端与文华南路相连，东端断头不通。道路东端尽头为一鱼塘，鱼塘紧贴用地红线。道路宽约 36m（包括人行道及绿化带），道路的另一侧分布多个鱼塘及多栋 1~2 层的民居。道路下面管线众多。

4. 基坑西侧红线外为已建市政主干道—岭南大道，道路宽约 54m（包括人行道及绿化带），道路下面管线众多，需要保护。

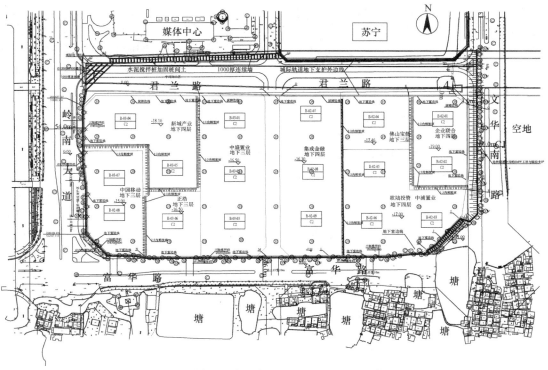

图 2 基坑周边环境、支护总平面和监测平面布置图

从上述对场地环境的介绍可见，场地周边环境相当复杂，基坑外道路下的管线众多，基坑北侧道路下有规划建设中的轻轨，东侧道路下有规划建设中的地铁隧道，两

个隧道都比拟开挖的联合大基坑施工延后，需考虑基坑支护结构施工对后期两个隧道施工的影响，且基坑支护工程的支护体系距地铁及轻轨的最小距离需满足地铁及轻轨的最小安全距离5m的要求。同时场地地层为深厚的砂层和淤泥层互层，地下水丰富，基坑的开挖深度大，基坑底面下还是厚层的淤泥砂层，对基坑开挖支护非常不利，作用在支护结构上的土压力和水压力大，同时对基坑支护结构的止水要求高，对支护结构的水平位移和地面沉降控制要求高且难度大。上述这些工程特点直接制约着基坑支护方案的比选和优化。

四、基坑支护结构的选型分析

基坑支护设计不仅需要满足功能使用和基础埋深要求，而且需要保护周边已有建筑物、地下管线和道路。因此，需要根据场地地层状态特点，基坑形状和深度要求，确定基坑支护挡土结构方案和平衡水土压力的支撑或锚拉方案、止水降水方案和监测方案等。

一个优化的基坑支护设计方案应该满足4个要求：1）保证基坑支护结构体系本身是安全的；2）保证基坑开挖过程中的周边环境是安全的；3）基坑支护设计的结构方案是经济合理的；4）基坑工程施工是方便快捷可行的。

为了保证基坑工程的安全性和经济性，既要重视理论的分析计算，又要重视类似工程的经验和类比分析。因本基坑为8家房地产公司联合开发进行，而各家对自家项目的设计方案还没有确定，基础选型也没有方案，基坑深度也各不相同（地下3—4层，开挖深15～18m），联合大基坑的边长约535m，边宽约230m，为超大型基坑，且8家项目的实际设计和施工进度也存在差异，所以不仅内支撑方案无法实现，而且常规适用于不利地层条件下深大基坑的中心岛法在本基坑也是无法实现的；因此只能采用坑外的锚拉支护方案。

在深入分析场地地层结构、地下水的特点、基坑形状、开挖深度，周边环境特点和施工机械及施工工艺的基础上，适用于本基坑的可选支护方案主要有：

1）放坡开挖＋土钉墙＋地基处理＋止水帷幕方案

2）排桩＋预应力锚索＋止水帷幕方案

3）双排桩＋预应力锚索＋止水帷幕方案

4）地下连续墙＋预应力锚索方案

下面分别对基坑支护的各边各段的处理分析和优化设计进行介绍：

（1）基坑场地北侧为君兰路，路下为拟建的佛山城际轻轨地铁线，按照地铁设计要求采用明挖法且隧道顶距离本基坑的底部还深4.4～6.0m；场地北侧西半段距拟建轻轨支护另一边的距离约47m，距佛山新闻中心约75m，因轻轨线施工将滞后2年，所以最终确定该段的基坑支护采用大放坡＋钢化管土钉＋坡体和被动区土体加固的支护形式，由于该段开挖深度为16.4～18.0m，放坡分两级进行，坡率1：2.0，中间设置2m宽的平台。钢化管土钉长8～21m，按纵向间距1.2m～1.3m布置，横向间距为1.3m。对于轻轨线基坑的支护则可在施工完本项目的结构后利用结构层作为支撑的支点与轻轨线基坑支护的另一边的地连墙作为支护采用内支撑的支护方案。组合支护结构见剖面图3。

（2）基坑场地北侧东半段君兰路的另一边为拟施工的苏宁广场项目，其基坑开挖深度17.5m。而本基坑北侧开挖深度为18.4m，两基坑开挖深度相当，为此经过业主与苏宁电器集团的沟通，从互利的角度出发可将两基坑在本相邻区的150m段作大放坡挖通处理，

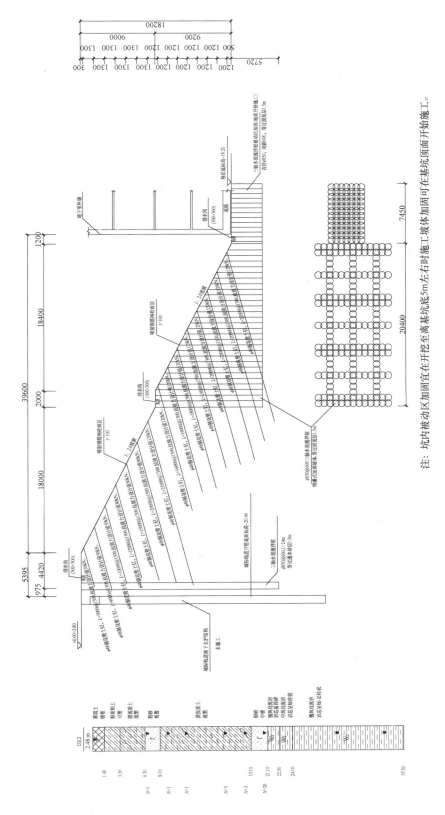

图 3 基坑北面西段支护结构组合典型剖面图

注：坑内被动区加固宜在开挖至离基坑底 5m 左右时施工坡体加固面可在基坑顶面开始施工。

即从各自的基坑边的底部深度施工止水帷幕后向路中间进行自稳性大放坡处理开挖；对于轻轨线基坑支护则从大基坑底再进行支护桩和内支撑的支护。

（3）基坑东边紧贴规划建设中的佛山地铁三号线，其隧道拟采用盾构法施工，坑外的文华路为交通道路且路中绿化带下存在共同管沟需要保护，尤其是地铁的隧道深度比本基坑的深度大且施工安排在本基坑完成后进行，隧道左线与地下室外墙的净距离只有 3.5m，地铁设计单位要求本基坑支护的构件（支护桩或锚杆）不能进入隧道直径 1.5 倍或 9m 的范围内以保证地铁隧道盾构的施工；由勘察钻孔揭露可知该边的淤泥混砂层深厚，达 21.9m。这些种种不利条件直接制约基坑的支护选型。鉴于情况的特殊性且考虑到地铁以后的施工要求，经多次讨论研究，确定该边的基坑支护首先在两个地铁隧道中间采用双排三轴大直径水泥搅拌桩 $\phi 850mm@600mm@600mm$ 并内插双排 $700mm \times 300mm \times 13mm \times 24H$ 型钢组成 SMW 工法作为挡土止水构件，这样可以达到因搅拌桩的强度不高以满足盾构施工的要求（地连墙和钢筋混凝土桩显然不能满足），同时搅拌桩中的型钢可以回收，不给地下留下永久性障碍；对于水土压力的平衡采用 7 道可回收的预应力锚索来实现，也不留下永久性障碍；同时为使锚索不进入隧道直径的 9m 控制范围，对基坑下部和底部的被动区软土进行密排大直径搅拌桩的处理，预留的反压土护坡坡高 6.6m，坡率为 1：2.0 并护面处理。综合分析得到的东边的组合支护结构见剖面图 4。

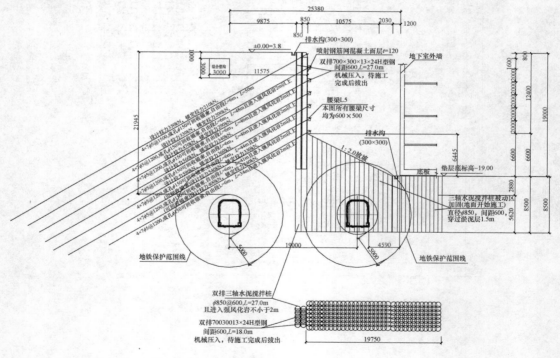

图 4　基坑东面支护结构组合典型剖面图

（4）基坑南边红线外为富华路，道路东端尽头为一鱼塘，鱼塘紧贴用地红线。道路宽约 36m，路的另一侧分布多个鱼塘及多栋 1～2 层的民居，道路下面管线众多。首先对于本段东头因受地铁隧道的影响，如果采用常规的单排桩＋锚拉支护形式，则为了提供足够的锚索锚固力，锚索必然很长，即使采用可回收锚索也会进入地铁 9m 的限制范围，因此该段由单排桩改为采用双排桩 $\phi 1200mm@1350mm$ 的钢筋混凝土灌注桩支护，双排桩间用三轴大直径水泥搅拌桩 $\phi 850mm@600mm$ 进行桩间土处理实现桩间防止淤泥混砂土体的流出和止水及加固要求；并设置 6 道可回收索预应力锚索，并对坑底的被动区软土进行搅拌桩的加固处理，提高被动抗力，见剖面图 5。

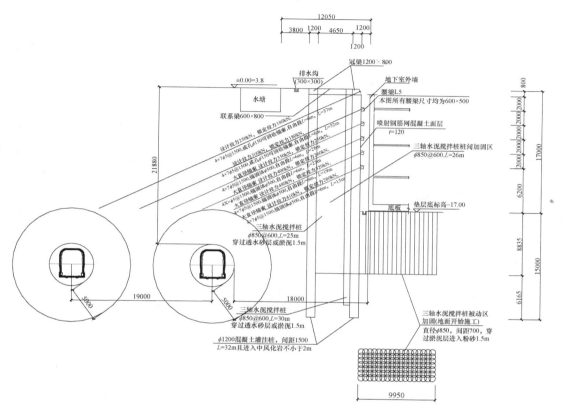

图 5 基坑南面支护结构组合典型剖面图

（5）基坑南边东端头受地铁隧道限制外其他大部分的支护段则所受限制较小，与基坑西边统一考虑。尽管西边红线外即为市政主道路—岭南大道，道路宽 54m，道路下管线众多，需要保护，但因不受地铁隧道的影响，为提供足够的锚索锚固力，锚索可以适当加长进入较好的地层。因此对于基坑南边和西边的支护均采用单排 $\phi 1500mm@1650mm$ 的钢筋混凝土灌注桩＋7 道可回收预应力锚索＋坑底被动区软土加固的处理方案，见剖面图 6。

这样基坑支护的总平面图见图 2。

五、基坑施工情况介绍

鉴于基坑施工的复杂性，基坑施工的主要过程如下：

施工准备测量放线→场地平整及临时设施施工→搅拌桩施工→灌注桩施工→坑顶排水系统及护栏施工→基坑土方第一层开挖→桩顶冠梁施工→第一道锚索施工（角撑施工）→基坑土方第（二～六）层开挖→第（二～六）锚索施工→土方开挖至坑底→坑底排水系统施工。

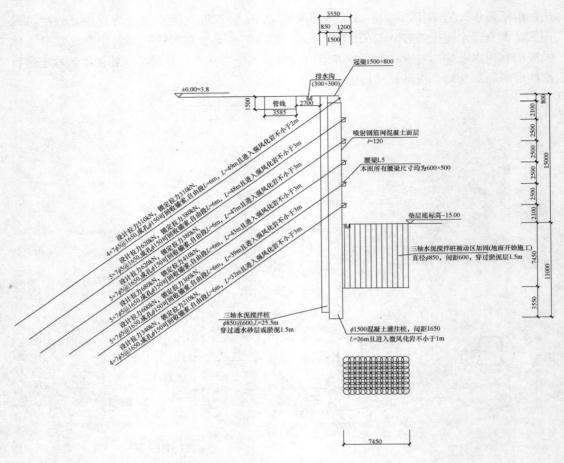

图 6　基坑南面和西面的典型支护

基坑主要支护形式施工流程:

SMW 工法施工流程:测量放线、开挖沟槽→设置向导→三轴搅拌桩就位,校正桩机水平和垂直度→三轴搅拌机钻进,搅拌水泥浆液与土体,下沉至设计桩底标高→三轴搅拌机搅拌水泥土,并提升至设计桩顶标高→型钢起吊、定位校核垂直度→插入、固定型钢→(基坑土方分层开挖和支护到底和结构层施工完成后)墙间回填、型钢拔除、空隙注浆。

扩大头锚索施工流程:开挖工作面→孔位放样→锚杆钻机带 D150 钢套管钻孔至锚固段自由端末→锚杆钻机 D60 钻杆钢套管内钻孔到锚固段末进行高压旋喷扩孔→插入钢绞线第一次高压喷射注浆→第二次高压喷射注浆→注浆体养护→腰梁制作→张拉、锁定。

可回收锚索施工流程:开挖工作面→预应力锚索成孔→循环泥浆清空→锚索制安→清水清空→注浆→腰梁制作→张拉、锁定→(基坑土方分层开挖和支护到底和结构层施工完成后)分层回填基坑并进行锚索回收。对钢绞线进行回收时,使用油压分离式穿心型千斤顶使回收用的钢绞线脱离固定夹具,然后把张拉用的钢绞线从固定夹具中脱离,最后对钢绞线全部回收。

双排桩施工流程:桩位复核、旋挖桩机就位→制备泥浆→旋挖成孔→清渣→钢筋笼制安→安放导管→浇灌混凝土→冠梁、连梁施工。

六、基坑监测要点及实测资料

由于基坑范围大，开挖深度大，周边环境复杂，施工进度不同且周期长，加之地质条件差，岩土性质变化大，以及各种计算模型的局限性，单纯的依靠理论分析和计算很难准确的预测基坑支护结构及周围土体在施工过程中的变化。为了保证基坑施工的顺利进行需要对施工过程进行全程动态监测，实行信息化施工。通过监测及时掌握基坑支护结构的情况及其基坑开挖对周边环境的影响，避免工程事故的发生。为此根据《建筑基坑工程监测技术规范》GB 50497—2009，本基坑设置以下监测项目：（1）基坑支护结构的水平位移和竖向侧移的监测；（2）锚索的应力变化检测与监测；（3）坑外水位变化监测；（4）周边建筑物及道路的沉降和变形监则；（5）基坑周边管线的监测。具体布置见图 2。

按照基坑所设置的监测项目，对基坑开挖过程中进行跟踪监测，基坑开挖至基坑底测得的基坑最大变形值见表 2。

基坑实测最大变形值 表 2

监测项目	基坑顶部水平位移	基坑顶部沉降	周边道路、建筑物沉降
变形值（mm）	29.4	−8.54	−5.86

七、结论

1. 本大型基坑由 8 个公司的地块组合而成，若 8 个地块分别进行支护设计和施工，则基坑支护的总周长大大增加，也不能同时开工，不仅基坑支护费用也大大增加，且各个基坑之间相互影响，限制了相邻基坑的支护和施工，浪费公共资源。所以按照一个联合大基坑进行统一设计和施工，不仅节约了成本和资源，也相应的大大缩短了施工工期。这种思路值得推广。

2. 该基坑周长约 1530m，基坑周边环境极其复杂。需要根据不同的周边环境选择合理的支护形式。由于基坑长宽均较大，因此基坑支护形式必须有针对性，实现对各功能需要，因此本基坑的支护几乎囊括主要的基坑支护类型。

3. 该工程因地质条件差，基坑开挖深度大，所以基坑支护综合运用了多种新工艺和新技术，并对施工机械的性能也要掌握，如对深厚淤泥的加固处理面前的施工机械不多，可回收锚索的工艺，双排桩结合扩大头锚索的工艺，超深 SMW 工法等，对新技术新工艺的联合应用取得了良好的效果。

漳州某地下室基坑工程

陈　楠　黄清和

（建材福州工程勘察院，厦门　361004）

一、工程简介及特点

漳州某地下室深基坑支护工程位于漳州市角美镇角嵩路（社头村段）东北侧，由6栋16至25层住宅楼和3栋多层商业楼、裙楼、变配电站等建筑物构成，设2层地下室，采用桩筏基础型式，建筑±0.00标高为9.40m，场地标高为5.28～9.00m。考虑地下基础底板厚度及垫层厚度，地下室基坑最大开挖深度9.90m。

基坑特点：

1. 基坑东北侧约3.4m处为已有2栋2～3层民宅，东南侧约3m处为已有1～3层砖混结构民宅，西南侧约4m处为1～7层砖混结构民宅。民宅均采用条基，埋深约2m，西北侧紧邻已施工完成的该项目一期地下室。除此之外，场地内及周边未发现地下管线及地上线路。各建（构）筑物对基坑开挖产生的变形都有严格的限制。

2. 基坑东北侧4—4段未按基坑支护设计图施工，土方开挖至基坑底后基坑变形超过预警值，坡顶已有建筑物开裂。

3. 采用竖向型钢斜撑的措施进行抢险加固处理。

二、工程地质条件

据勘察资料，场地内的地层概况由上而下依次为：①杂填土：局部分布，层厚0.20～2.80m；②粉质粘土：局部分布，层厚0.90～7.50m；③凝灰熔岩残积粘性土：全场分布，层厚2.00～25.50m；④全风化凝灰熔岩：场地大部分有揭露，最大揭露厚度10.35m；⑤土状强风化凝灰熔岩：场地大部分有揭露，最大揭露层厚8.90m；⑥块状强风化凝灰熔岩：局部地段有揭露，最大揭露层厚11.1m。基坑开挖侧壁地层主要为：杂填土、粉质粘土、凝灰熔岩残积粘性土。凝灰熔岩残积粘性土呈可塑状，浸水后易扰动、软化。

场地内揭露的地下水为赋存于凝灰熔岩残积粘性土中的网状孔隙水，水量不大，水位埋深1.5m。土层主要力学参数见表1。

场地土层主要力学参数　　　　　　　　　　　　　　　　表1

土层编号	土层名称	厚度 (m)	重度 g (kN·m^{-3})	含水量 W（%）	孔隙比 e	直接快剪		与锚固体摩擦阻力 (kPa)	渗透系数 (cm/s)
						ϕ_{uk} (°)	C_{uk} (kPa)		
①	杂填土	0.20～2.80	18.5			15.0	10.0	15.0	3.86×10^{-2}
②	粉质粘土	0.90～7.50	18.8	29.7	0.91	37.9	13.6	40.0	2.43×10^{-6}
③	凝灰熔岩残积粘性土	2.00～25.50	18.0	25.4	0.89	25.0	15.0	50.0	7.05×10^{-5}

续表

土层编号	土层名称	厚度 (m)	重度 g (kN·m⁻³)	含水量 W (%)	孔隙比 e	直接快剪 φ_{uk} (°)	直接快剪 C_{uk} (kPa)	与锚固体摩擦阻力 (kPa)	渗透系数 (cm/s)
④	全风化凝灰熔岩	0~10.35	19.5			30.0	18.0	90.0	
⑤	土状强风化凝灰熔岩	0~8.90	20.5			32.0	21.0	100.0	
⑥	块状强风化凝灰熔岩	0~11.1	21.0			35.0	23.0	120.0	

三、基坑围护平面图

本基坑支护安全等级为一级。基坑周边建（构）筑物对基坑开挖产生的变形有严格要求。放坡空间有限段基坑采用桩锚支护型式，围护桩为人工挖孔桩，桩长、桩径、桩间距随各处基坑深度大小而异，桩顶设有高度 0.8m 锁口梁，锁口梁以上地层按 1:0.5 放坡支护，锚索设于桩顶锁口梁及桩身腰梁上，倾角 15°，锚索长 20~28m 不等，布置于桩间；有放坡空间段则采用放坡结合土钉支护型式。本基坑东北侧未按设计施工，本文主要介绍该区域。

基坑东北侧 4—4 段：该支护段长度约 50m，开挖深度为 9.9m。设计坡顶线外约 3.4~6.3m 为 2 栋民宅，其中西侧为 3 层砖混结构民宅（宽约 6m，长约 13m），东侧为 2 层砖混结构民宅（宽约 6m，长约 29m），基础埋深均约 1.5m。设计采用围护桩结合二道预应力锚索支护型式，桩顶以上按 1:0.5 进行放坡＋挂网喷混凝土支护。桩间采用内挂 $\phi 8mm@200mm \times 200mm$ 钢筋网，喷射 100mm 厚 C20 细石混凝土进行止水及挡土。施工阶段坡顶临时堆叠钢筋材料，当基坑大部分开挖至设计基坑底标高时，一次暴雨过后基坑变形超过预警值，坡顶外 2 栋砖混结构民宅出现开裂。采用加设一道竖向型钢斜撑进行抢险加固处理。

原设计基坑支护平面布置见图 1，抢险加固平面布置见图 2。

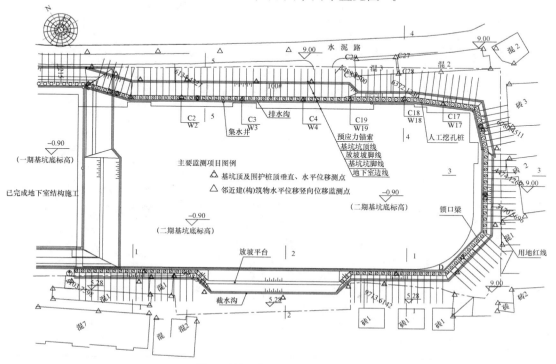

图 1 基坑平面及监测点布置图

基坑失稳支护段见图3。

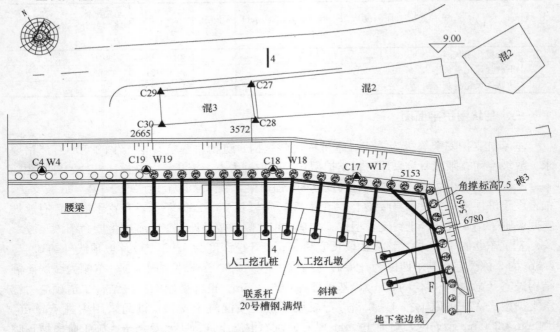

- ⊕ 水平、垂直位移观测点：共28个点，其中桩顶设9个点。警戒值：>3mm/d连续2d以上，水平累计量达≥30mm；竖向累计量达≥20mm；
- ▲ 周边建（构）筑物沉降观测点：共6个点。警戒值：>3mm/d连续2d以上，累计量达≥35mm；20号槽钢,满焊

图2　抢险加固平面及监测点布置图

图3　基坑失稳支护段照片

四、基坑围护典型剖面图

基坑东北侧 4-4 剖面段，基坑深度 9.9m，设计采用围护桩结合二道预应力锚索支护型式，围护桩采用人工挖孔桩，桩长 15m，桩径 1.2m，桩间距 2.0m；锁口梁及腰梁上各设一道锚索，锚索长度分别为 28m、27.5m；桩顶 1.5m 采用 1：0.5 放坡，坡面及桩间挂网喷射细石砼止水挡土，见 4-4 剖面设计图（图 4）。

现场施工时，设计的两道锚索没有施工，桩顶 2.5m 采用 1：1 放坡，详见 4-4 剖面实际施工图（图 5）。开挖至坑底时，变形量已超过预警值，一次暴雨过后变形量骤增，最大水平位移达 116mm，最大垂直位移达 56mm，坡顶放坡砼喷面出现开裂，坡顶外 2 栋砖混结构民宅不均匀沉降，墙体开裂。抢险时现场清除坡顶临时堆放钢筋材料，坑脚回填砂土，并对坡顶进行挖土卸载，放坡坡率 1：1.5，桩身设置型钢腰梁，隔桩增设型钢斜撑，坑内采用人工挖孔墩（宽 1.5m，长 2m，深 4m）作为斜撑底座，墩身设置预埋件，详见图 2 及 4-4 剖面加固设计图（图 6）。

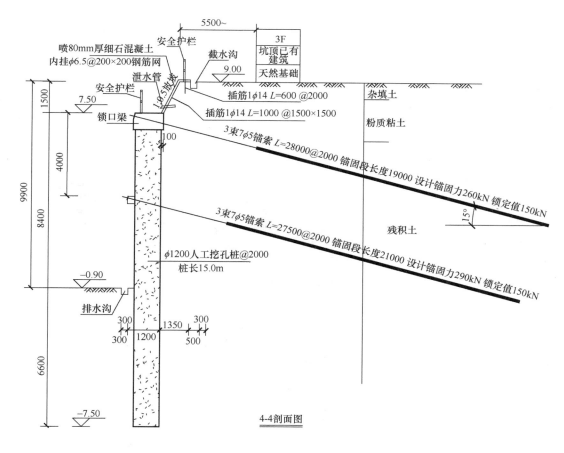

4-4剖面图

图 4　4-4 剖面设计图

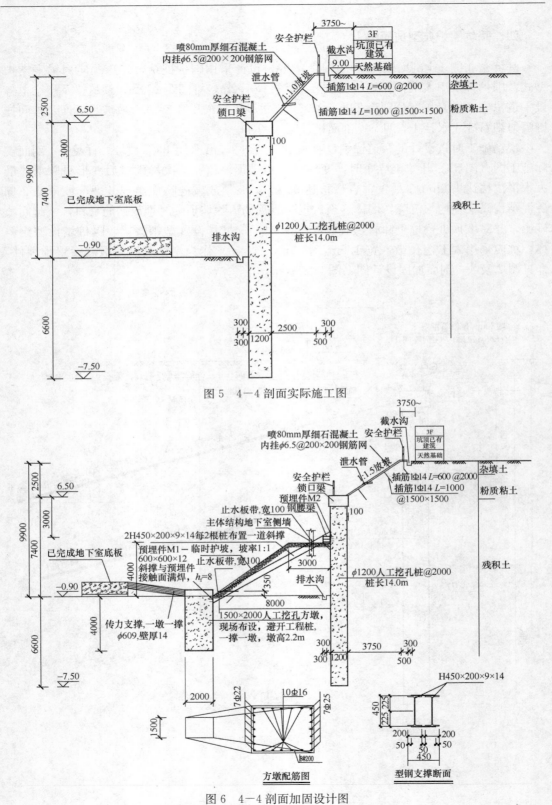

图 5   4—4 剖面实际施工图

图 6   4—4 剖面加固设计图

五、基坑变形情况

本工程对围护变形、周边建（构）筑物、道路沉降等进行监测，基坑监测点平面布置图见图1、2。

基坑4—4剖面侧位移超预警值，最大水平位移量达116mm，最大沉降量达56mm时进行抢险加固，加固后至施工结束累计最大水平位移量达135mm，最大沉降量达68mm；基坑正常施工典型支护段最大水平位移量变形量14mm，最大沉降量6mm；与加固段衔接的典型过渡段最大水平位移量变形量48mm，最大沉降量24mm；基坑顶建筑物沉降量6～10mm。

变形实际情况详见基坑沉降变化曲线图（图7）、基坑水平位移变化曲线图（图8）及基坑顶建筑物沉降变化曲线图（图9）。

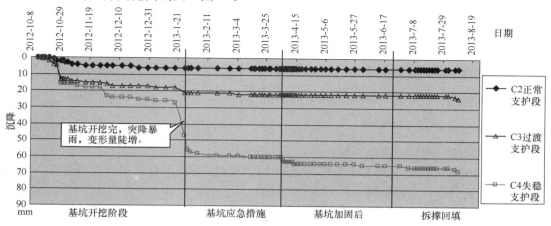

图7　基坑沉降变化曲线图

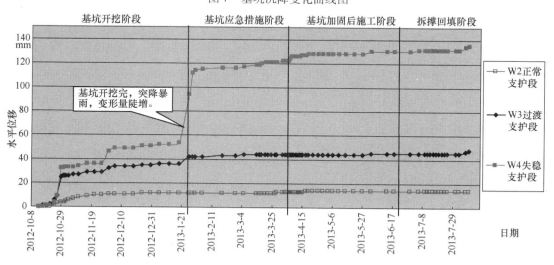

图8　基坑水平位移变化曲线图

从监测成果看，基坑正常施工段基坑变形量均在预警值之内，基坑处于稳定状态。基坑过渡段最大基坑变形量超预警值，但变形平稳呈收敛趋势，基坑整体处于稳定状态。

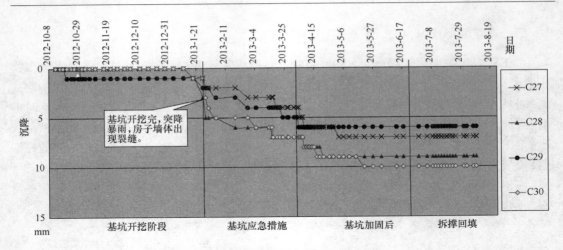

图 9 基坑顶建筑物沉降变化曲线图

4-4剖面段未按图纸施工，暴雨后基坑失稳，采取应急抢险措施后，基坑得以顺利完工。

六、总结

1. 基坑东北侧二道预应力锚索未按设计施工，导致基坑失稳，采用加设一道竖向型钢斜撑进行抢险加固后，基坑得以顺利完工。

2. 现场不按设计施工是本次事故的直接原因，建议基坑工程的参建单位务必严格按图施工，有变更应经设计验算可行后方可实施。

三、土钉支护或上部土钉、下部桩锚支护

郑州某基坑事故及侧壁加固处理

宋建学　于海宾
（郑州大学土木工程学院　郑州　450000）

一、工程简介

1. 工程概况

该基坑设计深度 6.5~8.0m，采用土钉墙支护，2004 年底基坑主体已开挖至地面以下 5m，下部 2.0m 左右土体暴露却未作处理。由于种种原因，本基坑开挖至－5m 后一直停工，至基坑侧壁局部出现坍塌，该基坑暴露时间已达 7 年之久，原支护结构已超过设计使用年限，也未进行任何加固处理。基坑总平面图如图 1 所示。

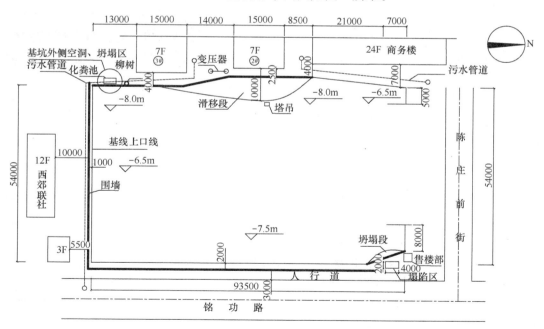

图 1　基坑总平面示意图

2. 基坑周边环境

该基坑东侧紧邻铭功路人行道，地下埋设多种管道；基坑南侧东段距 3 层楼约 5.0m 左右，基坑边外埋设下水管道，埋深约 2.0m 左右；基坑西侧距 3 号楼（7F）约 4.0m，

距 2# 楼（7F）约 3.0m，地下埋有污水管道和天然气管道等，距商务办公楼（24F）南段约 4.0m，北段约 7.0m。

3. 基坑事故及抢险措施

自 2004 年以来，该基坑虽然未开挖到底，但实际深度已达 5m，长期暴露且未采取任何加固处理措施，期间已发生多次不同程度的险情。

由于 2004 年～2011 年间该基坑业主连续转换，基坑安全疏于管理。在此期间，基坑本体及周边建筑也未进行变形监测。

2011 年 9 月 10 日至 14 日郑州地区连续降雨，14 日凌晨该基坑西边坡大面积滑塌，西坡南段原支护体外侧土体已形成空洞，东坡北段局部也坍塌至铭功路人行道，东北角围墙外人行道地面局部塌陷，塌陷长度 4.0m，宽 2.0m（现场图片见附录）。

由于坍塌发生在凌晨，没有造成人员伤亡。但基坑旁边一根电线杆倾倒，砸断了电线，引起变压器短路爆炸、着火，导致旁边数幢居民楼停电。

抢险专家组认为，连日降雨在基坑里形成积水，导致基坑坡脚土体软化是导致基坑坍塌的主要原因。抢险的主要措施包括：

（1）调集大功率水泵，抽排基坑内集水；

（2）在基坑坡脚位置处堆填砂袋，对基坑被动区土体进行反压，保护坡脚，防止更大范围坍塌；

（3）破除基坑北侧局部围墙，同时在基坑北部填土开路，确保大型抢险机械能够进入工地现场；

（4）为确保抢险人员生命安全，抢险过程中将周边的供水、供电、供气暂时切断。

事故发生后郑州市武警支队、防空兵指挥学院、市消防支队以及民兵和地方预备役共 700 多人组成抢险队伍，调集抢险用石子、砂料 500 多 m³，连续奋战一昼夜，才控制了基坑险情。

为保证该基坑后期开挖及基坑四周建（构）筑物、管线的安全，需要彻底排除安全隐患，并对该基坑进行加固处理。加固设计时基坑安全等级确定为"一级"。

二、工程地质条件和水文条件

1. 地质条件

根据该基坑原有地质勘察报告，依据钻探、静力触探及土工试验成果，可把工程场地内的地质单元自上而下分为如下几层。典型地质剖面图如图 2 所示。

①填土：杂色，以粉土为主，含有煤渣、碎石块、碎砖块、碎混凝土块等建筑垃圾，局部含少量植物根系，稍湿，松散。为基坑开挖后人工回填而形成。层底标高 92.07～98.33m，层厚 0.90～2.60m。

②粉土：黄褐色，土质较均匀，含少量蜗牛壳碎片，见黑色铁锰质氧化物斑点，局部砂粒含量较高，摇震反应迅速，无光泽反应，干强度低，韧性低，稍湿，稍密。层底标高 95.93m，层厚 2.40。

③粉土：黄褐色～灰黄色，土质较均匀，偶见黑色铁锰质斑点，含少量蜗牛壳碎片，摇震反应中等，无光泽反应，干强度低，韧性低，稍湿～湿，稍密。层底标高 90.07～94.30，层厚 1.20～4.50m。

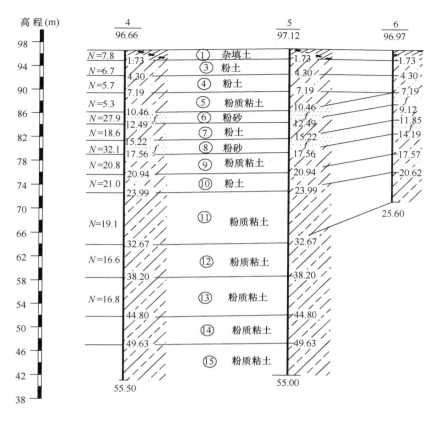

图 2 典型地质剖面图

④粉土:灰黄色~灰褐色,土质较均匀,含少量蜗牛壳碎片,局部粘粒含量较高,局部相变为粉质黏土,摇震反应中等,无光泽反应,干强度低,韧性低,稍湿~湿,中密。层底标高 89.36~90.26m,层厚 1.90~4.30m。

④-1粉土:黄褐色~获黄色,见黑色铁锰质斑点,含少量蜗牛壳碎片,局部砂粒含量较高,摇震反应中等,无光泽反应,干强度低,韧性低,稍湿~湿,密实。层底标高 87.57~90.80m,层厚 1.90~2.80m。

⑤粉质黏土:褐黄色~黄褐色,见少量蜗牛壳碎片,见大量白色条纹,含较多浅黄色团块,偶见粒径 5~20mm 的姜石,局部夹薄层粉土,无摇震反应,稍有光滑,干强度中等,韧性中等,可塑。层底标高 85.61~88.43m,层厚 1.00~4.50m。

⑥粉砂:褐黄色~黄褐色,长石石英质,含有自云母片,分选性、磨圆度较好,见蜗牛壳碎片,饱和,密实。层底标高 83.83~86.63m,层厚 0.90~4.90m。

各土层的主要物理力学参数如表 1 所示。

各土层物理力学参数   表 1

土层编号	土层名称	重度 γ (kN/m³)	粘聚力 C (kPa)	内摩擦角 φ (°)	含水量 ω (%)
②	粉土	17.8	10.0	26.0	15.6
③	粉土	18.6	15.0	25.8	16.6
④	粉土	19.3	12.3	26.2	21.2

续表

土层编号	土层名称	重度 γ（kN/m³）	粘聚力 C（kPa）	内摩擦角 φ（°）	含水量 ω（%）
④-1	粉土	19.7	11.0	25.8	19.3
⑤	粉质黏土	20.1	30.2	16.3	21.3

2. 水文条件

根据原工程勘察结果，在勘察深度范围内所揭露地下水为第四系潜水，勘探期间地下水稳定水位埋深 2.6～8.3m。

三、基坑支护加固处理方案

1. 总体设计

抢险结束后即开始基坑支护结构的加固处理。加固处理的支护结构设计适用期限为一年，不适用于永久性支护。基坑深度 6.5～8.0m，基坑侧壁安全等级为一级。基坑加固采用预应力锚杆复合土钉墙支护、注浆加固的形式。基坑加固处理支护平面示意图如图 3 所示。

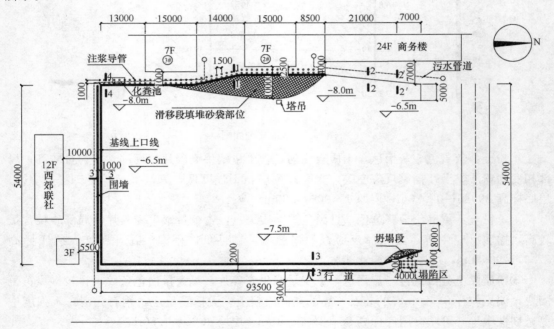

图 3 基坑支护平面示意图

1-1 面：原支护结构已全部坍塌，该段不考虑后续主体结构施工作业面，局部影响主体施工的多余土方采用机械稍作清理，随坡就势，采用土钉（锚管）墙支护，坡顶地面及侧壁松散土体进行注浆加固。

2-2 剖面：位于 24 层商务楼部位，商务楼南半部距基坑边约 4.0m，商务楼北半部距基坑边约 7.0m。该段已采用土钉墙支护，虽未坍塌，但原支护结构已超过使用时效，此边坡采用锚管注浆加固，面板铺设钢筋网，喷射混凝土，混凝土厚 10cm。

3-3 剖面：基坑南侧距 3 层楼约 5.0m，基坑边沿地下埋设一条污水管道、基坑东侧距围墙（铭功路人行道）约2.0m，铭功路地下管网比较复杂，车流量较大，虽然基坑东、南、北边坡已采用土钉墙支护（垂直坡），因原支护结构已超过使用时效，加之连续下雨影响，经综合分析，在该3侧边坡保持现有坡面的基础上，采用预应力锚杆复合土钉墙加固。

4-4剖面：位于基坑西南角化粪池部位，该段边坡内土体因长期被污水侵蚀，土体松散，下半部已坍塌，该段采用预应力锚杆复合土钉墙支护，侧壁及坡顶注浆加固，并将基坑边沿的柳树上冠削掉。

基坑西侧滑移段及基坑东北角塌陷处采用地面注浆加固。注浆加固须在支护结构完成至地面以下4.5m，面板混凝土强度达到60%时方可地面注浆，地面注浆之前，应查明地下排水管道、燃气管道、化粪池位置及埋深后，并根据其位置布设孔位，成孔与锚杆（土钉）同时进行，地面注浆导管设计深度9.0m，采用由直径48mm钢管，溢浆孔段长度4.0m，采用PC32.5水泥，水灰比0.6。

基坑加固处理典型剖面如图4所示。

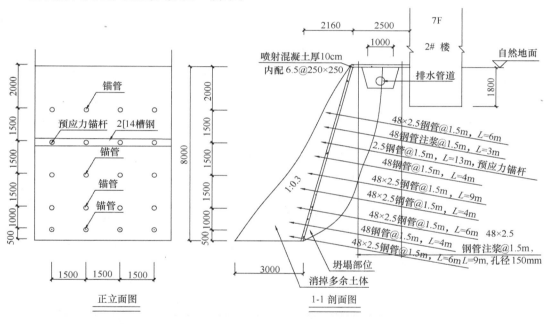

图4　基坑支护典型剖面图

2. 土钉墙设计及施工

（1）土钉墙采用人工洛阳铲成孔，孔径100mm。按设计的孔位布置，如遇障碍物可以调整孔位。土钉无法施工时，可采用Φ80mm×2.5mm钢管代替土钉。土钉材料采用Φ20mm钢筋，每间隔2.0m焊接一组对中支架。对中支架用Φ6.5mm钢筋制作。

（2）钢筋网采用Φ6.5mm钢筋，间距250mm×250mm，竖向搭接长度300mm，横向搭接长度200mm，允许偏差10mm。

（3）加强筋采用Φ14mm钢筋，在钢筋网上与土钉钢筋焊接，加强筋必须与土钉主筋焊牢，外焊锚头，锚头材料同土钉，长度不小于3cm，加强筋搭接要有一定的焊接长度，达到10d，单面焊接。

（4）土钉注浆采用纯水泥浆，注浆水灰比 0.5 左右。

（5）喷射混凝土采用 PC32.5 水泥，中砂，0.5～1.0cm 碎石。喷射混凝土厚度 10cm，强度 C20，配合比如下：水泥：中砂：碎石＝1：2：2。

四、基坑监测情况

1. 监控内容

根据《建筑基坑支护技术规程》JGJ 120—2012 第 3.1.3 条本工程基坑安全等级为 "一级"。根据基坑周边环境条件，监控内容包括：

（1）基坑支护结构坡顶的水平位移、竖向位移监测；

（2）基坑东侧铭功路、基坑西侧 2 号、3 号楼、24 层商务楼、基坑南侧 3 层楼、12 层西郊联社楼的沉降监测。

2. 变形警戒值

（1）支护结构顶部水平位移＜20mm，并小于 2mm/d；

（2）支护结构顶部竖向位移＜10mm，并小于 2mm/d；

（3）支护结构最大水平位移＜40mm，并小于 2mm/d；

（4）基坑周边地表竖向位移＜20mm，并小于 2mm/d。

该基坑侧壁加固施工过程中支护结构及周边地面变形均小于 15mm，没有产生新的险情。

五、点评

《建筑基坑支护技术规程》JGJ 120—2012 第 3.1.1 条规定：基坑支护设计应规定其设计使用期限。这一规定使得基坑安全管理责任明确，有利于业主管理基坑的使用和维护。该案例基坑废置多年，险情多发，并最终导致较严重的事故，造成一定的社会影响。该基坑抢险措施和后期的加固处理方案对类似基坑工程具有参考意义。

附录：基坑事故和加固施工后图片

附图 1　基坑西边坡（1）

附图 2　基坑西边坡（2）

附图 3　坍塌局部

附图 4　加固施工完成后

附图 5　加固施工完成后

附图 6　加固施工完成后

洛阳正大国际城市广场基坑工程

宋进京[1]　宋建学[2]　周同和[1]　郭院成[2]

（1. 郑州大学综合设计研究院有限公司，河南郑州　450002）

（2. 郑州大学土木工程学院，河南郑州 450000）

一、工程简介及特点

洛阳正大置业有限公司拟建的正大国际城市广场暨市民中心位于洛阳市洛南新区，开元大道以南，展览路以北，厚载门街以西，长兴路以东。与市政府隔路相望。该项目包括两栋超高层建筑，多栋高层建筑、大型商场以及地下车库等。集社会公益性城市服务和非公益商业服务为一体，涵盖行政办公、科技文化和商业、休闲、观光、居住等多元化业态，具国际水平的现代化综合建筑群。

本工程场地已经过整平，自然地面高程为 142.200m 左右。拟开挖基坑位于地块北侧，包括一栋 50 层办公楼以及 1～4 层裙房及整体 3 层地下车库。基坑深度为自然地面下 18m。基坑东南角与已开挖至 14m 深度的 7 号楼基坑相连接，与 7 号楼相连部位放坡处理。

该基坑工程具有以下特点：

1. 基坑最大深度自然地面下 18m，为中原地区运用放坡及复合土钉墙支护的最深的基坑工程之一。

2. 因相邻项目前期施工影响，工程所在地地下水位在自然地面下 15.30m，自然地面约 6m 以下为较厚的卵石层，透水性极强，基坑涌水量非常大，基坑降水难度极高。

3. 本基坑采用全粘结锚杆＋喷锚网复合土钉墙技术，设计利用了卵石层承载力高、侧摩阻力高的特性，充分发挥土体与锚杆注浆体之间的锚固作用，节省了工程造价，为该施工技术在中原地区推广取得工程实例经验。

二、工程地质条件

1. 岩土工程地质勘察揭示主要地层分布

①杂填土（Q_4^{ml}）：杂色，以建筑垃圾及生活垃圾、粉质粘土、砖瓦块为主，土质不均，结构性差，层厚 0.60～5.60m。

①$_{-1}$素填土（Q_4^{ml}）：黄褐色，稍湿，可塑，松散。主要为粉质粘土和粉土，卵石、圆砾等，松散，仅在 24 号孔处揭露，为掩埋水井附近塌落的松动土层堆积所形成。层厚 0.00～17.40m。

②黄土状粉质粘土夹粉土（$Q_{4_2}^{al+pl}$）：黄褐色，可塑～硬塑。粉土稍湿～湿，稍密。具有针状孔隙及大孔隙，可见白色钙质条纹、虫孔，偶见炭末，次生姜石，杂色土块、砂

卵石。粉质粘土无摇振反应，韧性中等，干强度中等，稍有光泽；粉土摇震反应迅速，干强度低，韧性低，无光泽。该层为新近堆积黄土层，结构性较差，强度较低。压缩系数平均值 $\bar{a}_{1-2}=0.22\text{MPa}-1$，属中压缩性土。层厚 1.30～10.20m。

②$_{-1}$细砂（Q4$_2$$^{al+pl}$）：褐黄色，稍湿～湿，松散～稍密，矿物成分为长石、石英、云母，以细砂为主，局部含有少量卵石和粉土。该层呈透镜体状分布于②层下部。揭露层厚 0.00m～4.20m。

③卵石（Q4^{al+pl}）：杂色，干～稍湿，中密为主，岩性成分主要为石英砂岩及火成岩，卵石一般粒径 2～5cm，最大粒径超过 15cm。卵石含量约 60～65％左右，充填物以圆砾、中粗砂及粘性土，局部含有砂和粘性土薄层。卵石磨圆度较好，多呈圆形及亚圆形，卵石分选性一般，级配一般。层厚 0.50～4.30m。

③$_{-1}$卵石（Q4^{al+pl}）：杂色，稍湿～湿，稍密。岩性成分主要为石英砂岩及火成岩，卵石一般粒径 2～4cm，含量约 50％～60％左右，充填物以圆砾、中粗砂及粘性土，局部含有砂和粘性土薄层。卵石磨圆度较好，颗粒呈亚圆形，分选性一般，级配一般。该层以透镜体形式分布于③层之中。层厚 0.00～2.20m。

③$_{-2}$含粘性土卵石（Q3^{al+pl}）：杂色，饱和，松散～稍密。岩性成分主要为石英砂岩及火成岩，卵石一般粒径 2～6cm，含量约为 50％～55％左右，粘性土以粉质粘土为主。可塑状态，局部含少量砂和圆砾层。卵石磨圆度一般，颗粒呈亚圆形，分选性一般，级配较差。主要在场地北侧次生冲沟内卵石层中呈透镜体分布。层厚 0.00～3.60m。

④卵石（Q3^{al+pl}）：杂色，饱和，中密，局部密实。岩性成分主要为石英砂岩、火成岩，卵石一般粒径 3～8cm，最大粒径超过 15cm。卵石含量 60％～70％左右，充填物以圆砾、中粗砂及粘性土，局部含有砂和粘性土薄层。卵石磨圆度较好，颗粒呈圆形或亚圆形，分选性较好，级配较好。一般层厚 3.70～12.90m。

④$_{-1}$卵石（Q3^{al+pl}）：杂色，稍湿～湿，稍密，局部中密。岩性成分主要为石英砂岩及火成岩，卵石一般粒径 2～6cm，最大粒径超过 10cm。卵石含量约为 60％～65％左右，充填物多为粘性土及少量中粗砂，局部含有砂和粘性土薄层。卵石磨圆度较好，多呈圆形及亚圆形，卵石分选性一般，级配一般。层厚 0.00～3.40m。

④$_{-2}$含粘性土卵石（Q3^{al+pl}）：杂色，饱和，松散～稍密。岩性成分主要为石英砂岩及火成岩，卵石一般粒径 2～6cm，含量约 50％～55％左右，粘性土以粉质粘土为主。可塑状态，局部含少量砂和圆砾层。卵石磨圆度一般，颗粒呈亚圆形，分选性一般，级配较差。主要在卵石层中呈透镜体分布。层厚 0.00～0.80m，层顶标高约为 126.19m 左右。

2. 水文地质条件

因相邻项目前期施工影响，勘察期间，各钻孔内均见地下水，地下水稳定水位埋深在自然地面下 15.30m 左右。

该地下水类型为潜水，主要由大气降水及河水补给，赋水量大，水位年变化幅度 2.0～3.0m。近 3～5 年最高水位约为 129.50m，历史最高水位约为 130.50m，水位受洛河河水影响大。根据区域水文地质资料，③、④卵石层及其亚层的渗透系数可综合按100～130m/d 考虑。砂卵石的渗透系数会随着降水深度的大小而改变，降水深度越大，渗透系数也越大。

场地土层参数见表1。

三、土钉支护或上部土钉、下部桩锚支护

场地土层主要力学参数　　　　　　　　　　　　表 1

土层编号	土层名称	重度 γ (kN·m^{-3})	天然状态下（直剪）		饱和状态下（直剪）		承载力特征值 (kPa)	压缩模量 E_{s1-2} (MPa)
			c (kPa)	ϕ (°)	c (kPa)	ϕ (°)		
①	杂填土	18.0						
②	黄土状粉质粘土夹粉土	19.0	20.2	21.2	17.7	19.0	100	8.8
②-1	细砂	20.0	0.0	25.0	0.0	25.0	140	10.0＊
③	卵石	23.0	0.0	38.0（综合经验值）	0.0	38.0（综合经验值）	650	50.0＊
③-1	卵石	23.0	0.0	38.0（综合经验值）	0.0	38.0（综合经验值）	400	32.0＊
③-2	含粘性土卵石	23.0	0.0	30.0（综合经验值）	0.0	30.0（综合经验值）	200	18.0＊
④	卵石	24.0	0.0	42.0（综合经验值）	0.0	42.0（综合经验值）	820	60.0＊
④-1	卵石	24.0	0.0	42.0（综合经验值）	0.0	42.0（综合经验值）	500	37.0＊

注：带"＊"者为变形模量。

典型地质剖面见图 1。

三、基坑周边环境

基坑西侧为长兴街，道路边线距离基坑上口 10.1m；基坑东侧为厚载门街，道路边线距离基坑上口 13.4m；基坑北侧为开元大道，道路边线距离基坑上口 19.2m；基坑南侧西段为空地，计划后期开挖；南侧东段与已开挖 14m 深度的 7#楼基坑相连接。基坑周边环境平面布置见图 2。

四、基坑支护平面布置

基坑支护平面布置见图 3。

五、基坑支护典型剖面

基坑西侧侧壁支护设计采用 3 阶放坡复合土钉墙，典型剖面见图 4。

基坑北侧侧壁支护设计采用 3 阶放坡复合土钉墙，典型剖面见图 5。

基坑东侧侧壁不具备放坡条件，支护设计采用上部小桩复合土钉，下部全粘结锚杆＋喷锚网复合土钉墙，典型剖面见图 6。

基坑南侧按业主安排后期需进行二期项目施工，且场地具备放坡条件，侧壁支护设计采用放坡，坡面覆盖钢板网＋喷射混凝土，典型剖面见图 7。

六、基坑降水平面布置

基坑降水平面布置见图 8。

七、基坑监测结果

1. 部分监测点平面布置图见图 9。

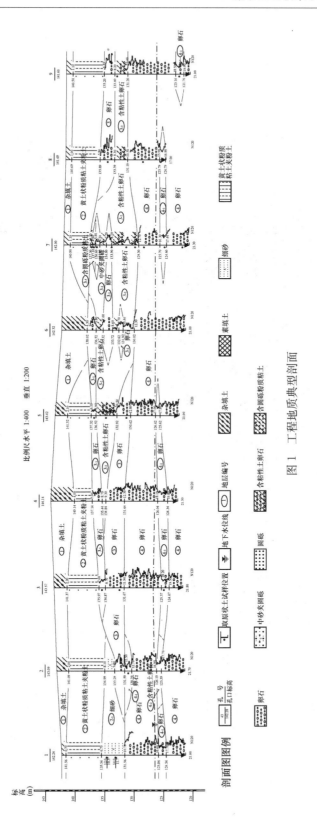

图 1 工程地质典型剖面

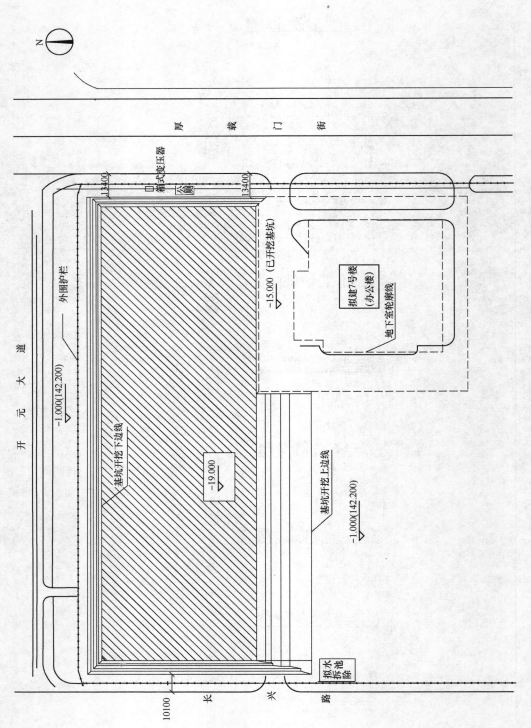

图 2　基坑周边环境平面图

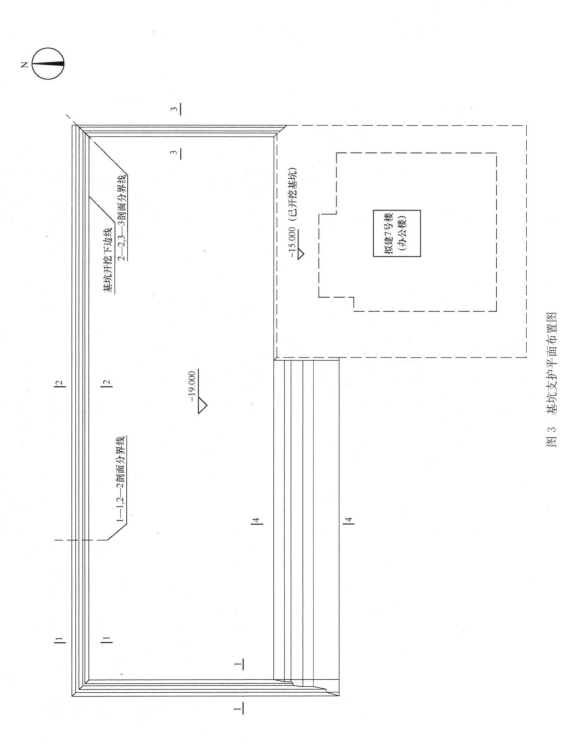

图 3 基坑支护平面布置图

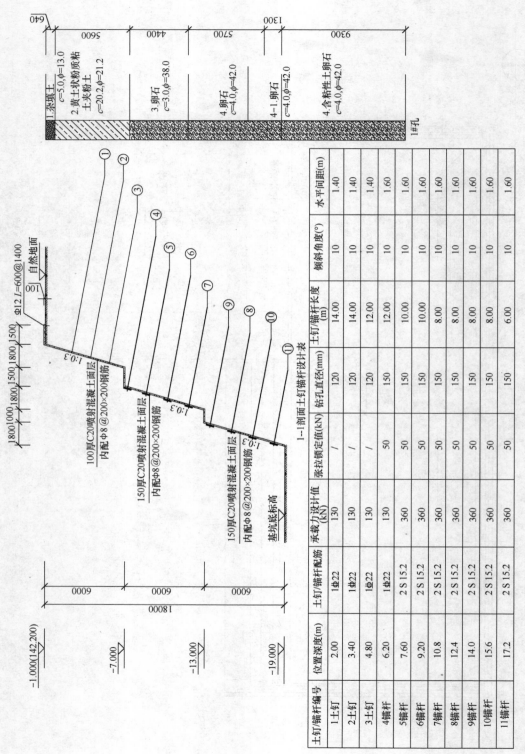

图 4　剖面 1-1 示意图

1-1 剖面土钉锚杆设计表

土钉/锚杆编号	位置深度(m)	土钉/锚杆配筋	承载力设计值(kN)	张拉锁定值(kN)	钻孔直径(mm)	土钉/锚杆长度(m)	倾斜角度(°)	水平间距(m)
1土钉	2.00	1Φ22	130	/	120	14.00	10	1.40
2土钉	3.40	1Φ22	130	/	120	14.00	10	1.40
3土钉	4.80	1Φ22	130	/	120	12.00	10	1.40
4锚杆	6.20	1Φ22	130	50	150	12.00	10	1.60
5锚杆	7.60	2 S15.2	360	50	150	10.00	10	1.60
6锚杆	9.20	2 S15.2	360	50	150	10.00	10	1.60
7锚杆	10.8	2 S15.2	360	50	150	8.00	10	1.60
8锚杆	12.4	2 S15.2	360	50	150	8.00	10	1.60
9锚杆	14.0	2 S15.2	360	50	150	8.00	10	1.60
10锚杆	15.6	2 S15.2	360	50	150	8.00	10	1.60
11锚杆	17.2	2 S15.2	360	50	150	6.00	10	1.60

330

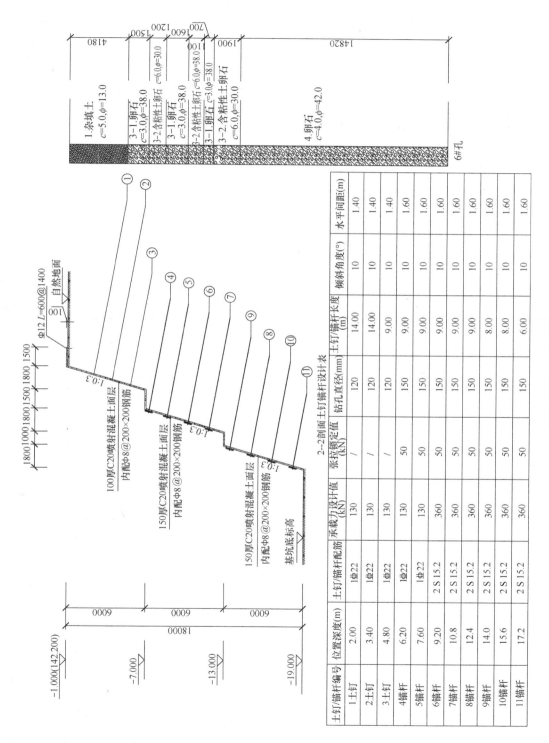

2-2剖面土钉锚杆设计表

土钉/锚杆编号	位置深度(m)	土钉/锚杆配筋	承载力设计值(kN)	张拉锁定值(kN)	钻孔直径(mm)	土钉/锚杆长度(m)	倾斜角度(°)	水平间距(m)
1土钉	2.00	1Φ22	130	/	120	14.00	10	1.40
2土钉	3.40	1Φ22	130	/	120	14.00	10	1.40
3土钉	4.80	1Φ22	130	/	120	9.00	10	1.40
4锚杆	6.20	1Φ22	130	50	150	9.00	10	1.60
5锚杆	7.60	1Φ22	130	50	150	9.00	10	1.60
6锚杆	9.20	2 S 15.2	360	50	150	9.00	10	1.60
7锚杆	10.8	2 S 15.2	360	50	150	9.00	10	1.60
8锚杆	12.4	2 S 15.2	360	50	150	9.00	10	1.60
9锚杆	14.0	2 S 15.2	360	50	150	8.00	10	1.60
10锚杆	15.6	2 S 15.2	360	50	150	8.00	10	1.60
11锚杆	17.2	2 S 15.2	360	50	150	6.00	10	1.60

图 5 剖面 2-2 示意图

331

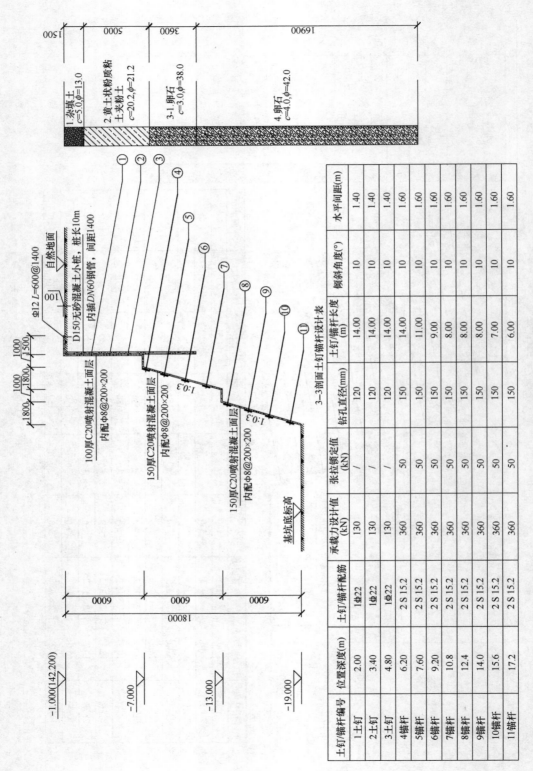

3—3 剖面土钉锚杆设计表

土钉/锚杆编号	位置深度(m)	土钉/锚杆配筋	承载力设计值(kN)	张拉锁定值(kN)	钻孔直径(mm)	土钉/锚杆长度(m)	倾斜角度(°)	水平间距(m)
1 土钉	2.00	1Φ22	130	/	120	14.00	10	1.40
2 土钉	3.40	1Φ22	130	/	120	14.00	10	1.40
3 土钉	4.80	1Φ22	130	/	120	14.00	10	1.40
4 锚杆	6.20	2 S 15.2	360	50	150	14.00	10	1.60
5 锚杆	7.60	2 S 15.2	360	50	150	11.00	10	1.60
6 锚杆	9.20	2 S 15.2	360	50	150	9.00	10	1.60
7 锚杆	10.8	2 S 15.2	360	50	150	8.00	10	1.60
8 锚杆	12.4	2 S 15.2	360	50	150	8.00	10	1.60
9 锚杆	14.0	2 S 15.2	360	50	150	7.00	10	1.60
10 锚杆	15.6	2 S 15.2	360	50	150	7.00	10	1.60
11 锚杆	17.2	2 S 15.2	360	50	150	6.00	10	1.60

图 6　剖面 3-3 示意图

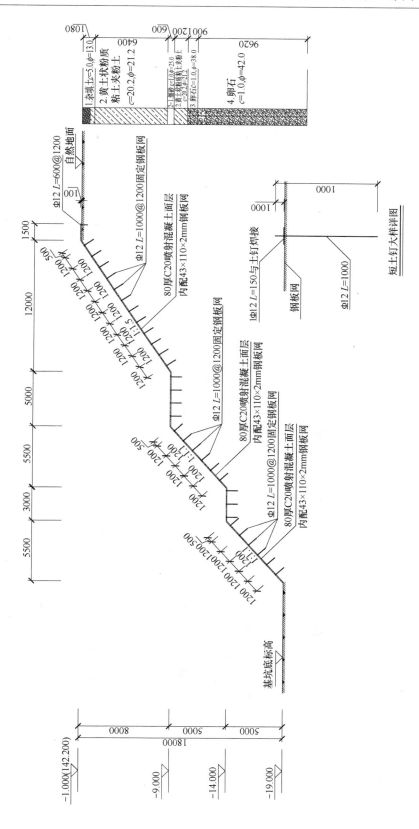

图 7 剖面 4-4 示意图

333

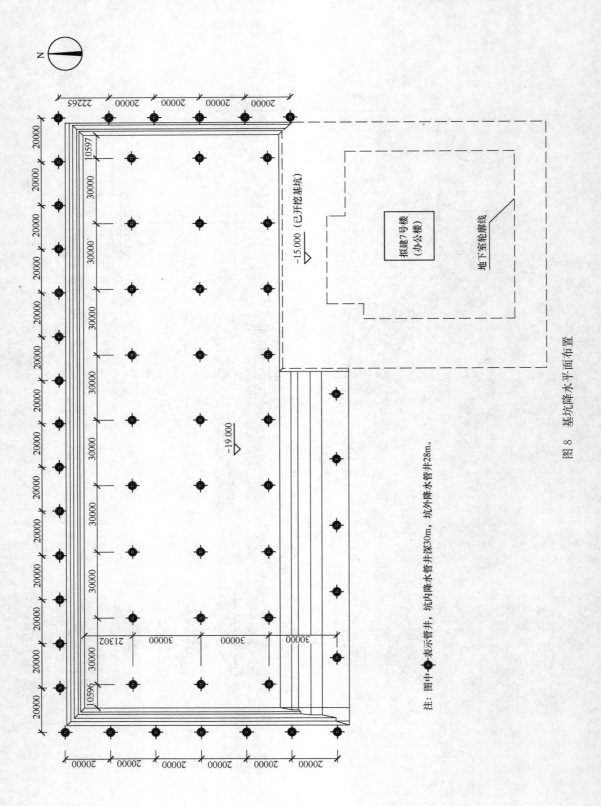

注: 图中●表示管井, 坑内降水管井深30m, 坑外降水管井28m。

图 8 基坑降水平面布置

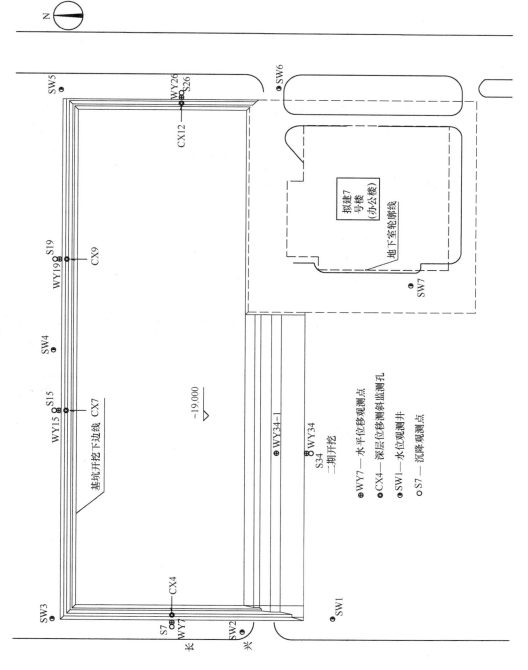

图 9 部分监测点平面布置图

● WY7—水平位移观测点
⊕ CX4—深层位移测斜监测孔
⊙ SW1—水位观测井
○ S7—沉降观测点

2. 基坑自 2012 年 4 月份开始施工，截至 2013 年 11 月，基坑全部开挖至坑底，支护结构最大水平位移为 10.69mm，大部分深层水平位移监测点最大水平位移小于 10mm。支护结构顶部最大水平位移 8.9mm。支护结构最大沉降 13.06mm。均小于国家规范及行业规范对一级基坑变形控制限值的要求。

3. 部分深层水平位移监测结果见图 10、图 11。

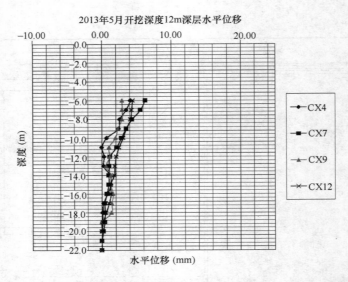

图 10　开挖深度 12m 深层水平位移

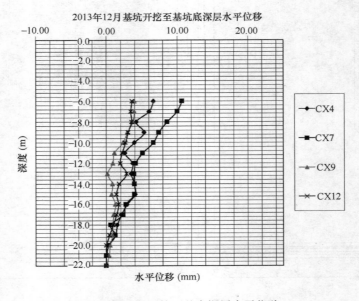

图 11　基坑开挖至基底深层水平位移

4. 支护结构顶部水平位移见表 2。

支护结构顶部累计水平位移（mm）　　　　　　　　　　表 2

	WY7	WY15	WY19	WY26	WY34	WY34-1
2012 年 5 月	2.0	0	0.9	1.1	0	0
2012 年 12 月	4.5	3.4	3.8	2.7	2.4	2.5
2013 年 6 月	5.1	3.4	3.8	8.1	2.4	2.5
2013 年 11 月	8.9	3.4	3.8	8.1	2.4	2.5

5. 支护结构顶部最大沉降 13.06mm。基坑顶部沉降监测结果见图 12。

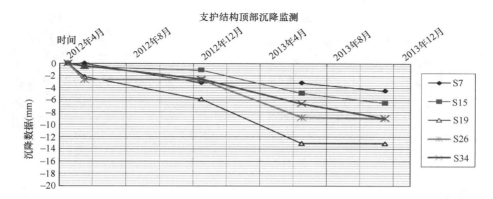

图 12　基坑顶部沉降监测结果

6. 该项目地下结构已经基本完成施工，拟近期对基坑进行回填。

八、施工现场照片

施工现场照片见图 13～图 21。

图 13　基坑开挖深度 7m 施工照片

图 14　施工开挖深度 16m 支护施工照片

图 15 锚杆成孔施工照片

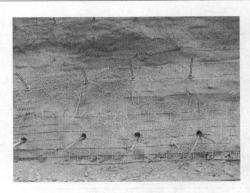
图 16 锚杆安装施工照片

图 17 锚杆张拉施工照片

图 18 面层喷射施工照片

图 19 基坑开挖至基坑底土方施工照片

图 20 地下结构施工

图 21 基坑至基底后施工全景照片

九、结论

1. 洛阳·正大国际城市广场基坑工程从开始施工至施工结束，支护结构安全可靠，未出现危险状况。相对于同类工程，本基坑支护设计节约了工程成本，创造了良好的经济效益和社会效益，是中原地区复合土钉墙支护最深的基坑之一。

2. 因监测费用原因本项目基坑监测仅布置了沉降、水平位移、深层水平位移监测点及水位监测点，未布设锚杆、土钉应力及面层应力监测项目，是本项目监测工作的缺憾，无法进一步分析土钉、锚杆及面层的实际受力机理。

3. 复合土钉墙的计算目前没有统一标准的结构计算模型，特别是应用于一级、二级基坑时按相关规范要求应进行结构变形计算，缺乏成熟的理论计算依据，为以后的理论研究提供了新的课题。

4. 项目基坑降水采用敞开式管井降水，实际涌水量约 8000 立方米/天，大于理论计算涌水量约 20%。通过 2 年余时间的阶段监测结果，降水满足施工要求及周边环境要求。

5. 通过现场实测，各项目变形数据远远小于设计预估值，说明该支护体系应用于该地质条件尚有安全冗余。

6. 本工程自然地面约 6m 以下为卵石层，采用了复合土钉墙支护。本工程的成功实施为超厚卵石层深基坑支护设计、施工提供了工程经验及案例；为卵石的岩土工程参数设计取值提供了参考价值；同时也暴露出现阶段岩土工程勘察在特定的特殊地质条件下试验方法存在不足。

长沙北辰三角洲 A1D1 区基坑工程

吴剑波　王立建　武思宇

（北京中岩大地工程技术有限公司，北京　100041）

一、工程简介及特点

1. 工程简介

长沙北辰新河三角洲项目 A1D1 区场地位于长沙市伍家岭新河三角洲。本项目由 A1 地块与 D1 地块连接为同一基坑。西侧紧邻湘江大堤；北侧为在建两馆一厅项目，隔两馆一厅项目与浏阳河相望；东侧为湘江大道，湘江大道北部为浏阳河隧道。本项目整个地块呈三角形，南北长约 850m，北侧东西宽约 235m，南侧东西宽约 18m，占地面积约 90000m²。工程项目位置见图 1。

图 1　工程项目位置图

2. 基坑简况

本工程基坑深 14～16.5m，占地面积约 9 万 m²，支护面积 2.7 万 m²，土石方 140 万 m³，基坑支护上部采用土钉墙、下部采用桩锚或墙锚支护体系，降水采用地连墙或新型咬合桩止水帷幕。由于本基坑紧邻湘江大堤（图 2），南北跨度将近 1km，基坑规模大、风险高，且需经历湘江汛期高水位的考验，故有"中南第一基坑"的"美誉"。

二、工程地质条件

1. 地质条件

图2　基坑全景俯视图

本工程位于长沙市伍家岭新河，湘江与浏阳河交汇处的东南角，湘江大道浏阳河隧道旁边，场地西侧为湘江防洪大堤，堤西侧即为湘江。场地原始地貌单元属湘江及浏阳河冲积阶地。场地内埋藏的地层主要有人工填土层、第四系全新统冲积层、第四系上更新统冲积层、残积层，下伏基岩为第三系泥质砂岩。各层土的物理力学指标见表1，典型地质剖面见图3。

场地土层主要力学参数　　　　　　　　　　　　　　　　表1

指标地层	土层厚度 (m)	天然重度 γ (kN/m³)	孔隙比 e	抗剪强度标准值 内摩擦角 (°)	抗剪强度标准值 凝聚力 C (kPa)	天然含水量 ω (%)	渗透系数 K (cm/s)
Q_4^{ml} 人工填土①	1.1～7.5	19.3	0.803	(10)	(12)	26.6	1.0×10^{-3}
Q_4^{al} 淤泥质粘土②	0.8～3.5	17.3	1.289	(9)	(7)	46.8	9.0×10^{-6}
Q_4^{al} 粉质粘土③	2.0～9.5	20.0	0.741	18	25	26.2	7.0×10^{-5}
Q_4^{al} 粉砂④	0.3～3.7	19.7	/	25	/	/	6.2×10^{-3}
Q_3^{al} 圆砾⑤	1.0～6.9	21.5	0.689	40	/	22.8	4.2×10^{-2}
Q_3^{el} 粉质粘土⑥	0.3～3.0	19.7	0.709	23	40	24.3	6.0×10^{-6}
E 强风化泥质砂岩⑦	4.6～20.5	22.0	/	45#		/	5.5×10^{-4}
E 中风化泥质砂岩⑧	5.9～26.7	23.5	/	55#		/	/

注：括号内为经验值。

2. 水文条件

场地地下水分为上层滞水、潜水和基岩裂隙水三种类型；

（1）上层滞水主要赋存于人工填土中，分布不均匀，受大气降水和地表水补给，水量、水位均随季节而变化，未形成连续稳定水面。勘察期间测得上层滞水稳定水位埋深为0.00～6.00m，相当于标高 25.98～33.65m。

（2）潜水赋存于粉砂和圆砾层中，由于距湘江近，粉砂和圆砾为强透水层，其稳定水位标高与湘江水位标高基本一致，表明潜水水位受湘江水位影响很大，同时，其水量也很大，当湘江水位在高位时，其承压性很大，承压水头高度与湘江水位有很大关系，水位随季节变化很大。湘江长沙地区历史最高洪水位 36.97m（黄海高程），2010 年夏湘江最高洪水位约 36m（黄海高程）。

（3）基岩裂隙水赋存于场地内下伏基岩的裂隙中，其水量大小受岩石节理裂隙的发育程度、发育方向和连通程度控制，当裂隙与上层地下水位的连通程度及通透性较好时，其

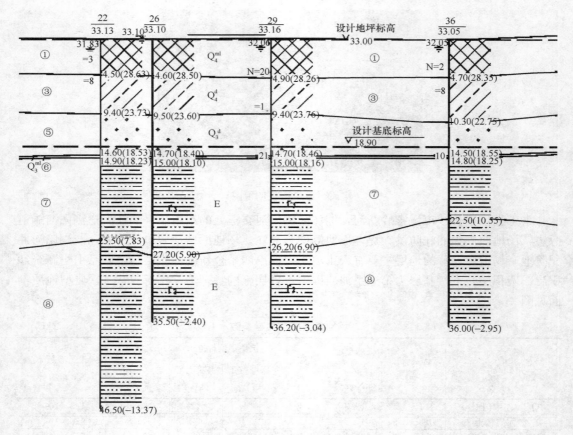

图 3 典型地质剖面图

水量较大，水位与上层潜水关系密切，水位面基本一致，当裂隙连通性及通透程度差时，水量较小。

三、基坑周边环境及建构筑情况

本工程基坑西侧为湘江大堤，地下室结构外墙与湘江大堤挡墙的距离，在基坑西侧南部为 8.0m，北部为 24.5m。湘江大堤挡墙为扶壁式钢筋混凝土挡墙，基底标高为29.00m，墙顶距现状地面高差为 6.0m。基坑与湘江大堤之间有一条混凝土防汛道路，路宽 8.0m，地面标高为 33.0m。防汛通道紧邻湘江大堤。基坑北侧为在建两馆一厅项目，地下室结构外墙与两馆一厅已建结构外墙最近距离为 30.0m。基坑与两馆一厅项目之间有一条临时施工道路，道路边线距离地下室结构外皮不小于 12.0m。道路下无任何管线布置。基坑东侧和南侧为湘江大道。地下室结构外墙距离湘江大道北侧的浏阳河隧道最近为25.0m，北侧基坑与浏阳河隧道之间有已建但未投入使用的市政道路，地下室结构外墙距此市政道路边线最近约为 8.0m。南侧湘江大道宽 32m 左右。地下室结构外墙距南侧湘江大道市政道路边线最近约为 12.0m。道路中部有一道雨水管道，距西侧道路边线 9.70m，路的两侧各分布路灯照明线路，东侧分布一道电信光缆，距离地下室约 38m，湘江大道东侧为在建 D3 区楼房。具体位置详见基坑周围环境平面图 4 及表 2。

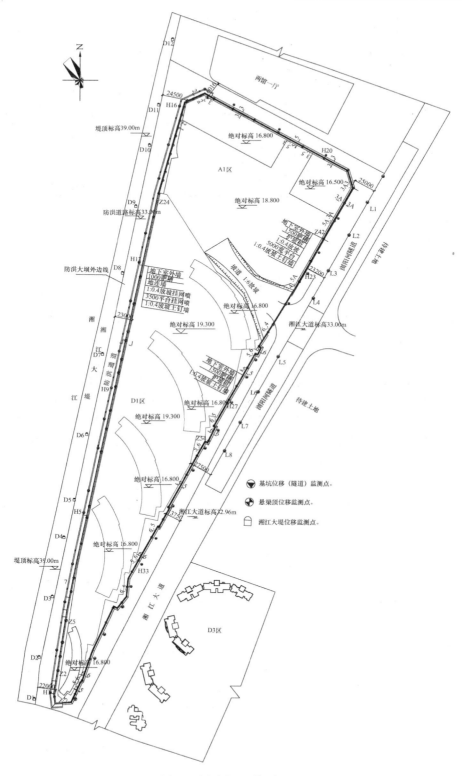

图 4　基坑周边环境平面图

三、土钉支护或上部土钉、下部桩锚支护

基坑周边环境概况表 表 2

位置	主要建筑物	距结构外皮距离	标高
西侧	湘江大堤	8～22.0m	29.00m（底）
东侧	湘江大道	8～22.0m	33.00m
	浏阳河隧道	25.0m	22.00m～33.00m
	路灯管线	14.0m（南）	31.10m
	雨水管道	23.0m（南）	29.00m
	电信光缆	约 38.0m	29.5m
北侧	两馆一厅	30.0m	28.50m

四、基坑围护方案

1. 工程难点及特点

（1）地下水丰富活跃，承压水头高

本工程场地紧邻湘江大堤，基坑开挖完全穿越第⑤层圆砾层，由于该层中地下水与湘江有密切的水力联系，其水头与湘江水位接近，设计中需特别考虑止水帷幕的可靠性及汛期高承压水头对帷幕的影响。

（2）基坑跨度长，规模大

本工程基坑占地面积近 90000m²，南北跨度约 850m，基坑深度 14～16.5m，支护面积近 27000m²，土方量近 1400000m³，支护和土方工作量巨大。由于湘江水位季节性变化较大，本工程宜在 4 月份春汛前完成全部支护及土方工作，故支护设计需考虑后期施工工期紧迫这一重要因素，宜采用主体结构顺做法的支护方案。同时，支护设计需考虑大跨度对基坑变形的影响，适当的提高支护结构的刚度来减小基坑的变形。

（3）高承压水下锚杆施工困难

本工程场地第⑤层圆砾层在湘江高水位的时候有较高的承压水头，高承压水头下施工锚杆容易造成杆体质量难以保证、土体大量流失及孔口难以封堵等诸多问题，这些问题均对支护结构的安全构成严重隐患。

故本工程锚杆设计中，可采用以下两个方案之一：若锚杆可能在湘江高水位时期施工，锚杆设计应避免进入含承压水的圆砾层；若锚杆在湘江低水位时期施工，锚杆设计可考虑部分进入圆砾层，这样支护体系的可靠度更高。本次锚杆施工计划在 1 月份施工，根据往年湘江水位记录推测湘江水在枯水期，此时湘江水位在 23.5m 左右，第二道锚杆标高为 24.6m，高于湘江水位 1m 以上，考虑锚杆部分进入圆砾层。

（4）西侧环境保护

本工程西侧紧邻湘江大堤，且开挖线外尚有拟建防汛通道，故支护设计应确保大堤的安全，并考虑拟建防汛通道后期施工的安全性和便利性。

（5）东侧环境保护

东侧北部离已建浏阳河隧道较近，锚杆设计不应过长，并应考虑原有支护结构对锚杆施工的影响。

2. 基坑支护方案

本次基坑支护依据以往湘江水位情况，圆砾层⑤层中地下水水头标高按 36.0m 考虑（黄海高程），基坑安全等级为一级，基坑使用年限竣工后 1 年，周边施工荷载 20kPa，并根据以上特点，采取以下措施：

（1）针对地下水丰富、承压水头高的特点，且实际工程多由于帷幕漏水引起土体流失、土体强度降低等原因造成基坑事故，因此本工程中帷幕的止水效果至关重要，故本方案在湘江大堤一侧选择工艺成熟可靠、止水效果好的地下连续墙作为止水帷幕和支护结构的"两墙合一"方案。考虑到可能发生的基坑事故对周边市政设施及人员安全的影响，基坑的其他支护面采用工艺较成熟可靠、止水效果较好，但相对经济的咬合桩墙作为止水帷幕。咬合桩采用我公司新型咬合桩技术。

（2）针对本项目工程量巨大、工期紧的特点，本方案采用地下连续墙＋锚杆和护坡桩＋锚杆的支护结构，最大可能地为土方及后期结构施工提供充分的工作面，为工程如期完成提供便利条件。

同时为降低大跨度的影响，沿基坑每隔 50m 设置增强锚杆，提高支护结构整体刚度，适当控制基坑变形。

（3）为防止高水位条件下承压砂卵石中锚杆施工及使用过程中发生突涌、涌砂等，本设计锚杆施工在湘江枯水期进行，并在张拉后进行封堵处理。同时，对锚固段超过 13m 的锚杆，除采用二次高压劈裂注浆工艺外，尚按拉力分散式锚杆进行设计，要求每单元锚杆锚固段长度不宜大于 8.0m。

（4）考虑到本工程湘江大堤一侧有拟建地下防汛通道，本侧地下连续墙顶标高定为绝对标高 29.00m（相对标高 -4.0m），避免后期防汛通道施工再破除支护结构。

（5）基坑东侧北部受隧道部位空间的影响，采用局部卸载的方式，减小锚杆长度。

3. 基坑围护典型剖面图

本工程±0 相对于绝对标高 33.00m，基坑支护的几个典型剖面如下所述。

（1）1-1 剖面（湘江大堤一侧，裙房位置）

基坑深度约 14.20m，-4.00m 标高以上采用土钉墙支护，以下采用地下连续墙＋锚杆支护。土钉墙放坡比例 1：0.4，在 -2.8m 处设置 3.50m 宽的台阶。地下连续墙宽 1000mm，墙深 14.50m，嵌固深度 4.30m，墙顶设一道钢筋混凝土冠梁，冠梁顶标高 -4.00m，截面尺寸 1000mm×1000mm。标高 -4.4m 和 -8.40m 处各设置一道预应力锚杆，具体见图 5。

（2）3-3 剖面/3A-3A 剖面（A1 区办公楼北侧/A1 区办公楼西侧）：

基坑深度约 16.00m，-4.00m 标高以上采用土钉墙支护，以下采用咬合桩＋锚杆支护。

土钉墙放坡比例 1：0.4。支护桩直径 1200mm，间距 1600mm，钢筋混凝土桩（混凝土强度 C30），桩长 16.00m，嵌固深度 4.30m；咬合帷幕桩直径 1000mm，间距 1600mm，桩身采用 C2 塑性混凝土，桩长约 14.00m，要求进入相对隔水层（强风化岩）深度 2.00m。墙顶设一道钢筋混凝土冠梁，冠梁顶标高 -4.00m，截面尺寸 1200mm×1000mm。标高 -4.40m、-7.00m 和 -9.00m 处各设置一道预应力锚杆。

考虑到基坑东侧北部地下室外墙距离浏阳河隧道较近，锚杆施工长度受到限制，故该部位（3A-3A 剖面）上部需进行卸荷处理，故在 -2.8m 处放 5.00m 宽的台阶，详见剖面图 7。

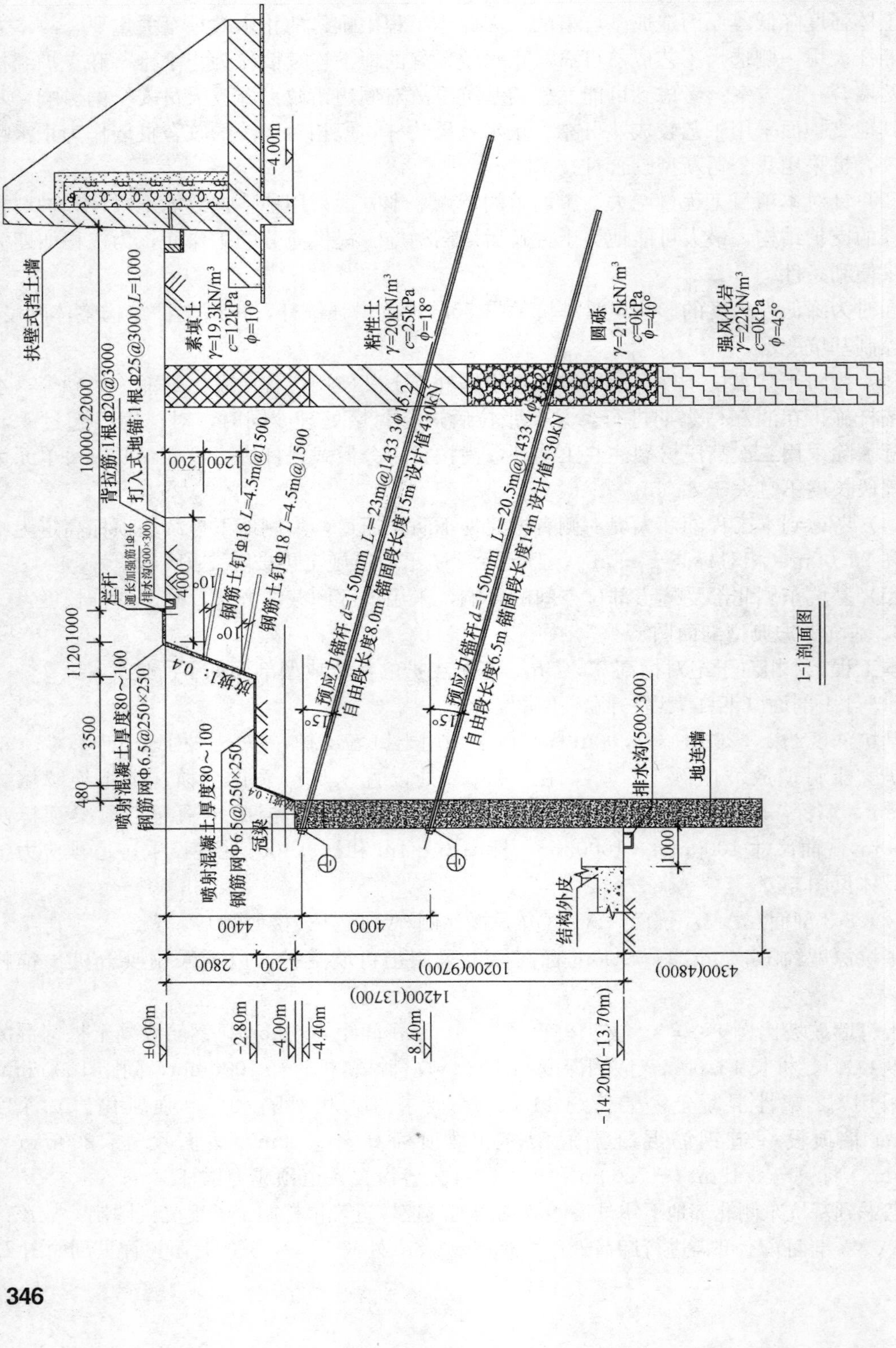

图 5 基坑围护剖面图（1-1 剖面）

1-1 剖面图

扶壁式挡土墙

素填土
γ=19.3kN/m³
c=12kPa
φ=10°

粘性土
γ=20kN/m³
c=25kPa
φ=18°

圆砾
γ=21.5kN/m³
c=0kPa
φ=40°

强风化岩
γ=22kN/m³
c=0kPa
φ=45°

背拉筋:1根Φ20@3000
打入式地锚:1根Φ25@3000,L=1000

10000~22000

钢筋土钉Φ18 L=4.5m@1500
钢筋土钉Φ18 L=4.5m@1500

预应力锚杆 d=150mm L=23m@1433 3φ15.2 自由段长度8.0m 锚固段长度15m 设计值430kN

预应力锚杆 d=150mm L=20.5m@1433 4φ15.2 自由段长度6.5m 锚固段长度14m 设计值530kN

栏杆
通长加强筋Φ16
排水沟(300×300)

喷射混凝土厚度80~100
钢筋网Φ6.5@250×250

喷射混凝土厚度80~100
钢筋网Φ6.5@250×250
冠梁

坡率1:0.4
坡率1:0.4

排水沟(500×300)
地连墙
结构外皮

1120 1000
3500
480
4400
4000
2800
1200
10200(9700)
14200(13700)
4300(4800)
1000

±0.00m
-2.80m
-4.00m
-4.40m
-8.40m
-14.20m(-13.70m)
-4.00m

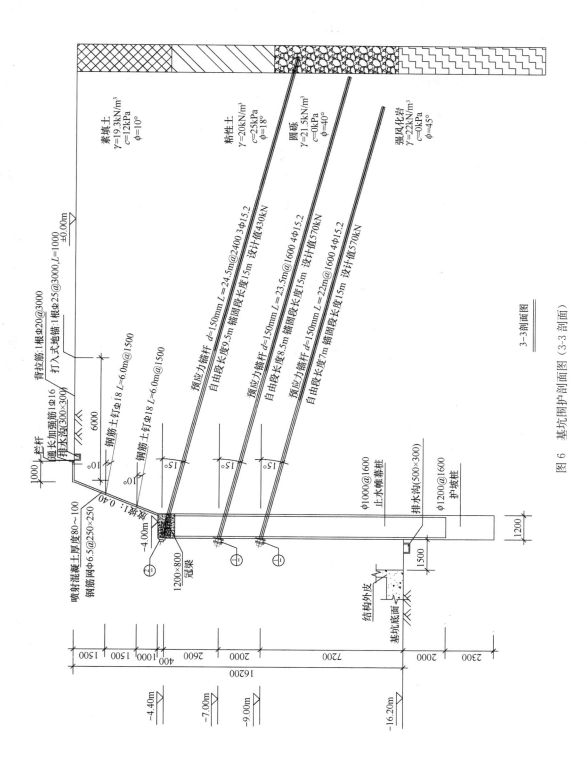

图 6　基坑围护剖面图（3-3 剖面）

三、土钉支护或上部土钉、下部桩锚支护

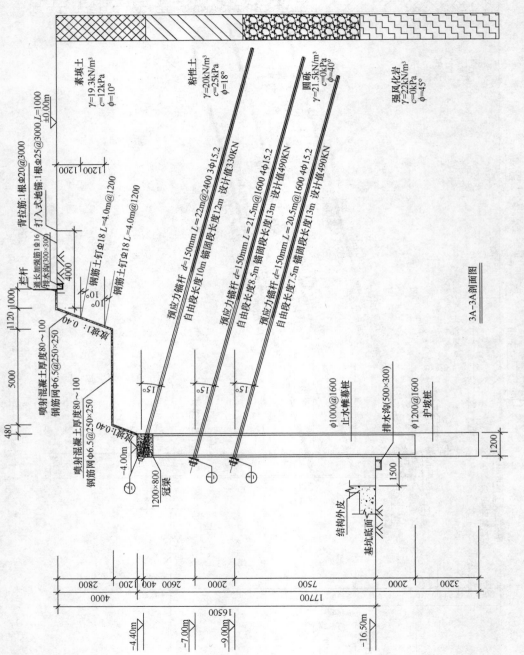

图 7 基坑围护剖面图（3A-3A 剖面）

348

4. 基坑降排水设计

（1）基坑止水方案设计

帷幕止水在湘江大堤一侧采用地连墙，其他侧采用咬合桩。咬合桩一序桩采用塑性混凝土，其 28 天抗压强度不低于 2MPa，极限应变 0.3%～0.4%。止水帷幕要求进入强风化岩不少于 2.0m。

（2）坑内地下水的疏干处理

坑内地下水由于止水帷幕的作用基本与外界截断，故坑内地下水可采用基坑内设置疏干井或土方施工期间挖沟明排处理。

基坑挖到底后，基坑底周边应设置 300mm×300mm 排水沟，并每 50m 左右设置一集水坑，以便将坑壁渗漏水或雨水抽排出去。

五、基坑监测情况

1. 监测点的布置

根据有关规范要求，结合本工程的具体情况，沿基坑周边布置水平位移观测点、竖向沉降观测点、锚杆内力监测点和湘江大堤、浏阳河隧道水平位移和竖向位移观测点。

具体观测内容及布桩位置、控制值、预警值见表 3。

监测内容及变形控制表　　　　表 3

观测内容	布点位置	布点间距	控制值	预警值
水位位移	桩/墙顶贯梁上	25～30m	0.002H	70%控制值
地表沉降	地表或平台表面	25～30m	0.002H	70%控制值
周边建构筑物沉降	建构筑物结构上	25～30m	沉降 20mm 倾斜 0.0015	70%控制值
锚杆内力	锚头位置	约 50m	F	70%控制值

注：H 为基坑深度，F 为设计值。

2. 监测结果

本次监测自 2011 年 1 月份土方开挖开始，至 2011 年 6 月份基坑回填止，经历了两次汛期最高水位的影响，其中湘江水位最高时达到 33.37m，基坑及周边最大变形如表 4 所示。冠梁顶最大变形相比原计算湘江水位 36.0m 时的基坑最大水平位移 25mm 小 11mm。

监测内容及变形控制结果表　　　　表 4

观测点编号	观测部位	位移量（mm）		备注
		水平位移	竖向位移	
D8	湘江大堤挡土墙	−2	2.2	
H19	护坡顶周围土体	—	−3	均在规范允许范围内
Z24	基坑西侧北冠梁顶	−14	2	
L3	浏阳河隧道	2	—	

    湘江大堤一侧，沿基坑南北走向主要监测点在各种工况下的水平位移如下图 8 所示，支护结构顶部部分监测点位移随时间变化如图 9 所示。

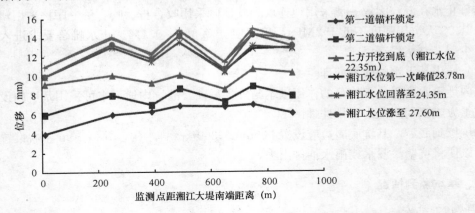

图 8　沿湘江大堤一侧由南向北部分监测点水平位移随工况变化图

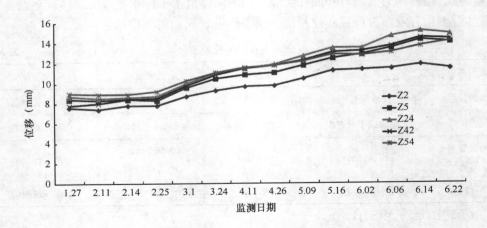

图 9　支护结构顶部监测点水平位移随时间变化图

    由图 8 可知，在加强锚杆处及其附近，支护结构的水平位移位量明显偏小；且位移增大的趋势被有效缓解，可见加强锚杆对提高支护结构刚度、控制变形很有利。

六、点评

    1. 本工程针对周边不同环境，沿大堤一侧采用墙锚支护、沿湘江大道一侧采用桩锚支护体系是能够满足基坑安全及帷幕止水需要的。

    2. 本工程 14m 深基坑部位采用 2 道锚杆、16.5m 深基坑采用 3 道锚杆，在按规定锁定锚杆的情况下，基坑安全及变形是能满足要求的。

    3. 考虑到承压水的影响，本工程在锚杆设计中将锚杆开孔设在承压水水头之上可有效的减少锚杆施工过程中流砂的发生。

    4. 湘江水位上涨后承压水头增大，会加大自锚杆孔外溢水，甚至会带来流砂，故锚杆自由段的满浆及锚杆孔的封堵处理是必须的。

5. 对于大跨度基坑，每隔一定距离设置加强锚杆来提高支护结构整体刚度，对控制基坑变形是很有利的。

6. 新型咬合桩即可满足帷幕止水的需要，又不至于因基坑变形过大而造成帷幕桩拉裂，是一种经济、安全可行的帷幕止水方式。

西宁火车站商业、办公综合安置区
1号~6号地块基坑工程

杨校辉[1] 朱彦鹏[1] 黄雪峰[1,2] 郭 楠[1]
（1. 兰州理工大学 土木工程学院，兰州 730050；
2. 解放军后勤工程学院 建筑工程系，重庆 401311）

一、工程简介及特点

1. 工程简介

西宁火车站商业、办公综合安置区是西宁火车站综合改造工程总体项目的重要组成部分。由 11 栋高层及其附属裙楼组成，总用地面积 50450.89m²，总建筑面积 463364.12m²，各地块建筑概况见表 1，设计塔楼结构形式均为框架剪力墙，筏板基础，带有 3 层地下室，以地块为单位采用整体开挖，进行深基坑支护，基坑工程安全等级均为一级。建设场地位于西宁市城东区祁连路-互助路两侧，平面位置示意图如图 1。

各地块建筑概况表　　　　　　　　　　　　　　　　　　表 1

地　　块	用地面积（m²）	总建筑面积（m²）	基坑开挖深度（m）	±0.00
1 号	5049.95	42199	14.5	2219.50
2 号	15906.61	140290	15.9	2217.40
3 号	11841.58	96142.62	15.0	2216.80
4 号	2350.18	26512.6	12.3	2212.50
5 号	6169.84	68019.9	14.5	2212.25
6 号	9132.73	90200	15.0	2212.00

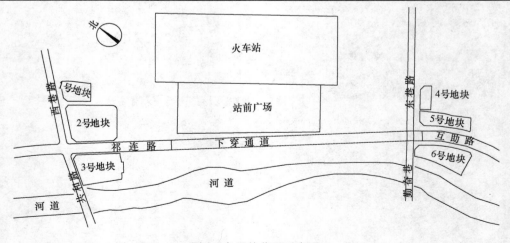

图 1　各地块位置示意图

2. 工程特点

（1）西宁火车站综合改造基坑工程是目前西北地区建设规模最大、深度最深、施工难度最大的基坑工程。本期项目是继一期地铁西宁站工程、祁连路-互助路隧道工程、地下空间工程之后又一批深基坑群，如何在现有经济技术基础上，既保护好现有建筑和正在建设的建筑又能保证基坑顺利开挖，合理地进行基坑优化设计是关键技术问题。

（2）场地工程地质条件与水文地质条件特殊。基坑开挖深度范围内第②层卵石不利于支护桩、锚杆的施工，同时为主要地下水含水层，渗透性大；基坑侧壁及基底的第三系泥岩层，夹块状或薄层状石膏，局部夹砂岩，节理裂隙发育，遇水极易软化，长时间暴露在空气中易崩解，且含有裂隙水，对基坑的围护及稳定极为不利。

二、工程地质条件

拟建场地位于湟水河北岸Ⅰ级阶地前缘，地形起伏较大，总的地势是西北高东南低，海拔标高 2208.1—2219.82m。由于该项目是大型基坑群、规模较大，故以 2013 年 5 月青海九〇六工程勘察设计院提供的西宁火车站办公、商业综合安置区三片区高层商住楼、群楼及基坑支护岩土工程勘察报告为例，对该场地地质条件进行说明，场地土层主要参数见表 2，c、ϕ 值为采用直接剪切试验测得，典型地质断面图见图 2。

场地土层主要参数 表 2

地层编号	土　名	平均层厚 (m)	重度 γ (kN/m³)	粘聚力 c (kPa)	内摩擦角 ϕ (°)
①	杂填土	2.5	18	8	15
②	卵石	3	21	5	40
③₋₁ 强风化泥岩	强风化泥岩	2	19	220	33
③₋₂	强风化石膏岩	1.5	21	320	34
④₋₁	中风化泥岩	4	22	350	34
④₋₂	中风化石膏岩	7	22	400	35
⑤	微风化泥岩	未揭穿	24	820	38

1. 地基土岩性特征

地基土在控制深度内自上而下依次为杂填土（Q_4^{ml}）、卵石（Q_4^{al+pl}）、泥岩（E），石膏岩（E），其岩性特征如下：

①杂填土（Q_4^{ml}）：灰褐色、灰黄色，稍密，稍湿。上部主要为建筑垃圾。夹少量粉土及煤渣、砾石、砖块等。下部以粉质土为主，层厚 2.4～3.8m。

②卵石（Q_4^{al+pl}）：青灰色、灰白色，稍湿-饱水，稍密-中密，据现场动力触探试验修正击数 8.5～13.9 击，标准值 11.3 击。砾卵石成分多为石英岩、石英砂岩、花岗岩及变质岩等。最大粒径大于 146mm，一般 5～50mm，其中粒径大于 20mm 的卵石约占 51.2%～71.9%，2～20mm 的砾石约占 18.5%～41.9%，粉粘粒含量 0.8%～2.9%，其余多为中粗砂。砾卵石多具次圆状、次棱角状，分选性较差，不均匀系数 Cu＝7.81—39.09，曲率系数 Cc＝1.62～7.68，级配不良。埋深 2.4～3.8m，层厚 1.6～4.2m。

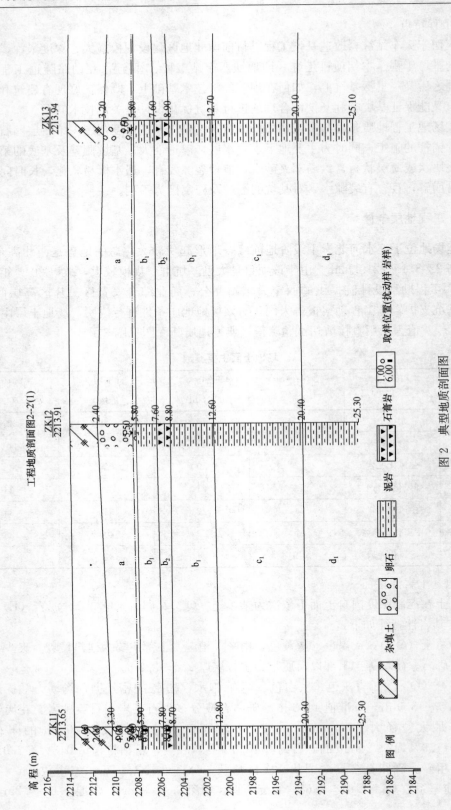

图 2　典型地质剖面图

③古近纪渐新世强风化层（E）：以青灰色、砖红色、褐红色泥岩为主，夹块状或薄层状石膏及石膏岩，局部夹砂岩或石膏岩层。具水平层理。依据岩性特征分为③₋₁强风化泥岩和③₋₂强风化石膏岩。

③₋₁强风化泥岩层（E）：以青灰色、砖红色、褐红色泥岩为主，夹块状或薄层状石膏及石膏岩，局部夹砂岩。软塑—可塑—坚硬。地层产状平缓，近水平状，结构面结合一般。具水平层理，节理裂隙发育，多呈闭合状，沿裂隙面发育有薄层状石膏晶体。岩石破碎，岩芯多呈碎石状及短柱状，遇水极易软化，长时间暴露在空气中易崩解。岩体基本质量等级Ⅴ级，定性分类属极软岩，岩体完整程度属较完整。该层顶部天然含水量 17.10% ～26.35%，标准值 22.26%；天然孔隙比 0.62～0.80，标准值 0.72；饱和度 66.10% ～94.01%；液限 29.40%～33.60%；塑限 18.50%～20.80%；塑性指数 10.90% ～12.80。埋深 0.0～8.9m，层厚 0.6～7.5m。

③₋₂强风化石膏岩（E）：以青灰色、灰白色石膏岩为主，夹青灰色泥岩薄层。呈透镜体状产出，厚度较小，分布不连续，埋深厚度较小。节理裂隙较发育，岩石破碎，岩芯多呈碎石状，吸水率极大大，遇水极易膨胀，失水后完全崩解。岩体基本质量等级Ⅳ级，定性分类属软岩，岩体完整程度属较破碎。埋深 5.7～11.3m，层厚 0.8～7.2m。

④古近纪渐新世中风化层（E）：以青灰色、灰白色石膏岩为主，夹褐红色、青灰色泥岩薄层，石膏岩泥岩呈互层状，软硬相互，泥岩较软石膏岩较硬。依据岩性特征分为④₋₁中风化泥岩和④₋₂中风化石膏岩。

④₋₁中风化泥岩（E）：以褐红色、青灰色泥岩为主，夹大量块状或薄层状石膏及石膏岩。具水平层理，节理裂隙发育，沿裂隙面发育有层状石膏晶体，岩芯多呈碎石状及短柱状，遇水后极易膨胀和软化，暴露在空气中失水后极易崩解。岩体基本质量等级Ⅳ级，定性分类属软岩，岩体完整程度属较完整。点载荷换算抗压强度 0.57～7.38MPa，标准值 1.73MPa。天然抗压强度 2.13～6.76MPa，标准值 1.68MPa，埋深 10.7～20.4m，层厚 0.8～6.8m。

④₋₂中风化石膏岩（E）：以青灰色、灰白色石膏岩为主，夹青灰色泥岩薄层。节理裂隙较发育，岩石破碎，岩芯多呈碎石状及短柱状，岩石较致密坚硬，岩性脆锤击即碎，吸水率较大，遇水易膨胀，失水易崩解。岩体基本质量等级Ⅳ级，定性分类属软岩，岩体完整程度属较完整。点载荷换算抗压强度 1.01～6.39MPa，标准值 1.92MPa；天然抗压强度 1.35～3.96MPa，标准值 1.35MPa，埋深 13.3～17.0m，层厚 1.5～6.1m。

⑤古近纪渐新世微风化层（E）：以红褐色、青灰色泥岩为主，夹石膏岩薄层，内含纤维状石膏或石膏岩晶体。具水平层理，节理裂隙不太发育，岩石较致密坚硬，岩芯呈长柱状，岩体完整，岩质较新鲜，长时间暴露在空气中易崩解，遇水后易膨胀易软化。岩体基本质量等级Ⅳ级，定性分类属软岩，岩体完整程度属较完整。点载荷换算抗压强度泥岩 1.42～11.71MPa，标准值 4.25MPa；天然抗压强度 2.71～5.3MPa，标准值 2.99MPa，埋深 19.9～21.6m，最大揭露层厚 10.1m（未揭穿）。

2. 场地水文地质条件

场地赋存有第四系松散岩类孔隙潜水，勘察期间稳定水位埋深 4.0～6.2m，水位标高 2208.05～2209.56m，水化学类型为 SO_4—$Ca \cdot Na$ 型。含水层主要为第四系冲积卵石层，厚 1.6～4.2m，地下水由西北流向东南，以地下迳流形式排泄补给下游地区，最终排泄于湟水河。动态变化季节性明显，年水位变幅 0.5～1.0m 左右，渗透系数 K＝55.0m/d。因三片区北侧为火车站下穿隧道工程，南侧为火车站景观水系湟水河暗涵，第四系地下水已经被隔开，所以地下水水量不大。第三系泥岩及石膏岩中局部赋存有节理裂隙和构造裂隙水，因其构造裂隙分布不均，连通性差，无统一水面，该层水具承压性。

三、基坑围护方案

根据综合改造工程一期基坑工程设计和施工跟踪经验，本基坑群支护设计主要面临两个难点：（1）如何在保护好既有和正在建设基础上，合理选型并优化支护设计；（2）如何有效将强风化泥岩和石膏岩中的裂隙水排出，减少对基坑支护及对坑壁稳定性影响。因此，基坑支护设计总体原则是：能放坡的尽量放坡，不能放坡的尽量减少排桩使用，即当基坑周边环境允许放坡、地下水位较低时，首选土钉墙或复合土钉墙支护；当基坑周边环境狭小、位移要求严格、锚杆长度或桩径选择受限、地质情况复杂时，选择上部土钉下部桩锚联合支护或桩锚垂直支护。限于篇幅，本文以 1 号～3 号地块基坑支护设计为例对本基坑群设计要点及难点进行说明。

1. 1 号和 2 号地块基坑支护与降水设计

（1）设计方案

2 号地块地处在建西宁市祁连路以北，场地东侧为在建火车站地下空间工程，间距约 7m，南侧为在建祁连路下穿隧道工程，最近之处两建筑结构变线重合，西侧为西宁市摩托铝材市场，间距约 20m，北侧为拟建一片区，间距约 11m，西侧存在 2 层砖混建筑物和 3 栋 7 层砖混建筑物。1 号地块南侧为 2 号地块，北为火车站落客平台桥辅道，西为站西巷，东为在建地下空间，如图 1 所示。因此，1 号、2 号地块基坑采用整体开挖，基坑支护与降水设计平面图如图 3 所示。其中 2 号地块南侧，根据祁连路下穿隧道施工进度及下穿隧道基底与 2 号地块基底高差关系，对于下穿隧道已施工区段，如 1＋194.5m～K1＋217.5m，支护设计采用土钉墙支护，如图 4（a）；为防止 2 号、3 号地块大面积开挖，引起在建祁连路下穿隧道侧移或沉降，如 K1＋104m～K1＋194.5m 段，则沿着下穿隧道结构边线布置排桩支护，如图 4（b）；剩余 1 号、2 号地块基坑采用不同坡率复合土钉墙支护，即剖面图 c 和 c′的坡率不同，限于篇幅仅给出图 4（c）。基坑外侧采用间距 15～20m 不等的管井降水，降水井剖面结构见图 4（d），基坑内侧采用轻型井点加坑内明排的导流方案。

（2）典型剖面

1 号、2 号地块基坑支护结构典型剖面见图 4。土钉墙挂 $\phi6.5mm@250mm×250mm$ 钢筋网，横纵各 1 根 $\Phi14mm@1.5mm×1.5mm$ 通长加强筋，喷射 80mm 厚混凝土面层，混凝土强度等级为 C20。土钉钢筋为 1 根 $\Phi22mm@1.5m$，孔内注 M20 水泥砂浆，注浆体直径为 110mm。支护桩直径为 0.8m，桩间距为 2.0m，桩身配筋为 $12mm\Phi25mm$，桩身混凝土强度为 C35。预应力锚杆长为 12m，钢筋为 1 根 $\Phi25mm@2.5m$，锚固段长 7m，施加预应力为 150kN。

2. 3 号地块基坑支护与降水设计

（1）设计方案

3# 地块基坑北侧与在建祁连路下穿隧道基坑最近处结构外墙线基本重合，西侧距新

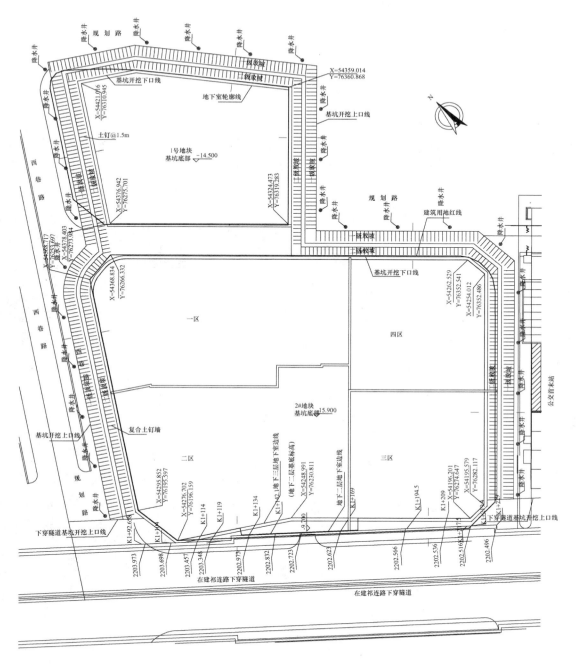

图 3 1 号、2 号地块基坑围护平面图

建共和路约 9m，南侧距刚完工火车站景观水系湟水河暗涵约 8m，东侧为下穿隧道施工用地。为保证祁连路隧道和湟水河暗涵工程安全，结合西北地区多项深基坑设计经验与桩锚支护结构内力试验研究，3 号地块基坑支护与降水设计平面图如图 5 所示。其中 3 号地块北侧，根据祁连路下穿隧道施工进度及下穿隧道基底与 3 号地块基底高差关系，类似 2 号地块，在 K1＋104m～K1＋194.5m 和 K1＋217.5m～K1＋229m 段，沿着下穿隧道结构

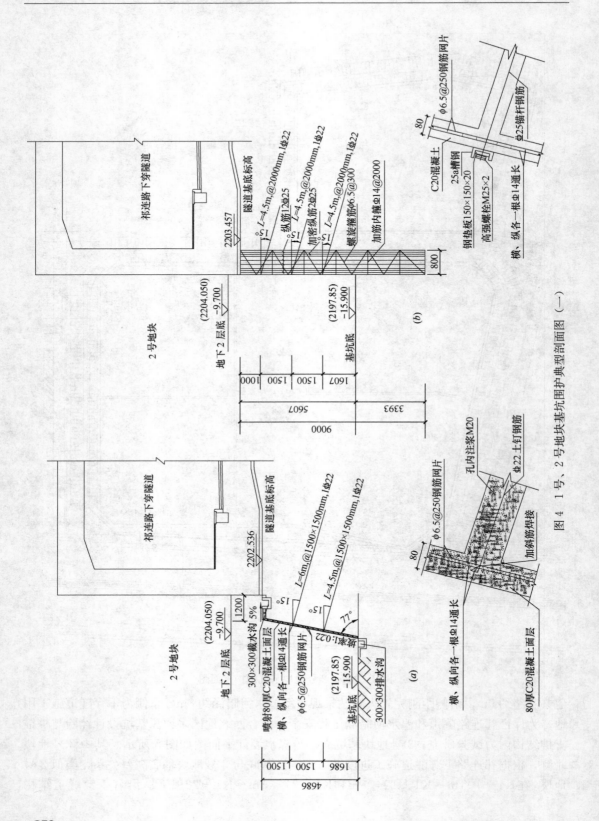

图 4 1 号、2 号地块基坑围护典型剖面图（一）

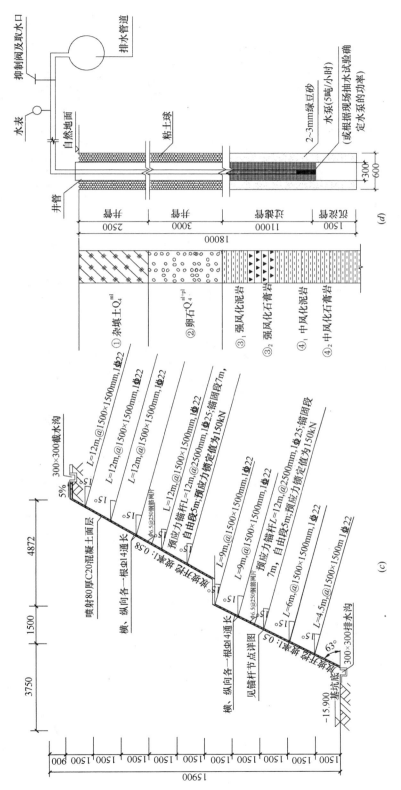

图 4　1 号、2 号地块基坑围护典型剖面图（二）

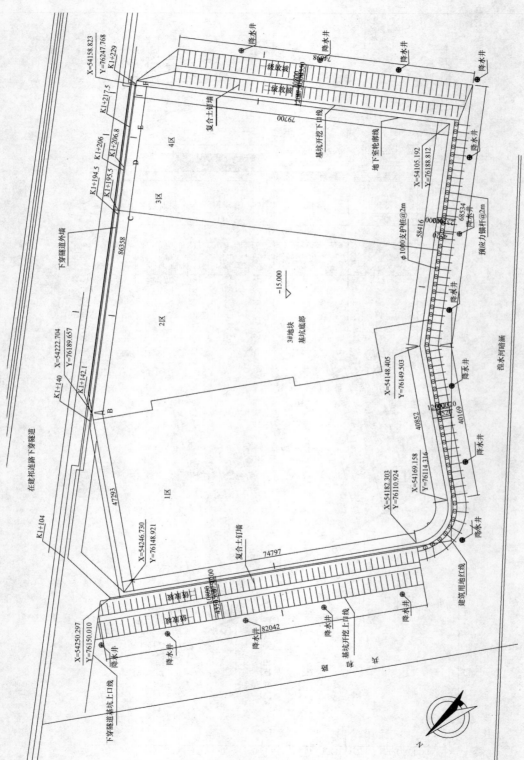

图 5　3 号地块基坑围护平面图

边线布置排桩支护，如图 6（a）；对于下穿隧道已施工区段，如 1＋194.5m～K1＋217.5m，支护设计采用锚定板挡墙，如图 6（b）。剩余 3 号地块基坑东西侧采用不同坡率复合土钉墙支护，如图 6（c），南侧采用上部土钉墙下部桩锚联合支护结构，如图 6（d）。基坑内外降水方案与 1 号、2 号地块类似，不再赘述。

（2）典型剖面

3 号地块基坑支护结构典型剖面见图 6。土钉墙和预应力锚杆参数与 1 号、2 号地块基本相同，基坑南侧为保护已建湟水河暗涵，防止暗涵位移或沉降开裂、避免河水倒灌造成基坑事故，同时考虑经济性要求较高，故基坑上部采用坡度尽可能缓的土钉墙支护（卸除土体荷载），设置 2 排土钉，基坑下部采用桩锚支护（抗变形能力强）。通过采用放坡土钉墙和大直径排桩＋预应力锚杆＋桩间土钉墙支护结构，桩长 15m，嵌固深度 4m，且在桩身最大弯矩处采用局部加密配筋进行优化，桩间喷射 80mm 厚混凝土面层（面层外表面与桩外皮平行），较好地解决了南侧基坑支护问题。

四、基坑开挖与监测情况

目前，1 号、2 号地块基坑已基本施工至－2 层，3 号地块基坑基本回填，4 号～6 号地块基坑即将开挖，从 1 号～3 号地块基坑开挖情况来看，本支护设计与降水方案满足了安全经济性要求，限于篇幅，以 3 号地块基坑开挖监测为例进行说明，其监测点平面布置见图 7。

2013 年 7 月底对 3 号地块基坑进行监测点布设，8 月初正式进行监测。3 号地块基坑在 8 月受开挖及下雨影响，变化相对较为活跃，其中变化较大区域主要位于基坑南侧垂直支护中间区域和靠西侧区域，监测点 P08-P10 和 P12-P13 区域，以及基坑的整个西侧区域，监测点 P14-P19 区域，其中南侧 P08-P10 月水平向基坑方向位移在 9～10mm；P12-P13 区域月向基坑方向水平位移 9～12mm；西侧 P14-P19 区域月向基坑方向水平位移 10－20mm，其中监测点 P18 变化最为活跃，水平位移变化最大，基本在 20～25mm 之间。其余区域 8 月变化基本保持在 5mm 左右，变化正常；9 月及以后水平位移月变化均在 6mm 以下。监测特征点水平位移累计变化见图 8（a），沉降变化见图 8（b）。

3 号地块基坑 9 月变化最大点位南侧二级平台冠梁 Z07 号点，月变化 5.52mm，此外，其西侧相邻 Z09 号监测点月变化 5.13mm，该两点平均每天变化 0.17mm 左右，其余监测点月变化均在 4.5mm 以下，平均每天变化均在 0.15mm 以下，变化正常。10 月以后基坑基本开挖到底，基坑的西侧和南侧深挖区域水平位移和竖直位移累积变化相对较大，采取加强措施和合理施工后基本无发生危险。限于篇幅，桩顶特征点水平位移累计变化见图 8（c）。

2014 年 1 月基坑局部开始回填，部分监测点破坏，因此后续监测数据未给出。从开挖到基坑到回填，3 号地块基坑前期位移变化主要发生于基坑下挖较快时期；位置多集中在雨水和地下水影响较大区域，因为基坑开挖至风化泥岩和石膏岩层后，其遇水和日照、风吹后软化崩解，强度迅速流失，严重时局部会产生脱落，影响基坑稳定；加强注意后各监测点均未达到报警指标，保证了基坑正常施工。

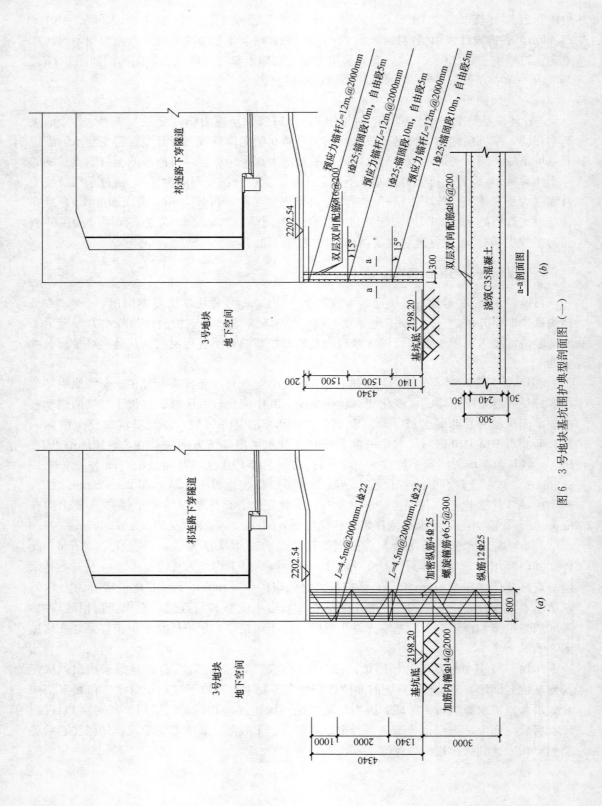

图 6　3 号地块基坑围护典型剖面图（一）

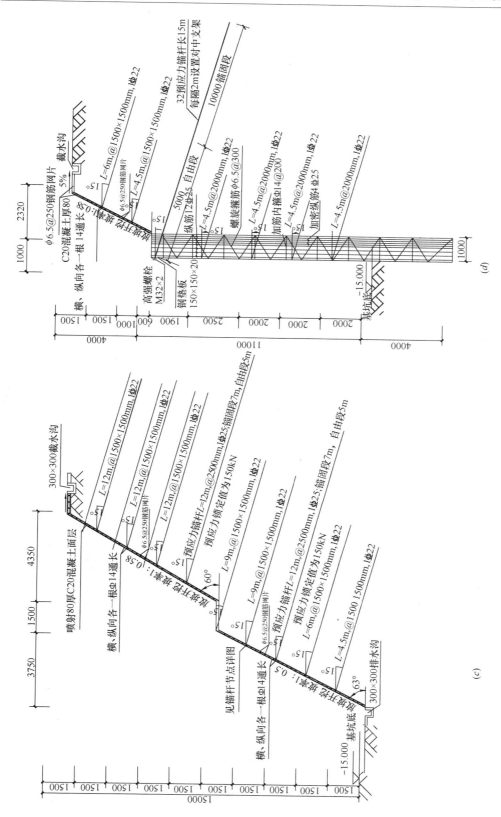

图6 3号地块基坑围护典型剖面图（二）

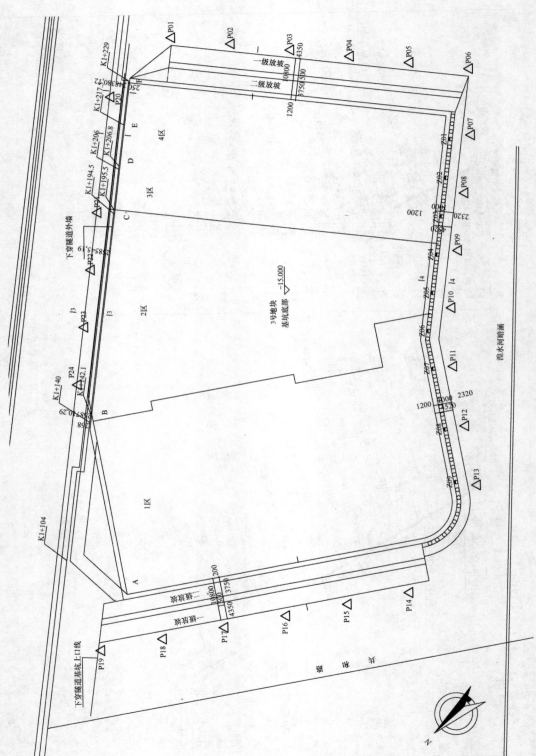

图 7　监测点平面布置示意图

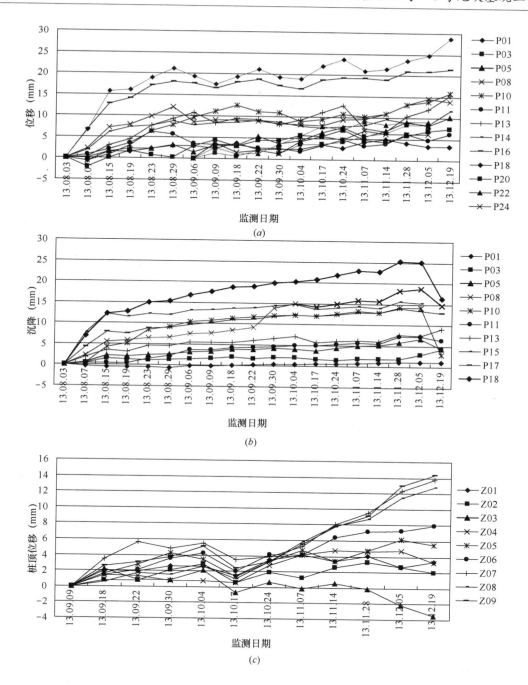

图8　3号地块基坑监测时程曲线

（a）基坑监测特征点水平位移累计变化曲线；（b）基坑监测特征点沉降累计变化曲线；
（c）基坑南侧桩顶水平位移累计变化曲线

五、点评

1. 本工程是继西宁火车站一期基坑群工程之后的又一深大基坑群工程，其规模和技术复杂程度在西北地区尚不多见，实践证明：本支护方案有效控制了基坑开挖过程中产生的变形，可供类似工程参考借鉴。

2. 基坑支护设计应根据安全经济性要求，分区分段采取多种支护结构型式，有效降低基坑支护造价。特别是上部通过采用坡度尽可能缓的放坡土钉墙，卸除部分土体荷载，有效减小了主动土压力；下部采用在桩身最大弯矩处局部加密配筋的桩锚联合支护结构，可在本地区大力推广。

3. 基坑开挖过程中，应严格遵循"分区分段开挖，先支护后开挖，严禁超挖"的原则，合理制定基坑开挖和支护施工方案。当基坑施工至强风化岩层或中风化岩层时，必须将其内部裂隙水有效导出，同时迅速素喷岩面，避免岩层进一步风化、崩解，影响施工进度或为危及基坑稳定。

4. 本工程坑内外降水方案是根据规范公式和经验设计，其适用性在青海、甘肃等地的大量工程实践中已多次证明，但降水井间距、井深及井数等定量关系有待进一步研究；风化岩层中裂隙水处理有待进一步重视，此类软岩地区中现场研究性试验亟待加强。

三明永春时代广场基坑工程

许万强[1,2]　郑添寿[1,2]　张　强[1,2]

1. 福建永强岩土股份有限公司，龙岩　3640000，
2. 福建省岩土与环境企业工程技术研究中心，龙岩　364000

1. 工程概况

永春时代广场地处老城区中心，位于三明市永春县城东街南侧、桃源天地大厦北侧，农贸新村居民西侧。场地由 1♯-2♯ 住宅楼、商业店面及二层纯地下室组成。基坑开挖面积 8982m²，基坑周长 380m（长大约 100m，宽约 90m 左右），开挖深度 10～11.4m。

场地原始地貌属冲洪积阶地，现有标高 115.8～117.9m（本工程±0.00 相当于黄海 117.35 米），地质情况复杂，基坑紧邻多层旧民居房屋。其中北面围墙外为人行道，9.5m 外为城东街；西面为规划道路，距红线 9m 为居民楼（天然地基）；东面为居民区道路，距红线 0.9～3m 为农贸新村居民区（天然地基）；南面为道路，距红线 12～22m 为桃源天地大厦（高 18 层，筏板基础）。场地周边分布有地下电缆、给、排水、污水、电信等管线，埋深 0.5～2.2m. 距离红线 5～10.0m。见图 1。

2. 地质概况

根据地质勘察资料，场地主要土层分布如下：杂填土、粉质粘土、中砂、卵石、全风化花岗岩、砂砾状强风化花岗岩、碎块状强风化花岗岩、中风化花岗岩。地基土参数见表 1、典型地质剖面见图 2。

地基土参数表　　　　　　　　　　　　　　表 1

土层层号	土层名称	状态	厚度（m）	重度（kN/m³）	内聚力 C（kPa）	内摩擦角 φ（°）	摩擦力极限值（kPa）	M 值（MN/m⁴）
①	杂填土	稍密	0.4～2.8	18.0	12.0	15.0	20.0	4.2
②	粉质粘土	可塑	0.3～2.4	18.1	29.7	15.6	65.0	6.28
③	中砂	中密	0.2～2.8	18.5	4.0	25.0	70.0	10.4
④	卵石	中密	2.3～6.3	20.0	0.0	30.0	120.0	15.0
⑤	全风化岩	土状	0.5～4.8	19.5	30.0	25.0	90.0	13.0
⑥	砂砾状强风化岩	砂砾状	0.5～7.4	20.5	30.0	30.0	130.0	18.0
⑦	碎块状强风化岩	碎块状	0.2～7.3	23.0	30.0	33.0	300.0	21.5
⑧	中风化花岗岩	块状	—	25.0	60.0	35.0	600.0	27.0

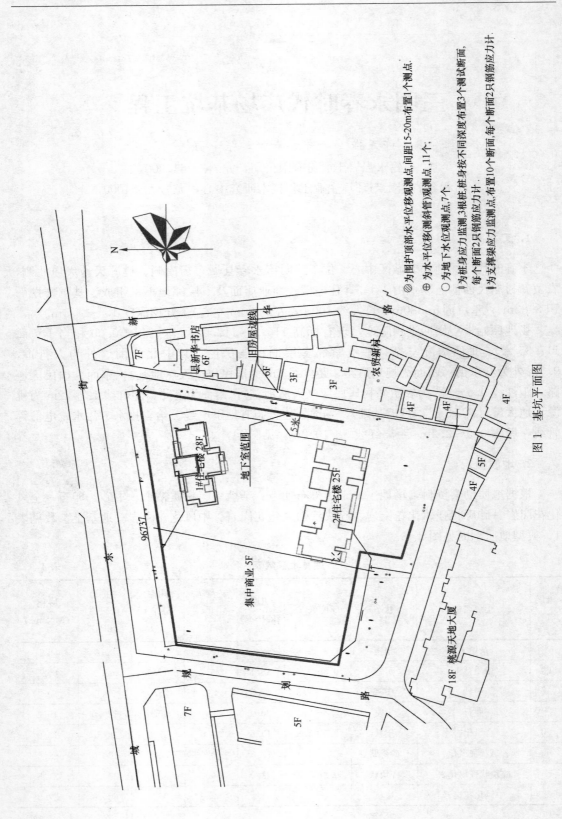

图 1 基坑平面图

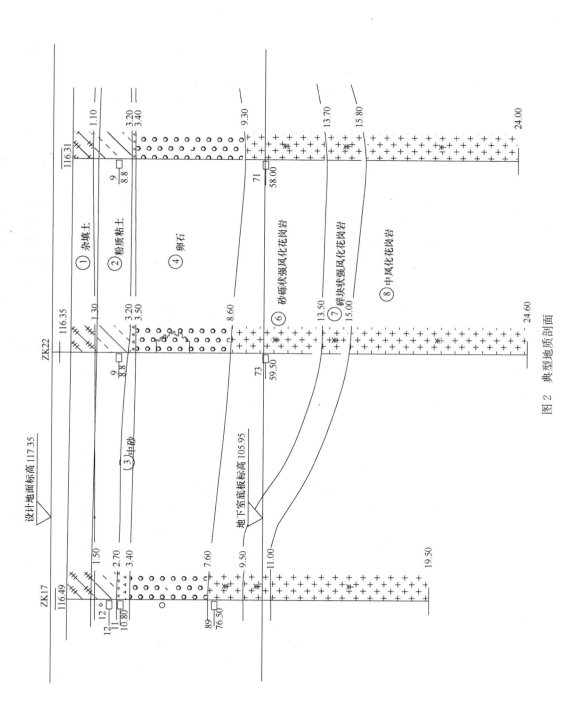

图 2 典型地质剖面

本场地对开挖有影响的地下水为浅部上层滞水和中砂，卵石以及风化岩中的地下水，混合水位埋深 0.6~2.2m，受大气降水和地表水的影响，卵石层渗透系数 31.3m/d，为强透水层。

3. 设计简况

（1）设计难点

①咬合桩需嵌入中风化花岗岩，岩石单轴饱和抗压最大值大于 120MPa，最大嵌岩深度为 2 米；②场地紧邻旧房屋，对振动、沉降、变形敏感。

（2）方案选定

原设计方案：采用 ϕ800mm@1200mm 旋挖钻孔桩＋圆形内支撑＋二重管旋喷截水桩支护形式。

经现场试桩，发现旋挖桩钻进中风化花岗岩极其困难、成本昂贵，如果改用冲孔方法嵌岩，冲孔嵌岩过程对邻近多层旧民居房屋的振动、沉降、变形及噪音扰民等影响难以控制，如果处理不好，可能导致工程停工，经反复讨论，决定改用双回转套管钻机结合潜孔锤技术进行嵌岩，潜孔锤嵌岩具有速度快、振动小、无泥浆污染，采用套管跟进的双回转套管钻机，可以完全解决孔壁支护问题，特别是可以解决中砂层及深厚砾卵石层的塌孔问题，避免地面沉降对相邻建筑的影响，并且潜孔锤嵌岩的费用明显低于旋挖桩嵌岩费用。

在试成孔过程中发现旋喷桩在卵石层施工困难，无法形成有效的止水帷幕，经多方讨论，进行技术及经济比较分析，决定将旋喷桩止水改为咬合桩止水。施工上采用双回转套管钻机实现咬合桩施工工艺。

（3）方案具体设计

本工程基坑支护采用内撑式排桩支护结构，支撑采用钢筋混凝土圆形内支撑，由于基坑开挖深度较大，开挖面以上地层主要为卵石且桩端须进入中风化岩约 1~2m 以上，最小桩长不得小于 10m。支护桩决定改用双回转套管钻机结合潜孔锤技术进行嵌岩，桩径 ϕ800mm 桩中心距 1200mm，总桩数 311 根。支护桩间采用咬合砂浆桩 ϕ800mm@1200mm 止水，总桩数 311 根。立柱桩采用格构式钢柱与旋挖灌注桩组合桩，以中等风化岩为持力层，桩端进入基坑底以下不小于 4m，且进入中等风化岩持力层不小于 2.0m。支护结构顶部采用放坡加短土钉喷锚支护。设计详情见图 3~图 6。

图 6 所示施工顺序为：先施工砂浆桩（A 桩），后通过双动力头钻机沉入钢套管切割相邻的砂浆桩，施工钢筋混凝土桩（B 桩），实现砂浆桩与钢筋混凝土桩相互咬合的一种联体桩墙基坑支护结构。

4. 监测

为了保证基坑开挖安全，施工基坑施工全过程进行监测。咬合桩施工过程振动小、噪音小、无泥浆污染，没有产生扰民引起的投诉。土方开挖后基坑监测结果显示，最大水平变形值小于 20mm，止水效果很好，基坑边旧民居建筑监测无出现裂缝、沉降等现象。具体效果见图 5~图 6。

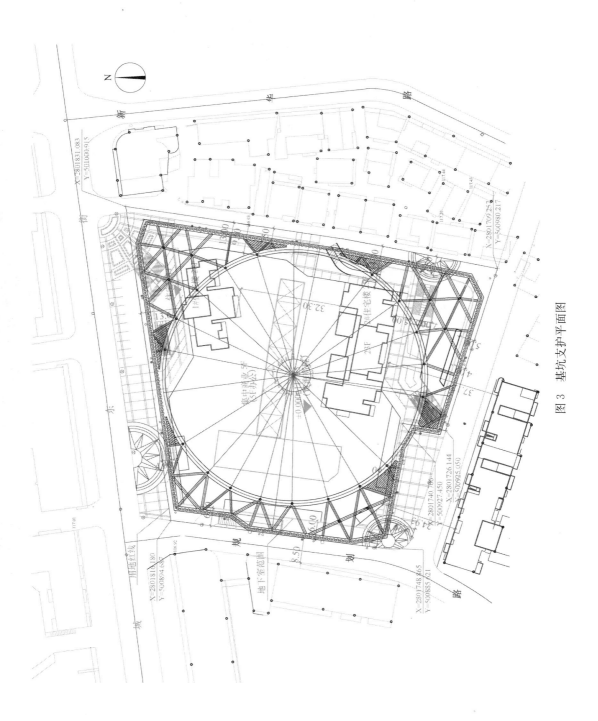

图 3 基坑支护平面图

图 4　现场基坑支护平面图

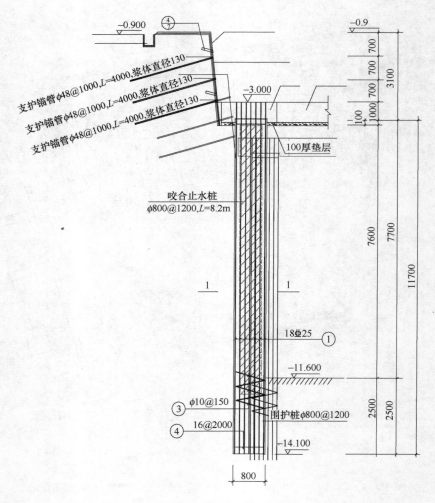

图 5　典型设计剖面图

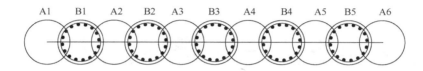

图6 施工顺序示意图

图7 嵌岩情况图   图8 止水咬合图

5. 结语

与旋挖桩机、冲孔桩机等其他桩工机械设备嵌岩能力相比，双回转套管钻机结合潜孔锤可高效应用于坚硬的岩层钻进，钻进效率是普通金刚石回转钻进效率的几倍甚至几十倍，而且钻头磨损小、寿命长；同时解决了嵌岩桩施工对紧邻旧房屋的振动、沉降及变形影响。

双回转套管钻机结合潜孔锤用于深厚、大粒径砾卵石层的钻进，解决了多年来难以解决实现的钻进难题。

在地下水位高、深厚卵石层的基坑支护工程中，与冲孔灌注桩、旋挖桩等排桩结合旋喷桩止水帷幕支护方式对比，双回转套管咬合桩所起到排桩挡土止水效果更加显著，节能经济。

四、联合支护（部分墙撑，部分桩撑；部分土钉支护、部分桩锚）

上海轨道交通徐家汇枢纽站换乘大厅基坑工程

张中杰[1]　彭基敏[1]　王建华[2]

（1　上海市城市建设设计研究总院，上海 200000　　2　上海交通大学，上海 200125）

一、工程简介及特点

上海市轨道交通网络规划中 1 号线（R1）、9 号线（R4）、11 号线（R3）在徐家汇形成全市唯一的三条市域线大型换乘枢纽。徐家汇枢纽换乘大厅位于华山路与虹桥路交叉口处，为地下 2 层结构，其中地下 1 层利用既有 1 号线西侧商场，地下 2 层为新建结构。新建地下 2 层结构长 65.95m，宽 30.35m，基坑面积约 2065m²，暗挖加层深度约 5.0m（新结构底板埋深约 12.3m）。

二、基坑周边环境概况

工程周边环境复杂，保护要求极高，基地西北角为港汇广场、东北角为太平洋百货徐汇店，南侧与运营中地铁 1 号线徐家汇站一墙之隔。为避免工程实施期间对徐家汇地区交通、管线及商业影响，采用暗挖加层技术进行了工程的设计和实施。本工法首次在软土地区基坑工程中得到成功应用，"利用既有地下室顶板作为天然盖板的暗挖加层施工方法"已获专利授权。基坑平面和剖面图如图 1、图 2 所示。

三、工程地质及水文地质情况

1. 工程地质条件

上海位于长江三角洲入海口东南前缘，本工程施工范围属滨海平原地貌，地处徐家汇闹市区，施工环境要求较为严格。根据现场勘察，经拆迁后的施工场地较为平坦，地面标高平均为＋4.00m。

根据详勘报告综合分析，本场地自地表至 50.0m 深度范围内所揭露的土层均为第四纪松散沉积物，按其成因可分为 6 层：场地浅部约 2.5—16.5m 深度范围内分布为淤泥质粘性土层（第③₁层、第④层）；第⑥层普遍缺失，而沉积了较厚的第⑤层土；第⑦₁层缺失，第⑦₂层埋藏深度一般为 44.0m 左右，典型地质剖面图如图 3 所示。场地地层分布主要有以下特点：

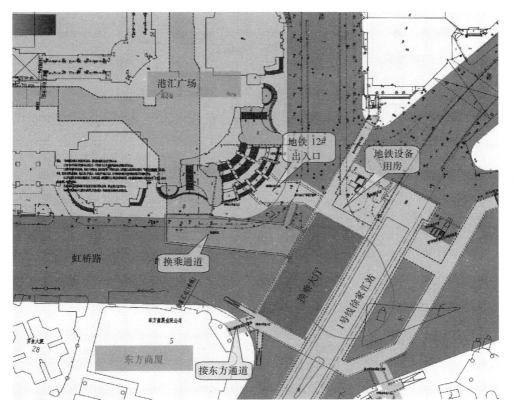

图1 换乘大厅平面图

（1）第③₁层为淤泥质粉质粘土，流塑，抗剪强度低，对基坑支护结构稳定性不利，③1层内夹有薄层粉性土，开挖时局部可能会产生管涌、流砂。

（2）第④层为灰色淤泥质粘土，流塑，抗剪强度低，具流变特性和触变特性，是影响车站基坑支护结构稳定性的主要土层。

（3）第⑤₁₋₁、⑤₁₋₂、⑤₃层为灰色粘性土层，软塑，其中⑤₁₋₁土质较均匀，高压缩性；⑤₁₋₂、⑤₃层为中压缩性，⑤3层局部夹较多粉土。

（4）第⑤₄层灰绿色粉质粘土为硬土层，硬塑，中压缩性。

（5）第⑦₂层粉砂沿线均有分布，密实，低压缩性，是建（构）筑物良好的桩基持力层。

本工程基坑底部位于④层土中，地基土物理力学指标如表1所示。

土层物理力学指标 表1

土层层号	土层名称	土层厚度 (m)	渗透系数		直剪固快（峰值）		比贯入阻力 P_s (MPa)	弹性模量 E (kPa)	重度 γ (kN/m³)	孔隙比 e
			K_v (cm/s)	K_H (cm/s)	粘聚力 c (kPa)	内摩擦角 φ (°)				
①₁	杂填土	0.80～4.00						6000		
②₁	褐黄色粉质粘土	0.30～2.60			27	17.0	0.85	5510	18.7	0.89
③₁	灰色淤泥质粉质粘土	1.70～4.80	1.57e-06	6.72e-06	10	16.5	0.51	3670	17.3	1.23

四、联合支护（部分墙撑，部分桩撑；部分土钉支护、部分桩锚）

续表

土层层号	土层名称	土层厚度 (m)	渗透系数		直剪固快（峰值）		比贯入阻力 P_s (MPa)	弹性模量 E (kPa)	重度 γ (kN/m³)	孔隙比 e
			K_V (cm/s)	K_H (cm/s)	粘聚力 c (kPa)	内摩擦角 φ(°)				
④	灰色淤泥质粘土	7.00～10.10	4.65e-07	1.05e-06	11	12.5	0.45	2020	16.7	1.43
⑤₁₋₁	灰色粘土	4.50～11.60	4.78e-07	1.22e-06	14	14.0	0.81	3050	17.5	1.15
⑤₁₋₂	灰色砂质粉土	1.00～6.80			5	34.5	1.26	4810	18.4	0.87
⑤₃	灰色粉质粘土	4.50～24.00	2.20e-06	3.60e-06	16	22.5	1.49	5070	17.9	0.99
⑤₄	灰色粉质粘土	1.90～9.80			7	31.5	3.12	5080	18.0	0.98
⑦₂	灰绿色～草黄色粉砂	2.00～15.20			5	37.0	13.81	6100	19.4	0.68

2. 水文地质条件

本场地浅部地下水属潜水类型，主要补给来源为大气降水，水位随季节而变化。按上海市对地下水位长期观察资料：水位随季节而变化。实际应用时，地下水位按不利条件分别取地下水高水位埋深 0.5m 及低水位埋深 1.5m。

根据详勘报告并结合上海市地区经验，由于场地附近无污染源，因此可判定本场地浅层地下水和地基土对混凝土无腐蚀性，地下水对钢筋有弱腐蚀性，当长期浸水状态下，对钢筋混凝土中的钢筋无腐蚀性，当交替浸水条件下，对其有弱腐蚀性。

在基坑施工过程中无需对基坑范围进行降承压水施工，只进行土体疏干作业。

四、基坑工程实施方案

1. "共板共墙共柱"理论

一般而言，向下加层可通过重新施作满足地下二层开挖要求的围护结构，然后明挖施工来实现。这种方法虽然比较安全可靠，但在施工中将影响地面交通并涉及管线搬迁，制约了其在城市中心区域的广泛使用。而本工程施工范围恰为交通咽喉要道，必须另辟蹊径。

根据有关资料，原 1 号线地铁商场南北两侧为 800mm 厚地下连续墙，地下墙深 20m；东侧为 800mm 厚地下连续墙＋0.35m 内衬复合墙，地下墙深 33m；西侧为预制 350 厚混凝土板桩，墙深 13.5m。为充分利用既有结构的资源，实现实施期间对地面交通、设施和地下管线零影响，提出"共板共墙共柱"设计理论，即以既有结构顶板与逆作暗挖施工盖板共用、既有结构外墙与新设支护共用、既有结构立柱与托换加层临时立柱共用，并据此研发了以既有结构作为天然盖板的地下空间暗挖加层新工艺。其主要施工步骤如图 4 所示。

主要构件尺寸表（单位：mm） 表 2

	顶板	底板	侧墙	柱
既有结构（地下 1 层）	600	600	350	φ600
新建结构（地下 2 层）		800	500	φ800

2. 低净空条件下新型支护桩技术

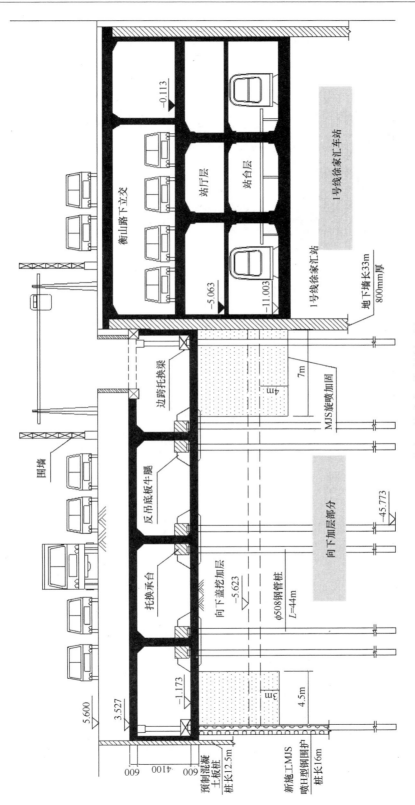

图 2 徐家汇换乘大厅加层剖面图

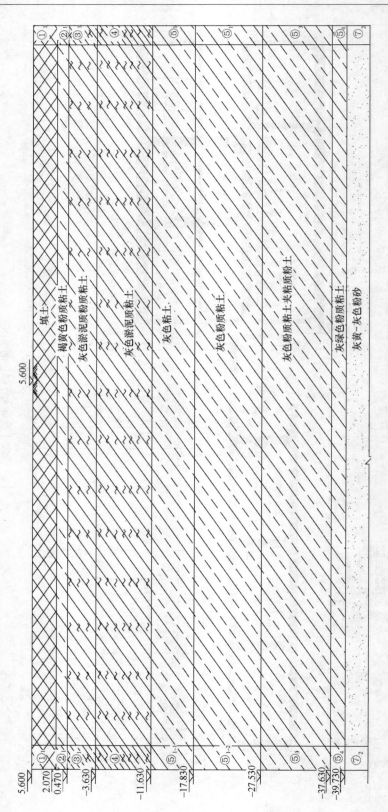

图 3　典型地质剖面图

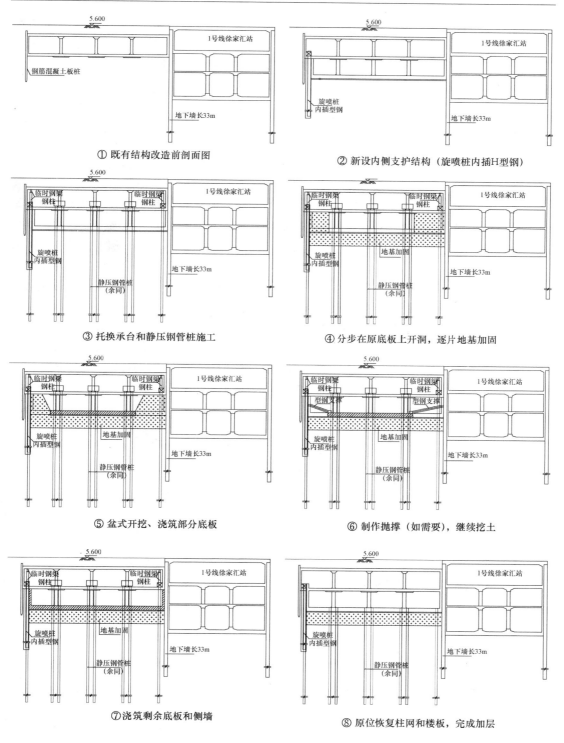

① 既有结构改造前剖面图

② 新设内侧支护结构（旋喷桩内插H型钢）

③ 托换承台和静压钢管桩施工

④ 分步在原底板上开洞，逐片地基加固

⑤ 盆式开挖、浇筑部分底板

⑥ 制作抛撑（如需要），继续挖土

⑦ 浇筑剩余底板和侧墙

⑧ 原位恢复柱网和楼板，完成加层

图 4　地下空间暗挖加层的施工流程

　　既有支护结构的长度和强度往往不能满足加层开挖的需要。为不占用地面，新增支护结构必须在既有结构内进行施工。考虑到一般既有地下空间的层高限制，同时为保证加层地下空间的使用效率，新增支护必须紧贴既有结构外墙作业，常规的 SMW 工法、钻孔桩支护、地下墙均无法实施。为此，开发了先插 H 型钢后进行旋喷加固的复合支护工艺——IBG 工法（见图5），即先分节压入 H 型钢，然后在型钢间设置喷浆孔进行旋喷桩施工形成挡土止水合一的支护体。该工法不仅有效避免了由于浆液凝固而不能插入型钢的问题，而且这种复合支护体型钢垂直度、平整度优良，水泥土强度和均匀性优于传统 SMW 工法。

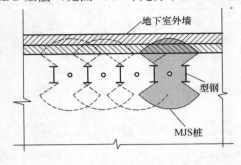

图5　IBG 工法示意图3

3. 复杂环境下既有结构的托换技术

在既有结构底部暗挖加层施工，必须严格控制施工引起的卸载与加载对既有结构及周边环境的影响。整个托换加层的过程保持既有顶板结构体系不变（必要时可采用碳纤维加固等措施），根据结构顶板的刚度和配筋确定桩基差异沉降的控制要求。在上海市轨道交通徐家汇枢纽换乘大厅工程中，通过对既有无梁楼盖顶板计算分析可得单柱最大差异沉降不得大于 10mm。

对于单建式或上部建筑荷载不大的地下结构可采用被动托换形式，每根既有柱采用 2～3 根托换桩，并相应设置钢筋混凝土承台（见图6），托换桩选用分节施工的静压钢管桩，采取对称跳桩施工工艺减少压桩对周边环境的影响。每节静压钢管桩送桩最大压力不宜超过桩身承载力的 0.9 倍，压桩至设计标高后充灌低标号微膨胀混凝土。

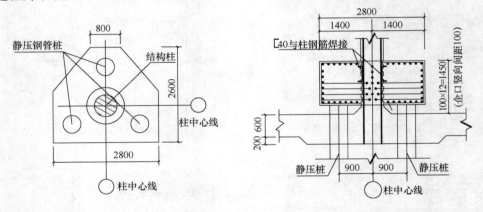

图6　托换承台结构

4. 软土条件下加层基坑的微扰动开挖与加固技术

当向下暗挖加层区域紧邻运营中地铁线或其他重要建（构）筑物时，基坑内侧需设置较大方量的地基加固以保证基坑施工安全，而相应的加固设备必须同时满足低净空施工和对周边环境影响小的两项要求。常规的旋喷施工过程对周边环境影响很大，而全方位压力平衡旋喷工法（Metro Jet System）设备机架高度仅为 3.85m，现场加固试验中土体最大位移约在 5mm 之内，可满足此类工程的特殊要求。根据试验数据，通过有限元反演计算得到 MJS 施工对土体的挤压力参数，以此分析土体加固过程对既有结构的影响。

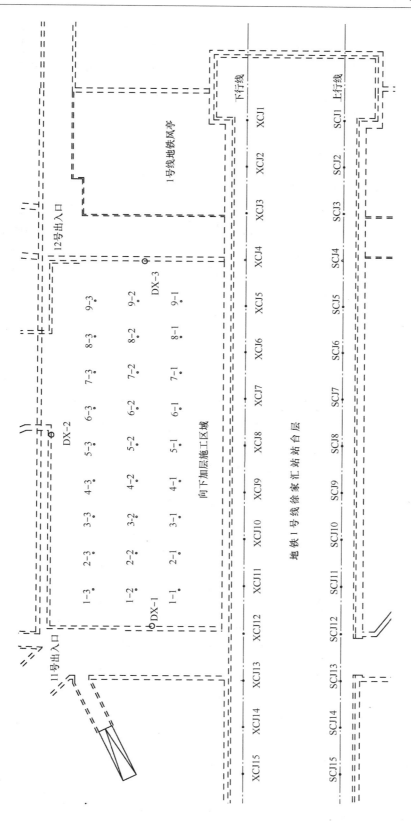

图 7 地下商场及地铁 1 号线隧道测点布置图

四、联合支护（部分墙撑，部分桩撑；部分土钉支护、部分桩锚）

在上海市轨道交通徐家汇枢纽换乘大厅工程中，通过有限元分析，研究不同土方开挖方案对紧邻的既有结构的影响，采用分块施工及盆式开挖方案可以最大程度地控制相邻的既有结构的变形。而在实际基坑开挖施工中，可根据现场实测结果通过反分析并指导整个加层施工过程，从而实现基坑施工对既有结构影响的最小化。

五、现场监测

本工程对施工全过程中的围护体水平位移、地下2层立柱沉降、路面沉降、周边建筑物沉降等关键数据进行跟踪监测。

1. 围护体（内部）水平位移监测

从图8及图9可见，在基坑开挖过程中，最大位移速率出现在开挖至底板标高而底板尚未浇筑之前。从理论分析，在此工况时，最后一道支撑至坑底之间的围护墙体基本处于无支撑的悬臂状态，同时，坑底被动区土体在此工况阶段已处于塑性性状，土体强度降低很明显。因此，实测位移速率最大值在开挖至坑底阶段是同理论相符合的。底板浇筑完成后，墙体变形基本呈收敛态势。

对墙体变形最大值的位置，从各图中可看出，最大位移的位置在开挖面以下约1m处。在开挖中，墙体变形的最大值逐渐下移，至底板混凝土浇筑完毕后，最大值位置趋于稳定。围护体水平位移最大值约10mm。

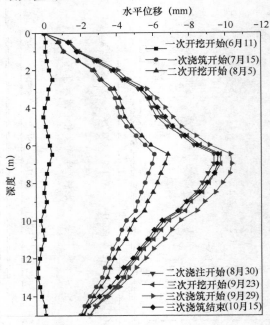

图8　围护体 DX-1 测点水平位移分布图

2. 围护墙体顶部水平/垂直位移监测

基坑开挖后围护墙受基坑内外不平衡土压力作用墙顶会产生一定的水平位移。本工程因采取盖挖法施工，围护墙顶水平位移及围护墙顶垂直位移均较小。

3. 地下2层立柱沉降监测

从图10可见，压桩施工期间地下2层立柱沉降约在2mm左右，由于底板开设压桩

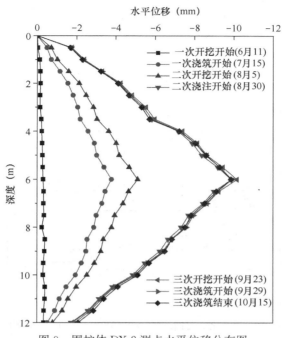

图 9 围护体 DX-2 测点水平位移分布图

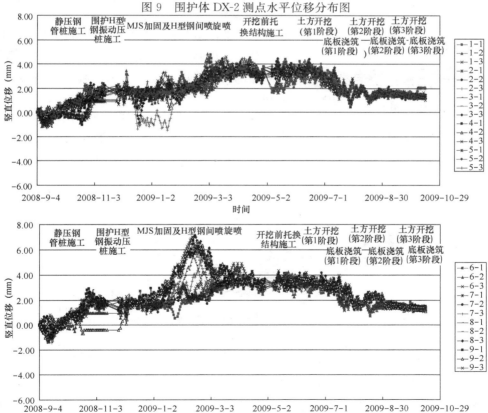

图 10 地下商场加层立柱沉降变化时程图

孔，底板泄压后整个地下一层的箱体结构略有沉降，之后正常压桩施工时箱体结构呈上抬趋势，最后在土方开挖阶段逐渐沉降，底板混凝土浇筑后趋于稳定。

4. 路面沉降

从图 11 可见，除了压桩阶段路面上抬外，其他工况（加固、土方开挖等）下道路路面均呈沉降态势。

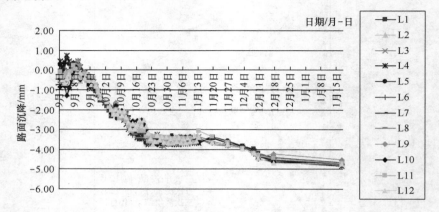

图 11　道路路面沉降变化历时曲线（2008 年 9 月 11 日～2010 年 1 月 15 日）

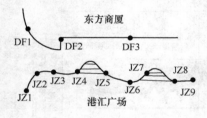

图 12　建筑物监测点示意图

5. 建筑物沉降

建筑物监测点如图 12 所示，监测结果如图 13 所示。在地下二层施工时，建筑物沉降开始有轻微的上抬，随后因向下加层的施工逐渐沉降，至结构完成后沉降趋于稳定。

6. 地下商场底板及地铁隧道垂直位移

地下商场底板及地铁隧道垂直位移测点布置如图 7 所示，监测结果如图 14、15 所示。从图中可见，地

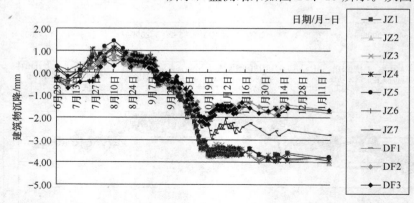

图 13　建筑物沉降与时间历时曲线（2009 年 6 月 29 日～2010 年 1 月 15 日）

下商场底板在静压桩及 MJS 加固及围护施作期间呈上抬趋势，在土方开挖阶段则反复出现上抬与下沉，累计最终状态为轻微上抬。期间变化量在（-1.5mm，+7.1mm）以内，最终最大上抬量小于 2mm。1 号线在静压桩施工期间上抬，在 MJS 加固及围护结构施作

期间下沉，在土方开挖阶段则反复出现上抬与下沉，累计最终状态为轻微上抬。期间变化量在（-5.3mm，+6.3mm）以内，最终最大上抬量约为4mm。整个施工期间，地下商场底板及1号线隧道的变化量均在预设控制指标内，在向下加层施工期间，SC01及XC01点发生的较大变化是由于两侧的风井施工的影响。

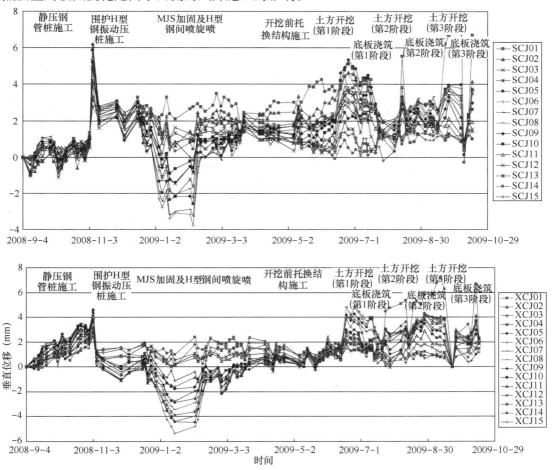

图14　地铁隧道垂直位移变化时程图（图中纵轴中＋－号分别代表隆起/沉降）

7. 结论和分析

（1）静压桩施工过程中，地下商城箱体结构和车站轨行区总体呈抬升趋势，并且抬升量依次为车站轨行区＞出入口＞地下一层，但最大抬升量满足设计要求（小于5mm），从另一侧面可以看出压桩时下部对土体的挤压要大于上部，在同一水平面上，距压桩范围越近，受其影响越大。

（2）在H型钢压桩过程，结构沉降基本成回落态势；

（3）MJS施工阶段，旋喷对结构影响主要呈现抬升趋势，但是抬升速度0.45mm/mon，基本对周边无影响，说明MJS工法对周边环境保护是相当成功的。

（4）在结构托换形成和开挖阶段，地下一层的箱体结构呈下沉趋势，下沉速率处于受控状态，而车站轨行区由于基坑土体卸载后呈抬升趋势，累计垂直位移满足设计控制指标。

（5）在整个向下加层施工期间，地下商场底板期间变化量在（−1.5mm，＋7.1mm）以内，最终最大上抬量小于 2mm。1 号线隧道变化量在（−5.3mm，＋6.3mm）以内，最终最大上抬量约为 4mm。两者的变化量均在预设控制指标内。

六、点评

本工程采用自主知识产权"利用既有地下室顶板作为天然盖板的暗挖加层施工方法"专利技术完成的"上海轨道交通徐家汇枢纽站换乘大厅"基坑设计方案，妥善解决了工程建设对徐家汇地区交通、商业及环境安全的影响问题，工程实施期间地铁 1 号线运营正常，虹桥路、华山路地面沉降及管线变形均在允许范围内，徐家汇地区交通及商业未受影响，取得了显著的社会效益和经济效益。同时暗挖加层技术也是传统基坑工程逆筑法的有力延拓，可以为历史建筑增设地下车库、解决住宅小区车位不足、改善轨道交通车站规模和换乘调整等方面提供新的解决方案。

杭州钱江新城 D09 地块基坑工程

喻 军[1] 龚晓南[2]

（1 浙江工业大学建筑工程学院，杭州 310014；

2 浙江大学滨海与城市岩土工程研究中心，杭州 310029）

一、工程简介及特点

钱江新城 D09 地块地处杭州市钱江新城核心区，南临剧院路，北靠梁祝路，东侧为民心路，西边为江锦路。总建筑面积 282456m²。本工程主要有如下四幢高层建筑物：中国工商银行浙江省分行营业部营业大楼，华融大厦，浙江金融大厦，浙商银行大楼。建筑情况分别为塔楼 33 层，总高度为 150m，裙房 6 层，地下 3 层，埋深 15.9m；塔楼高 23 层，总高度为 100m，4 层裙房，地下 3 层，埋深 15.9m；塔楼高 34 层，总高度为 150m，6 层裙房，地下四层，埋深 19.2m；塔楼高 22 层，总高度为 100m，6 层裙房，地下 5 层，埋深 22.5m。4 幢高层建筑拟考虑采用框架－核芯筒结构体系，最大单柱轴力标准值约 30000kN。

本工程基坑开挖面积大，约 79704m²，周边延米为 324m×246m，开挖深度不一，根据各大楼要求，深度为 17.0m，17.8m，23.3m，23.9m。电梯井、集水井等局部达到了 28m，采用三层地下室范围：钻孔灌注桩加三道钢筋混凝土支撑围护结构形式，4 层和 5 层地下室范围：地下连续墙加五道钢筋混凝土支撑围护结构形式，3 层和 4 层、5 层地下室交界面处：地下连续墙加二道钢筋混凝土支撑。局部电梯井深坑采用三轴水泥搅拌桩或高压旋喷桩重力式挡墙形式。

二、工程地质条件

本场地为典型的软土地层，有厚填土和建筑垃圾。第四系地层最大厚度为 63.0m，为冲海积相、浅海相及河流相沉积物。本场区属第四纪钱塘江现代江滩，地貌形态单一。场地浅表层为分布有厚 2.7~6.1m 不等的填土，其下为厚度约 16m 左右的粉土和粉砂层。其中自地面以下约 15m 范围内的土层为人工填土和现代堆积层。中部为软硬相间的层状地基土，总厚约 17m；底部为砂砾层，厚约 26m。覆盖层总厚度约 63m。基岩岩性单一，为含钙含泥岩屑砂岩。将场区地基土划分为 9 个工程地质层，各层的厚度、物理力学参数见表 1。

地下水因含水介质、水动力特征及其赋存条件的不同，其补、迳、排作用和水化学特征均各不同，根据钻探揭露：勘探深度范围内地下水类型主要可分为松散岩类孔隙潜水（以下简称潜水）和松散岩类孔隙承压水（以下简称承压水）。

场地潜水主要赋存于上部①填土层及②粉土、砂土层中。场地承压水主要分布于深部的⑩₁ 粉砂和⑫层砂砾层中。本次详勘期间测得潜水水位埋深在 1.20~3.90m，相当于 85

四、联合支护（部分墙撑，部分桩撑；部分土钉支护、部分桩锚）

国家高程 2.38～4.55m。年水位变幅约 1～3m。地层剖面见图 3。

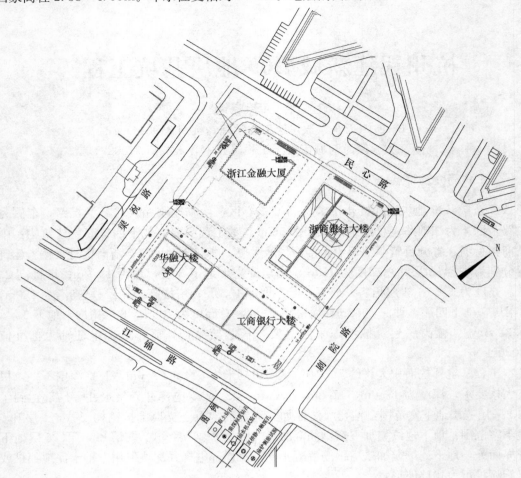

图 1　基坑总平面示意图

场地土层主要力学参数　　　　　　　　　　　　　　　　　　　　表 1

层序	土名	层底深度 (m)	重度 γ (kN/m³)	含水量 ω (%)	孔隙比 e	压缩模量 $E_{S0.1\sim0.2}$ (MPa)	固结快剪峰值		渗透系数 k (cm/s)	
							c (kPa)	φ (°)	K_H (10-5cm/s)	Kv (10-5cm/s)
①₁	杂填土	7.11				3.0	(10.0)	(12.0)	(100)	(50)
①₂	素填土	6.74				2.5	(12.0)	(10.0)	(50)	(12)
①₃	有机质填土	6.41	18.1	39.0	1.073	1.0	(6.0)	(8.0)	(30)	(4)
②₁	砂质粉土	4.00	19.1	30.5	0.844	7.0	4.0	26.0	12	10
②₂	砂质粉土	3.14	19.8	28.5	0.805	10.0	5.0	30.0	13	17
②₃	砂质粉土	1.57	19.1	29.2	0.827	8.0	4.5	28.0	19	12
②₄	粉砂夹砂质粉土	−3.89	19.1	28.9	0.814	15.0	4.0	32.0	77	60

层序	土名	层底深度 (m)	重度 γ (kN/m³)	含水量 ω (%)	孔隙比 e	压缩模量 $E_{S0.1\sim0.2}$ (MPa)	固结快剪峰值 c (kPa)	固结快剪峰值 φ (°)	渗透系数 k (cm/s) K_H (10-5cm/s)	渗透系数 k (cm/s) Kv (10-5cm/s)
②₅	砂质粉土	-8.59	19.3	29.1	0.805	7.5	5.0	27.0	3.2	1.7
⑤	淤泥质粘土	-11.69	18.1	39.1	1.106	4.5	11.5	12.0	0.1	0.1
⑤夹	粉砂	-13.20	19.3	25.3	0.743	6.5	4.0	28.0	(0.01)	(0.01)
⑥₁	粉质粘土	-14.20	19.7	26.7	0.753	10.0	25.0	18.0		
⑥₂	含砂粉质粘土	-24.04	20.1	23.6	0.660	10.0	15.0	26.0		
⑨	粉质粘土	-29.54	19.7	27.2	0.757	7.0	16.0	18.0		

三、基坑围护方案

1. 基坑工程安全等级

拟建工程周边主要为道路。中国工商银行浙江省分行营业部营业大楼和华融大厦的三层地下室底板埋深 15.9m（预估基底高程为 -9.4m），浙江金融大厦的四层地下室底板埋深 19.2m（预估基底高程为 -12.7m），浙商银行大楼的五层地下室底板埋深 22.5m（预估基底高程为 -16.0mm）。本工程基坑规模大且开挖深，地下水水位高，对施工影响严重；基坑破坏后果很严重。因此，本工程基坑工程安全等级为一级。

2. 基坑开挖深度范围内地基土特性

中国工商银行浙江省分行营业部营业大楼和华融大厦：3 层地下室基底土层位于②₄ 粉砂夹砂质粉土，局部揭露②₅ 砂质粉土。开挖深度范围内地层主要为①填土层和②粉土层。场地①填土松散状，不均匀，性状差。②₁、②₂、②₃ 砂质粉土呈稍密状，为钱塘江现代堆积层，具轻微地震液化特性；②₄ 粉砂夹砂质粉土，呈稍密～中密状；②₅ 砂质粉土呈稍密状；

浙江金融大厦：4 层地下室基底土层位于②₅ 砂质粉土，局部揭露⑤淤泥质粘土。开挖深度范围内地层主要为①填土层和②粉土层，局部揭露⑤淤泥质粘土。

浙商银行大楼：5 层地下室基底土层位于⑤淤泥质粘土，局部揭露⑤夹 粉砂。开挖深度范围内地层主要为①填土层和②粉土层和⑤淤泥质粘土。

①层填土性状差，②₁～②₅ 层粉土、粉砂具饱水振动易液化的特性，无支护条件下坑壁易坍塌变形，自稳性差，易产生流砂、管涌等现象。⑤层淤泥质粘土，低强度，高压缩性，易蠕变，具灵敏度，无支护或加固条件下的抗隆起稳定性差，易上拱隆起。

在基坑开挖范围内分布主要为①层填土、②₁～②₅ 层粉土、粉砂、⑤层淤泥质粘土。基坑开挖中，采取有效降（止）水措施，阻止在基坑内外水头差的作用下，产生流砂、管涌等现象，进而导致坑壁坍塌，坑底失稳，坑周地面沉陷，并将地下水位降至基坑开挖面以下 2m，当降水有困难或降水会引起相邻道路管线安全时可采用可靠的止水措施隔开基坑内外的水力联系。

3. 基坑底抗渗流稳定性分析

基坑开挖时进行基坑底抗渗流验算。本场区⑩₁ 粉砂或⑫₁ 中砂层顶构成本基坑承压

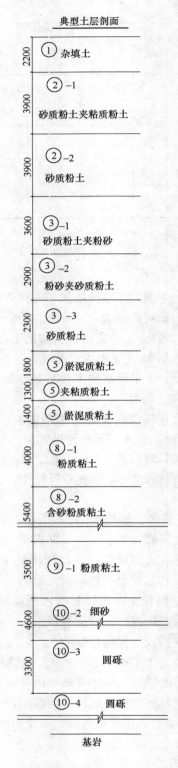

典型土层剖面

2200	① 杂填土	
3900	② -1 砂质粉土夹粘质粉土	
3900	② -2 砂质粉土	
3600	③ -1 砂质粉土夹粉砂	
2900	③ -2 粉砂夹砂质粉土	
2300	③ -3 砂质粉土	
1800	⑤ 淤泥质粘土	
1300	⑤ 夹粘质粉土	
1400	⑤ 淤泥质粘土	
4000	⑧ -1 粉质粘土	
5400	⑧ -2 含砂粉质粘土	
3500	⑨ -1 粉质粘土	
4600	⑩ -2 细砂	
3300	⑩ -3 圆砾	
	⑩ -4 圆砾	
	基岩	

图 2　基坑柱状地质图

含水层的顶部边界。详勘期间由 AC02 承压水抽水孔中测得承压水头埋深在地表下 8.4～8.8m，相当高程－1.56～－1.96m。根据国标《建筑地基基础设计规范》GB 50007—2002 附录 W 规定，验算公式为：

$$\gamma_m(t+\Delta t)/P_w \geqslant 1.1 \tag{1}$$

式中：γ_m 透水层以上土的饱和重度（kN/m³），估算时取值 19kN/m³；$t+\Delta t$ 透水层顶面距基坑底面的深度（m）；P_w 为含水层水压力（kPa）。验算时，承压水水位高程按－1.56m 考虑。估算结果见表 2。

基坑底抗渗流稳定性验算表　　　　　　　　　　　表 2

参数 验算孔号	基底埋深 （m）	承压含水层顶板		γ_m （kN/m³）	$t+\Delta t$ （m）	P_w （kPa）	$\dfrac{\gamma_m(t+\Delta t)}{P_w}$	备注
		埋深 （m）	高程 （m）					
浙商银行大楼 AZ13	地下 5 层，埋深 22.5m	36.3	－29.7	19.0	13.8	281.4	0.93	承压水头高程－1.56m
浙江金融大厦 BZ21	地下 4 层，埋深 19.2m	36.8	－30.22	19.0	17.6	286.6	1.17	
华融大厦 BZ09	地下 3 层，埋深 15.9m	35.7	－29.17	19.0	19.8	276.1	1.36	
工商银行营业大楼 BZ28	地下 3 层，埋深 15.9m	33	－26.17	19.0	17.1	246.1	1.32	

由验算表可知：

1. 浙商银行大楼场区 $\gamma_m(t+\Delta t)/P_w=0.93<1.1$，地层条件不能满足基底抗突涌要求，基坑开挖需考虑基底下伏承压水的突涌。

2. 浙江金融大厦场区 $\gamma_m(t+\Delta t)/P_w=1.17>1.1$，地层条件基本能满足基底抗突涌要求。

3. 华融大厦和工商银行营业大楼场区 $\gamma_m(t+\Delta t)/P_w=1.32\sim1.36>1.1$，地层条件能满足基底抗突涌要求，基坑开挖一般不需考虑基底下伏承压水的突涌。

对于浙商银行大楼工程，采用止水围护结构或结合坑内外深（管）井降水等措施，尽量切断或减小与坑外水力联系，及时浇注底板结构。经估算当承压水位由现状高程－1.56m 降低至－6.5m 左右时，抗突涌验算才基本满足要求。由于承压水水量大，要将承压水持续降深至－6.5m 左右时难度很大，采用地下连续墙直接隔穿承压含水层，进入下部基岩，以确保施工安全。浙江金融大厦场区 $\gamma_m(t+\Delta t)/P_w=1.17$，地层抗突涌验算处于安全临界值。

本工程的支护结构型式有：①地下连续墙方案；②钻孔排桩加内支撑外加三轴水泥搅拌桩止水帷幕方案。基坑围护方案应进行技术经济综合比较论证后择优选用。

①地下连续墙方案：地下连续墙施工工法主要优点是可集挡土、截水、防渗于一体，施工噪声小，无振动，止水效果良好，可兼作永久结构，安全度高。适宜于城市环境中施工，墙体混凝土浇筑，用泥浆护壁，无需降低地下水位，对各种土质适应性强，墙体长度和深度可任意调整，特别对深大基坑，其结构的合理性和经济性能比较充分地体现出来。缺点是施工中对成槽技术、墙体搭接部位连接技术要求高，施工成本高。根据区域工程经验，广泛使用于四层及以深地下室的工程围护。

②钻孔排桩加内支撑外加三轴水泥搅拌桩止水帷幕方案：钻孔灌注桩排桩加内支撑方案经济优势明显。缺点是三轴水泥搅拌桩止水帷幕在较深的地层中局部易漏水。根据区域

四、联合支护（部分墙撑，部分桩撑；部分土钉支护、部分桩锚）

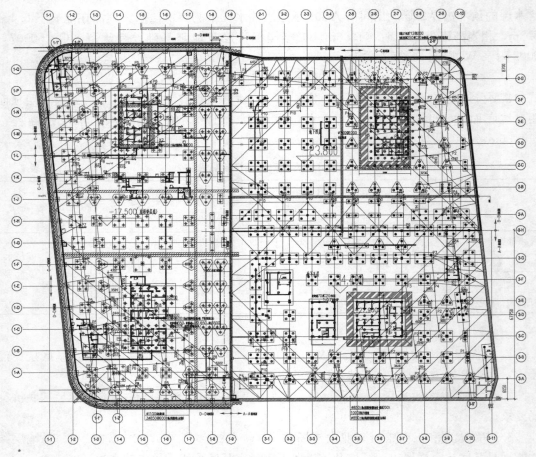

图 3　基坑围护平面图

图 4　基坑全景图

工程经验，一般适用于三层及以浅地下室的工程围护。本方案常结合管井坑外控制性降水措施。

　　水平支撑截面为长方形 40cm×50cm，以角撑为主，间距为 100cm，布置见图 5。

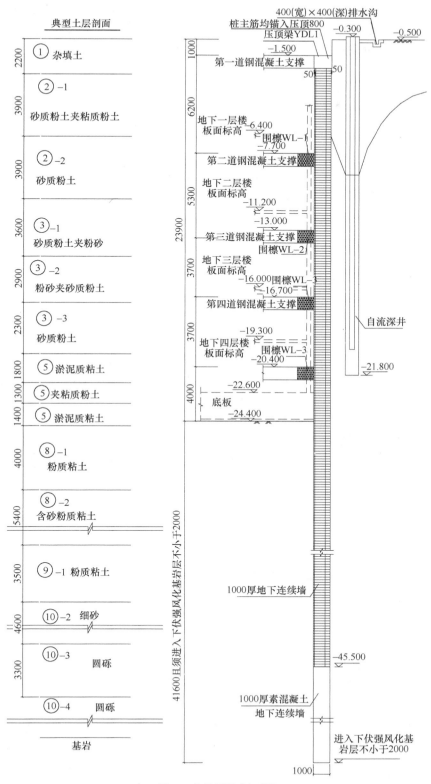

图 5 基坑围护剖面图

393

结合拟建场地工程地质、水文地质条件，地下水位高的特点，且开挖深度内以②层粉土、粉砂为主，围护结构设计见图 2。考虑到四个单体建筑物基坑挖深不同，对本工程基坑支护结构做如下修正：

中国工商银行浙江省分行营业部营业大楼和华融大厦三层地下室建议选用钻孔排桩加内支撑外加三轴水泥搅拌桩止水帷幕方案。

浙江金融大厦四层地下室建议选用地下连续墙方案，建议连续墙进入⑫₃圆砾层一定深度。

浙商银行大楼 5 层地下室建议选用地下连续墙方案。地下连续墙深度应通过基坑整体稳定性、抗隆起稳定性、抗渗流或抗管涌稳定性以及考虑围护结构的强度、稳定性和变形等验算后确定。对于本工程来说，连续墙的深度可以考虑两种方案：①连续墙墙底进入⑫₃圆砾层一定深度，在坑内设置一定数量的承压水降水井降水，将承压水水位降至设计要求。实际上坑底大量的工程桩（大直径钻孔灌注桩）起到抗拔锚杆的作用，同时坑底可塑状的粉质粘土具有较大的粘聚力（规范计算中不考虑），有利于基坑底的抗渗流稳定，可以考虑适当减少降水深度。

本方案总体经济，施工难度相对较低，周期短，但安全性欠佳。②连续墙墙底全部穿过⑫₃圆砾层进入⑮风化基岩，以完全切断基坑范围承压含水层与坑外的承压水水力联系，以避免承压水可能给基坑开挖带来的不利影响。该方案造价高，施工难度大，周期长，但其安全性高。本建筑物基坑已存在基底突涌可能性，建议地下连续墙直接隔穿场地承压含水层，进入下部⑮基岩。由于基坑开挖深，基坑支护应同时考虑数道内支撑，内支撑的布置可根据地连墙施工幅宽确定，其剖面见图 5。

本工程地下室建造过程中，在相当长时期处于抗浮阶段，基坑开挖前需在基坑内采取深井降水降低地下水位至开挖面面以下 1.0~2.0m，坑内同时采用深井（管井）降水措施，停止降水时间应经该地下室抗浮验算后确定。根据杭州市类似工程深基坑降水情况，基坑内需采用合适布置的深井（管井）降水。

四、基坑监测情况

地下连续墙施工监测项目统计表　　　　　　　　　　　　表 3

序号	监测项目名称	监测位置	数量	仪器
1	地下连续墙施工时槽侧水平位移	每一幅从上到下五个点，两幅共十个点	10 个测点	布置观测点，
2	施工时地下连续墙槽侧土压	每一幅从上到下五个点，两幅共十个点	10 个测点	土压力盒
3	施工时槽外水压力	根据水位布置三个点，尽量与土压力盒同一水平面	6 个点	孔压力计
4	施工时槽外地表沉降	与地连墙外侧接触压力同一剖面	6 个点	水准仪
5	土体深层沉降	基坑两侧，某一幅从上到下五个点，共十个点	2 个点	沉降磁环

测斜仪的构造和原理：横截面为圆形，上下各有两对滚动轮，上下轮距 500mm。其工作原理是利用重力摆锤始终保持沿直方向的性质，测得仪器中轴线与摆锤直的倾角，从而可以知道被测构建筑物的位移变化值。深层土体位移测试原理是基于测斜管底处土体位移为零，然后测出一分段（测头的测试长度）内的斜度，则可换算成两端点的相对位

移值。

土压力盒设置 4 个测点，每测点自上而下竖向－5m、－8m、－11m、－14m、－17m 各放置一个土压力盒，每测点共计布置 5 个土压力盒。埋设土压力计时，应该尽量避免对土体的扰动，保证膜盒与土的良好接触，回填土的性状应与周围土体一致。各测头电缆线按一定路线集中于观测站中，并将土压力计的编号、规格、埋设位置、埋设时间等记入考证表。

孔隙水压力设置 4 个测点，每测点自上而下竖向－5m、－11m、17m 各放置一个孔隙水压力计，每测点共计布置 3 个孔隙水压力计。采用振弦式孔隙水压力仪监测水压力，水压力计算公式为

$$P = K_i(f^2 - f_0^2)$$

式中　p 为监测水压力，单位（kn）；k_i 为孔隙水压力仪常数，单位（kn/Hz^2）；f 为孔隙水压力仪监测自振频率，单位（Hz）；监测点布置图见图 6。

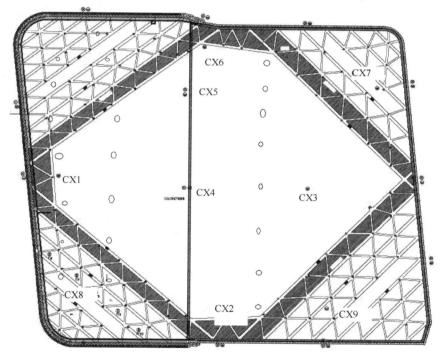

图 6　监测点平面布置示意图

深大基坑的回弹量对基坑本身和邻近建筑物部有较大影响。当分层沉降环埋设于基坑开挖面以下时所监测到的土层隆起也就是土层回弹量。分层沉降设置 4 个测点，每测点自上而下竖向－5m、－8m、－11m、14m、17m 各放置一个沉降磁环，每测点共计布置 5 个沉降磁环。土体分层沉降仪由两大部分组成：一是地面接收仪器——钢尺沉降仪，包括头、测量电缆、接收系统和绕线盘，二是地下材料埋入部分，包括分层沉降管（通常由波纹状塑料或 PVC 硬管）、接头、封盖及沉降磁环。

四、联合支护（部分墙撑，部分桩撑；部分土钉支护、部分桩锚）

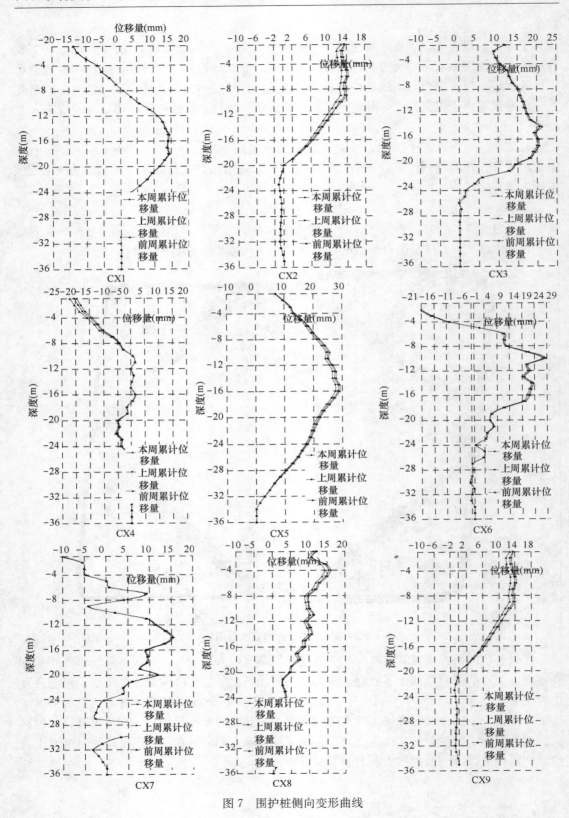

图 7　围护桩侧向变形曲线

396

监测数据最大值统计　　　　　　　　　　　表 4

监测项目	本周最大变化量		报警值	累计最大变化量		报警值
	变量最大点	变化量		变量最大点	变化量	
地表沉降	A14	−0.41mm	±5mm/d	A14	−17.51mm	±30mm
墙顶沉降	YD2	0.38mm	±3mm/d	YD7	−3.90mm	±10mm
管线沉降	GX8	−0.21mm	±3mm/d	GX3	−4.54mm	±25mm
道路沉降	DL7	0.73mm	±5mm/d	DL11	−23.03mm	±25mm
立柱沉降	S8	0.42mm	±3mm/d	S3	−4.27mm	±10mm
墙顶水平位移	YD1	0.82mm	±5mm/d	YD15	10.20mm	±30mm
地表水平位移	A5	0.25mm	±5mm/d	A12	12.06mm	±40mm
孔隙水压力	Z9	0.33kPa	—	Z1	25.34kPa	—
土压力	U9	0.31kPa	—	U9	128.98kPa	—
地下水位	W1	0.50m	±1m/d	W4	4.50m	—
支撑轴力	M−9	61.8KN	—	M−5	10692.4kN	—
深层土体位移	CX3	1.01mm	±5mm/d	CX4	27.69mm	±50mm
	深度管口下 1m			深度管口下 15m		

注：(1) 对于沉降点："−"表示沉降，"+"表示隆起；(2) 对于水平位移："−"表示向坑外移动，"+"表示向坑内移动；(3) 对于水位点："−"表示降低，"+"表示升高；(4) 对于轴力累积变化量监测："+"表示受压，"−"表示受拉。L 表示第一道支撑轴力，M 表示第二道支撑轴力.

轴力报警值：第一道砼支撑轴力≥8000kN，第二道砼支撑轴力≥13000 kN 第三道砼支撑轴力≥15000 kN

五、点评

1. 本场地属第四纪钱塘江现代江滩，未发现地面沉陷等不良地质作用，未发现浅层气。场区潜水主要赋存于①层填土及②层粉土、粉砂中。潜水主要接受大气降水和侧向径流的补给，以蒸发和侧向径流排泄为主。承压含水层主要分布于深部的⑩₁粉砂和⑫层砂砾层中，水量较丰富，隔水层为上部的淤泥质土和粘性土层。

2. 根据不同区域要求采用了地下连续墙和钻孔灌注桩，结合搅拌桩进行止水，效果良好，开挖过程中无冒砂水现象，为高水位粉砂地区基坑施工提供了成功的经验；

3. 本工程为四个基坑群同时施工，开挖深度不一，支护结构受力无论在水平方向还是竖向都出现较大的不平衡性，开挖过程中，支护结构相互影响较大，注意分区分块进行，优化施工顺序。

江苏银行苏州分行园区办公大楼基坑工程

顾国荣　魏建华　王美云　罗成恒　钟　莉

(上海岩土工程勘察设计研究院有限公司，上海　200070)

一、工程简介及特点

江苏银行苏州分行园区办公大楼位于苏州工业园区，苏华路北、星汉街西、苏雅路南。拟建建筑物主楼为地上 23F，地下 3F，拟采用框架—剪力墙或筒体结构体系，北侧裙房地上 4F，地下 3F，拟采用框架结构。

基坑呈规则矩形，长边方向长约 74m，短边方向长约 58m，基坑周长约 266m，开挖面积约 4290m²。该项目设 3 层地下室，基坑开挖深度 17.1～18.3m。

本基坑周边环境条件复杂，基坑周边环境分布示意如图 1。

场地北侧：基坑内边线距离用地红线 3.5m，红线外为苏雅路。苏雅路下有蒸汽管（距基坑内边线 2.3m）、雨水管（距基坑内边线 2.7m）、雨水管（距基坑内边线 10.2m）通过。

场地西侧：基坑内边线距离用地红线 3.3m，红线外为已建中银惠龙大厦（两层地下室、基础埋深 13m 左右），中银惠龙大厦在靠近本项目一侧采用复合土钉墙和灌注桩加锚杆，局部土钉墙和锚杆已经侵入本项目。基坑内边线距离已建建筑约 7.2～17.2m。场地西侧红线外小路下有多条雨、污水管线，距离基坑最近的雨水管为 4.4m。

场地南侧：基坑内边线距离用地红线 1.9～3.1m，红线外为苏华路，路下为苏州地铁 1 号线星海街站～星港街站区间隧道，地铁隧道埋深约 9.67～12.46m，隧道外轮廓线距离本工程基坑内边线约 10.9～12.1m，盾构隧道管片设计相关参数：管片宽度 1.2m，内径 5500mm，外径 6200mm，管片厚度 350mm，管片分六块错缝拼装。场地南侧苏华路下除地铁隧道外，有雨水管（距基坑内边线 2.2m）、燃气管（距基坑内边线 2.3m）、污水管（距基坑内边线 4.8m）、雨水管（距基坑内边线 8.6m）通过。

场地东侧：基坑内边线距离用地红线 2.7m，红线外为一河道，河道外为星汉街。基坑内边线距离河道驳岸约 7.2m，河宽约 19.0m。

二、工程地质条件

拟建场地位于苏州工业园区星汉街与苏雅路交叉口西南角，隶属长江三角洲太湖流域冲湖积相堆积平原，地貌形态单一，水系发育。场地东侧为河道，南侧为苏华路（其下为苏州轨道交通一号线），西侧紧邻中银惠龙大厦内部道路，北侧为苏雅路。场地原为村庄，现为草坪，场地内部及周边有较多管线分布。由岩土工程勘察报告知，勘察时测得地面标高在 2.25～3.63m，地形稍有起伏，场地地层分布如下：

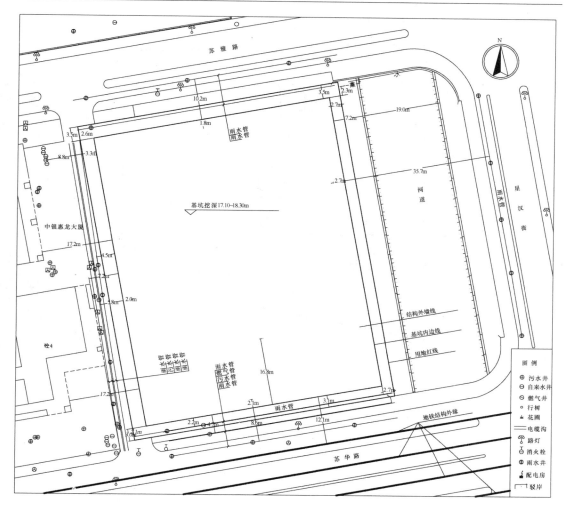

图1 基坑周边环境示意图

①$_1$层回填土：灰黄、灰褐等色，松散～松软，厚度1.50～2.70m；①$_2$淤泥：灰～灰黑色，流塑，厚度0.50～1.50m；①$_3$素填土：灰黄～灰褐色，松软，厚度为0.80～3.00m；②层粘土：灰绿～褐黄色，可塑，厚度为1.70～3.90m；③$_1$层粉质粘土：灰黄色，可塑为主，厚度为1.70～4.70m；③$_2$层粉质粘土：灰色，软塑为主，厚度1.60～4.00m；④层粉土夹粉质粘土：灰黄～灰色，湿，稍密为主，厚度为1.00～9.00m；⑤层粉质粘土：灰色，软塑为主，厚度4.00～8.00m；⑥$_1$粘土：暗绿色，可～硬塑，厚度1.50～4.20m；⑥$_2$粉质粘土：青灰～灰黄色，可塑为主，厚度7.10～12.00m；⑦层粉砂夹粉土：灰黄～青灰色，饱和，中密～密实，厚度9.70～17.70m。

场地内对本工程建设有影响的地下水主要为潜水、微承压水及第Ⅰ承压水（上段）。

潜水主要赋存于浅部填土层中，富水性差；受大气降水及周边河流的侧向补给，以地面蒸发为主要排泄方式；受季节影响水位升降明显。勘探时干钻测得潜水初见水位标高为0.95～1.05m，测得其稳定水位标高在1.30～1.35m（基本同当地河水位）。本工程基坑围护设计时，按地下水潜水水位埋深1.0m考虑。

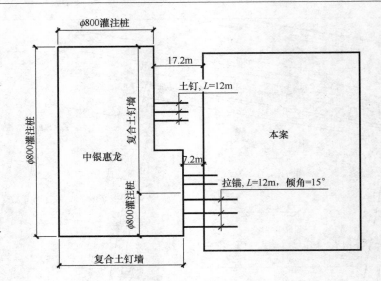

图 2 基坑西侧环境示意图

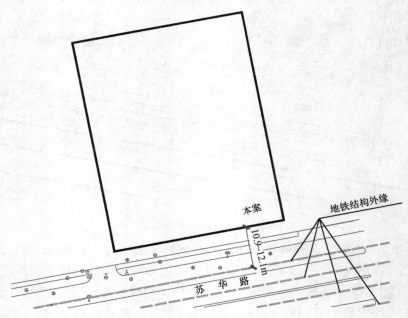

图 3 基坑南侧环境示意图

微承压水主要赋存于④层土中，富水性及透水性中等。主要补给来源为浅部地下水的垂直入渗及地下水的侧向迳流，以地下水侧向迳流为主要排泄方式；勘察时干钻测得其初见水位标高在－3.30～－3.15m，测得其稳定水位标高为1.00～1.05m。

第 I 承压水主要赋存于⑦层土中，其富水性及透水性均较好。主要受地下水的越流补给，以地下水侧向迳流为主要排泄方式。根据区域水文资料其稳定水位标高在－3.00m左右。经初步计算，主楼核心筒超挖区域必须考虑抗承压水突涌措施。

场地地层主要物理力学参数如下：

场地土层主要力学参数

表1

土层名称	重度（kN/m³）	固结快剪（峰值）		渗透系数建议值（cm/s）
		φ（°）	c（kPa）	
②粘土	19.9	14.25	52.24	5.0E-07
③₁ 粉质粘土	19.2	15.31	31.15	1.0E-05
③₂ 粉质粘土	18.9	13.31	23.27	1.5E-05
④粉土夹粉质粘土	19.1	29.30	6.45	1.0E-03
⑤粉质粘土	19.0	14.12	24.94	1.0E-05
⑥₁ 粘土	20.4	14.70	57.07	5.0E-07
⑥₂ 粉质粘土	19.3	15.75	31.55	1.0E-05
⑦粉砂夹粉土	19.4	30.41	7.37	3.0E-03

本工程典型静力触探曲线如图4。

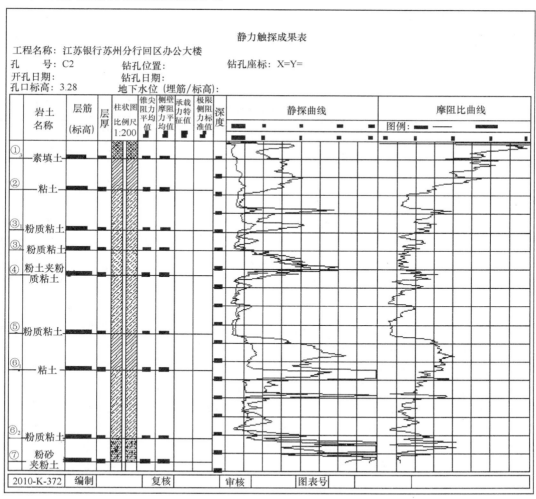

图4 典型静力触探曲线

三、基坑围护方案说明

（1）围护形式

根据本基坑的规模和周边环境，结合专家评审和轨道公司的意见，靠地铁隧道一侧采用 1m 厚地下连续墙围护，其余区域采用 ϕ1050mm 钻孔灌注桩围护。为有效隔断地下水渗流路径，止水帷幕采用单排 3ϕ850mm@1200mm 三轴水泥土搅拌桩，桩端位于坑底以下 7m 左右，三轴搅拌桩与灌注桩间净距普遍为 200mm。

对于基坑南侧，为确保地墙成槽质量，在地墙内外两侧先施工一排 Φ850mm 三轴搅拌，考虑到施工误差和垂直度偏差，三轴搅拌桩与地墙槽段的净间距取 80mm。

对于基坑东侧靠河道区域，由于坑外地下水比较丰富，为确保止水效果，在该侧的灌注桩和搅拌桩之间增加压密注浆。同时，对于所有灌注桩挡土区域，开挖后在灌注桩间挂网喷砼，随挖随喷，以防止出现小的渗漏点。

（2）支撑和立柱

本工程设置三道水平钢砼支撑，截面尺寸见表 2。施工栈桥结合第一道支撑一起考虑，并严格坚持"空车南进，重车北出"的原则，以保护南侧的地铁隧道。竖向立柱采用由等边角钢和缀板焊接而成的 4L160mm×16mm 型钢格构柱，截面尺寸为 500mm×500mm，立柱桩采用直径 ϕ850mm 灌注桩。

内支撑截面参数表　　　　表 2

支撑道数	围檩（mm×mm）	主撑（mm×mm）	联系杆（mm×mm）
第一道支撑	1300×900	800×800	700×800
第二/三道支撑	1400×900	1000×800	800×800

（3）基坑降排水

本项目采用深井来疏干坑内潜水。根据降水计算结果，结合苏州地区的工程经验，本工程坑内共布 15 口疏干井（相当于 280～300m² 一口井）。深井外径 ϕ700mm，内设 ϕ273mm 钢套管，滤管插入坑底以下约 7m。另外，在坑外布置了 6 口观测井，以随时掌握坑外水位情况，间接判断止水帷幕的效果。

（4）承压水处理

本工程塔楼核心筒超挖 3.8m，局部超挖 4.8m，为安全起见，计算时统一按 4.8m 考虑。根据岩土工程勘察报告，整个场地内的第⑦层层顶标高最浅的为绝对标高-28.80m（C3 静探孔），承压水的稳定水位标高按绝对标高-3.00m 考虑，在不采取任何措施的条件下，塔楼深坑区域的抗承压水稳定安全系数为 0.67，不能满足安全性要求。考虑到本工程的止水帷幕无法把第⑦层隔穿，一旦降坑内承压水，由于坑内外水连通，地铁隧道区域的承压水也被一起降低，这对地铁隧道非常不利，因此我院考虑深坑封底措施来解决承压水稳定问题。根据主体结构扩初资料，塔楼核心筒深坑面积约 434m²，周长约 87m。核心筒深坑采用多排高压旋喷桩重力坝围护，并采用高压旋喷桩满堂封底，高压旋喷桩重力坝有效长度 10m，封底的高压旋喷桩长度为深坑底以下 5.2m。在抗突涌验算时，把加固土体的自重、加固土体与周边旋喷桩重力坝之间的侧摩阻力、核心筒深坑区域的工程桩与加固土体之间的侧摩阻力均作为抗承压水稳定的有利荷载，这时的抗突涌安全系数为 1.16。

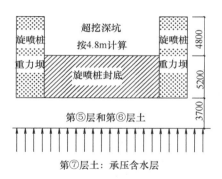

图 5　主楼深坑抗承压水计算图式

考虑到上述计算为理论值，如果由于施工质量等原因导致开挖到底后产生坑底突涌，我们将束手无策，后果不堪设想。为确保万无一失，在主楼核心筒外侧布置了 2 口降压井兼观测井，一旦出现安全隐患立即开启降压井，以确保基坑自身和周边环境的绝对安全。施工过程中，承压水降水井始终处于待命状态，虽然实际上没有抽取承压水，但给所有参建单位吃了定心丸。

基坑围护设计典型平面及支撑布置图如图 6、图 7。

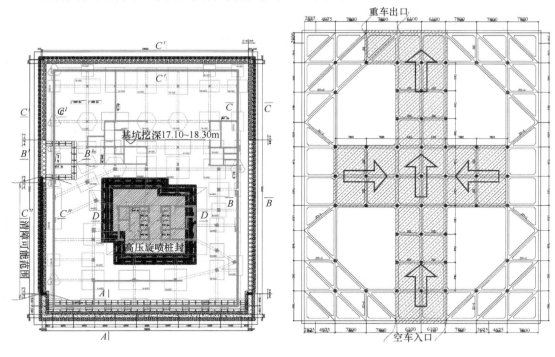

图 6　基坑围护平面图　　　　　　　　　图 7　基坑支撑平面图

基坑围护设计典型剖面如图 8、图 9。

四、联合支护（部分墙撑，部分桩撑；部分土钉支护、部分桩锚）

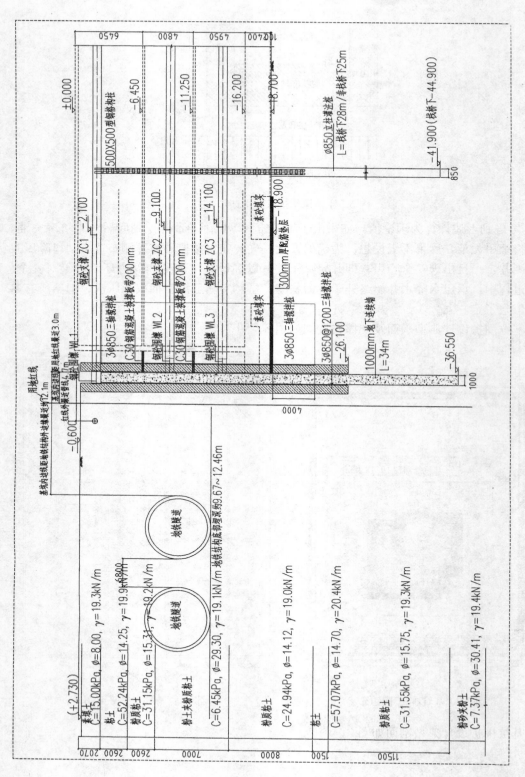

图 8 基坑围护剖面图（靠地铁侧）

404

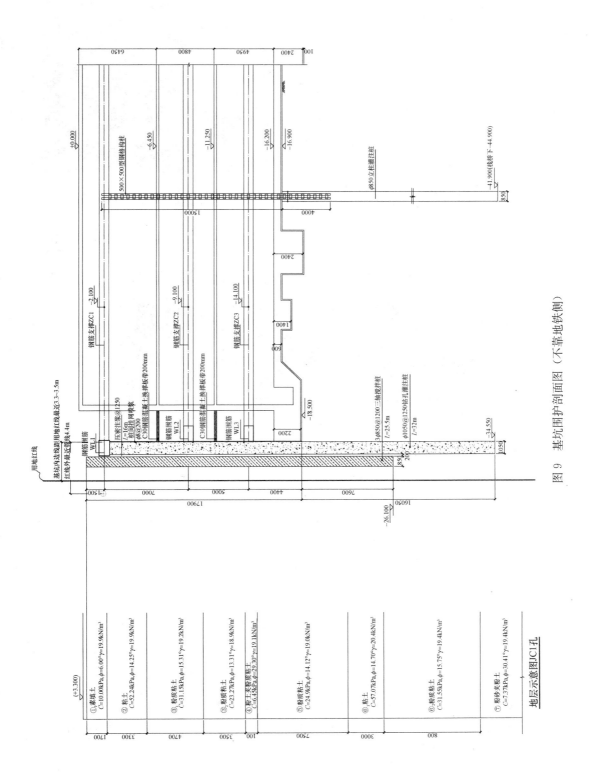

图 9　基坑围护剖面图（不靠地铁侧）

四、现场施工情况介绍

1. 地下障碍物处理

对于基坑西南侧，由于中银惠龙的土钉（或锚杆）已侵入本基坑，浅层采用明挖清障。对于深层的锚杆，通过与施工单位沟通，对类似工程已有一定施工经验，即三轴搅拌桩先施工，三轴桩施工时把锚杆或土钉切断，之后施工灌注桩。为确保止水效果，该区域的三轴搅拌桩和钻孔灌注桩的净间距调整为300mm，等搅拌桩和灌注桩施工完成后，再

图 10　浅部明挖清障

在二者空隙内增加一排 ϕ800mm@500mm 高压旋喷桩。如果三轴桩机不能把地下障碍物切断，可先施工灌注桩，利用专门的设备（比如旋挖钻机等）清除地下障碍物，坑外采取 2～3 排高压旋喷桩止水。基坑开挖后表明，该区域没有发生漏水、流砂等不利现象，表明止水帷幕的施工质量较好。

图 11　三轴搅拌机清除深层障碍物

2. 地铁隧道专项保护措施

基坑南侧的地铁隧道是本基坑施工过程中的重点保护对象，2011 年初该地铁隧道还处于调试阶段，计划于 2011 年底或 2012 年初试运行，因此本基坑的变形控制要求非常严格。根据本工程的特点，采取了以下针对性措施来保护紧邻的地铁区间隧道：

➤ 地铁一侧的围护结构选用 1000mm 厚的地下连续墙，增大围护体刚度。

➤ 经与主体设计单位协调，地铁一侧的基坑边线拉直，避免阳角对地墙成槽质量的不利影响。

➤ 地铁一侧的坑内被动区土体采用 ϕ850mm 三轴水泥土搅拌桩坝体裙边加固（坑底以上 15.2m、水泥掺量 10%，坑底以下 4m、水泥掺量 16%）。

➤ 地墙内外两侧先施工一排 ϕ850mm 三轴搅拌桩，搅拌桩套打施工，与地墙槽段净间距 80mm，形成"夹心饼"，以确保地墙成槽质量。

➤ 增加地下墙底后注浆，减少因地墙下沉对地铁隧道的拖带效应。

➤ 要求先施工三轴搅拌桩止水帷幕，再施工工程桩和围护桩，以减少大规模灌注桩施工对地铁隧道的不利影响。

➤ 南北方向设置钢筋砼对撑，结合砼角撑和边桁架，形成稳定的支撑体系，控制地墙

变形。

➤ 明确了行车和出土方向，空车从南侧进，重车从北侧出，避免重车在靠近地铁隧道区域行走。实际施工中基坑南侧没有设置施工道路，以更好的保护地铁。

➤ 第一道支撑下的每一层土方（最后一层土方除外）采用盆式开挖，即先开挖中间对撑区域的土方，到标高后72小时内必须形成南北向或东西向的对撑，最后开挖角部土方，尽快形成完整的支撑体系。

➤ 基坑最后一层土方分块开挖，每一小块限时在24小时之内完成开挖，配筋垫层随挖随浇，无垫层暴露面积不超过200m²，无垫层暴露时间控制在8小时以内，且不过夜，等其中的一小块垫层浇筑完毕后才能开挖另一小块。

➤ 南侧裙房区域的下反承台很多，落深不一，与主体结构设计单位协调后仍无法改变。为了尽快形成平整的垫层传力体系，要求每一小块统一开挖到普遍的承台底标高，在8小时内浇筑好该区域300mm厚的配筋垫层，以尽早形成。对于没有下反承台的区域，利用砖胎膜结合素砼快速回填到设计标高，再尽快绑扎底板钢筋，浇筑基础砼。

➤ 等南侧裙房区域基础大底板浇筑完成后才允许开挖主楼核心筒土方。

➤ 本工程的基础底板必须在地铁运营前浇筑完毕。

➤ 地铁隧道是本次基坑监测的重点，应由轨道公司委托第三方监测机构全权负责，其监测项目、测点位置、监测频率和报警值均应取得轨道公司的认可。要求本工程根据地铁隧道的监测情况及时调整施工工况，项目参建各方应服从轨道公司的统一指挥，真正做到信息化施工，把基坑开挖对地铁隧道的影响降低到最小程度。

本工程从2010年12月份开始施工围护结构，2011年5月初开始第一层土方开挖，2011年9月底开挖到基坑底，2012年5月份地下结构出地面，2012年8月份完成基坑侧壁回填。

图12 第一道支撑浇筑完成

图13 第二道支撑浇筑完成

图14 开挖最后一层土方

图15 基坑开挖到底时鸟瞰图

图 16　南侧靠地铁隧道（图片右侧为南）　　图 17　主楼深坑开挖情况，坑底较为干燥
　（实际施工中基坑南侧禁止走车，　　　（基坑侧壁以及封底的旋喷桩施工情况良好，
　　　以更好的保护地铁）　　　　　　　　　　承压水降水井未开启）

图 18　南侧（靠地铁隧道）先开挖到最深的承台底（快速形成统一标高的配筋垫层，
　　　并做好上翻砼挡墙，原浅承台留土区域施工砖胎膜至设计标高）

五、基坑监测情况介绍

本工程周围环境复杂，保护要求高，因此监测工作是基坑围护工作的重中之重。监测工作分为以下三个部分：

（1）基坑围护体系监测：包括围护墙顶部位移、支撑轴力、立柱隆起、围护墙体深层水平位移、坑外土体深层水平位移、坑外地下水位等；

（2）基坑周围环境监测：包括坑外地表沉降、地下管线沉降、周边道路河堤和建筑物沉降等；

（3）地铁隧道专项监测：包括地铁区间隧道管片、轨道的水平和竖向位移等。

前两部分由建设单位委托苏州城市建筑设计院进行第三方监测，地铁隧道专项监测由轨道公司委托广州地铁设计院进行第三方监测。

监测周期从围护结构施工开始，到基坑侧壁回填结束，期间坑外道路和管线最大沉降量仅 13.2mm，围护结构深层侧向位移（测斜）最大值 14.13mm，远远少于一级基坑的目标控制值（规范规定的测斜最大值为开挖深度的千分之一点八，即约为30mm）。地铁隧道累计沉降少于 5mm，水平位移少于 4mm，取得了非常理想的环境效益和社会效益。

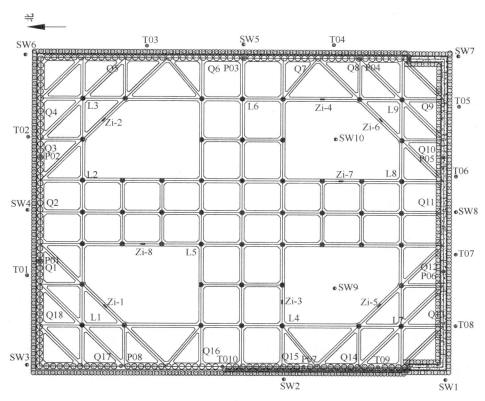

图 例

- Q1～Q18围护顶部变形监测点
- P01～P08围护结构侧向位移监测孔
- T01～T010坑外土体侧向位移监测孔
- SW1～SW10水位观测孔
- L1～L9立柱桩垂直位移监测点
- Zi-1～Zi-8支撑轴力监测点
  (i=1,2,3支撑层数)

图 19 基坑围护体系监测点布置图

基坑监测最大值统计表 表 3

监测项目	累计最大值	设计报警值	备注
围护墙顶位移	18mm，（Q14）	30mm	正常
坑外地表及管线沉降	−13.2mm，（P4−1）	30mm	正常
测斜	14.13mm，（T04）	30mm	正常
坑外地下水位	−230cm，（SW3）	−250cm	正常
支撑轴力	6238.35KN，（ZC1−1）	设计值的80%KN	正常

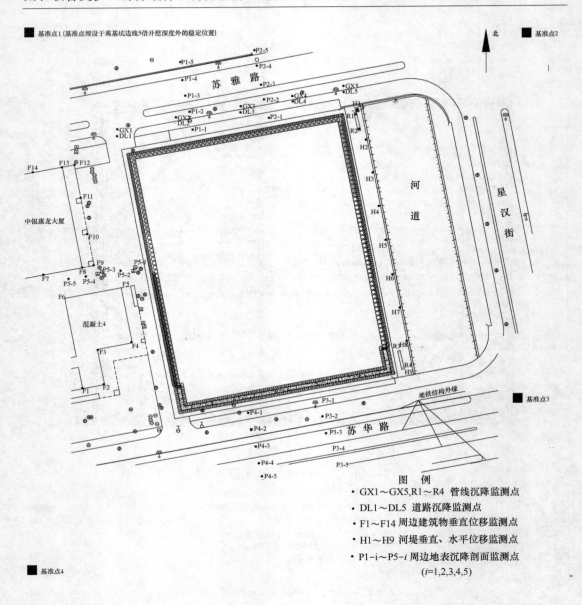

图 20　基坑周围环境监测点布置图

六、点评

本工程周边环境和水文地质条件特别复杂，特别是南侧紧邻地铁隧道。本项目采用了"主体钻孔灌注桩（靠地铁处采用地下连续墙）＋三道钢砼水平支撑"的基坑围护形式，利用三轴搅拌桩施工设备清除侵入场地内部的锚索，并采取了"分层分块挖土、限时完成支撑、靠地铁侧快速形成平整的配筋垫层"等施工措施，有效地确保了基坑自身和周边环境安全。

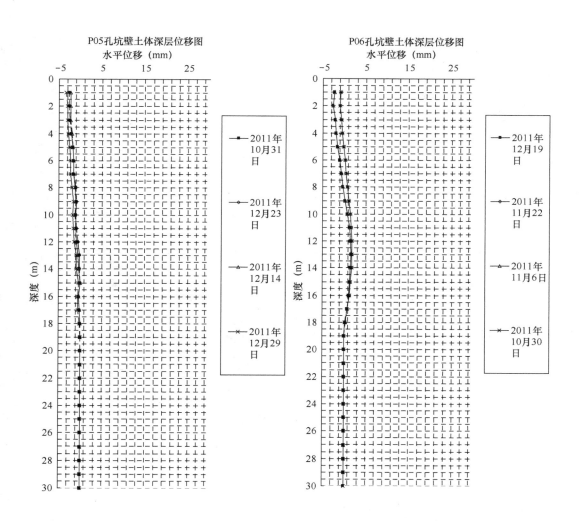

图 21 靠地铁一侧 P05、P06 测点地下连续墙深层位移曲线（测斜）

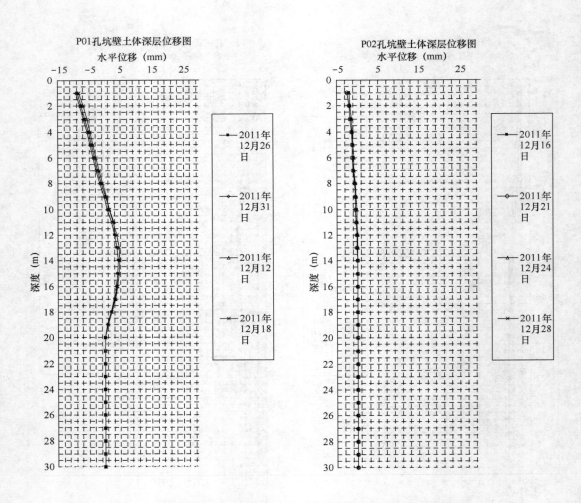

图 22　远离地铁一侧（北侧）P01、P02 测点围护排桩深层位移曲线

兰州雁滩骨伤科医院门诊综合住院楼基坑工程

周 勇 王一鸣 朱彦鹏 任永忠

（兰州理工大学 土木工程学院，兰州 730050）

一、工程概况

兰州中医骨伤科医院拟建 3 号楼位于兰州市城关区雁滩路，1 号楼和 2 号楼已建，建筑平面呈"L"型，拟建建筑为医院门诊住院综合楼，由于主体结构的功能不同，导致基坑开挖深度不等，分别为 4.2m、6.0m、11.0m 和 15.0m。与 3 号楼相邻的 1 号楼和 2 号楼分别为医院的住院部和门诊大楼，1 号楼距基坑边线仅 0.3m，2 号楼距基坑边线 3.9m。基坑与周围建筑物的关系见图 1，其中基坑南侧与西侧现场照片见图 2。

该基坑的主要特点为：

1. 基坑深度变化较大：坑深从 4.2～15m 不等，且同一个基坑工程中出现了 4 个不同的基坑深度，这种情况在一般的基坑支护工程中是不常见的；

2. 基坑周边建筑环境复杂：基坑四周均紧邻既有建筑物，其中 1 号楼距基坑边线仅有 0.3m，且周边既有建筑物基础形式多样，基坑西侧既有建筑为条形基础，北侧 1、2 号楼为井桩基础；

3. 地质条件差：粉土层和卵石层中夹杂细砂层，在开挖支护的过程中极易流失。此外开挖范围的泥岩层遇水后软化，强度不稳定；

4. 地下水较丰富：拟建场地位于兰州市城关区雁滩路，为黄河南岸Ⅱ级阶地地带，卵石层富含地下水，水量较大，降水成功与否直接决定基坑支护的成败；

5. 采用多种支护形式：综合考虑基坑周边建筑环境、地质地层条件以及基坑深度，针对不同情况，分别采用了土钉墙、混凝土板墙以及排桩加预应力锚索（杆）三种支护形式。

二、场地工程地质及水文地质条件

1. 场地地下地貌

拟建场地位于兰州市城关区雁滩路，为黄河南岸Ⅱ级阶地地带。拟建场地地面绝对高程 1513.35～1514.05m，场地平坦，宽阔。

2. 场地地层岩性

根据钻探揭露地层可知，在勘探深度内场地的沉积地层为第四季松散沉积物和第三系砂岩（其结构见工程地质柱状图），按地层分布顺序自上而下依次为杂填土，粉土，细砂、卵石，泥质粗砂岩。

①杂填土（Q_4^{ml}）：杂色，主要有粉土组成，含少量建筑垃圾和生活垃圾、砾石等杂

四、联合支护（部分墙撑，部分桩撑；部分土钉支护、部分桩锚）

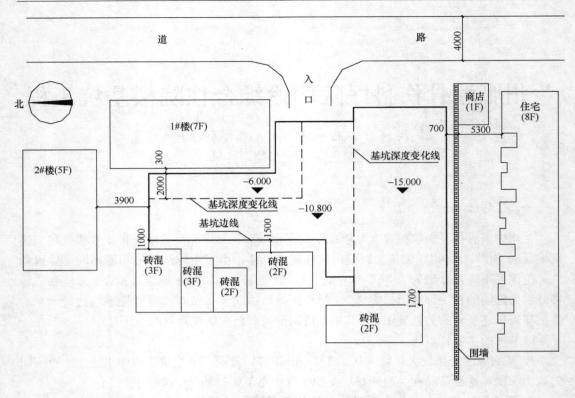

图1　基坑与周围建筑物关系图

图2　基坑西、南侧建筑物关系图

物，土质不均匀，稍湿，稍密状。

②粉土（Q_4^{al+pl}）：黄褐色，稍湿，土质较均匀，多虫孔，孔隙发育，稍密状。摇振反应迅速，无光泽，干强度低，韧性低。

③细砂（Q_4^{al+pl}）：杂色，以细砂为主，含少量砾石，稍密。稍湿。该层在场地内局部出现。冲洪积成因。

④卵石（Q_4^{al+pl}）：杂色，颗粒级配良好，磨圆度较好，呈圆形—亚圆形状，骨架颗粒间呈交错排列连续接触，母岩成分为花岗岩、砾岩等，呈弱风化，孔隙由砾石和粗、中、细砂填充，充填饱满，一般粒径20—40mm，含量约55～65%。冲洪积成因，中密状态。下部含粒径大于400mm的漂石。

⑤泥岩（N）：褐红色—褐灰色，上部呈强风化状，遇水易软化，属软质岩，以泥岩

414

为主，与砂质泥岩交互产出，稍湿，致密状。

　　3. 场地地下水特征

　　场地地下水属第四系孔隙潜水，主要赋存于④层卵石中，勘察期间地下水埋深 7.40
～8.00m，水位标高约 1505.66～1506.35m。地下水的补给来源主要为上游地下水、地表
水，流向整体上从西南流向东北。地下水位随季节变化，一般春、冬季较低，夏、秋季较
高，枯水和丰水季节之间波动幅度约为 1.0m 左右。根据区域水文地质资料，卵石层渗透
系数 $k = 40m/d$。

三、基坑支护设计方案

　　1. 支护方案分析与选型

　　基坑周边环境复杂，东南西北四侧均紧邻既有建筑，结合地质地层条件，针对现场周
边情况，采取不同地段不同的支护形式，具体见图 3。下面对不同支护形式作出分析。

　　（1）基坑东南角 1-1 剖面处基坑深度为 11.0m，坑内有一个宽 1.45m 的平台，平台
上基坑深度为 6.0m，平台下基坑深 5.0m。紧邻基坑的 1#楼为井桩基础，基础埋深约为
7.0m，1#楼距离坑边仅有 0.3m，在基坑开挖支护的过程中，如何有效的保持 1#楼井桩
桩间土不流失是该处基坑支护的重点难点。鉴于既有建筑基础作用在基坑平台底以下、坑
深较浅且重点是保护桩间土不流失，同时考虑到 1#楼距坑边仅有 0.3m，悬挖机等常用
的打桩机械没有施工操作空间，因此平台上 6.0m 基坑选择的支护形式为混凝土板墙加预
应力锚杆，且按照分层分段的施工步骤进行施工。平台下基坑深度虽然较浅，但坑顶上部
的等效荷载（6.0m 土层和既有建筑）很大，故采用排桩加预应力锚杆的支护措施。

　　（2）基坑 3-3 剖面为地下二层车库，坑深为 15.0m。3—3 剖面南侧距离坑边 1.0m 处
有一堵围墙和一层砖混结构商店，围墙向南 5.0m 处为一栋 8 层框架结构建筑，围墙是基
坑南侧一小区的隔离围墙，在基坑施工过程中要保证其安全，商店在基坑开挖支护过程中
正常进行营业。因此基坑在开挖支护过程中不允许有较大变形，其变形应该在可控范围
内，考虑到排桩预应力锚杆这种支护结构由于排桩的抗侧刚度较大，冠梁把单个排桩连成
整体后对位移的控制还会进一步加强，再加上嵌固端和预应力锚杆的联合作用，对基坑的
变形控制很理想，结合基坑的坑深，因此采用排桩加预应力锚杆的支护形式。

　　（3）基坑 5-5 剖面为主体结构中地下室与地下车库之间高差形成的高为 4.2m 的错
台，基本处于泥岩层，考虑到基坑后续的降水措施，泥岩在干燥状态下的稳定性和强度都
是不错的，同时基坑坑深较浅、周围无任何地面荷载，因此选取大坡度的土钉墙作为这一
段基坑的支护形式。

　　2. 设计依据和设计参数

　　依据《建筑基坑支护技术规程》JGJ 120—2012 和《湿陷性黄土地区建筑基坑工程安
全技术规程》JGJ 167—2009，该深基坑支护工程的混凝土板墙段和排桩预应力锚索段安
全等级确定为一级，土钉墙支护段安全等级确定为二级。

　　依据《兰州中医骨伤科医院门诊住院综合楼工程岩土工程勘察报告》，基坑开挖和支
护涉及的土层主要有：①杂填土、②粉土、③卵石、④泥岩，以《兰州中医骨伤科医院门
诊住院综合楼工程岩土工程勘察报告》提供的岩土参数为参考，根据兰州地区的土质特点
并结合以往工程经验，确定基坑岩土参数见表 1。

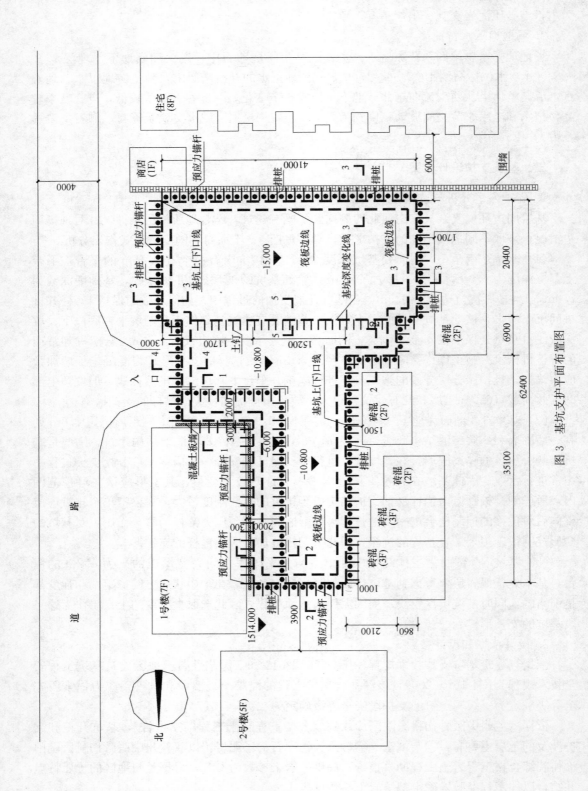

图 3 基坑支护平面布置图

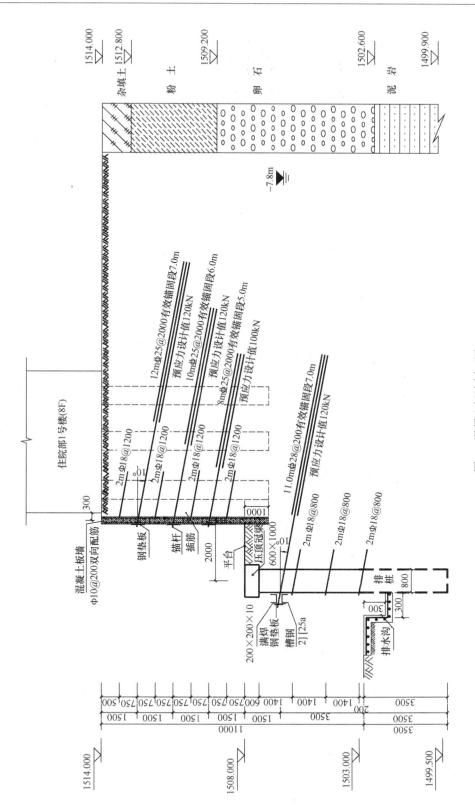

图 4 混凝土板墙剖面图

四、联合支护（部分墙撑，部分桩撑；部分土钉支护、部分桩锚）

岩土名称	土层厚度 (m)	重度 γ (kN/m³)	粘聚力 c (kPa)	内摩擦角 φ (°)	界面粘结强度 τ (kPa)
①	杂填土	15	8.0	15.0	30.0
②	粉土	16.8	10.0	20.0	50.0
③	卵石	20.0	0.0	39.0	200.0
④	泥岩	22.0	25.0	35.0	180.0

基坑土地参数　　　　　　　表1

3. 支护设计

典型支护结构剖面：

（1）基坑1-1剖面采用混凝土板墙加预应力锚杆的支护形式，混凝土板墙采用C30混凝土，厚度为200mm，保护层厚度为35mm，混凝土板墙配筋为双层双向$\phi10$，见图4。为有效保持桩间土不流失以及减小开挖施工中基坑变形位移，混凝土板墙须分段分层施工（见图5），基坑支护以8m为一工作段进行间隔施工，从地面正负零向下开挖2m，按图中方式设置插筋，然后施工混凝土挡墙（2m），待混凝土强度达到设计强度后施工第一排锚杆，即本次需要开挖支护的部分为图5中A、C、E段一层；其次继续向下开挖2m，按图中方式设置插筋，然后施工混凝土挡墙（2m），待混凝土强度达到要求后施工第二排锚杆，即图5中A、C、E段二层；开挖最后2m，按图中方式设置插筋，然后施工混凝土挡墙（2m），待混凝土强度达到要求后施工第三排锚杆，即图4中A、C、E段三层。当A、C、E段施工完成后方可进行B、D、E段施工操作，具体施工步骤与A、C、E段相同，这里不再赘述。

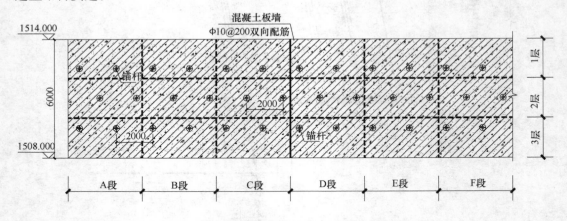

图5　混凝土板墙分段分层示意图

（2）基坑3-3剖面深度为15.0m，具体见图6，采用排桩加预应力锚杆的支护形式，混凝土强度等级C30；支护桩桩径均为800mm，桩间距2000mm，保护层厚度50mm，纵筋采用HRB335级钢筋，箍筋采用HPB300级钢筋，注浆砂浆为M20级水泥砂浆；横梁采用2]⊏25a槽钢梁，锚杆倾角10°，锚杆材料选用HRB400级钢筋，锚杆灌浆采用M20级水泥砂浆，并采用高压注浆；考虑到施工的可操作性，卵石层可不设置插筋，改用膨胀螺丝固定钢筋网片，见图7。

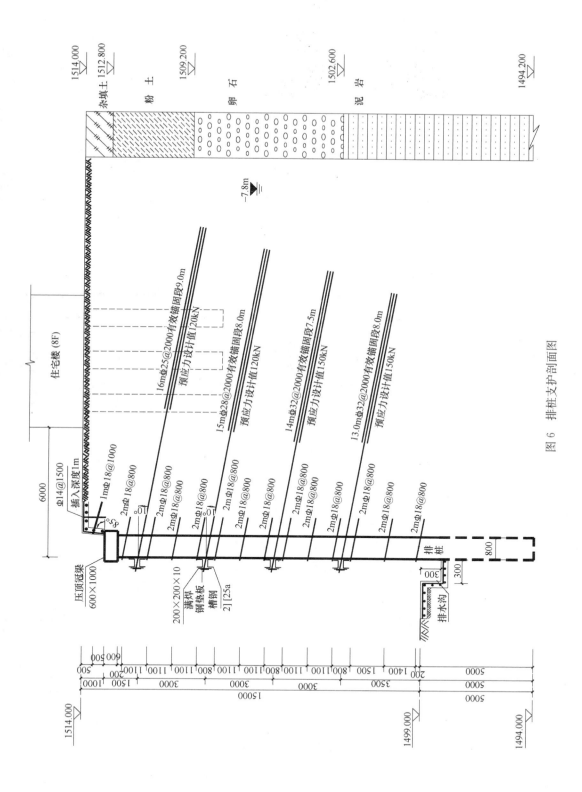

图 6 排桩支护剖面图

419

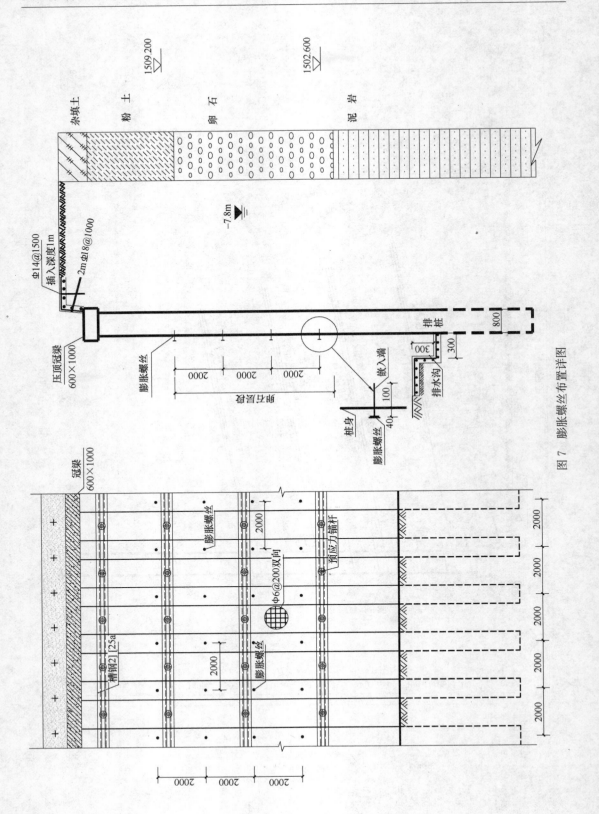

图 7　膨胀螺丝布置详图

（3）基坑5—5剖面深度为4.2m，具体见图8，采用土钉墙的支护形式，土钉孔孔径100mm，灌浆采用M20级水泥浆，喷射混凝土厚度80mm，喷射混凝土强度等级C20，土钉材料采用HRB335级钢筋，土钉与水平面夹角采用15度。土钉墙钢筋网为双向$\phi 6mm@200mm \times 200mm$，加强筋2Φ16mm，水平向通长布置。

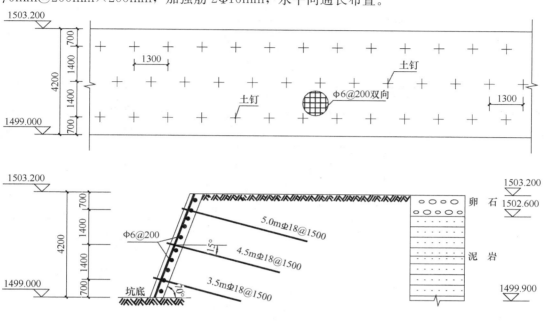

图8　土钉墙平面、剖面图

四、基坑降水、排水设计

1. 管井井点群降水

在基坑周边布设12口降水井，降水井深20.0m（17.5m）成孔直径600mm，井管直径350mm，基坑降水井平均间距约为20.8m，使基坑形成封闭状态，具体见图9。

2. 坑内明排降水

基坑开挖后，根据坑内积水情况，在基坑坑底四周设置500mm（长）×500mm（宽）×800mm（深）大小集水坑，一般间距25m，采用砖砌、M10水泥砂浆抹面。同时，顺基坑坡底四周设置300mm（宽）×300mm（深）大小排水明沟，砖砌、M10水泥砂浆抹面，沟底坡度取0.5%；沟内充填30～50mm干净卵石形成盲沟，将基坑渗水引入集水坑内，由集水坑抽至沉砂池排出。

3. 预防预案

实际布设井数已大于采用经验公式计算的井数，如实际施工中出现管井井点与坑内明排相结合的方法满足不了降水要求，根据具体情况可采取在基坑内增加集水坑数量或局部布设降水井的方法，满足本工程降水要求。

五、基坑监测

在基坑周边坡顶，按25～30m间隔设观测点，测量边坡的水平位移与沉降，同时对

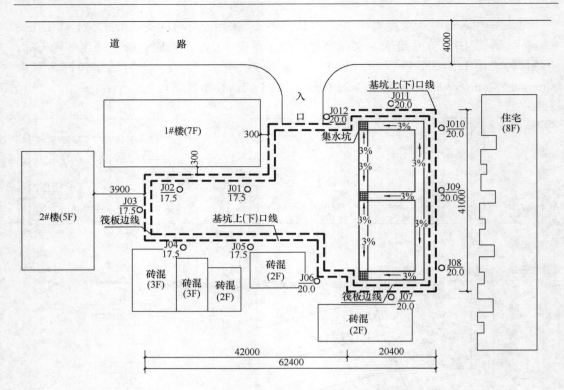

图 9　降水井平面布置图

基坑相邻建筑物进行沉降监测，根据《建筑基坑工程监测技术规范》GB 50497—2009 第 8.0.4 条，基坑支护结构顶部水平位移报警值为 25mm，控制值为 41mm（0.003H），变化速率 2～3mm/d；支护结构顶部竖向位移报警值为 20mm，控制值为 27mm（0.002H），变化速率 2～3mm/d；基坑周围地表沉降报警值为 30mm，变化速率 2～3mm/d。

　　本基坑周边建筑环密度大，且临近住宅小区，在施工过程依照中国家标准《建筑基坑工程监测技术规范》GB 50497—2009 进行了较为细致的观测，具体观测结果如下：

　　1. 基坑 1-1 剖面混凝土板墙支护段：前期降水总体来说效果理想，虽然既有建筑距基坑只有 0.3m，但建筑基础作用在基坑坑底，加之采用了有效的支护结构以及合理的施工方式，因此很好地保护了桩间土，在基坑开挖支护的过程中，1# 楼没有发生倾斜或墙体开裂的现象。

　　2. 基坑 2-2 剖面排桩加预应力锚索（锚杆）支护段：该段基坑深为 11.0m，邻近基坑的一排建筑基础形式均为浅基础，而且既有建筑距坑边较近，最小距离仅有 1.0m。在第一二工况时并未观测到基坑坑顶有位移产生，但是随着开挖深度的增加，既有建筑周围硬化地面产生开裂，裂缝宽度约在 3～4mm 之间，在随后的持续观测中，直至基坑开挖至坑底，硬化地面的水平裂缝并无明显增大的现象。

　　3. 基坑 3-3 剖面排桩加预应力锚索（锚杆）支护段：该段为本次基坑支护中最深的地段，也是重点进行监测的地段。在基坑开挖支护过程中，紧邻坑边的隔离围墙产生了竖向的沉降裂缝与水平的剪切裂缝，裂缝整体呈围墙两端较小，中部较大的趋势。经后期分析，竖向沉降裂缝我们认为是降水井在降水的过程中引起的局部不均匀沉降所引起的，而水平的剪切裂缝之所以呈现出两端小、中间大的趋势是因为隔离围墙的两端刚好处在基坑西侧与东侧的阴角处，基坑阴角处的水平位移明显小于基坑其余地段，而围墙的中部正好处于基坑的中部，一般来说基坑的最大位移一般发生在基坑中部。笔者认为观测结果是可靠的，同时这也进一步说明了基坑的时空效应[6]。

六、结论

1. 从基坑监测的结果来看，排桩加预应力锚索（锚杆）的支护形式对基坑的位移变形能起到很好的控制，周边建筑环境复杂、安全等级较高的基坑可以考虑排桩加预应力锚索（锚杆）这种支护形式。但该支护形式施工工期较长，工程造价偏高。

2. 作为简化版的地下连续墙，混凝土板墙加预应力锚索（锚杆）的支护形式特别适合施工场地狭窄、传统施工机械无法正常操作的基坑支护。本次1♯楼地段混凝土板墙加预应力锚索（锚杆）的支护效果还是很理想的，很好地保护了桩间土不致流失，但不建议将其作为主要支护形式，在深度较深的基坑中大面积使用。

3. 从现场施工人员的反馈看来，根据现场建筑环境，针对现场具体情况，对基坑（或基坑局部）进行分层、分段支护是对基坑支护有利的，可以有效地减弱开挖过程中的变形位移。

4. 基坑工程具有很明显的地域性，即使坑深、周边建筑环境等条件都相同的两个基坑，但可能因为地处南方和地处北方地质地层的差异而选择截然不同的两种支护形式，因此基坑设计一定要按具体问题具体分析，切不可生搬硬套。

5. 管井降水具有工艺简单，成本低，降水速度快，阻水效果好等优点，本基坑采用管井井点群的降水方案有效提高了基坑稳定性、改善了基坑土体的力学性质以及有效控制泥沙、管涌和鼓底现象的发生。

张掖金阳大厦基坑工程

朱彦鹏[1,2]　叶帅华[1,2]

(1. 兰州理工大学 甘肃省土木工程防灾减灾重点实验室，兰州 730050；

2. 兰州理工大学 西部土木工程防灾减灾教育部工程研究中心，兰州 730050)

一、工程概况

张掖市金阳房地产开发有限责任公司拟开发的建筑物为综合楼，场地占地长、宽：86.45m、66.6m，其中 1 号、2 号、3 号楼均为地上 28 层，地下 2 层，框剪和剪力墙结构，3 栋 5 层附属楼，一栋连接三栋高层的 4 层附属楼，框剪结构，1 层地下室整个场地均有，基坑周长约为 330.0m，基坑开挖深度为 10.4m，由于现场用地紧张，而基坑开挖深度较大，考虑到基坑开挖过程中对周边道路和既有建筑物的保护，对基坑开挖采取支护措施，对既有建筑物采取加固措施。根据本工程的结构特点、场地周围的具体情况，同时考虑经济效益等因素，确定采用排桩预应力锚杆的支护方案及复合土钉支护。基坑支护平面示意图见图 1 所示。

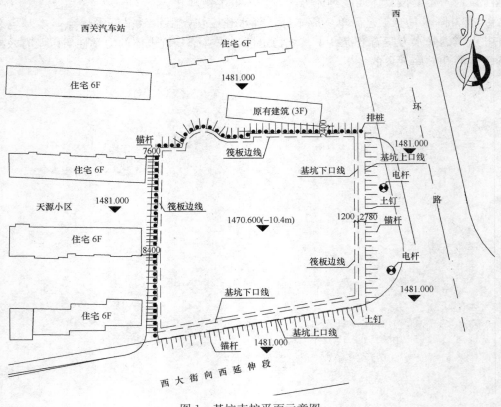

图 1　基坑支护平面示意图

二、基坑周边环境

该基坑北侧紧临既有 8 层住宅楼，该楼距基坑最小距离 2.4m；基坑南侧紧邻西大街延伸段，车流量大，且地下管道、管线多；基坑西侧存在 3 栋 6 层既有住宅楼，且紧邻场地红线；基坑东侧紧邻城市西环路，靠近基坑边缘处有两处正在使用的电线杆。基坑周边环境可从图 1 基坑支护平面图中看到。

三、本基坑工程特点

本基坑深度为 10.4m，为深基坑。建设场地不规整，基坑周边环境复杂，环境保护要求高，主要特点如下：

1. 基坑北侧紧临既有 8 层住宅楼，该楼距基坑最小距离 2.4m，该住宅楼处于正常使用状态。因此，如何保证基坑开挖过程中住宅楼的继续正常使用是该基坑工程项目的重中之重。

2. 基坑南侧紧邻西大街延伸段，车流量大，且地下管道、管线多。对于基坑支护结构的要求很高，尤其位移必须严格控制，开挖过程中，一旦发生滑塌，后果不堪设想。

3. 基坑西侧存在 3 栋 6 层既有住宅楼，且紧邻场地红线，基坑开挖过程中，必须保证着 3 栋住宅楼的安全和正常使用。

4. 基坑东侧紧邻城市西环路，但是靠近基坑边缘处有两处正在使用的电线杆，因此，基坑支护结构既要保证道路的正常同行，还要保护电线杆的安全，保证电线杆的稳定，一面影响周围居民的正常生活。

5. 建设场地内以卵石层为主，在基坑开挖和支护过程中如何减少卵石层的扰动并保证其稳定是一个难点。另外，卵石层为主要含水层，而地下水又为潜水～弱承压水类型，因此如何保证降水过程的顺利实施并保证拟建建筑物主体结构在建设过程中的稳定是需要解决的一个关键问题，解决这一关键问题的首先要解决的就是采取行之有效降水方案和措施。

四、场地岩土工程条件

1. 场地构造及地形地貌

场地位于张掖市区西盘旋路以西．从地貌单元看场地位于祁连山山前冲洪积扇平原地带，场区地势呈西南高东北低之势，地形高程在 1480.5～1481.5m 之间，地形高差约 1.0左右，地形总体向东北倾斜。

2. 地层及岩性特征

根据勘探结果，在钻孔揭露的深度内，该场地出露的地层有：素填土、卵石，按岩性的组合及工程地质特征分述如下：

①层素填土（Q_4^{ml}）：组成物主要为粉土，夹杂有卵石和少量炉渣，场地中部局部夹有建筑垃圾，黄褐色，松散，稍湿。层厚 1.7～2.5m，平均厚度为 2.0m，层底标高 1478.40～1479.70m。

②层卵石（Q_4^{al+pl}）：揭露厚度 22.0～29.20m，未穿透，层顶埋深 1.7～2.5m，层顶标高 1478.40～1479.40m，青灰色，稍密～中密，稍湿～湿，骨架颗粒约占 65% 以上，颗粒成分以火成岩、变质岩为主，见少量砂岩。一般粒径 20～60mm，最大 150mm，局

部夹有漂石，磨圆度较好，多呈椭圆状及次圆状。充填物以中、细砂为主，局部见有细砂透镜体，厚约 0.20m。颗粒级配均匀。

3. 场地地下水特征

该地区地表水主要是黑河水系的大野口河、梨园河、摆浪河等河流自莺落峡出山流张掖市境内。分布在张掖市境内各县区的河流有 26 条，年径流量 24.75 亿 m^3，其中黑河干流 15.8 亿 m^3，梨园河 2.37 亿 m^3，其他沿山支流 6.58 亿 m^3，年径流量 11.1～22.2 亿 m^3，平均 15.4 亿 m^3，4～6 月径流占 24.3%，7～9 月占 56%，10 月至次年 3 月占 19.7%，黑河洪水对建筑物场地不构成威胁。勘查结果表明，勘探深度范围内均有地下水。张掖市区地下水类型均为第四系松散岩类孔隙水，含水层岩性主要为第四系中、上更新统卵石、圆砾及中粗砂。大致以城区－金花苗－童家当铺为界，其西部为潜水，含水层为卵石，圆砾和中粗砂为主，厚度大于 250m。单井涌水量大于 5000m^3/d，为极强富水区，东部含水层颗粒渐细，由单一的潜水演化为多层结构的潜水－承压水含水体系，含水介质为粘性土和砂砾石层等，属多层结构。单层厚度为 2～20m，单井涌水量 1000～3000m^3/d，为中等富水～强富水区。该场地地下水，勘探时水位埋深 6.8m～7.6m（2012 年 4 月），水位标高 1473.6～1474.3m，为潜水～弱承压水类型，卵石层为主要含水层，地下水流向由南向北，地下水由大气降水流入补给及高阶地地下径流流入补给，水位随季节变化，升降幅度 1.5m 左右，其中粉质粘土渗透系数 $K=6.0×10^{-5}$cm/s，细砂渗透系数 $K=2.4×10^{-2}$cm/s，卵石层渗透系数 $k=50$m/d。

五、基坑支护方案

1. 基坑安全等级

依据《建筑基坑支护技术规程》JGJ 120—2012，本基坑安全等级取为二级，基坑侧壁重要性系数取 1.0。

2. 岩土体设计参数

依据甘肃土木工程科学研究院编制的《张掖市金阳大厦岩土工程勘察报告》并结合现场踏勘情况，选取岩土体设计参数，如表 1 所示。

基坑支护结构设计土体物理参数　　　　　　　　　　　　　　表 1

土层序号	岩土名称	土层厚度 (m)	重度 γ (kN/m^3)	粘聚力 c (kPa)	内摩擦角 φ (°)	界面粘结强度 τ (kPa)
①	素填土	1.8	17.0	0.00	25.00	30.0
②	卵石	20	20.0	0.00	38.00	200.0

3. 支护结构

该基坑北侧、西侧存在既有建筑物，而且距离较近，且紧邻用地红线，基坑在开挖支护过程中不允许有较大变形，其变形应该在可控范围内，考虑到基坑深度大，排桩预应力锚杆对基坑变形控制作用明显，但是由于为后期市政工程考虑，因此支护形式均采用土钉＋排桩预应力锚杆进行支护，基坑南侧、东侧周边距离建筑物较远，但是存在城市主干道，且开挖深度较大，为此支护形式采用复合土钉支护（土钉＋预应力锚杆）。支护结构剖面如图 2 和图 3 所示。基坑支护现场照片如图 4 和图 5 所示。

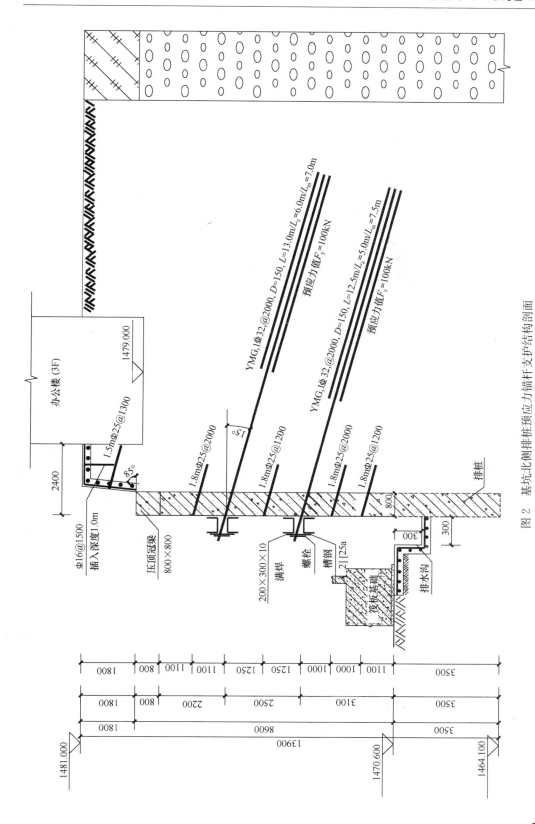

图 2 基坑北侧排桩预应力锚杆支护结构剖面

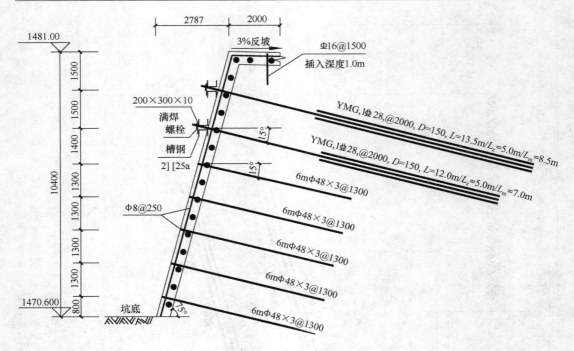

图 3　复合土钉支护结构剖面图

（1）预应力锚杆：锚杆孔径 150mm。预张拉力为设计预应力值的 1.05～1.10 倍，锚杆施加的预应力值见施工图。锚杆材料采用 HRB400 级钢筋，锚具采用钢垫板与高强螺栓。锚杆灌浆采用 M20 级水泥浆。

（2）土钉及花钢管设计：钢筋土钉孔径 120mm，花钢管土钉高压注浆后孔径 90mm。土钉选用 HRB335 级钢筋，全粘结，土钉外端通过加强筋与钢筋网片连接。花钢管材料选择规格为 48×3。土钉及花钢管灌浆采用 M20 级水泥浆。

（3）排桩、挂网及喷射混凝土：排桩桩径 800mm，混凝土强度等级 C30，保护层厚度 50mm，纵筋采用 HRB335 级钢筋，箍筋采用 HPB300 级钢筋，桩的嵌固深度由计算确定。喷射混凝土厚度 80mm，喷射混凝土强度等级 C20。

六、基坑降水、止水方案

1. 管井井点降水

在基坑周边布设 24 口降水井，成孔直径 800mm，井管直径 350mm，基坑降水井间距约为 13.75m，使基坑形成封闭状态。降水井平面布置图见图 6 所示，

管井成孔采用冲击成孔，井管安装后必须洗井，保持滤网通畅；过滤器长度取 7.5m，即三节井管长度，要求其孔隙率在 30% 以上，包网采用金属网或尼龙网，网与管壁间必须垫肋，高度不小于 6mm，卵石层滤管外包 70 目滤网各一层、井管外滤料厚度不小于 200mm，滤料用磨圆度较好的砾石，从井底填至井口下 2.0～2.5m 左右，上部用粘土封好。要求对井管管底进行密封。抽降方法可根据现场具体实际情况，为加速降水，先期可采用抽水，视降水效果后期可采用间断性抽水。基坑内管井降水照片见图 7 所示。

图 4 基坑支护现场照片一   图 5 基坑支护现场照片二

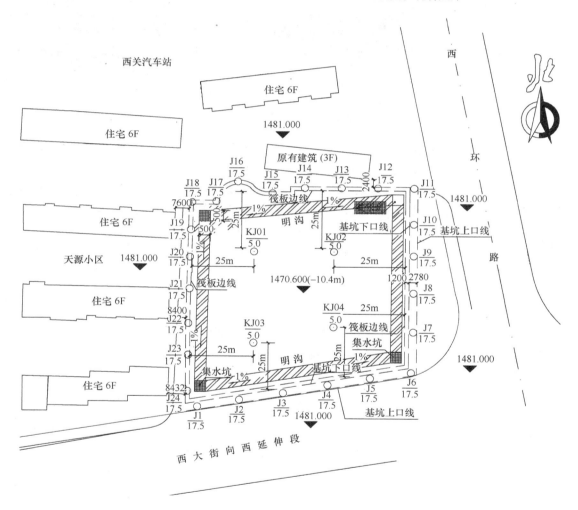

图 6 基坑降水平面布置图

2. 坑内明排降水

基坑开挖后，根据坑内积水情况，在基坑坑底四周设置 500mm（长）×500mm（宽）×800mm（深）大小集水坑，一般间距 20～30m，采用砖砌、M10 水泥砂浆抹面。同时，顺基坑坡底四周设置 300mm（宽）×300mm（深）大小排水明沟，砖砌、M10 水泥砂浆抹面，沟底坡度取 0.5％；沟内充填 30～50mm 干净卵石形成盲沟，将基坑渗水引入集水坑内，由集水坑抽至沉砂池排出。基坑内集水坑照片见图 8 所示。

3. 坑壁止水与堵漏

图 7　基坑坑内降水井现场照片　　　　图 8　基坑坑内集水坑现场照片

　　根据兰州地区类似地层深基坑施工经验，在采取了管井降水措施，且管井内抽水量已经很小，甚至已抽干的情况下，基坑开挖后仍有大量地下水顺卵石层层面流入基坑，卵石层坡面受地下水影响，会产生冲蚀、剥落，甚至会形成贯通卵石层的流水通道，这种现象对基坑坑壁稳定性产生极大的不利影响，同时会导致基坑内积水、坑底砂岩软化。

4. 防水、排水

场地条件允许时，基坑顶部设置截水沟，300mm（宽）×300mm（深）、砖砌、M10 水泥砂浆抹面；坡面以上区域地表水经截水沟疏排，具体排水方向和排水坡度视现场实际情况而定，防治地表水渗入基坑边坡土体而影响其稳定性。沿基坑坡顶周边设置排水管，合理位置设置三级沉砂池，抽水采用潜水泵，通过排水管使地下水进入沉砂池，经三级过滤沉淀后排入市政管网，以保证基坑工作面内无水作业。沉砂池规格为 3.6m（长）×1.2m（宽）×1.2m（高），可按三七砖墙砌筑、M10 水泥砂浆抹面，亦可采用钢板焊制，具体由施工单位自行确定。

七、基坑监测

1. 监测内容

基坑开挖过程中应建立工程监测系统，做到动态信息化施工。围护及土方开挖施工是信息化施工，其中基坑的位移观测，就能起到指导施工的作用，并保证围护体系的安全。本基坑在施工过程中应该进行以下方面的监测：

（1）支护结构的监测：在基坑周边坡顶，按 25～30m 间隔设观测点，测量边坡的水平位移与沉降；同时对基坑相邻建筑物进行沉降监测，本基坑工程共设置 20 个监测点，基坑监测点平面布置图如图 9 所示。

（2）周边既有建筑物的监测：（a）利用水准仪在周围建筑物上做好标记，并在远离基坑、不会因施工产生沉降的建筑物上做好参照标记，使各标记处于同一水平面上。观测时，利用水准仪及参照标记找出原水平面，再观测其他初始标记。如产生沉降，则只要量出初始标记与原水平面之间的距离，便可得出竖直沉降的数据。(b) 在建筑物立面的不同高度上，利用经纬仪标定一系列标记，使之位于同一竖直线上，观测时，将经纬仪架于原位置，观测不同高度上的标记，如建筑物发生倾斜，则不同高度上的标记与原竖直线间产生大小不等的位移，量出不同高度间的位移差值以及高度差，便可计算出建筑物的倾斜角度。(c) 加强对基坑周边地表、周围建筑物、道路路面采用肉眼巡视与裂缝观测，由有经验的工程师每天进行肉眼巡视观测，如发现有裂缝，及时上报。

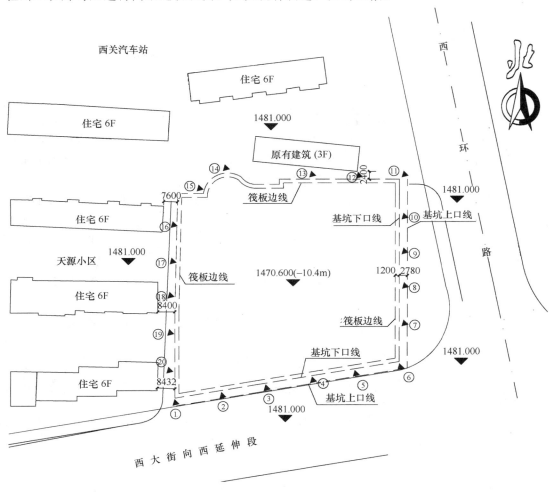

图 9　基坑监测点位布置平面图

2. 监测结果

施工过程中根据监测，整个施工过程中基坑坡顶的水平位移和竖向位移变化速率较小，最大都在 1mm/d，均小于规范规定的最大值；从基坑开挖至基坑施工完毕，基坑坡顶的水平位移累计为 11mm，竖向沉降较大，累计达到 20mm，这种情况主要是因为降水引起的。另外讲过现场巡视，基坑周围及道路和建筑物没有产生明显裂缝，基坑处于安全和稳定状态。坑顶水平位移和沉降变化曲线分别如图 10 和图 11 所示。

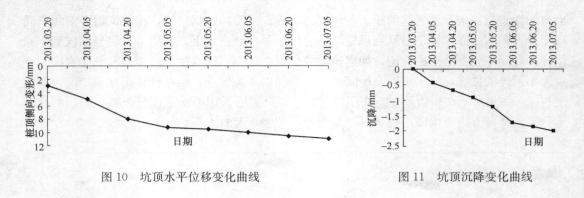

图 10　坑顶水平位移变化曲线　　　　　　　　图 11　坑顶沉降变化曲线

八、点评

张掖市位于中国西北的河西走廊地带，随着西部大开发和城市化进程的加快，该地区的高层建筑也日益发展开来，基坑工程也随之出现并遇到了一系列的问题，由于其地质构造及水文条件与兰州地区的差异较大，完全照搬兰州地区的基坑支护结构形式和地下水处理措施，是不现实的，也解决不了工程中遇到的根本问题。本文基于张掖市金阳大厦基坑工程，并基于其特殊的地理位置和水文地质条件，讨论了在河西走廊地区，深基坑工程支护结构选型和地下水处理措施，并得到以下结论和提示：

（1）深基坑支护结构选型必须结合当地实际及周边环境情况，选取合理、安全和经济的支护结构。

（2）土钉加预应力锚杆支护结构可以有效限制基坑坑壁的位移，从而保证既有建筑物和道路的安全。

（3）排桩预应力锚杆支护结构对控制基坑侧壁及周边建构筑物的变形有非常好的效果。

（4）祁连山和黑河水系比较发达，地下水补给很充分，导致基坑地下水带有承压水的性质，这就给基坑工程的降水带来了很大困难，因此必须因地制宜，制定合理有效的基坑降水方案。

（5）基坑工程地域特点非常明显，中国幅员辽阔，各地应研究和探索适合当地土质和环境特点的深基坑支护方法，这样才会做到经济、安全和有效。

厦门永嘉餐具配送展示中心及
办公楼地下室基坑工程

黄耀星　王华钦

（厦门辉固工程技术有限公司，厦门 361010）

一、工程简介及特点

1. 工程简介

厦门永嘉餐具配送展示中心及办公楼项目位于厦门市思明区县黄路西侧，现有永嘉工业园区的北侧。工程含 15 层主楼及 4 层裙楼，设 1 层整体地下室，建筑基础采用人工挖孔灌注桩。基坑西侧红线外存在约 6m 高挡土墙，基坑北侧西段红线外存在约 3m 高挡土墙。基坑北侧有若干住宅，距离用地红线约 9.5m；南侧为永嘉工业园一期厂房，距离用地红线约 8m。根据勘察报告，场地位于旧厂房内及旧厂房四周的部分见有地下电缆，其余未有明显标志的地上或地下管线分布。

该项目基坑开挖总面积约 15000m²，基坑东西向边长约 120m，南北向边长约 46m，开挖深度约为 7.2m。

2. 本工程基坑特点

本工程基坑主要特点如下：

西侧有高约 6m 的挡土墙，且挡墙后的素填土层厚度较大，约 12m 厚。此处基坑深度为 7.2m，因此挡墙顶距离基坑底部的高度约为 14m。如果采用土钉墙支护，则基坑侧壁变形量将偏大，从安全性方面考虑，需要采用对土体变形控制效果较为显著的支护方式。

基坑北侧和南侧虽然有住宅和厂房，但是由于距离地下室外墙较远，基坑开挖对于周边建筑的影响较小，从经济性方面考虑，可以采用土钉墙支护方式，以降低工程的造价。

二、工程地质条件

根据工程地质资料，拟建场地位于虎仔山～曾厝垵北东向断裂的西侧，该断裂长约 10km，发育于燕山晚期花岗岩中，受该断裂的影响，场地岩石结构较破碎，中、微风化基岩埋深变化较大。场地岩土层结构较为复杂，对支护结构设计产生影响的岩土层自上而下为：①a 杂填土，厚度为 2～3m，最厚约 7m，成分复杂且未经专门压实处理，均匀性及密实度差，强度低；①b 素填土，厚度 3～5m，局部能够达到 12m，均匀性差，力学强度低；②砂质粘土，厚度 2.1～3.1m，该层属于中等压缩性土，力学强度较一般；③淤泥，该层系塘积成因，分布范围较小，厚度 1.1～2.6m，力学强度低；④中粗砂，厚度为 1.6～10.7m，冲洪积产物，力学强度较高；⑤砂质粘土，属中等压缩性土，厚度 0.7～12.8m，力学强度较高；⑥残积砂质粘性土，属中等压缩性土，厚度 3.3～14.7m，具有

四、联合支护（部分墙撑，部分桩撑；部分土钉支护、部分桩锚）

泡水易软化、崩解、强度降低的不良特性。各土层参数见表 1。

场地土层主要力学参数

表 1

层序	土 名	厚度 (m)	重度 γ (kN/m³)	压缩模量 $E_{S0.1\sim0.2}$ (MPa)	直接快剪峰值		渗透系数 k (cm/s)
					c (kPa)	ϕ (°)	
1a	杂填土	2～3	17.5	—	—	—	—
1b	素填土	3～5	17.5	—	—	—	—
2	砂质粘土	2.1～3.1	18.5	4.5	33	16	4.0×10^{-5}
3	淤泥	1.1～2.6	16.1	1.5	9	1.1	6.0×10^{-6}
4	中粗砂	1.6～10.7	19.5	5.5	—	27	5.0×10^{-2}
5	砂质粘土	0.7～12.8	18.9	5.5	34	17	4.0×10^{-5}
6	残积砂质粘性土	3.3～14.7	18.5	5.0	31	22	5.0×10^{-5}

拟建场地地下水主要赋存和运移于杂填土、素填土、中粗砂、砂质粘土的孔隙、网状裂隙中，为潜水，主要接受大气降水的下渗补给及邻近含水层的侧向补给，混合稳定水位埋深一般为 0.5～1.8m。

三、基坑围护方案

本工程基坑侧壁安全等级为二级，按临时支护设计，使用期限为一年。基坑支护结构西侧采用人工挖孔桩结合预应力锚索支护的方式，其余采用土钉墙支护的方式。

人工挖孔灌注桩桩径为 900mm，桩顶埋深 1.6m，桩长 11.9～13.3m，桩间距为 2m。桩顶设置冠梁，冠梁处设置一道锚索，锚索自由段长度 7m，锚固段长 18m，水平间距 2m。基坑开挖后挂网片喷射混凝土保护桩间土，网片采用 $\phi6.5mm@200mm\times200mm$，C20 喷射混凝土厚度 80mm。

土钉墙支护设置 3～6 道土钉，土钉长 3～12m，水平间距 1.2m～2m，竖向间距 2m。面层采用 80mm 厚 C20 喷射混凝土，内挂 $\phi6.5mm@200mm\times200mm$ 钢筋网片。

基坑支护平面布置图见图 1，典型剖面图见图 2 和图 3。

四、基坑监测情况

监测方案

按二级基坑监测要求布置监测项目，主要有：①支护结构顶部水平位移监测，布置在桩顶冠梁与喷射砼坡顶上，沿基坑一周总共布置了 33 点，②支护结构顶部竖直位移监测，布置在桩顶冠梁外侧的地面上，沿围护桩桩顶冠梁外侧绕基坑一周总共布置了 24 点；③周边建（构）筑物垂直位移监测，监测点主要布置在各个建（构）筑物的几何角点上，总共布置了 19 点；④支护结构深层位移监测，测斜孔安装直接安装在人工挖孔灌注桩内，主要布置在基坑西侧，总共布置 2 个深层位移监测点。

监测结果

本工程监测于 2009 年 12 月开始，到 2010 年 11 月全部结束，观测期约 12 个月。各监测项目结果如下。

支护结构顶部水平位移监测：基坑北侧累计位移最大值达到 21mm，基坑东侧累计位

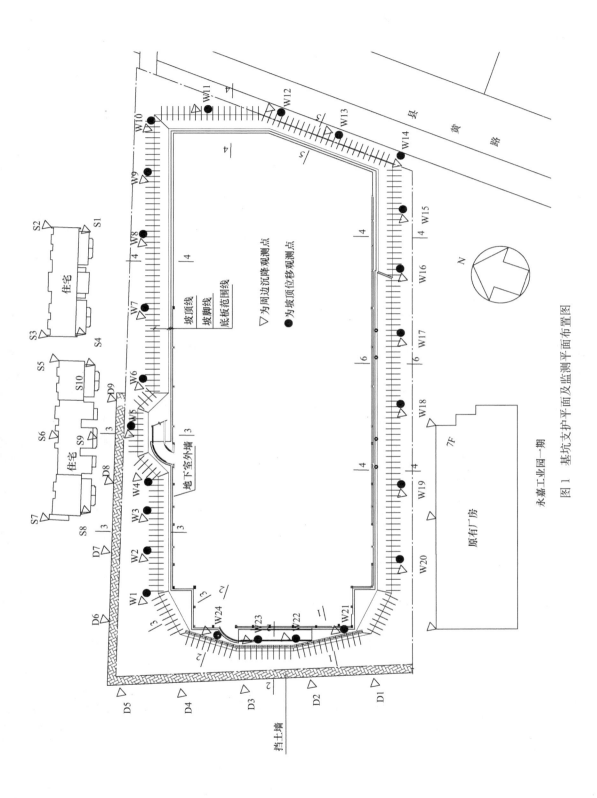

永嘉工业园一期　　图 1　基坑支护平面及监测平面布置图

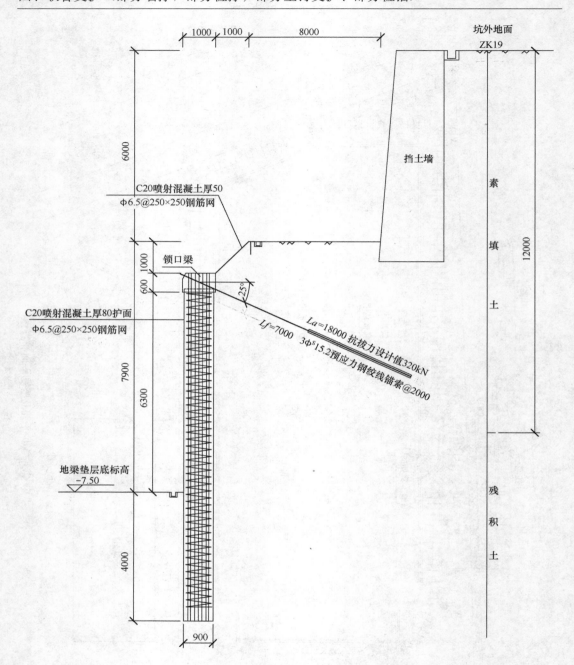

图 2　锚索结合人工挖孔灌注桩支护剖面图

移最大值达到 7mm，基坑南侧累计位移最大值达到 8mm，基坑西侧累计位移最大值达到 3mm，基坑周边挡土墙累计位移最大值达 1mm，均处于安全状态。图 4 为西侧监测点 W22 桩顶水平位移随监测时间变化曲线，图 5 为北侧监测点 W4 坡顶水平位移随监测时间变化曲线。

　　支护结构顶部竖直位移监测：基坑北侧累计沉降最大值达到 11mm，基坑东侧累计沉降最大值达到 8mm，基坑南侧累计沉降最大值达到 6mm，基坑西侧累计沉降最大值达到

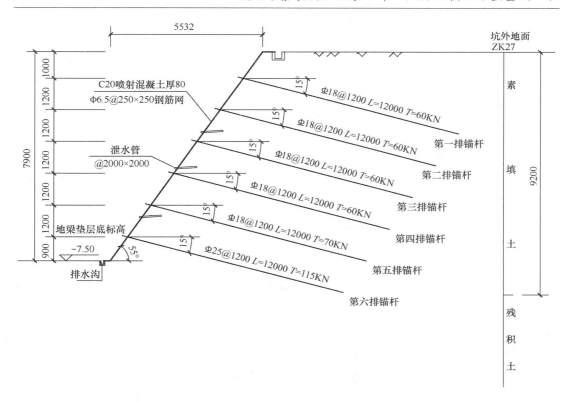

图 3 土钉墙支护剖面图

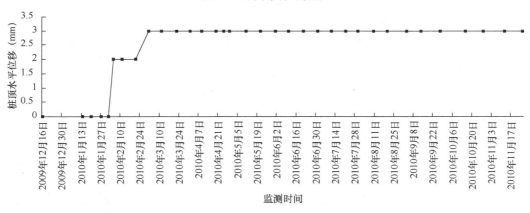

图 4 监测点 W22 桩顶水平位移随监测时间变化曲线

2mm，均处于安全状态。图 6 为西侧监测点 W22 累计沉降随监测时间变化曲线，图 7 为北侧监测点 W4 累计沉降随监测时间变化曲线。

周边建（构）物垂直位移监测：两栋住宅楼累计沉降最大值达到 1mm，挡土墙累计沉降最大值达到 5mm，均处于安全状态。

支护结构深层位移监测：深层水平位移累计最大值＋2.61mm（"＋"表示向坑内），处于安全状态。

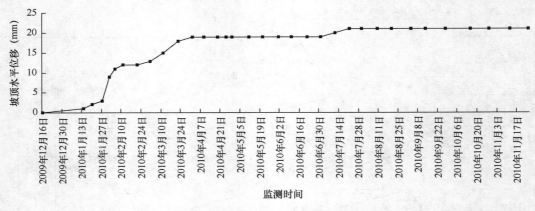

图 5　监测点 W4 坡顶水平位移随监测时间变化曲线

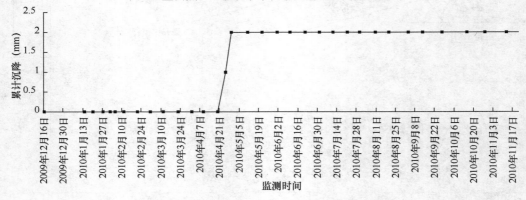

图 6　监测点 W22 累计沉降随监测时间变化曲线

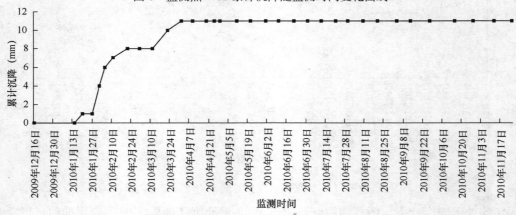

图 7　监测点 W4 累计沉降随监测时间变化曲线

五、点评

本工程根据土层情况及周边环境实际状况，按不同部位分别采用人工挖孔桩结合预应力锚索支护和土钉墙支护两种方式。各项监测说明该支护方案结构稳定，安全可靠，且降低了工程造价，达到了预期的支护效果。